“十二五”职业教育国家规划教材
经全国职业教育教材审定委员会审定
普通高等教育“十一五”国家级规划教材
机械工业出版社精品教材

修订版

电机与电气控制技术

第4版

主编 许 翏
主审 徐 虎

机械工业出版社

本书是“十二五”职业教育国家规划教材、普通高等教育“十一五”国家级规划教材的修订版。

全书以电动机为驱动装置，低压电器为控制、保护元件，实现对电气控制设备的电力拖动和电气控制。其中以三相异步电动机拖动和控制为重点，以电气控制基本环节为主线，以常用典型设备电气控制为实例，阐述了电力拖动基本知识及常用设备的电气控制和电气控制系统设计的基本知识。全书以培养高级应用型人才为目标，以技能培养和工程应用能力培养为出发点，突出职业技能的训练、知识的阅读和应用、电气控制电路的分析和电气故障的排除与维修能力的培养，突出生产实际应用，努力培养学生解决生产实际问题的能力，提高学生专业技能。

本书主要内容有：变压器、三相异步电动机、直流电机、常用控制电机、常用低压电器、电气控制电路基本环节、典型设备的电气控制和电气控制系统设计。

本书为高等职业院校、高等工科院校、职教本科、成人教育学院以及技师学院电气工程及自动化类专业及相关专业的教材，也可供从事相关专业的工程技术人员参考。

为方便教师授课，本书备有免费电子课件、章后习题详解、模拟试卷及答案，凡选用本书作为授课教材的教师，均可免费索取，咨询电话：010-88379375，或登录 www. cmpedu. com 网站，注册后免费下载。

图书在版编目（CIP）数据

电机与电气控制技术/许翏主编. —4 版. —北京：机械工业出版社，2023. 12（2025. 1 重印）
“十二五”职业教育国家规划教材：修订版　普通高等教育“十一五”国家级规划教材：修订版
ISBN 978-7-111-74039-1

Ⅰ. ①电…　Ⅱ. ①许…　Ⅲ. ①电机学-高等职业教育-教材②电气控制-高等职业教育-教材　Ⅳ. ①TM3②TM921. 5

中国国家版本馆 CIP 数据核字（2023）第 191354 号

机械工业出版社（北京市百万庄大街 22 号　邮政编码 100037）
策划编辑：于　宁　　责任编辑：于　宁
责任校对：闫玥红　　封面设计：鞠　杨
责任印制：单爱军
保定市中画美凯印刷有限公司印刷
2025 年 1 月第 4 版第 4 次印刷
184mm×260mm · 19. 25 印张 · 471 千字
标准书号：ISBN 978-7-111-74039-1
定价：59. 00 元

电话服务　　网络服务
客服电话：010-88361066　　机　工　官　网：www. cmpbook. com
010-88379833　　机　工　官　博：weibo. com/cmp1952
010-68326294　　金　书　网：www. golden-book. com
封底无防伪标均为盗版　　机工教育服务网：www. cmpedu. com

前 言

本书是“十二五”职业教育国家规划教材、普通高等教育“十一五”国家级规划教材的修订版，是机械工业出版社精品教材。根据党的二十大报告中关于“深入实施科教兴国战略、人才强国战略、创新驱动发展战略”“统筹职业教育、高等教育、继续教育协同创新，推进职普融通、产教融合、科教融汇，优化职业教育类型定位”的要求，本书以培养高级应用型人才为目标，以技能和工程应用能力培养为出发点，加强工程实践和能力的培养，在内容上突出典型性和实用性。本书内容瞄准岗位需求，对接职业标准和生产实践需要；突出职业技能的训练，注重电气控制电路分析能力的培养，加强了电气故障的分析、排除与维修能力的培养，以增强学生举一反三、触类旁通的能力，并加强了知识的阅读和应用训练，从而使学生知其然更知其所以然，提高解决生产实际问题的能力。

本次修订认真贯彻党的二十大精神，融“知识学习、技能提升、素质培育”于一体，严格落实立德树人根本任务。

全书共分 8 章。内容包括：变压器、三相异步电动机、直流电机、常用控制电机、常用低压电器、电气控制电路基本环节、典型设备的电气控制和电气控制系统设计。本书以三相异步电动机的拖动与控制为重点，以电气控制基本环节为主线，以常用典型设备电气控制为实例，阐述了电力拖动技术、电气控制技术和电气控制系统设计的基本知识和技能。由于教材内容来自于生产实际，各校应充分利用现场教学、实物教学、生产实习、顶岗实习、实训及课程设计等教学环节、教学方法和手段进行教学。书中有的章节附有“阅读与应用”内容，供学生自学或教师选用。书中第八章宜在课程设计中讲授。

本书为高等职业院校、高等工科院校、职教本科、成人教育学院以及技师学院电气工程及自动化类专业及相关专业的教材，也可供相关专业工程技术人员参考。

本书由河北机电职业技术学院许翏主编，河北机电职业技术学院副教授许栩参加了编写。温州职业技术学院徐虎任主审。中国注册电气工程师孔世杰、邢台市职业技能鉴定指导中心原主任朱海生高级工程师对本书修订提出了许多宝贵意见和建议，在此表示衷心的感谢！

限于编者水平，书中难免存在不足与不妥，甚至差错，敬请读者指正。

编 者

目 录

绪论

电能是现代工业生产的主要能源和动力，电动机是将电能转换为机械能、拖动生产机械的驱动装置。与其他原动机相比，电动机的控制方法更为简便，还可实现遥控和自动控制。用电动机拖动工作机械来实现生产工艺过程中的各种控制要求的系统称为电力拖动系统。电力拖动系统主要由电动机、传动机构和控制设备等基本环节组成，其相互关系如图 0-1 所示。

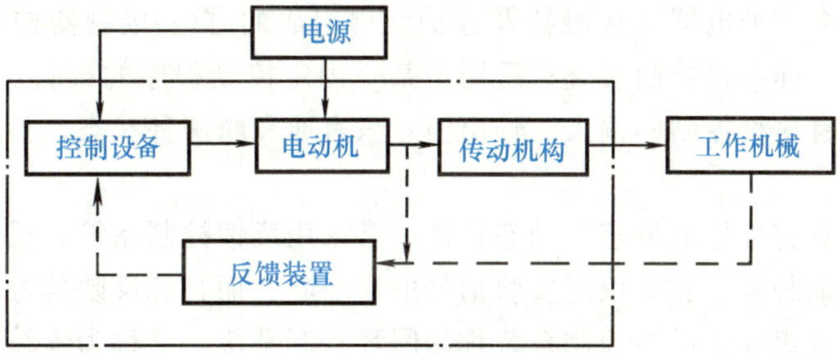

图 0-1　电力拖动系统

电力拖动系统按拖动电动机不同，分为直流拖动系统和交流拖动系统；按有无反馈装置区分为闭环电力拖动系统与开环电力拖动系统，其反馈装置往往采用控制电机等反馈装置来实现反馈功能。传统的控制设备多为继电器、接触器，而这类器件均带有触头，故应用继电器、接触器作为控制设备的电力拖动系统又称为有触头系统。为提高系统工作的可靠性，近年来出现了以数字电路为主的无触头系统。数字电路发展很快，从分立元件到集成电路，现又发展到使用微型计算机控制的数字控制系统。本书以三相异步电动机控制及其电力拖动技术为重点，以继电器、接触器控制电路基本环节为主线，介绍了目前仍广泛使用的典型设备的经典电气控制技术。

一、电机与电力拖动系统发展概况

从 1820 年奥斯特、安培和法拉第相继发现载流导体在磁场中受力并提出电磁感应定律后，出现了电动机和发电机的雏形。从它形成一个工业部门至今才不过一百多年，但经济发展的需要使电机获得迅速的发展。19 世纪末期，电动机逐渐代替了蒸汽机，出现了电力拖动。在其初期，常以一台电动机拖动多台设备，或一台设备上的多个运动部件由一台电动机拖动，称之为集中拖动。随着生产发展的需要，20 世纪 20 年代发展成为单独拖动。为进一步简化机械传动机构，更好地满足生产机械各运动部件对机械特性的不同要求，在 20 世纪 30 年代出现了多电动机拖动，即生产机械各运动部件分别由各台电动机拖动，这使生产机械的机械结构大为简化。

随着生产的发展，对上述单电动机拖动系统及多电动机拖动系统提出了更高的要求：如要求提高加工精度和运行速度；要求快速起动、制动及反转；要求实现很宽范围内的速度调节及整个生产过程的自动化等。要满足这些要求，除改进驱动装置——电动机外，必须加装自动控制设备，组成自动化的电力拖动系统。而这些自动化的电力拖动系统随着自动控制理论的发展，半导体器件和电力电子技术的应用，以及数控技术和计算机技术的发展和应用，正在不断地完善。

电力拖动具有许多其他拖动方式无法比拟的优点：起动、制动、反转和调速的控制简单方便，快速性好、效率高，而且电动机的类型很多，具有各种不同的运行特性，可满足各种类型生产机械的要求，以及电力拖动系统各参数的检测、信号的变换和传送方便，易于实现最优控制等。因此，电力拖动成为现代工农业电气自动化的基础。

二、电力拖动自动控制的发展

随着电力拖动方式的演变，其控制方式由手动控制逐步向自动控制方向发展。最初的自动控制是用数量不多的继电器、接触器及保护元件组成的继电-接触器控制系统。这种控制具有使用的单一性，即一台控制装置只适用于某一固定控制程序的设备，若程序发生改变，必须重新接线，而且这种控制的输入、输出信号只有通和断两种状态，控制是断续的，因而又称为断续控制。

为使控制系统具有良好的静态与动态特性，常采用反馈控制系统，反馈控制系统由连续控制元器件作为反馈装置，它不仅能反映信号的通与断，而且能反映信号的大小和变化。这种由连续控制元器件组成的反馈控制系统称为闭环控制系统，又称为连续控制系统，常用的连续控制元器件有晶闸管，构成晶闸管控制系统。

20 世纪 60 年代出现了顺序控制器，它能根据生产需要，灵活地改变控制程序，使控制系统具有较大的灵活性和通用性，但仍使用硬件手段且装置体积大，功能也受到一定限制。20 世纪 70 年代出现了用软件手段来实现各种控制功能，以微处理器为核心的新型工业控制器——可编程序控制器。

随着计算机技术的发展，20 世纪 40 年代末，研制成了数控设备，它是用电子计算机按预先编制好的程序，对机床实现自动化的数字控制。随着微型计算机的出现，数控机床获得很快的发展，先后出现了由硬件逻辑电路构成的专用数控装置 NC，小型计算机控制系统 MNC。近年来又发展成柔性制造系统 FMS。最新发展起来了一种以数控机床为基本单元的计算机集成制造系统，即 CIMS，用以实现无人自动化工厂。

三、课程的性质和学习方法

本课程是一门综合性的主干课、专业课。对培养应用型的电气工程及自动化类专业高等职业教育人才具有重要作用。本课程是在学习了“电工基础”“机械基础”之后，在进行了电工实训的基础上进行讲授的，以使学生具有较牢固的基础理论知识和初步的电工实践技能，为学习本课程打下基础。本课程是原有的“电机原理”“电力拖动基础”与“工厂电气控制设备”等三门课程的主要内容的有机结合，加强了电动机在自动控制系统中的应用。将电动机作为一个驱动元件来对待，以三相异步电动机为重点，以低压电器为控制元件，以电动机控制电路基本环节为主线，分析生产机械典型设备的电气控制，培养对典型生产机械控制电路和电气设备常见故障的分析能力，力求能举一反三，触类旁通。

本课程除课堂教学外，还有实验、现场教学、电气控制实训、课程设计、毕业实习和毕业设计等实践性教学环节，使学生不仅掌握电气工程及自动化类专业必备的基本理论知识，而且具有较好的安装、调试和排除故障与初步设计的能力。学习时一定要理论联系实际，勤动手，善动脑，注意提高实践动手能力和分析、解决问题的能力，努力成为合格的高级应用型人才。

第一章 变压器

变压器是一种静止的、将电能转换为电能的电气设备。它是根据电磁感应的原理，将某一等级的交流电压和电流转换成同频率的另一等级电压和电流的设备，在电力系统、电气测量、电子线路以及自动控制系统中都具有广泛的应用。

本章以一般用途的电力变压器为主要研究对象，着重分析了单相变压器的工作原理、基本结构和运行情况，对三相变压器的磁路系统和电路系统、并联运行做了重点分析，对其他用途的变压器做了简单介绍。具体要求如下。

知识目标

1）了解变压器的结构，掌握其额定值。
2）掌握变压器变电压、变电流、变阻抗的工作原理。
3）学会用相量图来直观地表达变压器运行时各物理量大小与相位的关系。
4）掌握三相变压器联结组标号的确定方法。
5）掌握三相变压器并联运行的条件。
6）了解其他用途变压器的工作原理及特点。
7）掌握电压互感器与电流互感器的使用注意事项，会使用自耦变压器。

技能目标

1）理解变压器铭牌各数据的含义。
2）学会正确、合理地使用变压器，确保变压器安全、合理、经济运行。
3）学会根据时钟序数表示法判断三相变压器联结组标号。
4）学会正确、合理地使用其他用途的变压器。

素养目标

1）学习过程态度认真，积极、主动求知。
2）养成严谨、细致、认真、科学的工作作风。
3）在运行操作中胆大心细，遇事冷静处理。
4）增强安全意识，养成安全用电的习惯。

第一节 变压器基本工作原理和结构

一、变压器的基本工作原理

变压器是在一个闭合的铁心磁路中，套上两个相互独立的、绝缘的绕组，这两个绕组之间只有磁的耦合，没有电的联系，如图 1-1 所示。通常在一个绕组上接交流电源，称为一次绕组（也称原绕组或初级绕组），其匝数为 N_1；另一侧绕组接负载，称为二次绕组（也称副绕组或次级绕组），其匝数为 N_2。

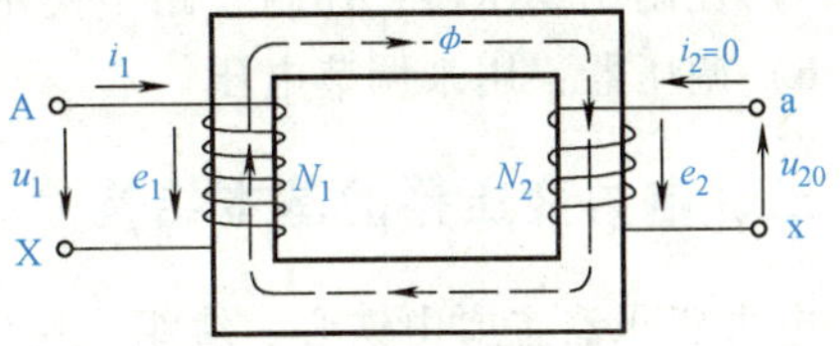

图 1-1 变压器基本工作原理

当在一次绕组中加上交流电压 u_1 时，流过交流电流为 i_1，并建立了交变的磁动势，在铁心中产生交变磁通 ϕ。该磁通同时交链一、二次绕组，根据电磁感应定律，在一、二次绕组中产生感应电动势 e_1、e_2。二次绕组在感应电动势 e_2 作用下向负载供电，实现电能传递。其感应电动势瞬时值分别为

$$e_1=-N_1\frac{\mathrm{d}\phi}{\mathrm{d}t}$$

$$e_2=-N_2\frac{\mathrm{d}\phi}{\mathrm{d}t}$$

则

$$\frac{e_1}{e_2}=\frac{E_1}{E_2}=\frac{N_1}{N_2} \tag{1-1}$$

由此可知，改变一次或二次绕组的匝数，便可达到改变二次绕组输出电压 u_{20} 的目的。

二、变压器的应用与分类

变压器除了能够变换电压外，还有变换电流、变换阻抗的作用，因此在电力系统和电子设备中获得广泛的应用。

在电力系统中，变压器是输配电能的主要电气设备。三相变压器的输出容量 $S=\sqrt{3}UI$，可见在同等容量的情况下，电压 U 越高，线路电流越小，则输电线路上的压降和功率损耗也就越小，同时还可以减小输电线的截面积，节省材料，达到减小投资和降低运行费用的目的。我国规定高压输电线路电压为 110kV、220kV、330kV 与 500kV 等几种，但发电厂的交流发电机受绝缘和制造技术上的限制，难以达到这么高的电压，因此发电机发出的电压需经变压器升高后再输送。从用电方面考虑，大都采用低压用电，这一方面是为了用电安全，另一方面是为了使用电设备的绝缘等级降低，以降低制造成本，因此又必须经降压变压器降压，往往经几次降压后才可供用户使用。在电力系统中变压器对电能的经济输送、灵活分配和安全使用具有重要意义，所以获得广泛应用。

另外，在测量系统中使用的仪用互感器，可将高电压变换成低电压，或将大电流变换成小电流，以隔离高压和便于测量；在实验室中使用的自耦变压器，可调节输出电压的大小，以满足负载对电压的不同要求；在电子线路中，有电源变压器，还有用变压器来耦合电路、

传递信号、实现阻抗匹配等。

变压器的种类很多，按用途不同主要分为：

1）电力变压器：供输配电系统中升压或降压用。

2）特殊变压器：如电炉变压器、电焊变压器和整流变压器等。

3）仪用互感器：如电压互感器与电流互感器。

4）试验变压器：高压试验用。

5）控制用变压器：控制线路中使用。

6）调压器：用来调节电压。

三、电力变压器的基本结构

电力变压器主要由铁心、绕组、绝缘套管、油箱及附件等部分组成。在电力系统中应用最广泛的是油浸式电力变压器，其基本结构如图 1-2 所示。

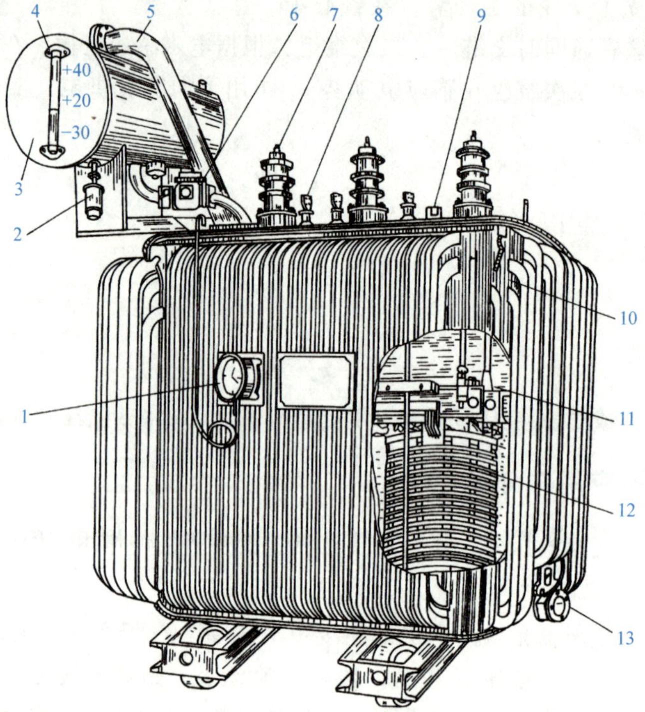

图 1-2 油浸式电力变压器

1—信号式温度计 2—吸湿器 3—储油柜 4—油位计 5—安全气道 6—气体继电器 7—高压套管 8—低压套管 9—分接开关 10—油箱 11—铁心 12—线圈 13—放油阀门

（一）铁心

铁心是变压器的磁路部分，是磁通闭合的路径，又是绕组的支撑骨架。铁心由心柱和磁轭两部分组成，套装有绕组的部分为心柱，连接心柱以构成闭合磁路的部分为磁轭。为提高铁心的导磁性能，减小磁滞损耗和涡流损耗，铁心大多采用厚度为 0.35mm、表面涂有绝缘漆的热轧硅钢片或冷轧硅钢片叠装而成。

（二）绕组

绕组是变压器的电路部分，常用绝缘铜线或铝线绕制而成。在变压器中，工作电压高的绕组称为高压绕组，工作电压低的绕组称为低压绕组。一般高、低压绕组套装在同一铁心柱上，圆筒式高压绕组在外层，低压绕组在里层，这样易于实现低压绕组与铁心柱之间的绝缘。这种同心式绕组结构简单、制造方便，国产电力变压器均采用此种结构。

（三）绝缘套管

绝缘套管是变压器绕组的引出装置，将其装在变压器的油箱上，实现带电的变压器绕组引出线与接地的油箱之间的绝缘。

（四）油箱及其附件

变压器的铁心与绕组构成了变压器的器身，变压器的器身安装在装有变压器油的油箱内，变压器油起绝缘和冷却作用。由于器身全部浸在变压器油中，这样铁心和绕组不会因潮湿而侵蚀。同时，还可通过变压器油的对流，将铁心和绕组产生的热量经油箱和油箱上的散热管散发出去，从而降低变压器的温升。

为使变压器长久保持良好状态，在变压器油箱上方，安装了圆筒形的储油柜（又称油枕），并经连通管与油箱相连。柜内油面高度随变压器油的热胀冷缩而变化，由于储油柜内油与空气接触面积小，这就降低了变压器油的受潮和老化速度，确保变压器油的绝缘性能。

在油箱和储油柜的连通管里，装有气体继电器，当变压器内部发生故障时，内部绝缘物气化产生气体，使气体继电器动作，发出故障信号或切除变压器电源，起自动保护作用。

电力变压器附件还有安全气道、测温装置、分接开关、吸湿器与油位计等。

四、电力变压器的额定值与主要系列

为表明变压器的性能，在每台变压器上都装有铭牌，其上标明了变压器型号及各种额定数据，以便正确、合理地使用变压器，使变压器安全、合理、经济地运行，图 1-3 为电力变压器的铭牌。

产品型号	S9−500/10	标准号	
额定容量	500kV·A	使用条件	户外式
额定电压	10000/400V	冷却条件	ONAN
额定电流	28.9/721.7A	短路电压	4.05%
额定频率	50Hz	器身吊重	1015kg
相数	三相	油重	302kg
联结组标号	Yyn0	总重	1753kg
制造厂		生产日期	

图 1-3 电力变压器的铭牌

（一）额定值

额定值是对变压器正常工作所作出的使用规定，它是正确使用变压器的依据。在额定状态下运行时，可保证变压器长期可靠地工作，并具有良好的性能。

1. 额定容量 S_N S_N 表示变压器在额定工作条件下输出能力的保证值，指的是变压器的视在功率，单位为V · A 或 kV · A。

单相变压器的额定容量为

$$S_N = U_{N1}I_{N1} = U_{N2}I_{N2} \tag{1-2}$$

三相变压器的容量为

$$S_N = \sqrt{3}\,U_{N1}I_{N1} = \sqrt{3}\,U_{N2}I_{N2} \tag{1-3}$$

2. 额定电压 U_{N1} 和 U_{N2}　U_{N1} 为一次绕组额定电压，它是根据变压器的绝缘强度和允许发热条件而规定的一次绕组正常工作电压值。U_{N2} 为二次绕组额定电压，它是当一次绕组加上额定电压，而变压器分接开关置于额定分接头处时，二次绕组的空载电压值。对于三相变压器，额定电压值指的是线电压，单位为 V 或 kV。

3. 额定电流 I_{N1} 和 I_{N2}　额定电流是根据允许发热条件所规定的绕组长期允许通过的最大电流值，单位是 A 或 kA。I_{N1} 是一次绕组的额定电流；I_{N2} 是二次绕组的额定电流。对于三相变压器，额定电流是指线电流。

4. 额定频率 f　我国规定的标准工业用电频率为 50Hz。

电力变压器的容量等级和电压等级，在国家标准中都做了规定，在此不再列举。

(二) 电力变压器的型号及主要系列

变压器的型号包括变压器的结构性能特点的基本代号、额定容量和高压侧的电压等级(kV)，其型号具体意义如下：

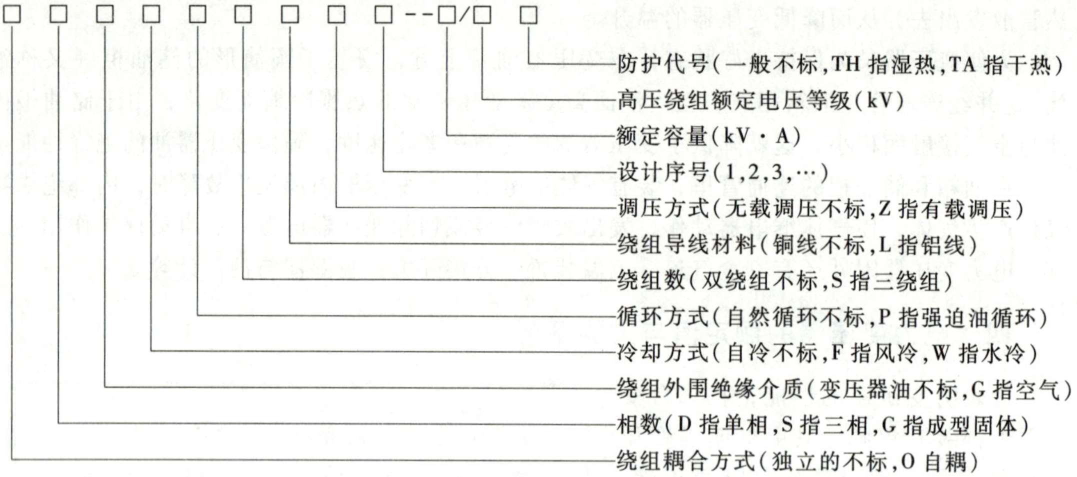

第二节　单相变压器的空载运行

变压器的空载运行是指变压器的一次绕组接在额定电压的交流电源上，而二次绕组开路时的工作情况，如图 1-4 所示。

一、空载运行时各物理量正方向的规定

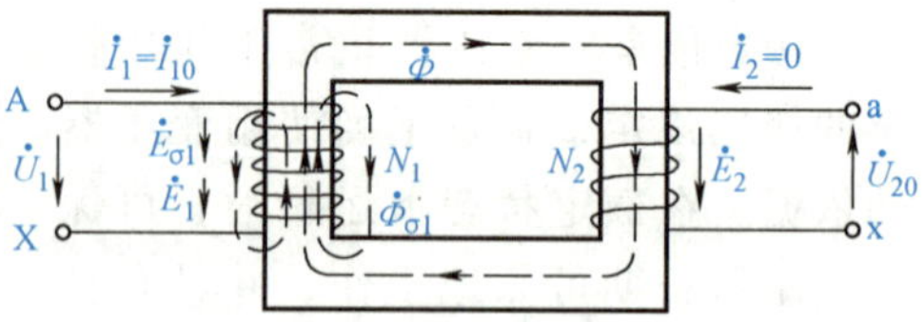

图 1-4　单相变压器空载运行原理图

当变压器一次绕组接上额定电压 $\dot{U}_{1N}$ 空载运行时，一次绕组中流过的电流称空载电流 $\dot{I}_{10}$，它产生空载磁通势 $\dot{F}_0=\dot{I}_{10}N_1$，产生交变磁通。交变磁通绝大部分沿铁心闭合且与一、二次绕组同时交链，这部分磁通称为主磁通 $\dot{\Phi}$；另有很少的一部分磁通只与一次绕组交链，且主要经非磁性材料而闭合，称为一次绕组的漏磁通 $\dot{\Phi}_{\sigma1}$。根据电磁感应定律，主磁通 $\dot{\Phi}$ 在一、二次绕组中分别产生感应电动势 $\dot{E}_1$ 和 $\dot{E}_2$；漏磁通 $\dot{\Phi}_{\sigma1}$ 只在一次绕组中产生感应电动

势 $\dot{E}_{\sigma1}$，称为漏磁感应电动势。二次绕组电动势 $\dot{E}_2$ 对负载而言即为电源电动势，其空载电压为 $\dot{U}_{20}$。

根据电工基础可知，为表明上述各正弦量的相互关系，应首先规定上述各量的正方向，这些正弦量的正方向通常规定如下：

1）电源电压 $\dot{U}$ 正方向与其电流 $\dot{I}$ 正方向采用关联方向，即两者正方向一致。

2）绕组电流 $\dot{I}$ 产生的磁通势所建立的磁通 $\dot{\Phi}$，这两者的正方向符合右手螺旋定则。

3）由交变磁通 ϕ 产生的感应电动势 $\dot{E}$，两者的正方向符合右手螺旋定则，即 $\dot{E}$ 的正方向与产生该磁通的电流正方向一致。

按照上述规定，各电压、电流、磁通、感应电动势的正方向如图 1-4 所示。

二、感应电动势与漏磁电动势

（一）感应电动势

若主磁通 $\phi=\Phi_{\rm m}\sin\omega t$，则一、二次绕组感应电动势瞬时值为

$$e_1=-N_1\frac{\mathrm{d}\phi}{\mathrm{d}t}=-\omega N_1\Phi_{\rm m}\cos\omega t=\omega N_1\Phi_{\rm m}\sin(\omega t-90°)=E_{1\rm m}\sin(\omega t-90°)$$

$$e_2=-N_2\frac{\mathrm{d}\phi}{\mathrm{d}t}=E_{2\rm m}\sin(\omega t-90°) \tag{1-4}$$

其有效值为

$$E_1=\frac{E_{1\rm m}}{\sqrt{2}}=\frac{\omega N_1\Phi_{\rm m}}{\sqrt{2}}=\frac{2\pi fN_1\Phi_{\rm m}}{\sqrt{2}}=\sqrt{2}\pi fN_1\Phi_{\rm m}=4.44fN_1\Phi_{\rm m}$$

$$E_2=4.44fN_2\Phi_{\rm m} \tag{1-5}$$

相量表示为

$$\dot{E}_1=-\mathrm{j}4.44fN_1\dot{\Phi}_{\rm m}$$

$$\dot{E}_2=-\mathrm{j}4.44fN_2\dot{\Phi}_{\rm m} \tag{1-6}$$

由式（1-6）可知，变压器一、二次绕组感应电动势的大小与电源频率 f、绕组匝数 N 及铁心主磁通的最大值 $\Phi_{\rm m}$ 成正比，在相位上滞后产生感应电动势的主磁通 90°。

（二）漏磁电动势

变压器一次绕组的漏磁通 $\dot{\Phi}_{\sigma1}$ 在一次绕组中产生漏磁感应电动势 $\dot{E}_{\sigma1}$ 为

$$\dot{E}_{\sigma1}=-\mathrm{j}\frac{\omega N_1}{\sqrt{2}}\dot{\Phi}_{\sigma1\rm m}=-\mathrm{j}4.44fN_1\dot{\Phi}_{\sigma1\rm m} \tag{1-7}$$

由于漏磁通通过的路径主要为非磁性物质变压器油或空气，其磁导率 μ_0 为一常数，所以漏磁通大小与产生此漏磁通的励磁电流（近似于 I_{10}）成正比，且相位相同。若用绕组的漏电感系数 L_1 来表示二者之间的关系，则

$$L_1=\frac{N_1\dot{\Phi}_{\sigma1\rm m}}{\sqrt{2}I_{10}} \tag{1-8}$$

故
$$\dot{E}_{\sigma1}=-\mathrm{j}\frac{\omega N_1}{\sqrt{2}}\dot{\Phi}_{\sigma1\mathrm{m}}=-\mathrm{j}\dot{I}_{10}\omega L_1=-\mathrm{j}\dot{I}_{10}X_1$$

式中 L_1——一次绕组的漏电感系数；
X_1——一次绕组的漏电抗。

三、空载运行时的电动势平衡方程式和电压比

变压器空载运行时，在一次绕组电路中，除感应电动势 $\dot{E}_1$ 和漏磁电动势 $\dot{E}_{\sigma1}$ 外，空载电流 $\dot{I}_{10}$流过一次绕组时，还要产生电阻压降 $\dot{I}_{10}R_1$。根据基尔霍夫第二定律以及图 1-4 所示正方向可列出一次绕组电动势平衡方程式

$$\dot{U}_1=-\dot{E}_1-\dot{E}_{\sigma1}+\dot{I}_{10}R_1=-\dot{E}_1+\dot{I}_{10}R_1+\mathrm{j}\dot{I}_{10}X_1=-\dot{E}_1+\dot{I}_{10}Z_1 \tag{1-9}$$

式中 Z_1——一次绕组的漏阻抗，$Z_1=R_1+\mathrm{j}X_1$。

由于空载电流 $\dot{I}_{10}$很小，电阻 R_1 和漏电抗 X_1 均很小，可忽略不计，则

$$\dot{U}_1\approx-\dot{E}_1=-\mathrm{j}4.44fN_1\dot{\Phi}_\mathrm{m} \tag{1-10}$$

由于变压器空载运行时，其二次绕组开路，所以二次绕组的端电压等于其感应电动势，即

$$\dot{U}_{20}=\dot{E}_2 \tag{1-11}$$

变压器一次绕组的匝数 N_1 与二次绕组匝数 N_2 之比称为变压器的电压比 k，即

$$k=\frac{N_1}{N_2}=\frac{E_1}{E_2}\approx\frac{U_1}{U_2} \tag{1-12}$$

当 $N_2>N_1$ 时，$k<1$，则 $U_2>U_1$，为升压变压器；若 $N_2<N_1$，$k>1$，则 $U_2<U_1$，为降压变压器。若改变电压比 k，即改变一次或二次绕组匝数，则可达到改变二次绕组输出电压 $\dot{U}_{20}$ 的目的。

四、空载电流和空载损耗

变压器空载运行时，空载电流 $\dot{I}_{10}$一方面用来产生主磁通，另一方面用来补偿变压器空载时的损耗。为此，将 $\dot{I}_{10}$分解成两部分，一部分为无功分量 $\dot{I}_{10\mathrm{Q}}$，用来建立磁场，起励磁作用，与主磁通同相位；另一部分为有功分量 $\dot{I}_{10\mathrm{P}}$，用来供给变压器铁心损耗，其相位超前主磁通 90°，即

$$\dot{I}_{10}=\dot{I}_{10\mathrm{P}}+\dot{I}_{10\mathrm{Q}} \tag{1-13}$$

空载电流一般只占额定电流的 2%~10%，而 $I_{10\mathrm{P}}<10\%I_{10}$，因此 $I_{10}\approx I_{10\mathrm{Q}}$，即空载电流 I_{10} 主要用来建立主磁通，故空载电流也称作励磁电流。变压器空载时没有输出功率，它从电源获取的全部功率都消耗在其内部，称为空载损耗。空载损耗绝大部分是铁心损耗 $E_1I_{10\mathrm{P}}$，即磁滞损耗与涡流损耗，只有极少部分是一次绕组电阻上的铜损耗 $I_{10}^2R_1$，故可认为

变压器的空载损耗就是变压器的铁心损耗。

五、变压器空载运行时的相量图

为了直观地表示变压器中各物理量之间的大小关系和相位关系，可在一张相量图上将各物理量用相量形式表示出来，称之为变压器的相量图。

根据空载运行时的电动势平衡方程式 $\dot{U}_1=-\dot{E}_1+\dot{I}_{10}R_1+\mathrm{j}\dot{I}_{10}X_1$，$\dot{U}_{20}=\dot{E}_2$ 和 $\dot{I}_{10}=\dot{I}_{10P}+\dot{I}_{10Q}$，可作出如图 1-5 所示的变压器空载运行时的相量图。

作相量图时，先以主磁通 $\dot{\Phi}_m$ 为参考相量，画在水平线上；再根据 $\dot{E}_1=-\mathrm{j}4.44fN_1\dot{\Phi}_m$、$\dot{E}_2=-\mathrm{j}4.44fN_2\dot{\Phi}_m$ 画出滞后 $\dot{\Phi}_m 90°$的 $\dot{E}_1$ 和 $\dot{E}_2$ 相量；然后根据 $\dot{I}_{10Q}$ 与 $\dot{\Phi}_m$ 同相位，$\dot{I}_{10P}$ 超前 $\dot{\Phi}_m 90°$，$\dot{I}_{10P}+\dot{I}_{10Q}=\dot{I}_{10}$ 画出 $\dot{I}_{10}$ 相量，$\dot{I}_{10}$ 超前于 $\dot{\Phi}_m$ 一个铁耗角 α_{Fe}；最后由 $-\dot{E}_1+\dot{I}_{10}R_1+\mathrm{j}\dot{I}_{10}X_1=\dot{U}_1$ 作出 $\dot{U}_1$ 相量。由图 1-5 可知 $\dot{U}_1$ 与 $\dot{I}_{10}$ 相位差角 $\varphi_0\approx 90°$，一般 $\cos\varphi_0=0.1\sim0.2$，变压器空载运行时的功率因数很低。

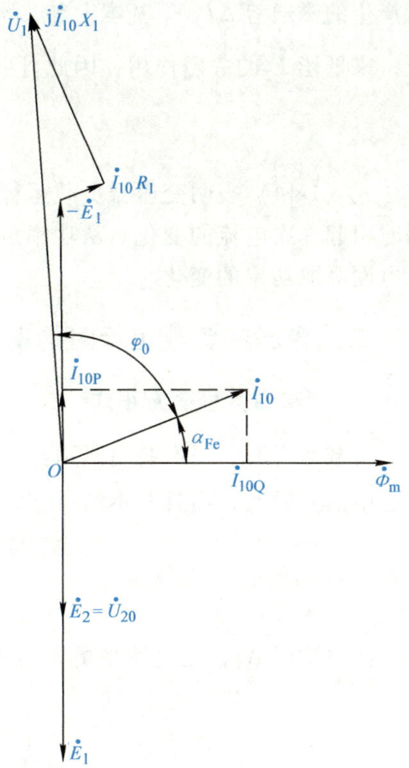

图 1-5 变压器空载运行时的相量图

第三节 单相变压器的负载运行

变压器的负载运行是指变压器在一次绕组加上额定正弦交流电压，二次绕组接负载 Z_L 的情况下的运行状态，如图 1-6 所示。

一、负载运行时的各物理量

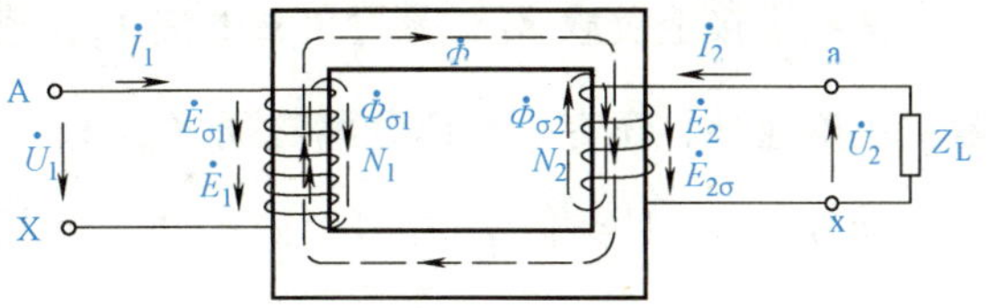

图 1-6 变压器负载运行示意图

当变压器二次绕组接上负载 Z_L 时，在感应电动势 $\dot{E}_2$ 作用下，二次绕组中流过电流 $\dot{I}_2$，$\dot{I}_2$随负载的变化而变化。$\dot{I}_2$流过二次绕组 N_2 时建立磁通势 $\dot{F}_2=\dot{I}_2N_2$，此时铁心中的主磁通 $\dot{\Phi}$ 不再单由一次绕组的磁通势 $\dot{F}_1$ 产生，而是由一次和二次绕组的磁通势 $\dot{F}_1$、$\dot{F}_2$ 共同产生。$\dot{F}_2$ 的出现将使主磁通最大值 $\dot{\Phi}_m$ 趋于减小，随之感应电动势 $\dot{E}_1$ 也将减小。由于电源电压 $\dot{U}_1$ 不变，$\dot{E}_1$ 的减小将导致一次电流 $\dot{I}_1$增加，即由空载电流 $\dot{I}_{10}$变为负载电流 $\dot{I}_1$，其增加的磁通势以抵消 $\dot{I}_2N_2$ 磁通势对空载主磁通的去磁影响，使加负载时的主磁通值基本回升到空载时的值。这也就是说，一次电流增加量 $\Delta\dot{I}_1=\dot{I}_1-\dot{I}_{10}$

所产生的磁通势 $\Delta\dot{I}_1N_1$ 基本上与二次绕组电流 $\dot{I}_2$产生的磁通势 $\dot{I}_2N_2$ 两者大小相等，方向相反，来抵偿 $\dot{F}_2$的去磁作用，因此可以维持主磁通基本不变，即

$$\Delta\dot{I}_1=-\frac{N_2}{N_1}\dot{I}_2 \tag{1-14}$$

式（1-14）表明变压器负载运行时，一、二次电流紧密地联系在一起，二次电流的变化同时引起一次电流的变化。从功率角度分析，二次侧输出功率的变化，也必然会引起一次侧从电网吸取功率的变化。

二、变压器负载运行时的基本方程式

（一）磁通势平衡方程式

负载运行时，一次绕组磁通势 $\dot{F}_1=\dot{I}_1N_1$ 和二次绕组磁通势 $\dot{F}_2=\dot{I}_2N_2$ 共同作用，产生铁心中的主磁通，而且基本维持空载时的主磁通，则变压器负载运行时磁通势平衡方程式为

$$\begin{gathered}\dot{F}_1+\dot{F}_2=\dot{F}_{10}\\ \dot{I}_1N_1+\dot{I}_2N_2=\dot{I}_{10}N_1\end{gathered} \tag{1-15}$$

两边同时除以 N_1，则电流平衡方程式为

$$\dot{I}_1=\dot{I}_{10}+\left(-\frac{N_2}{N_1}\dot{I}_2\right)=\dot{I}_{10}+\left(-\frac{\dot{I}_2}{k}\right)=\dot{I}_{10}+\dot{I}_{1L} \tag{1-16}$$

上式表明，变压器负载运行时，一次电流 $\dot{I}_1$有两个分量：一个是空载电流 $\dot{I}_{10}$，用以产生负载时铁心中的主磁通；另一个是负载分量 $\dot{I}_{1L}$，起到抵消二次绕组磁通势 $\dot{F}_2=\dot{I}_2N_2$ 的去磁作用，以保持主磁通基本不变。

由于 $I_{10}\ll I_1$，在忽略 I_{10} 时，一、二次绕组电流关系为 $\dot{I}_1=-\dot{I}_2/k$，其有效值为

$$I_1=I_2/k \tag{1-17}$$

（二）电动势平衡方程式

二次绕组接上负载 Z_L，流过负载电流 $\dot{I}_2$，建立了 $\dot{F}_2$，而 $\dot{F}_2$ 除了与一次绕组磁通势共同建立主磁通外，还有一小部分漏磁通 $\dot{\Phi}_{\sigma2}$ 只与二次绕组交链，在二次绕组中产生相应的漏磁电动势 $\dot{E}_{\sigma2}$，且类似于 $\dot{E}_{\sigma1}$ 的计算。$\dot{E}_{\sigma2}$ 也可用漏抗压降表示，即

$$\dot{E}_{\sigma2}=-\mathrm{j}\omega L_2\dot{I}_2=-\mathrm{j}\dot{I}_2X_2 \tag{1-18}$$

参照图 1-6 所示各物理量正方向规定，负载运行时的一、二次绕组的电动势平衡方程式为

$$\dot{U}_1=-\dot{E}_1+\dot{I}_1R_1+\mathrm{j}\dot{I}_1X_1=-\dot{E}_1+\dot{I}_1Z_1 \tag{1-19}$$

$$\dot{U}_2=\dot{E}_2-\dot{I}_2R_2-\mathrm{j}\dot{I}_2X_2=\dot{E}_2-\dot{I}_2Z_2 \tag{1-20}$$

$$\dot{U}_2=\dot{I}_2Z_L \tag{1-21}$$

式中 R_2——二次绕组的电阻；

X_2——二次绕组的漏电抗；

Z_2——二次绕组的漏阻抗；

Z_L——二次侧负载阻抗。

综上所述，变压器负载运行时的基本方程式有

$$\dot{I}_1N_1+\dot{I}_2N_2=\dot{I}_{10}N_1$$

$$\dot{U}_1=-\dot{E}_1+\dot{I}_1R_1+\mathrm{j}\dot{I}_1X_1=-\dot{E}_1+\dot{I}_1Z_1$$

$$\dot{U}_2=\dot{E}_2-\dot{I}_2R_2-\mathrm{j}\dot{I}_2X_2=\dot{E}_2-\dot{I}_2Z_2$$

$$E_1=kE_2$$

$$I_1\approx\frac{I_2}{k}$$

$$\dot{U}_2=\dot{I}_2Z_L$$

三、变压器负载运行时的相量图

变压器负载运行时的电磁关系，除用基本方程表示外，还可以用相量图直观地表达出变压器运行时各物理量的大小关系和相位关系。

当已知负载情况 $Z_L=R_L+\mathrm{j}X_L$（常为感性负载）和变压器参数 k、R_2、X_2、R_1、X_1 和 U_{1N} 时，可按下列步骤作相量图：

1）图 1-5 变压器空载运行时的相量图是在作出 $\dot{\Phi}_m$、$\dot{E}_1$、$\dot{E}_2$、$\dot{I}_{10}$等相量基础上进行。

2）计算 $\dot{I}_2=\dot{E}_2/(Z_2+Z_L)$，其中 $Z_2=R_2+\mathrm{j}X_2$，$Z_L=R_L+\mathrm{j}X_L$，计算 $\dot{I}_1=-\dot{I}_2/k+\dot{I}_{10}$，并在相量图中作出 $\dot{I}_2$与 $\dot{I}_1$。

3）计算 $\dot{U}_2=\dot{E}_2-\dot{I}_2Z_2$，作出 $\dot{U}_2$ 相量。

4）计算 $\dot{U}_1=-\dot{E}_1+\dot{I}_1Z_1$，作出 $\dot{U}_1$ 相量。

由上述步骤作出感性负载时变压器相量图如图 1-7 所示。

由图 1-7 的相量图可看出：

1）变压器带感性负载运行时，二次电压 $U_2<E_2$。

2）当负载功率因数 $\cos\varphi_2$ 不变时，若增大负载电流 I_2 的值，可以提高一次侧的功率因数 $\cos\varphi_1$。

3）当负载电流 I_2 大小不变时，如果提高负载的功率因数 $\cos\varphi_2$，则一次侧的功率因数 $\cos\varphi_1$ 也得到提高。

值得注意的是：**变压器的一、二次侧之间没有电的联系，而仅有磁的耦合，故一、二次电压、电流、阻抗等数值可能相差很大。**图 1-7 仅仅表明它们的相位关系，而不表明它们的量值关系。

四、变压器的作用

通过对变压器负载运行的分析，可以清楚地看出变压器具有变电压、变电流、变阻抗的作用。

（一）变换电压

由于在公式 $\dot{U}_1=-\dot{E}_1+\dot{I}_1Z_1$，$Z_1=R_1+\mathrm{j}X_1$ 中，变压器一次绕组的电阻 R_1，与一次绕组漏磁通 $\dot{\Phi}_{\sigma1}$ 相应的漏电抗 X_1 都较小，所以 $Z_1=R_1+\mathrm{j}X_1$ 也小，$\dot{U}_1\approx-\dot{E}_1$。

而在公式 $\dot{U}_2=\dot{E}_2-\dot{I}_2Z_2$，$Z_2=R_2+\mathrm{j}X_2$ 中、二次绕组电阻 R_2、二次绕组漏磁通 $\dot{\Phi}_{\sigma2}$ 相应的漏电抗 X_2 的值都很小，所以 $\dot{U}_2\approx\dot{E}_2$。

又因为 $U_1/U_2\approx E_1/E_2=k=N_1/N_2$，所以改变不同的匝数比 k 就可获得不同的 U_2 值，达到变换电压之目的。

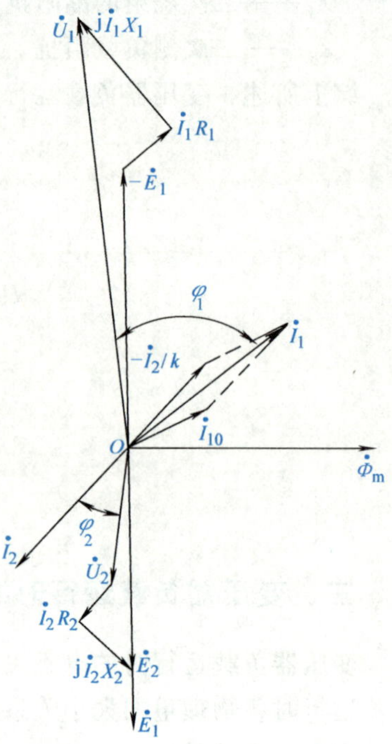

图 1-7 感性负载时变压器相量图

（二）变换电流

在变压器负载运行时的磁通势平衡方程式 $\dot{I}_1N_1+\dot{I}_2N_2=\dot{I}_{10}N_1$ 中，考虑到变压器空载电流很小，一般只有额定电流的百分之几，当变压器额定运行时，$\dot{I}_{10}N_1$ 可忽略不计，因此 $\dot{I}_1N_1\approx-\dot{I}_2N_2$，一、二次绕组电流有效值关系为 $I_1/I_2\approx N_2/N_1=1/k$。

所以，当变压器额定运行时，一、二次绕组电流之比，近似等于其匝数比的倒数。改变一、二次绕组的匝数，可以改变一、二次绕组电流的比值，起到电流变换的作用。

（三）变换阻抗

变压器除了有变电压和变电流作用外，还有变阻抗的作用。如图 1-8 所示，变压器一次绕组接电源 $\dot{U}_1$，二次绕组接负载 $|Z_L|$。对于电源来说，图 1-8 中点划线框内的电路可用另一阻抗 $|Z'_L|$ 来等效代替（所谓等效，就是它们从电源吸取的电流和功率相等）。当忽略变压器的漏磁和损耗时，等效阻抗可由下式计算：

$$|Z'_L|=\frac{U_1}{I_1}=\frac{(N_1/N_2)U_2}{(N_2/N_1)I_2}=\left(\frac{N_1}{N_2}\right)^2|Z_L|=k^2|Z_L| \tag{1-22}$$

式中 $|Z_L|$——变压器二次绕组的负载阻抗，$|Z_L|=\dfrac{U_2}{I_2}$。

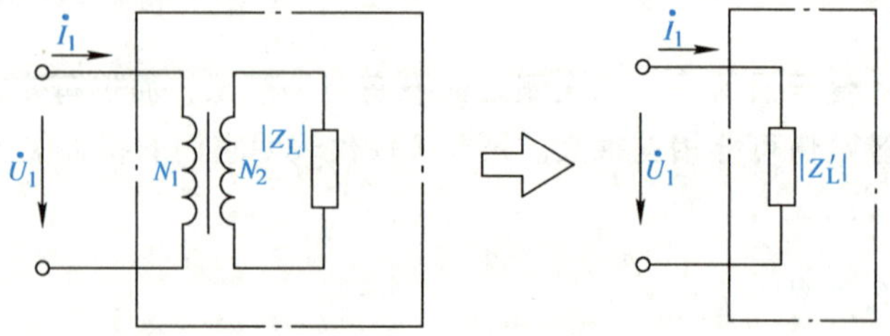

变压器电路　　　　等效电路

图 1-8 变压器的阻抗变换原理

上式表明，在电压比为 k 的变压器二次绕组上接阻抗为 $|Z_L|$ 的负载，相当于在电源上直接接了一个 $|Z'_L|=k^2|Z_L|$ 的阻抗。也就是说经变压器把负载阻抗 $|Z_L|$ 变换为 $|Z'_L|$。通过选择合适的电压比 k，可把实际负载阻抗变换为所需的阻抗值，这就是变压器的变换阻抗作用。

五、变压器的运行特性

变压器运行特性主要有外特性和效率特性。其主要指标为电压变化率和效率。

(一) 变压器的外特性和电压变化率

变压器负载运行时，二次绕组接上负载，流过负载电流，由于变压器内部存在电阻和漏电抗，产生阻抗压降，使变压器二次绕组端电压随负载电流的变化而变化。当在一次绕组上加额定电压、负载功率因数 $\cos\varphi_2$ 为定值时，二次绕组端电压 U_2 随负载电流 I_2 的变化关系，即 $U_2=f(I_2)$ 曲线，称为变压器外特性，如图 1-9 所示。变压器在纯电阻负载时，电压变化较小；为感性负载时，电压变化较大；而在容性负载时，端电压可能出现随负载电流的增加反而上升，如图 1-9 中曲线 3 所示。

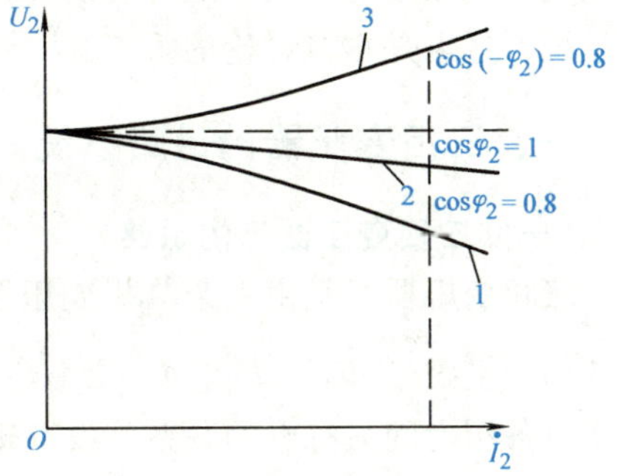

图 1-9 变压器的外特性

变压器负载运行时，二次绕组端电压变化情况用电压变化率 ΔU 来表示。电压变化率是在变压器一次绕组上加额定电压、负载功率因数 $\cos\varphi_2$ 一定时，二次绕组端电压 U_2 与额定电压 U_{2N} 之差，对额定电压 U_{2N} 的百分比，即

$$\Delta U\%=\frac{U_{2N}-U_2}{U_{2N}}\times100\% \tag{1-23}$$

电压变化率是变压器的主要性能指标之一，它反映了供电电压的质量，即电压的稳定性。

(二) 变压器的效率特性

变压器的效率特性是指电源电压和负载功率因数 $\cos\varphi_2$ 不变的情况下，变压器效率随负载电流变化的关系，即曲线 $\eta=f(I_2)$，如图 1-10 所示。

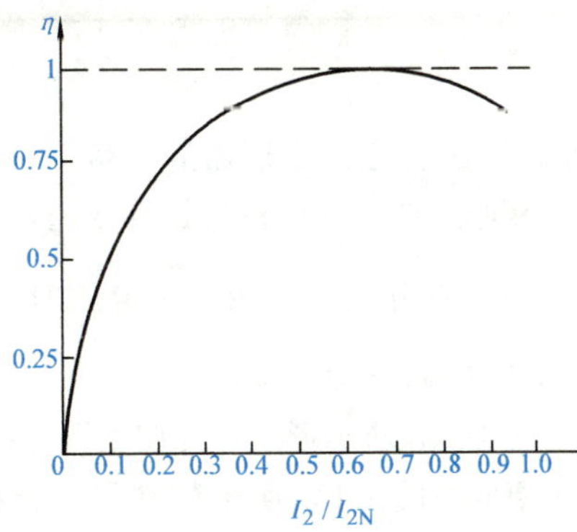

图 1-10 变压器的效率特性

决定变压器效率的是铁心损耗、铜耗和负载电流大小。当负载电流很小时，铜耗很小，因此铁心损耗是决定效率的主要因素。此时如果负载电流增大，而总损耗增加不大，则输出功率随负载电流增大而增大，故效率随负载电流的增加而增大。当负载电流较大时，铜耗成为总损耗的主要成分，它与电流的二次方成正比，而输出功率只与电流成正比，当负载电流继续增大时，效率反而下降。对于电力变压器，最大效率出现在 $I_2=(0.5\sim0.75)I_{2N}$ 时，其额定效率 $\eta_N=0.95\sim0.99$。

第四节 三相变压器

在实际电力系统中，普遍采用三相制供电，故三相变压器得到广泛使用。三相变压器可以由三台相同的单相变压器组成，称之为三相变压器组，也可以将三个铁心柱用铁轭连在一起来构成一台三相变压器，称之为三相心式变压器。

三相变压器一次绕组接上三相对称电压，在其二次绕组侧感应出三相对称电动势。当在二次绕组接上对称负载时，在二次绕组中流过三相对称电流，其大小相等，相位互差120°。所以，三相变压器运行时，可取一相来分析，也就是说，单相变压器的分析方法完全适用于三相变压器在对称负载下运行时的分析。但三相变压器有与单相变压器不同的磁路系统和电路系统，这也是本节讨论的重点。

一、三相变压器的磁路系统

（一）三相变压器组的磁路

三相变压器组是由三个单相变压器按一定方式连接在一起组成的，如图1-11所示。由于各相的主磁通 $\dot{\Phi}_A$、$\dot{\Phi}_B$、$\dot{\Phi}_C$ 沿着各自独立的磁路闭合，各相磁路彼此无关，因此三相变压器组各相之间只有电的联系，没有磁的联系。当三相变压器组一次绕组加上三相对称电压时，将产生三相对称的一次绕组空载电流，进而产生三相对称磁通。

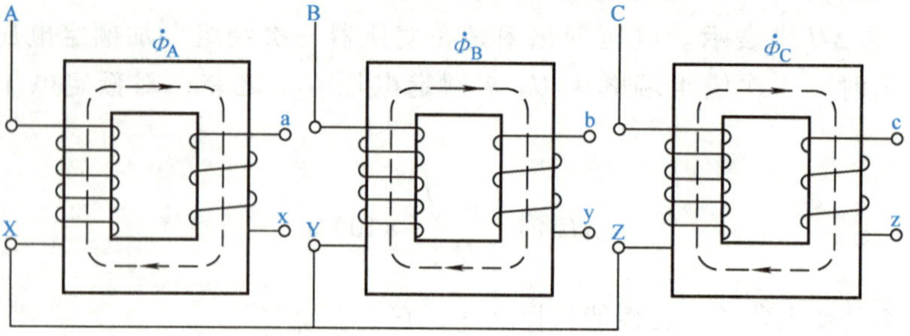

图1-11 三相变压器组的磁路系统

（二）三相心式变压器的磁路

三相心式变压器的铁心是将变压器组的三个铁心合在一起演变而成，如图1-12所示。当变压器一次绕组加上三相对称电压时，流过三相对称电流，产生三相对称主磁通 $\dot{\Phi}_A$、$\dot{\Phi}_B$、$\dot{\Phi}_C$，如图1-12a所示，此时中间铁心柱内的磁通 $\dot{\Phi}_A+\dot{\Phi}_B+\dot{\Phi}_C=0$，于是可将中间铁心柱省去，成为如图1-12b所示形状。为使制造方便，节省材料，减小体积，将三相铁心柱布置在同一平面上，便成为图1-12c所示的常用三相心式变压器的铁心结构。这种结构的三相磁路长短不等，中间B相最短，两边A、C相较长，造成三相磁路磁阻不等。当一次绕组接上三相对称电压时，三相磁通相等，但由于磁路磁阻不等，将使三相空载电流不相等。但一般电力变压器的空载电流很小，因此它的不对称对变压器负载运行的影响很小，可忽略不计。

上述三相变压器的两种磁路系统，各有优缺点。在相同额定容量下，三相心式变压器较三相变压器组效率更高，维护更方便、占地面积更小；而三相变压器组的每一台单相变压器

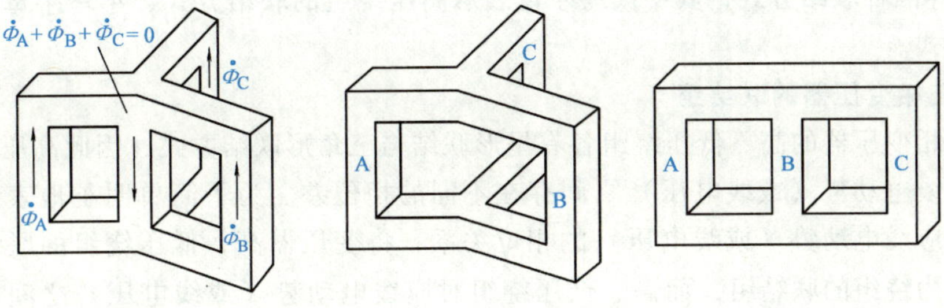

a）有中间心柱型　　b）无中间心柱型　　c）常用的平面布置型

图 1-12　三相心式变压器的磁路系统

具有制造、运输方便，备用变压器容量较小等优点。所以，对于一些超高压、特大容量的三相变压器，为减少制造和运输困难，常采用三相变压器组，但对于一般容量的场合采用三相心式变压器即可。

二、三相变压器的电路系统

三相变压器的电路系统是指三相变压器各相的高压绕组、低压绕组的连接情况。为表明连接方式，对绕组的首、尾端的标志进行了规定，见表 1-1。

表 1-1　三相变压器绕组首端和尾端的标志

绕组名称	首　端	尾　端	中性点
高压绕组	A、B、C	X、Y、Z	N
低压绕组	a、b、c	x、y、z	n

（一）三相变压器绕组的联结法

三相变压器绕组的联结有星形和三角形两种联结方式。将三相绕组的尾端联结在一起，而将其三个首端引出成为星形联结，如图 1-13a 所示。用字母 Y 和 y 分别表示高压绕组和低压绕组的星形联结。若同时也把中点引出，则用 YN 或 yn 表示，如图 1-13b 所示。

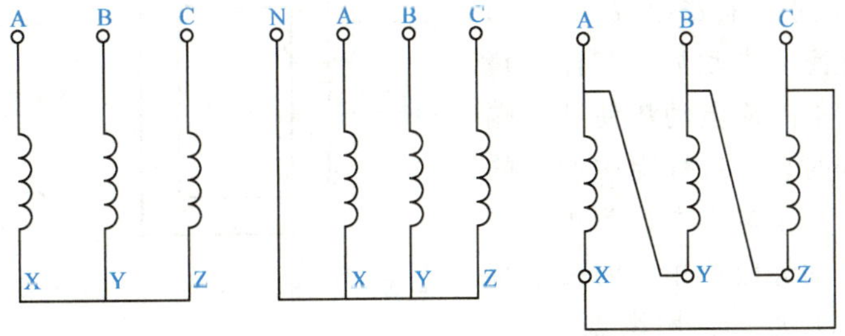

a）星形联结　　b）星形联结中点引出　　c）三角形联结

图 1-13　三相变压器绕组的联结方式

三角形联结是将三相变压器各相绕组的首、尾端依次相接，构成一个封闭三角形，其联结顺序按图 1-13c 所示，为 AX→CZ→BY，然后从首端 A、B、C 引出。三角形联结用字母 D 和 d 分别表示高压绕组和低压绕组的三角形联结。我国生产的电力变压器常用 Yyn、Yd、

YNd、Dyn 等四种联结方式，其中大写字母表示高压绕组的联结方式，小写字母表示低压绕组的联结方式。

（二）三相变压器的联结组

由于三相变压器的高、低压绕组各有星形联结与三角形联结方式，因此高压绕组与低压绕组对应的线电动势（或线电压）之间存在不同的相位差。为了简单明了地表达绕组的联结方式及对应线电动势（或线电压）的相位关系，将变压器高、低压绕组的联结分成不同的组合，称为绕组的联结组，而高、低压绕组对应线电动势（或线电压）之间的相位关系用联结组标号来表示。由于高、低压绕组联结方式不论如何组合，高、低压绕组对应线电动势（或线电压）之间的相位差总是30°的倍数，而时钟表盘上相邻两个钟点的夹角也为30°，所以三相变压器联结组标号采用“钟时序数标号表示法”。

根据电力变压器的国家标准 GB/T 1094.1—2013 中的“钟时序数标号表示法”规定，把变压器高压侧相量图在 A 点对称轴位置指向外的相量作为时钟的长针（即分针），并始终指向钟面的“12”处，再根据高低压侧绕组相电动势（或相电压）的相位关系作出低压侧相量图，将低压侧相量图中 a 点对称轴位置处指向外的相量作为时钟的短针（即时针），该短针所指的钟点数即为该变压器的联结组的标号。相量图的旋转方向按逆时针方向旋转为正。这种“钟时序数标号表示法”与原先的“时钟表示法”相比，更加符合 IEC 的相关标准，且更为方便，而确定的联结组标号完全相同。“钟时序数标号表示法”的具体用法在三相变压器的标准联结组及其相量分析中讲述。

在标识变压器联结组时，变压器高压、低压绕组联结字母标志按额定电压递减的次序标注，在低压绕组联结字母之后，标出其相位差的时钟序号，如 Yy0、Yd11 等。

三相变压器的联结组问题对于三相变压器的并联运行有重要影响；且在电力电子技术中，为确保晶闸管触发电路与主电路电压同步，也常采用同步变压器不同联结组标号来实现。因此，掌握判断联结组的方法具有重要意义。为说明三相绕组的联结组，首先要弄清高低压绕组的相位关系。

（三）高低压绕组相电动势的相位关系

1. 同名端与同名端的规定　变压器的一、二次绕组在同一主磁通 Φ 的作用下，在绕组中产生感应电动势。在任一瞬间，一次绕组产生的感应电动势使某一端点电位为正时，同时在二次绕组中产生的感应电动势必使其某个端点电位为正，对于这两个绕组中电动势极性相同的两个端点称为同名端或同极性端，用黑点“·”或星号“＊”表示，如图 1-14 所示。两个绕组当从同名端流入电流时，其产生的磁通方向相同，由此可确定同名端。在图 1-14a 中 A 与 a 为同名端，而 X 与 x 同样也为同名端，在图 1-14b 中 A 与 a 则为异名端，由此可见，同名端与绕组的绕向有关。

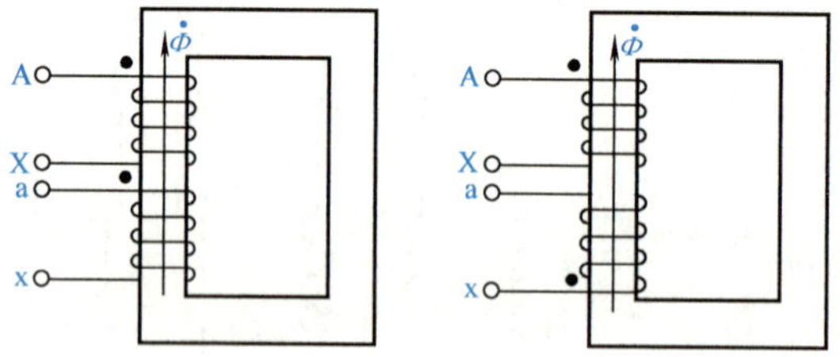

a）绕组绕向相同时的同名端　b）绕组绕向相反时的同名端

图 1-14　变压器绕组的同名端

对于已制成的变压器，如果既无同名端标记，又看不出绕组的绕向，此时可用试验方法来确定绕组的同名端。图 1-15 为变压器同名端的测定方法接线图。把两个绕组的尾端 X 与 x 连接起来，在一次侧 A、X 上加上已降低的便于测量的电压，用电压表测出 U_{Aa}、U_{AX}、和 U_{ax}，若 $U_{Aa}=U_{AX}-U_{ax}$，则说明 U_{AX} 与 U_{ax} 是同相的，即 A 与 a 或 X 与 x 为同名端；若 $U_{Aa}=U_{AX}+U_{ax}$，则说明 U_{AX} 与 U_{ax} 是反相的，即 A 与 x 或 X 与 a 为同名端。

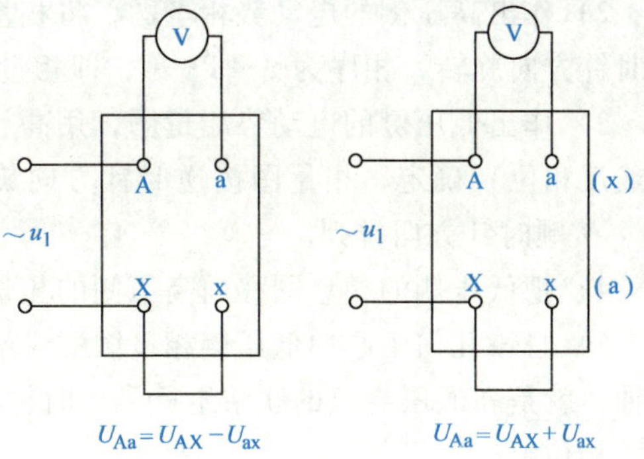

a) A与a为同名端　　b) A与x为同名端

图 1-15　变压器同名端测定方法接线图

2. 单相变压器的联结组　一般绕组的尾端 X、x 为零电位，所以 $\dot{E}_A$、$\dot{E}_a$ 分别由 X、x 指向 A、a。当单相变压器高、低压侧绕组的同名端为首端时，如图 1-16a 所示，高、低压侧绕组相电动势 $\dot{E}_A$ 与 $\dot{E}_a$ 同相位。此时，若将高压侧绕组的相电动势 $\dot{E}_A$ 作为时针的分针即长针，指向时钟钟面的“12”处，则低压侧绕组的相电动势 $\dot{E}_a$ 作为时钟的短针也指向时钟钟面的“0”(“12”) 处，此时 $\dot{E}_A$ 与 $\dot{E}_a$ 同相位，二者之间的相位差为零。故该单相变压器的联结组为Ⅱ0，其中“Ⅱ”表示高、低压绕组均为单相，即单相变压器，“0”表示其联结组的标号。如果同时将高、低压绕组的异名端标为首端，则高、低压绕组的相电动势 $\dot{E}_A$ 与 $\dot{E}_a$ 相位相反，如图 1-16b 所示。将 $\dot{E}_A$ 作为时钟的长针指在“12”处，$\dot{E}_a$ 作为时钟的短针指在钟面的“6”处，故为Ⅱ6 联结组。

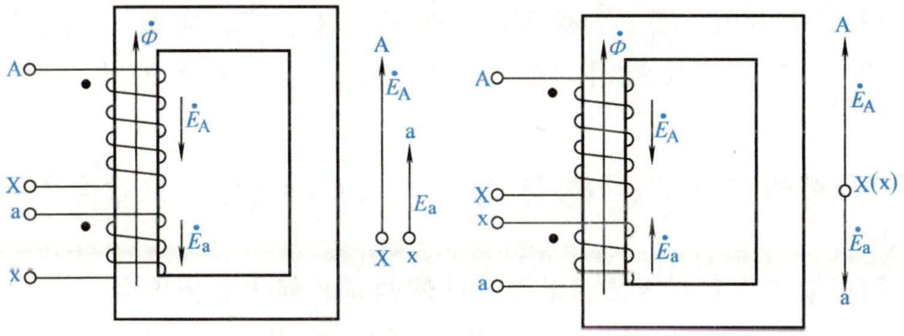

a) Ⅱ0联结组　　b) Ⅱ6联结组

图 1-16　单相变压器的联结组

由上述分析可知，单相变压器的高、低压绕组的相电动势只有同相与反相两种情况，它取决于绕组同名端的标注和绕组首尾端标记。

3. 三相变压器联结组标号的确定　三相变压器联结组标号不仅与绕组的同名端及绕组首尾端的标记有关，还与三相绕组的联结方式有关。

三相绕组联结图规定高压绕组画在上方，低压绕组位于下方。

根据钟时序数标号表示法判断联结组标号的方法步骤如下：

1）按三相变压器高、低压绕组联结方式，画出高、低压绕组的联结图，并在联结图中标出高、低压绕组相电动势的正方向。规定相电动势的正方向从绕组首端指向尾端。

2）作出高压侧的电动势相量图，将相量图的A点放在时钟钟面的“12”处，相量图按逆时针方向旋转，相序为A—B—C，即相量图的三个顶点A、B、C按顺时针方向排列。

3）作出低压侧的电动势相量图，用高、低压侧对应绕组的相电动势的相位关系（同相位或反相位）确定，相量图按逆时针方向旋转，相序为a—b—c，即相量图的三个顶点a、b、c按顺时针方向排列。

4）把低压侧的相量图移向高压侧的相量图，并使两者的几何中心相重合。

5）自该几何中心向低压侧相量图的a端点引一连线并延伸，其所指示钟面序数，即几点钟，就是高低压绕组的联结组标号。时钟序数乘30°即为低压绕组与高压绕组相电动势之间的相位差。

（四）三相变压器的标准联结组及其相量分析

为了制造和使用上的方便，国家规定三相双绕组电力变压器的标准联结组为Yyn0、Yd11、YNd11、YNy0、Yy0共五种，其中前三种最常用。各种联结组有不同的适用范围，如Yyn0多用于容量不超过1800kV·A，低压电压为230V/400V的配电变压器，供动力与照明负载。Yd11用于高压侧电压35kV及以下、低压侧电压高于400V的配电变压器。YNd11用于高压侧电压110kV及以上且中性点接地的大型、巨型变压器中。Yy0用于只供给动力负载、容量不太大的变压器。对单相变压器只采用Ⅱ0联结组，下面以Yy0、Yd11为例分析其联结组相量关系。其余常用联结组见表1-2三相变压器常用联结组。

1. Yy0联结组　图1-17a，b，c为三相变压器Yy0联结组的接线图、相量图及简明表示。在图1-17a的接线图中，高、低压侧绕组都按星形联结，且同名端都在首端。按联结组标号确定方法步骤为：

1）在图1-17a中标出高、低压绕组相电动势$\dot{E}_A$、$\dot{E}_B$、$\dot{E}_C$与$\dot{E}_a$、$\dot{E}_b$、$\dot{E}_c$的正方向。

2）在图1-17b中画出高压绕组的电动势相量图，将相量图的A点放在时钟钟面的“12”处。

3）根据低压绕组的$\dot{E}_a$与$\dot{E}_A$、$\dot{E}_b$与$\dot{E}_B$、$\dot{E}_c$与$\dot{E}_C$同相位，通过画平行线作出低压侧的电动势相量图。

4）把低压侧相量图移向高压侧相量图，并使两者几何中心相重合。

5）自几何中心向a端点引一连线并延伸，所指钟面序数为“0”（即“12”），确定该联结组标号为“0”，即为Yy0联结组。

图1-17c为Yy0联结组的简明表示。Yy0联结组表明线电动势$\dot{E}_{ab}$与$\dot{E}_{AB}$同相位。

2. Yd11联结组　图1-18a、b、c为Yd11联结组的接线图、相量图及简明表示。在图1-18a中，高压绕组为星形联结，低压绕组为三角形逆联结，且同名端同时作为首端。

图1-18b中的高压侧相量图与图1-17b中的高压侧相量图一样。低压绕组的$\dot{E}_a$与$\dot{E}_A$同相位，所以在低压侧的相量图中$\dot{E}_a$与$\dot{E}_A$平行且方向一致，同时又因是三角形逆联结（a与y相联结，b与z、c与x相联结），所以$\dot{E}_a=\dot{E}_{xa}=\dot{E}_{ca}$，$\dot{E}_b=\dot{E}_{yb}=\dot{E}_{ab}$，$\dot{E}_c=\dot{E}_{zc}=\dot{E}_{bc}$。由此低压侧相量图如图1-18b所示，把低压侧相量图移向高压侧相量图，并使两者几何中心相重合，自几何中心向a端点引一连线并延伸，所指钟面序数为“11”，确定该联结组标号为“11”，即为Yd11联结组。

表 1-2 三相变压器常用联结组

三相绕组接线图	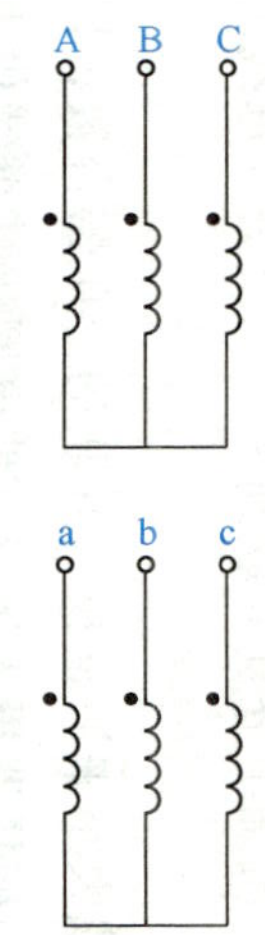	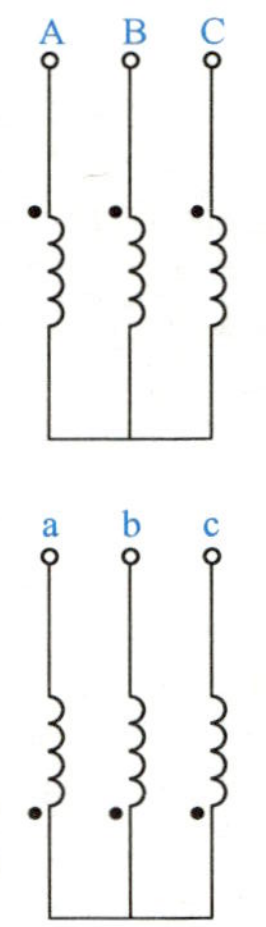	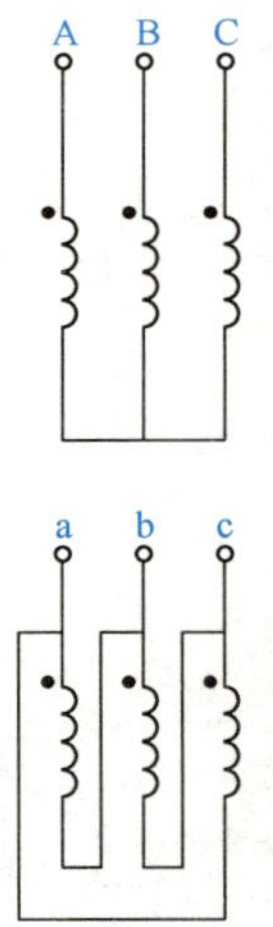	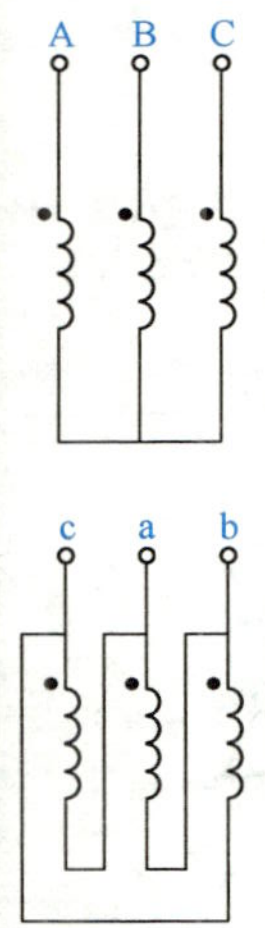	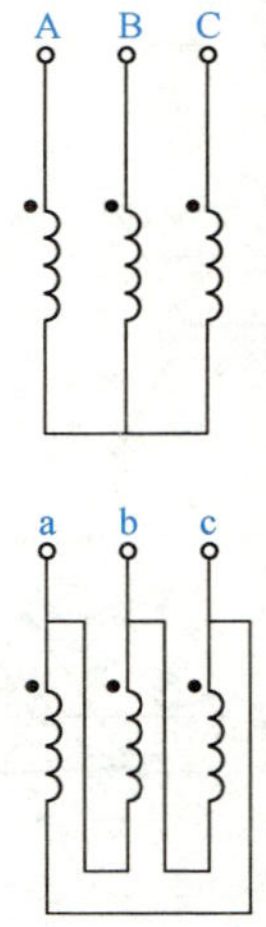	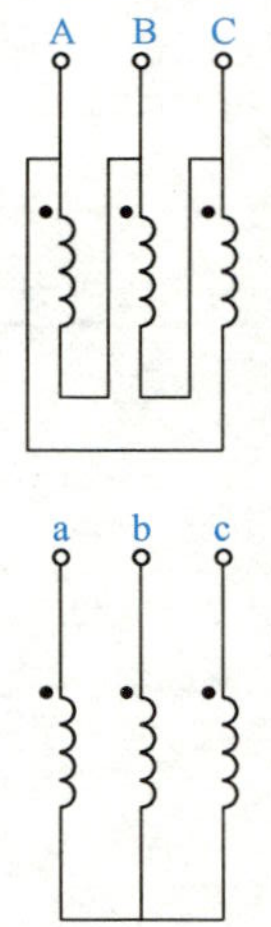	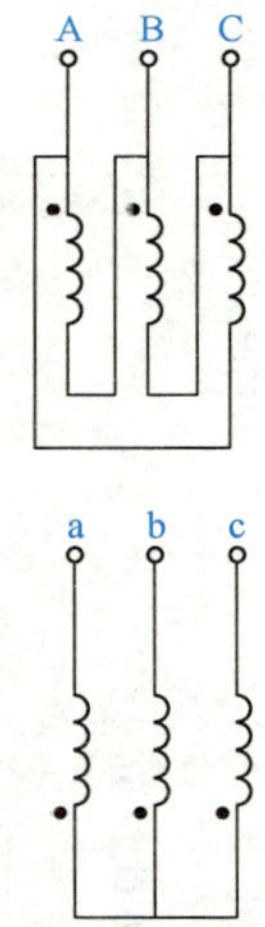	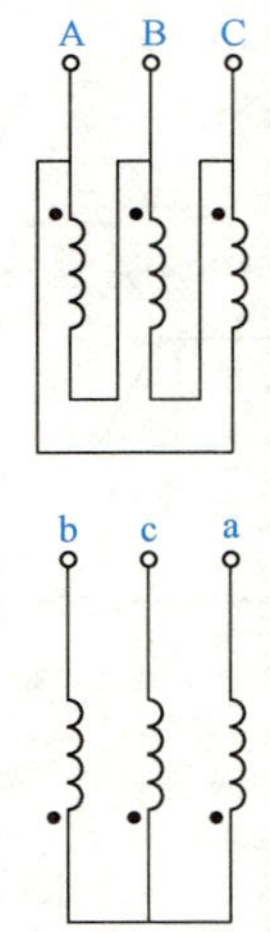	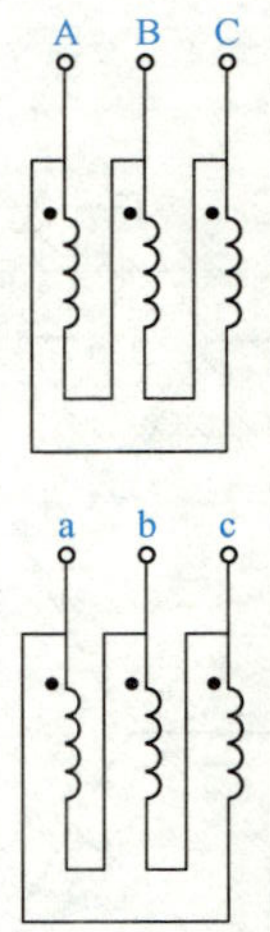	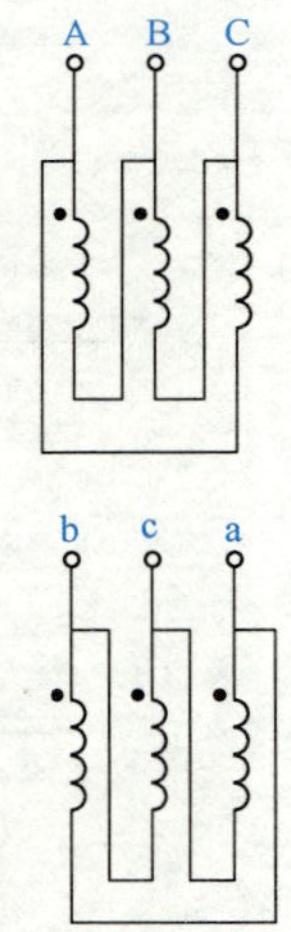
联结组简明表示	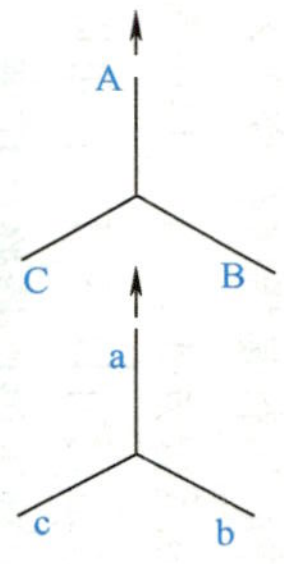	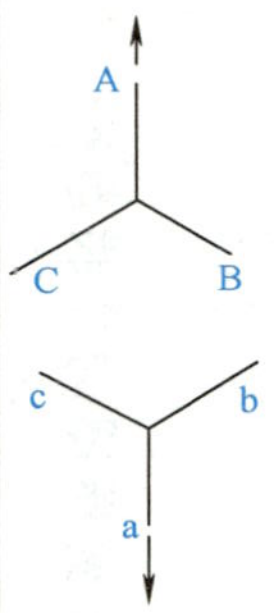	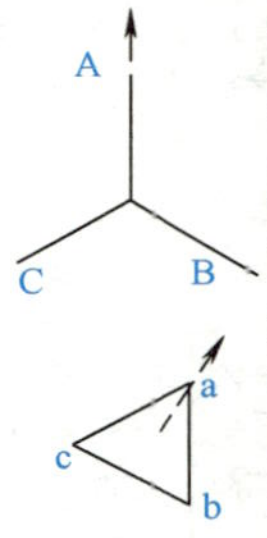	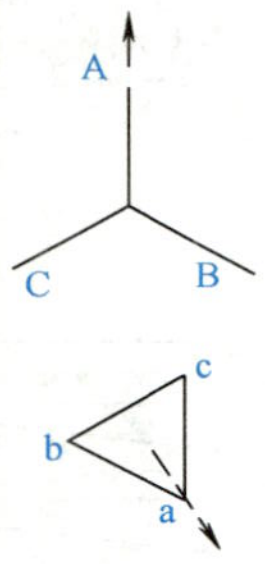	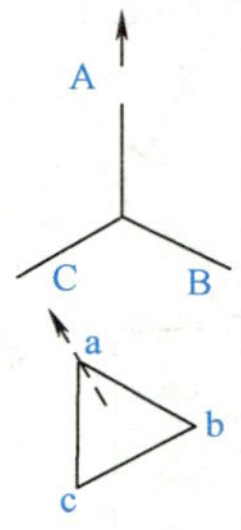	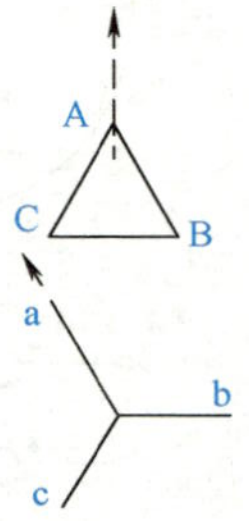	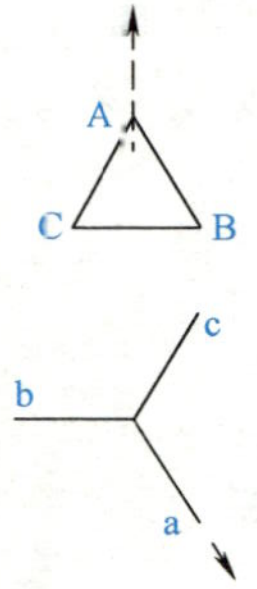	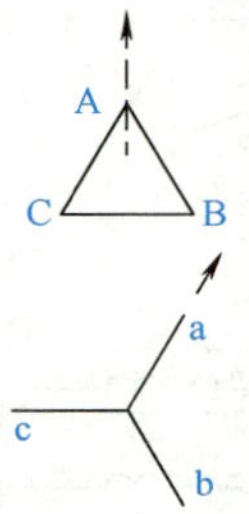	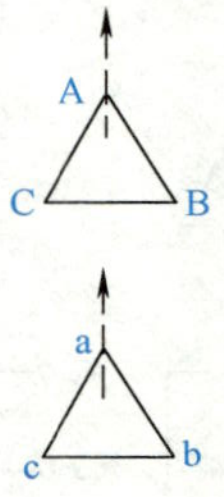	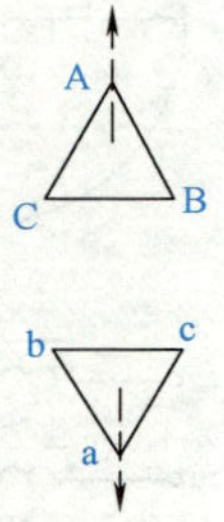
联结组	Yy0	Yy6	Yd1	Yd5	Yd11	Dy11	Dy5	Dy1	Dd0	Dd6

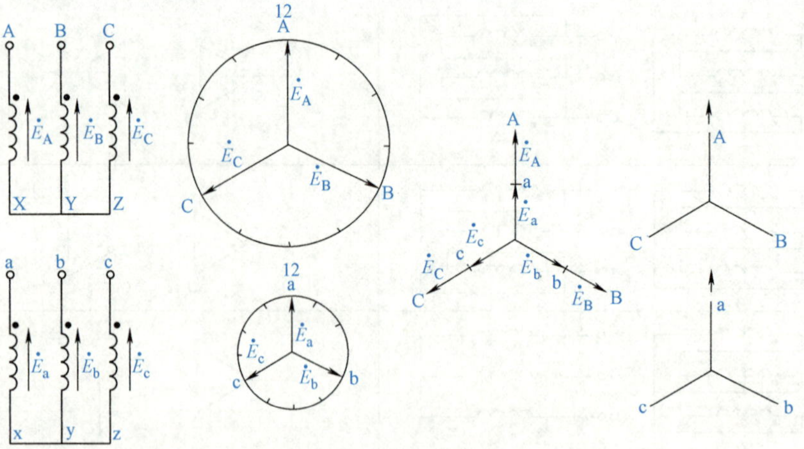

a) 接线图　　b) 相量图　　c) 简明表示

图 1-17　Yy0 联结图

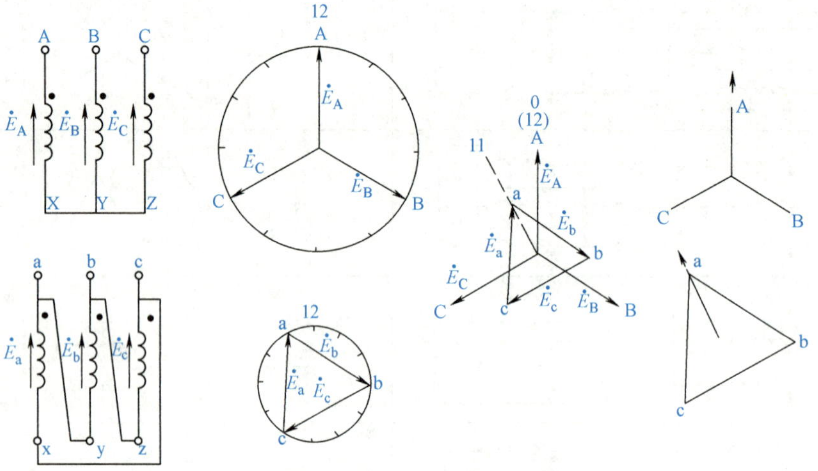

a) 接线图　　b) 相量图　　c) 简明表示

图 1-18　Yd11 联结组

三、三相变压器的并联运行

变压器的并联运行是指多台变压器的一、二次绕组分别并联到一、二次公共母线上，同时对负载供电的运行方式，如图 1-19 所示。

变压器并联运行有以下用途：可以根据负载大小来调整投入并联的变压器台数，以提高运行效率；为实现不停电检修变压器，可将备用变压器投入运行，使电网仍能继续供电，提高供电的可靠性；另外，可灵活调节电网容量，根据用电量的增加分批增加新的变压器，以减少总的备用容量和投资，提高经济性。

变压器并联运行的理想情况是：①空载运行时，各变压器绕组之间无环流；②负载时，各变压器所分担的负载电流与其容量成正比，防止某台过载或欠载，使并联变压器的容量得到充分利用与发挥；③带上负载后各变压器分担的电流与总的负载电流同相位，当总的负载电流一定时，各变压器所负担的电流最小，或者说当各变压器的电流一定时，所能承受的总负载电流为最大。为此**并联的变压器必须具备下列条件：**

1）并联运行的各台变压器的额定电压应相等，即各台变压器的电压比应相等。

2）并联运行的各台变压器的联结组必须相同。

3）并联运行的各台变压器的短路阻抗（或短路电压）的相对值要相等。

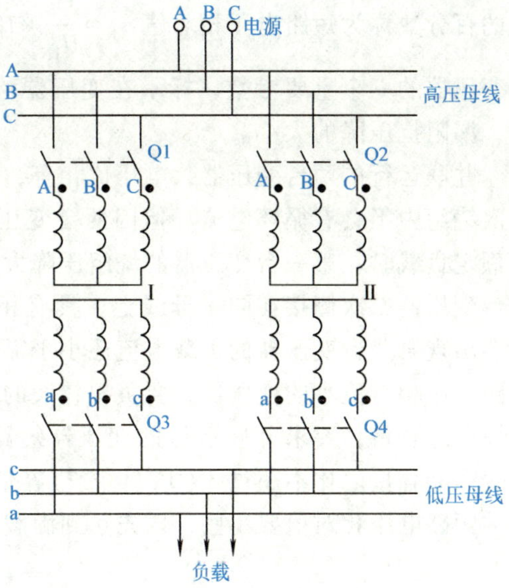

图 1-19 三相 Yy0 联结组变压器的并联运行

下面分别讨论要求满足上述条件的必要性。

1. 电压比不相等时的并联运行

若两台并联运行的变压器其他条件都具备，仅电压比不等。因并联的变压器一次绕组并联接到同一母线，故 $U_{1\mathrm{I}}=U_{1\mathrm{II}}=U_{1\mathrm{N}}$，而它们的二次空载电动势并不相等。在两台变压器的二次侧绕组闭合回路内产生一个差额电动势 $\Delta E=E_{2\mathrm{I}}-E_{2\mathrm{II}}$。在这个差额电动势的作用下，二次侧绕组就产生一个循环电流，一次侧绕组也随之出现对应的循环电流。

循环电流不是负载电流，但它却占据了变压器的容量，增加了变压器的损耗和温升。由于变压器的内阻抗数值很小，即使两台变压器的电压比相差不大，差额电动势 ΔE 不大，也能引起较大的循环电流。因此必须对并联的变压器提出限制：它们的电压比差值对电压比的均方根的比，应小于 0.5%，即 $\Delta k=(|k_{\mathrm{I}}-k_{\mathrm{II}}|/\sqrt{k_{\mathrm{I}}k_{\mathrm{II}}})\times100\%\leq0.5\%$。

2. 联结组不相等时的并联运行

若两台并联的三相变压器联结组不同，例如 Yy0 和 Yd11。如果它们的电压比和短路阻抗相对值均相等，若将这两台变压器并联，它们的一次绕组接在同一电源网路上，而二次侧线电压大小虽然相等，但相位角差为 30°。在变压器的二次绕组电路中将出现相当大的差额空载电压 $\Delta U_{20}=2U_{2\mathrm{N}}\sin\dfrac{30^\circ}{2}=0.518U_{2\mathrm{N}}$，在 ΔU_{20} 的作用下，在并联变压器的二次绕组中出现数倍于额定值的循环电流。同时一次侧也感应很大的循环电流，将变压器的绕组烧毁。**所以，不同联结组标号的变压器绝对不允许并联。**

3. 短路阻抗（或短路电压）相对值不等时的并联运行

短路电压 U_{K} 是指变压器低压绕组短路，在高压绕组加上正弦交流电压，使高压侧电流达到额定电流 $I_{1\mathrm{N}}$ 时，在高压侧所加的电压值。短路电压 U_{K} 对高压侧额定电压 $U_{1\mathrm{N}}$ 的相对值的百分数称为短路电压相对值 $u_K = \frac{U_K}{U_{1N}} \times 100\%$。短路电压相对值又称短路阻抗相对值，它是变压器的一个重要参数，标示在变压器铭牌上，其大小反映了变压器在额定负载下运行时，漏阻抗压降的大小。

并联运行的两台变压器，电压比相等，联结组相同，则在两台变压器构成的一次绕组与二次绕组中不会有循环电流。但因两台变压器的短路电压的相对值不等，如 $u_{K\,\mathrm{I}} > u_{K\,\mathrm{II}}$，则在额定负载时，第一台变压器的绕组压降大于第二台变压器的绕组压降。但是，并联运行的两台变压器二次侧接在同一母线上，具有相同的 U_2 值，因而使变压器的负载分配不均匀，将会出现第一台变压器的负载电流还小于额定电流时，第二台变压器已过载了。也就是说，短路电压相对值小的变压器，要负担较大的负载。为了使并联运行的变压器尽可能充分地利用设备总容量，要求并联运行的变压器短路电压相对值之差不超过其平均值的 10%；大、小变压器容量之比不超过 3∶1，且希望容量大的变压器的短路电压相对值比容量小的变压器的短路电压相对值要小些，以先达到满载，充分利用大变压器的容量。

第五节　其他用途的变压器

在实际工业生产中，除双绕组电力变压器外，还有各种用途的特殊变压器。本节仅介绍常用的自耦变压器、仪用互感器和弧焊变压器的工作原理及特点。

一、自耦变压器

（一）自耦变压器工作原理

普通双绕组变压器，其一、二次绕组是两个独立的绕组，它们之间只有磁的耦合，而没有电的直接联系。自耦变压器的结构特点是一、二次绕组共用一个绕组。对于降压自耦变压器，一次绕组的一部分充当二次绕组；对于升压自耦变压器，二次绕组的一部分充当一次绕组。因此自耦变压器一、二次绕组之间既有磁的联系，又有电的直接联系。将一、二次绕组共用部分的绕组称为公共绕组。下面以降压自耦变压器为例分析其工作原理，如图 1-20 所示。图中 N_1 为自耦变压器一次绕组匝数，N_2 为二次绕组匝数。

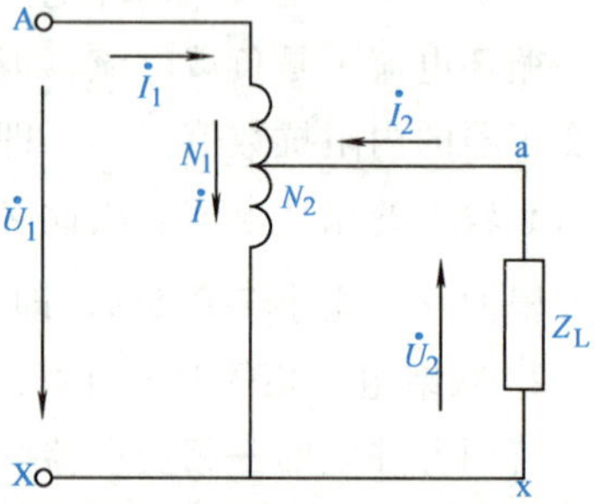

图 1-20　降压自耦变压器原理图

对于普通双绕组变压器，通过电磁感应，将电能从一次侧传递到二次侧，而对自耦变压器，除通过电磁感应传递能量外，还由于一次侧和二次侧之间电路相通，也会直接传递一部分能量。

当在一次绕组上加电源电压 U_1 时，由于主磁通 $\dot{\Phi}_m$ 的作用，在一、二次绕组中产生感应电动势 $\dot{E}_1$、$\dot{E}_2$，其有效值为

$$E_1 = 4.44fN_1\Phi_m$$
$$E_2 = 4.44fN_2\Phi_m$$

如不计绕组的漏阻抗，则自耦变压器的电压比

$$k=\frac{U_1}{U_{20}}\approx\frac{E_1}{E_2}=\frac{N_1}{N_2}$$

由上式可知，改变自耦变压器二次绕组的匝数 N_2，便可调节其输出电压的大小。

（二）自耦变压器的特点

自耦变压器具有结构尺寸小、材料省、成本低、损耗小、效率高等优点，而且自耦变压器的电压比 k 越接近 1，其优越性越显著，所以自耦变压器一般用于电压比 $k<2$ 的场合。

由于自耦变压器一次侧和二次侧之间有电的直接联系，一次侧的电气故障会波及二次侧，也可能发生把高电压引入低压绕组的危险事故，因此要求自耦变压器在使用时必须正确接线，外壳必须接地，且在低压侧使用的电气设备应有高压保护设备，以防过电压，此外还应有短路保护措施。

自耦变压器有单相也有三相的，一般三相自耦变压器采用星形接法，较大容量的三相异步电动机减压起动时，可用三相自耦变压器来实现减压起动，以减小起动电流。图 1-21 为三相自耦变压器原理图。如将自耦变压器的抽头做成滑动触头，用以平滑地调节自耦变压器二次绕组电压，这种自耦变压器称为自耦调压器。图 1-22 为常用的环形铁心单相自耦调压器原理图。自耦调压器常用来调节试验电压的大小。

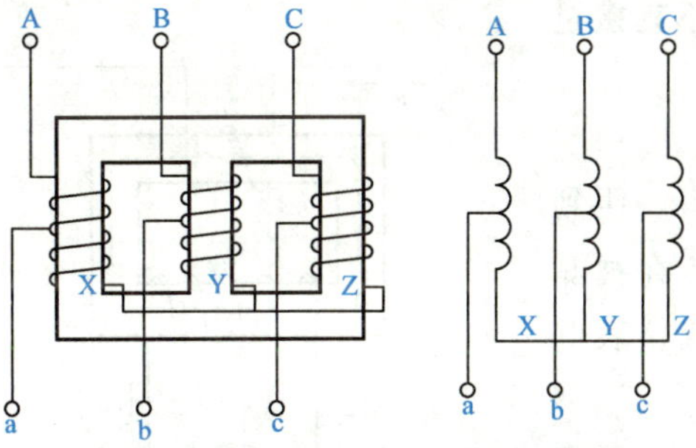

a）结构示意图　　b）电路原理图

图 1-21　三相自耦变压器原理图

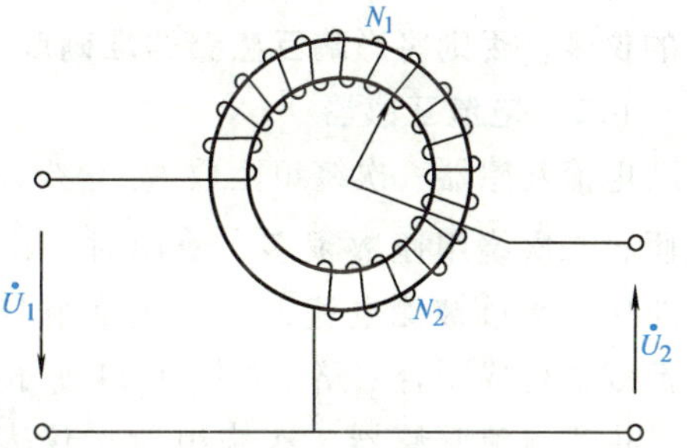

图 1-22　单相自耦调压器原理图

二、仪用互感器

在电气测量中，经常要测量交流电路的高电压或大电流，若直接使用电压表或电流表进行测量，则要求大量程仪表，同时对操作人员也不安全。为此，利用变压器既可变压又可变流的原理，制造了供测量用的变压器，称之为仪用互感器，可分为电压互感器和电流互感器。

使用互感器一方面使测量回路与被测回路隔离，保证操作人员的安全；另一方面使用普通量程的电压表或电流表就可以测量高电压或大电流；还可用于继电保护测量系统，所以应用十分广泛。

（一）电压互感器

电压互感器实质上是一个降压变压器，图 1-23 为电压互感器原理图。它的一次绕组 N_1 匝数很多，直接并接在被测的高压线路上，二次绕组 N_2 匝数较小，接电压表或其他仪表的电压线圈。

由于电压互感器二次绕组所接仪表的阻抗大，二次电流很小，近似等于零，所以电压互感器正常运行时相当于降压变压器的空载运行状态，因此有下式成立

$$\frac{U_1}{U_2}=\frac{N_1}{N_2}=k_u$$

$$U_2=\frac{U_1}{k_u} \tag{1-24}$$

式中　k_u——电压互感器的电压比。

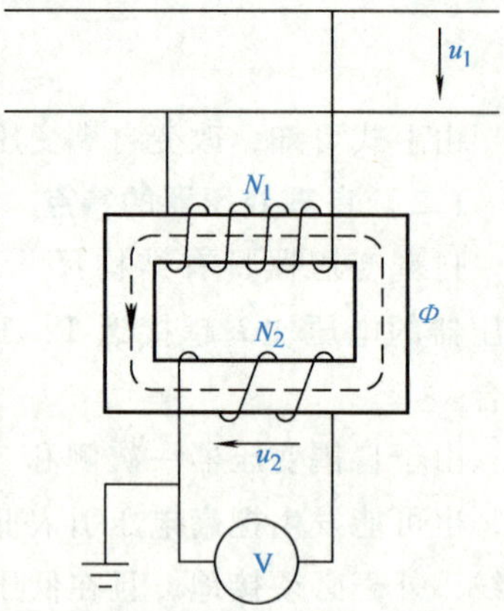

图 1-23　电压互感器原理图

由此可知，利用一、二次绕组的不同匝数，电压互感器可将被测量的高电压转换成低电压来测量。电压互感器的二次电压一般都设计为 100V，其额定电压等级有 3000V/100V、10000V/100V 等。

使用电压互感器时，**应注意以下几点：**

1）电压互感器在运行时二次绕组绝不允许短路，否则短路电流很大，会将互感器烧坏。因此，在电压互感器二次侧电路中应串联熔断器作短路保护。

2）电压互感器的铁心和二次绕组的一端必须可靠接地，以防一次高压绕组绝缘损坏时，铁心和二次绕组带上高电压而触电。

3）电压互感器有一定的额定容量，使用时不宜接过多的仪表，否则将影响互感器的准确度。

（二）电流互感器

电流互感器一次绕组匝数 N_1 很少，一般只有一匝到几匝；二次绕组匝数很多。使用时一次绕组串接在被测线路中，流过被测电流，而二次绕组与电流表或仪表的电流线圈构成闭合回路，如图 1-24 所示。

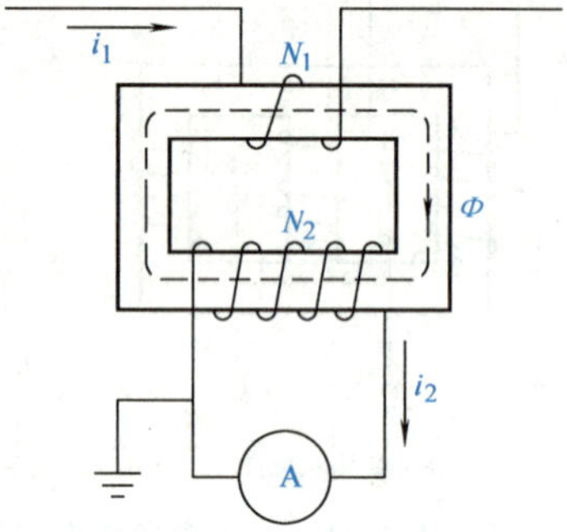

图 1-24　电流互感器原理图

由于电流互感器二次绕组所接仪表阻抗很小，二次绕组相当于短路，因此电流互感器运行情况相当于变压器短路运行状态。正常工作时，电流互感器铁心中的磁通密度较低，所以励磁电流很小，若忽略励磁电流，由磁通势平衡方程式可得

$$\frac{I_1}{I_2}=\frac{N_2}{N_1}=k_i$$

$$I_2=\frac{I_1}{k_i} \tag{1-25}$$

式中　k_i——电流互感器的电流比。

由上式可知，利用一、二次绕组的不同匝数，电流互感器可将线路中的大电流转换成小电流来测量。通常电流互感器的二次侧额定电流设计为 5A。电流互感器的额定电流等级有 100A/5A、500A/5A、2000A/5A 等。

使用电流互感器时，**应注意以下几点：**

1）电流互感器运行时二次绕组绝不许开路。若二次绕组开路，则电流互感器成为空载

运行状态，此时一次绕组中流过的大电流全部成为励磁电流，铁心中的磁通密度猛增，磁路产生严重饱和，一方面铁心过热而烧坏绕组绝缘，另一方面二次绕组中因匝数很多，将感应产生很高的电压，可能将绝缘击穿，危及二次绕组中的仪表及操作人员的安全。因此，电流互感器的二次绕组电路中绝不允许装熔断器。在运行中若要拆下电流表，应先将二次绕组短路后再进行。

2）电流互感器的铁心和二次绕组的一端必须可靠接地，以免绝缘损坏时，高压侧电压传到低压则，危及仪表及人身安全。

3）电流表内阻抗应很小，否则影响测量精度。

三、弧焊变压器

弧焊变压器实质上是一台特殊的降压变压器，由于电弧焊是靠电弧放电产生的热量来熔化金属的，而为保证弧焊的质量和电弧燃烧的稳定性，对弧焊变压器提出以下要求：

1）为保证容易起弧，空载电压应在 60~75V 之间。为操作者安全，最高空载电压应不大于 85V。

2）负载运行时具有电压迅速下降的外特征，如图 1-25 所示。一般在额定负载时输出电压在 30V 左右。

3）为满足不同焊接材料和不同焊件要求，焊接电流可在一定范围内调节。

4）短路电流不应过大，且焊接电流稳定。

基于上述要求，弧焊变压器具有较大的电抗，且可以调节。为此弧焊变压器的一、二次绕组分装在两个铁心柱上。为获得电压迅速下降的外特性，以及弧焊电流可调，可采用串联可变电抗器法和磁分路法，由此派生出带电抗器的弧焊变压器和带磁分路的弧焊变压器。

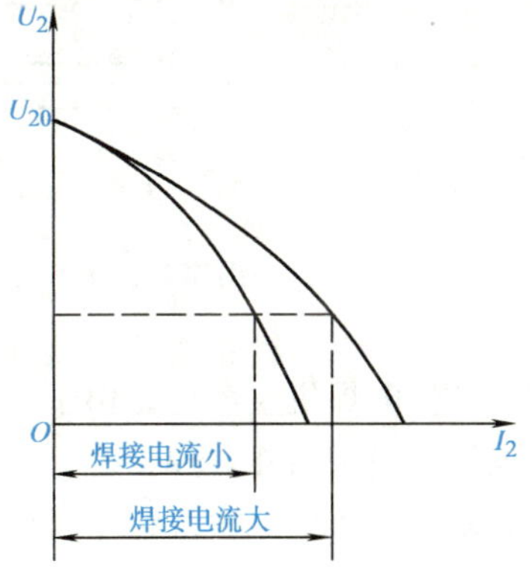

图 1-25 弧焊变压器的外特性

1. 带电抗器的弧焊变压器　如图 1-26 所示，在弧焊变压器二次绕组中串联一个可变电抗器，通过螺杆调节可变电抗器的气隙来改变弧焊电流。当可变电抗器的气隙增大时，电抗器 L 减小，X_L 减小，焊接电流增大；反之，若气隙减小，电抗器的电抗增大，焊接电流减小。另外，换接一次绕组的端头，可以调节起弧电压大小。

2. 带磁分路的弧焊变压器　如图 1-27 所示，在弧焊变压器一次绕组和二次绕组的两个铁心柱之间，安装了一个磁分路动铁心。由于磁分路动铁心的存在，增加了漏磁通，增大了漏电抗，从而使变压器获得迅速下降的外特性。通过弧焊变压器外部手柄来调节螺杆，并将磁分路铁心移进或移出，使漏磁通增大或减小，即漏电抗增大或减小，从而改变焊接电流的大小。另外，还可通过二次绕组抽头调节起弧电压的大小。

我国生产的 BX1 系列交流弧焊机就是根据上述原理设计而成的。图 1-28 为 BX1 系列磁分路动铁心式交流弧焊机结构原理与接线图。其实质为一台单相磁分路式降压变压器，如图 1-28a 所示，其一次绕组为筒形绕组套装在一个铁心柱上，二次绕组分成两部分，一部分套装在一次绕组外面，另一部分兼作电抗器线圈装在另一侧固定铁心柱上。

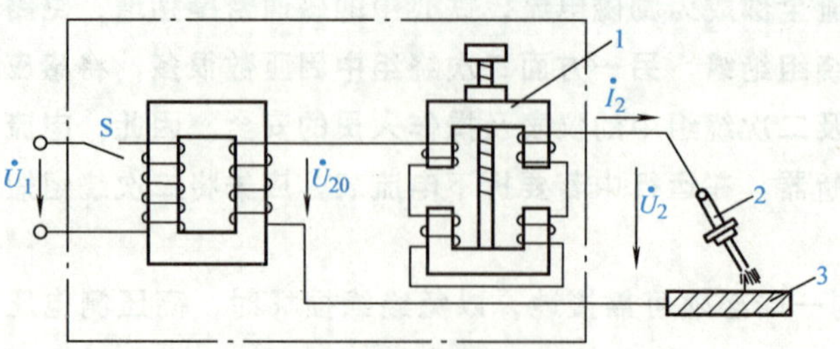

图 1-26 带电抗器的弧焊变压器

1—可变电抗器 2—焊把及焊条 3—工件

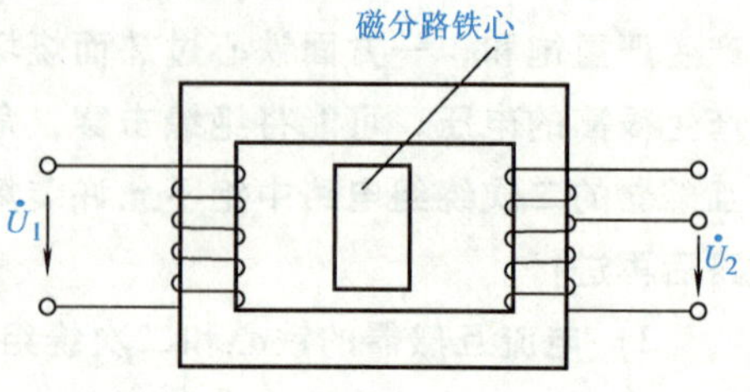

图 1-27 带磁分路的弧焊变压器

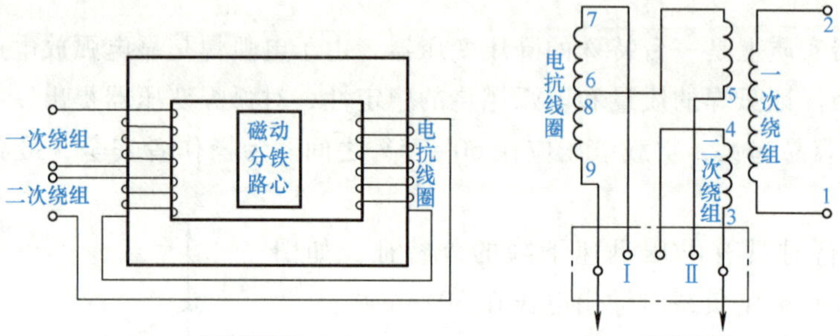

a) 结构原理 b) 接线图

图 1-28 BX1 系列磁分路动铁心式交流弧焊机结构原理与接线图

交流电焊机空载时，由于无焊接电流流过，电抗线圈不产生电抗压降，故形成较高的空载电压，便于引弧。焊接时，二次绕组流过焊接电流，在铁心内产生磁通，该磁通经过磁分路动铁心又回到二次绕组构成回路成为漏磁通，由于铁心磁阻很小，因此漏磁通很大。漏磁通在二次绕组中感应出反电动势，使二次绕组电压下降。当二次绕组输出端短路时，二次电压几乎全部被反电动势抵消，从而限制了短路电流，获得下降的外特性。

BX1 系列交流弧焊机两侧装有接线板，一侧为一次绕组接线板，另一侧为二次绕组接线板。更换二次绕组接线板上连接片位置，可改变二次绕组和电抗线圈匝数，从而实现焊接电流的粗调；转动交流电焊机中部的手柄，可改变磁分路动铁心的位置，即改变漏磁分路大小，实现焊接电流的细调。当动铁心远离固定铁心时，漏磁通减小，焊接电流加大；反之，当动铁心靠近固定铁心时，漏磁通增大，焊接电流减小。

习 题

1-1 在分析变压器时，对于变压器的正弦量电压、电流、磁通、感应电动势的正方向是如何规定的？

1-2 变压器中的主磁通和漏磁通的性质和作用是什么？

1-3 变压器空载运行时，空载电流为何很小？

1-4 一台单相变压器，额定电压为 220V/110V，如果将二次侧误接在 220V 电源上，对变压器有何影响？

1-5　一台单相变压器，额定容量 $S_N=250\text{kV}\cdot\text{A}$，额定电压 $U_{1N}/U_{2N}=10\text{kV}/0.4\text{kV}$，试求一、二次侧额定电流 I_{1N}、I_{2N}。

1-6　有一台三相变压器，$S_N=100\text{kV}\cdot\text{A}$，$U_{1N}/U_{2N}=6\text{kV}/0.4\text{kV}$，Yyn 联结，求一、二次绕组的额定电流。

1-7　有一台三相变压器，$S_N=5000\text{kV}\cdot\text{A}$，$U_{1N}/U_{2N}=10.5\text{kV}/6.3\text{kV}$，Yd 联结，求一、二次绕组的额定电流。

1-8　有一台 5kV · A 的单相变压器，高、低压绕组各由两个线圈组成，一次绕组每个线圈的额定电压为 1100V，二次绕组每个线圈额定电压为 110V，用这台变压器进行不同的联结，问可获得几种不同的电压比？每种联结时一、二次绕组的额定电流是多少？

1-9　图 1-29 为变压器出厂前的“极性”试验。在 A-X 间加电压，将 X、x 相连，测 A、a 间的电压。设定电压比为 220V/110V，如果 A、a 为同名端，电压表读数是多少？如 A、a 为异名端，则电压表读数又应为多少？

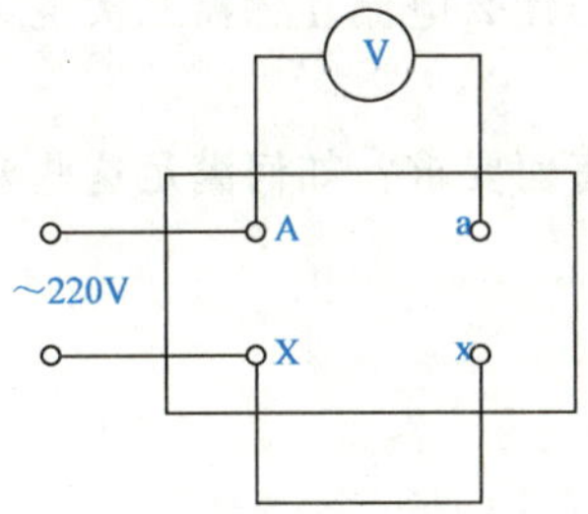

图 1-29　题 1-9 图

1-10　试用相量图判断图 1-30 的联结组标号。

1-11　有一台三相变压器，其一、二次绕组同名端及标志如图 1-31 所示，试把该变压器联结成 Yd7 和 Yy4。

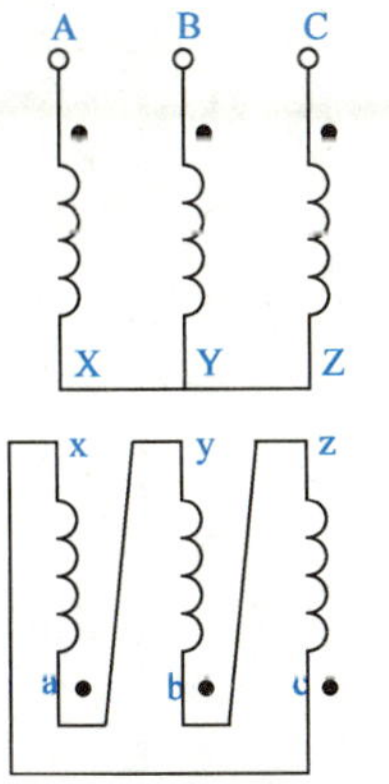

图 1-30　题 1-10 图

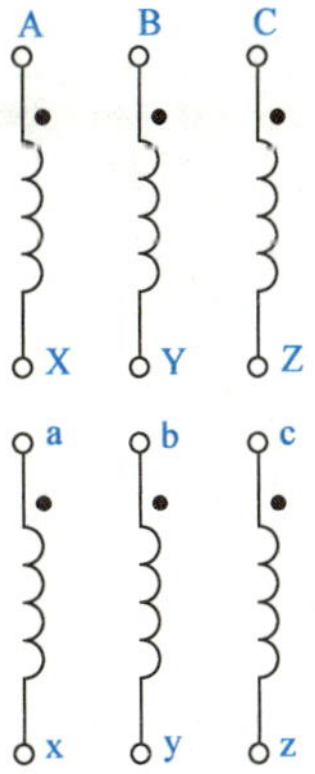

图 1-31　题 1-11 图

1-12　三相变压器的一、二次绕组按图 1-32 所示联结，试画出它们的线电动势相量图，并判断其联结组标号。

1-13　三相变压器并联运行条件是什么？为什么？

1-14　自耦变压器的主要特点是什么？它和普通双绕组变压器有何区别？

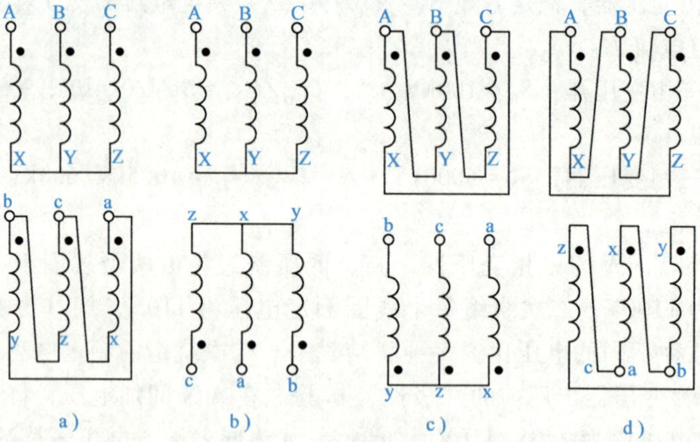

图 1-32　题 1-12 图

1-15　仪用互感器运行时，为什么电流互感器二次绕组不允许开路？而电压互感器二次绕组不允许短路？

1-16　电弧焊对弧焊变压器有何要求？如何满足这些要求？

第二章 三相异步电动机

旋转电机有直流电机与交流电机两大类，交流电机又有同步电机与异步电机之分，异步电机又可分为异步发电机与异步电动机。异步电动机按相数不同，分为三相异步电动机和单相异步电动机；按其转子结构不同，可分为笼型和绕线转子型，其中笼型三相异步电动机因其结构简单、制造方便、价格便宜、运行可靠，在各种电动机中应用最广、需求量最大。

本章首先讲述三相异步电动机的结构与工作原理，分析其在空载与负载下的运行状态，重点分析三相异步电动机的机械特性及电力拖动的相关知识，另外对单相异步电动机也做了介绍。具体要求如下。

知识目标

1）熟悉三相异步电动机的结构，掌握其工作原理。
2）理解三相异步电动机各项额定值。
3）掌握三相异步电动机的固有机械特性和人为机械特性。
4）掌握三相异步电动机的稳定运行条件。
5）掌握三相异步电动机的起动、制动方法，理解其物理过程。
6）掌握三相异步电动机其他调速方法及对应的调速性质。
7）掌握单相异步电动机的结构原理，理解其起动方法，熟知其调速方法。
8）学会分析三相、单相异步电动机的常见故障。

技能目标

1）熟知三相异步电动机铭牌数据及含义。
2）正确使用工具拆装三相、单相异步电动机。
3）能够鉴别三相异步电动机三相定子首尾端。
4）能对三相异步电动机常见故障进行维修。

素养目标

1）培养认真、严谨、科学的工作作风。
2）学会面对运行故障冷静思考、科学分析、逐一解决排除。
3）增强安全意识，树立以人为本的理念，养成安全用电的习惯。
4）培养团结、互助精神，发扬团队精神。

第一节 三相异步电动机的结构与工作原理

一、三相异步电动机的结构

三相异步电动机由两个基本部分组成：一是固定不动的部分，称为定子；一是旋转部分，称为转子。图 2-1 所示为三相异步电动机的外形和结构。

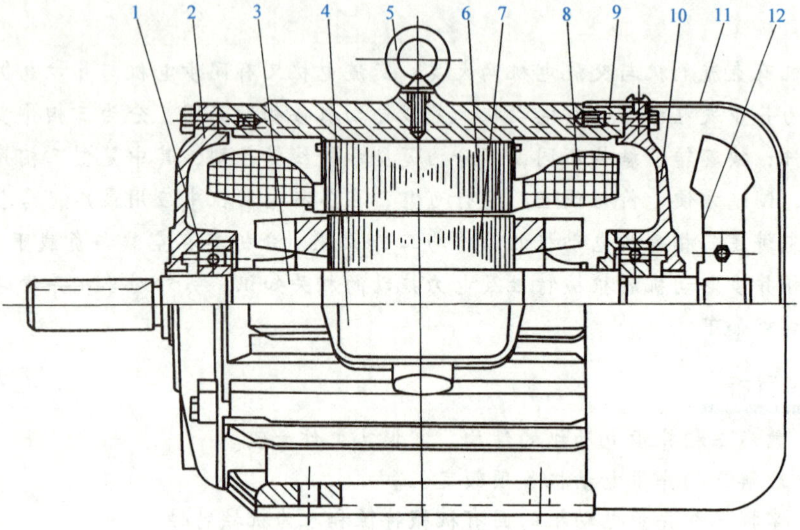

图 2-1 三相异步电动机的外形和结构

1—轴承 2—前端盖 3—转轴 4—接线盒 5—吊攀 6—定子铁心 7—转子铁心 8—定子绕组 9—机座 10—后端盖 11—风罩 12—风扇

（一）定子

定子由机座、定子铁心、定子绕组和端盖等组成。机座和端盖通常用铸铁制成，机座内装有由 0.5mm 厚的硅钢片叠制而成的定子铁心，铁心内圆周上分布着定子槽，槽内嵌放三相定子绕组，定子绕组与铁心间有良好的绝缘。

定子绕组是定子的电路部分，对于中小型电动机一般由漆包线绕制而成，共分三相，分布在定子铁心槽内，构成对称的三相绕组。三相绕组共有六个出线端，将其引出接在置于电动机外壳上的接线盒中，三个绕组的首端分别用 U1、V1、W1 表示，其对应的尾端分别用 U2、V2、W2 表示。通过接线盒上六个端头的不同联结，可将三相定子绕组接成星形或三角形，如图 2-2 所示。

（二）转子

转子由转子铁心、转子绕组、转轴、风扇等组成。转子铁心为圆柱形，通常是利用定子铁心冲片冲下的内圆硅钢片，将其外圆周冲成均匀分布的槽后叠成，并压装在转轴上。转子铁心与定子铁心之间有很小的空气隙，它们共同组成电动机的磁路。转子铁心外圆周上均匀分布的槽是用来安放转子绕组的。

转子绕组有笼型和绕线转子两种结构。笼型转子绕组是由嵌在转子铁心槽内的铜条或铝条组成，两端分别与两个短接的端环相联。如果去掉铁心，转子绕组外形像一个鼠笼，故也称笼型转子。目前中小型异步电动机大都在转子铁心槽中采用浇注铝液，铸成笼型绕组，同时在端环上注出许多叶片，作为冷却用的风扇。

绕线转子绕组与定子绕组相似，在转子铁心槽中嵌放对称的三相绕组，作星形联结。将三个绕组的尾端联结在一起，三个首端分别接到装在转轴上的三个铜制圆环上，通过电刷与外电路的可变电阻相联，供起动和调速用。

绕线转子电动机结构复杂，价格较高，一般只用于对起动和调速要求较高的场合，如起重机等设备上。

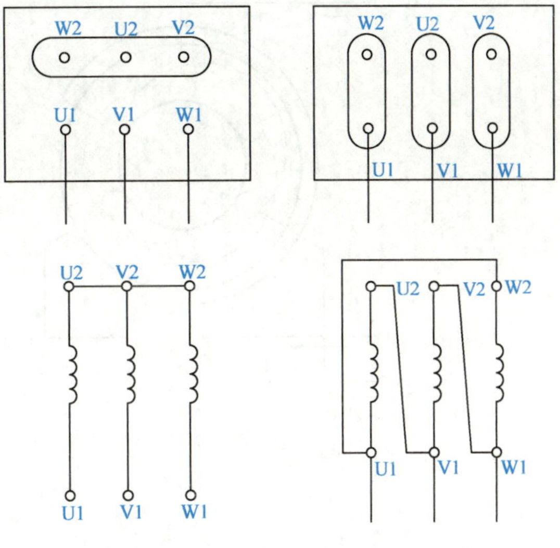

a）星形联结　　b）三角形联结

图 2-2　三相定子绕组的接法

（三）三相异步电动机分类及用途

三相异步电动机按防护形式分为开启式、防护式、封闭式及特殊防护式等。

开启式电动机除必要的支撑结构外，转动部分及绕组没有专门的防护，与外界空气直接接触。因此，散热性好，结构简单，适用于干燥、无尘埃、无有害气体的场合。

防护式电动机的机壳或端盖设有通风罩，防止水滴、尘土、铁屑和其他物体从上方或斜上方落入电机内部。适用于比较清洁、干燥的场合，但不能用于有腐蚀性和有爆炸性气体的场合。

封闭式电动机的外壳完全封闭，可防止水滴、尘土、铁屑或其他的物体从任何方向侵入电动机内部。适用于灰尘、水滴飞溅的场合。此种电动机内外空气不能对流，只靠本身风扇冷却，但由于运行中安全性好，获得广泛应用。

特殊防护式电动机有隔爆型、防腐型、防水型等，适用于在相应环境下工作。

二、三相异步电动机工作原理

三相异步电动机是利用定子三相对称绕组中通以三相对称交流电所产生的旋转磁场与转子绕组内的感应电流相互作用而旋转的。

（一）旋转磁场

1. 旋转磁场的产生　图 2-3 为一个最简单的两极三相异步电动机三相定子绕组布置图。每相绕组由一个线圈组成，这三个相同的绕组 U1U2、V1V2、W1W2 在定子铁心的槽内按空间相隔 120°安放，并将其尾端 U2、V2、W2 连成一点，作星形联结。当定子绕组的三个首端 U1、V1、W1 分别与三相交流电源 L1、L2、L3 接通时，在定子绕组中便有对称的三相交流电流 i_U、i_V、i_W 流过。若电源电压的相序为 L1→L2→L3，电流参考方向或规定正方向如图 2-3 所示，即从 U1、V1、W1 流入，从尾端 U2、V2、W2 流出，则三相电流 i_U、i_V、i_W 波形如图 2-4 所示，它们在相位上互差 120°电角度。

下面分析三相交流电流在铁心内部空间产生的合成磁场。在 $\omega t = 0$ 瞬时，i_U 为零，

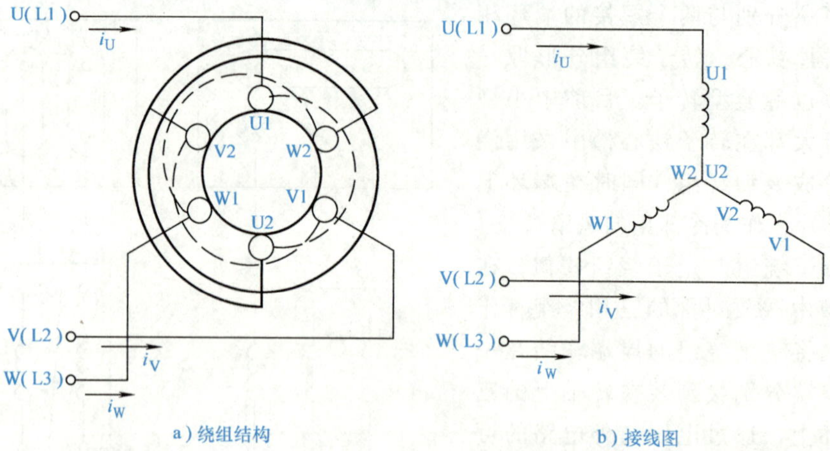

图 2-3 两极三相异步电动机三相定子绕组的布置

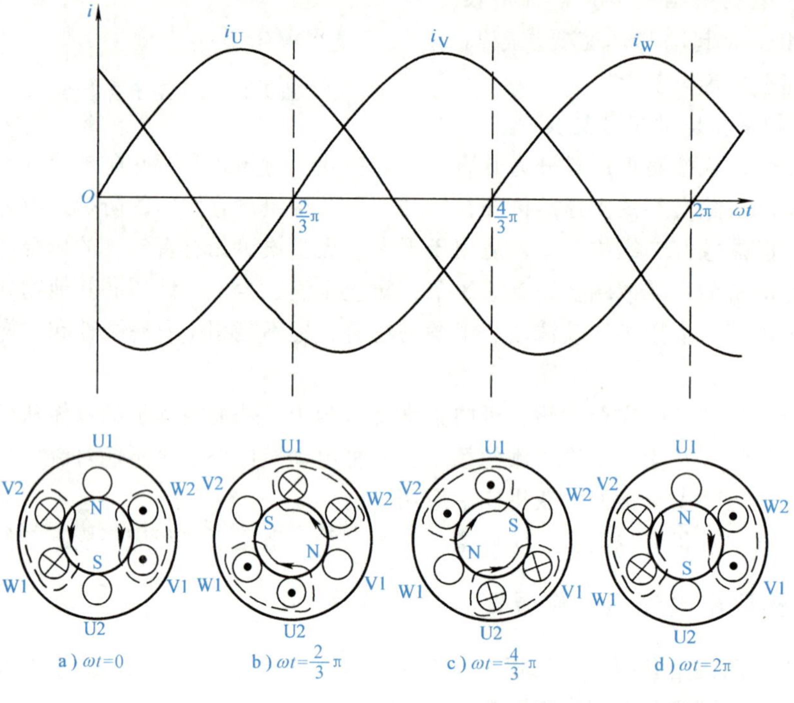

图 2-4 两极三相电动机旋转磁场的产生

U1U2 绕组无电流；i_V 为负，电流的真实方向与参考方向相反，即从尾端 V2 流入，从首端 V1 流出；i_W 为正，电流真实方向与参考方向一致，即从首端 W1 流入，从尾端 W2 流出，如图 2-4a 所示。将每相电流生产的磁通势相加，便得出三相电流共同产生的合成磁场，这个合成磁场此刻在的方向是自上而下，相当于一个 N 极在上、S 极在下的两极磁场。

用同样的方法可画出$\frac{2}{3}\pi$、$\frac{4}{3}\pi$、2π 时各相电流的流向及合成磁场的磁通势方向，如图 2-4b、c、d 所示，而 $\omega t=2\pi$ 时的电流流向与 $\omega t=0$ 时完全一样。若进一步分析其他瞬时的合成磁场可以发现，各瞬间的合成磁场的磁通势大小相同，仅方向不同而已，但都向电流相序方向旋转。当正弦交流电变化一周时，合成磁场在空间正好旋转了一周。

由以上分析可知，**在定子铁心中空间互差 120°的三个线圈中分别通入相位互差 120°的三相对称交流电时，所产生的合成磁场是一个旋转磁场**。而旋转磁场的旋转速度，由三相对称电流的频率及定子绕组在定子铁心中的布置方式决定。

上述电动机定子绕组每相只有一个线圈，三相定子绕组共有三个线圈，在空间互差 120°，分别置于定子铁心的 6 个槽中。当通入三相对称电流时，产生的旋转磁场相当于一对 N、S 磁极在旋转。若每个绕组由两个线圈串联组成，则定子铁心槽数应为 12 个槽，每个线圈在空间相隔 60°，如图 2-5 所示。U 相由 U1U2 与 U1′U2′串联，V 相由 V1V2 与 V1′V2′串联，W 相由 W1W2 与 W1′W2′串联组成，且同一相中两个线圈的首端（如 U1 与 U1′端）在空间上相隔 180°，而各相绕组的首端（如 U1 与 V1、W1 端）在空间只相隔 60°，因此，当通入三相对称交流电时，可产生具有两对磁极的旋转磁场，如图 2-6 所示。

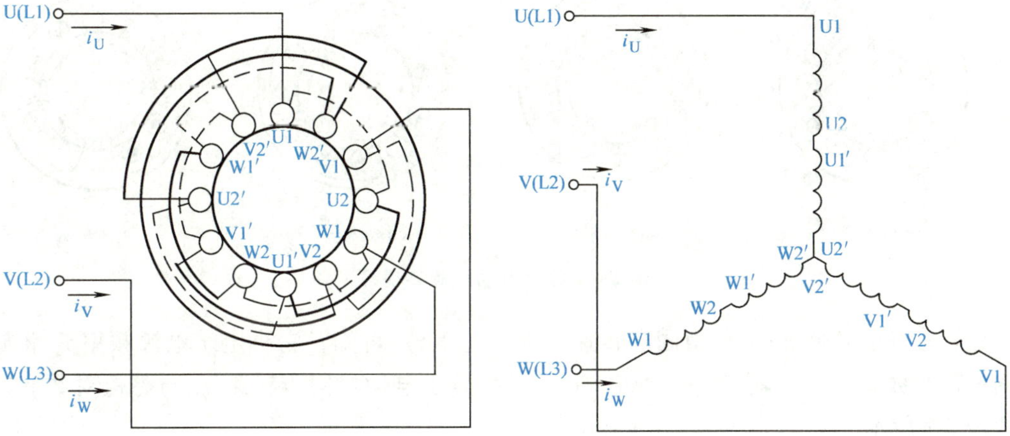

图 2-5　四极电动机定子绕组结构和接线图

当 $\omega t=0$ 瞬时，i_U 为零，U 相绕组无电流；i_V 为负值，i_W 为正值，V 相与 W 相电流流向及合成磁场如图 2-6a 所示。依次分析 $\omega t=\frac{2}{3}\pi$、$\frac{4}{3}\pi$ 及 2π 瞬时，i_U、i_V、i_W 的流向及合成磁场情况分别如图 2-6b、c、d 所示。当正弦交流电变化一周时，合成磁场在空间只旋转了 180°。由此可见，旋转磁场的极对数越多，其旋转磁场转速越低。

2. 旋转磁场的转速　如上所述，有一对磁极的旋转磁场中，当电流变化一周时，旋转磁场在空间正好转过一周。对 50Hz 的工频交流电来说，旋转磁场每秒钟将在空间旋转 50 周，其转速 $n_1=60f_1=60\times50\text{r/min}=3000\text{r/min}$。若旋转磁场有 2 对磁极，则电流变化一周，旋转磁场只转过 0.5 周，比极对数为 1 的情况下的转速慢了一半，即 $n_1=60f_1/2=1500\text{r/min}$。同理，在三对磁极的情况下，电流变化一周，旋转磁场仅旋转了 1/3 周，旋转磁场的转速 $n_1=60f_1/3=1000\text{r/min}$。以此类推，**当旋转磁场具有 *p* 对磁极时，旋转磁场转速为**

$$n_1=\frac{60f_1}{p} \tag{2-1}$$

式中　n_1——旋转磁场转速（r/min）；

f_1——交流电源频率（Hz）；

p——电动机定子极对数。

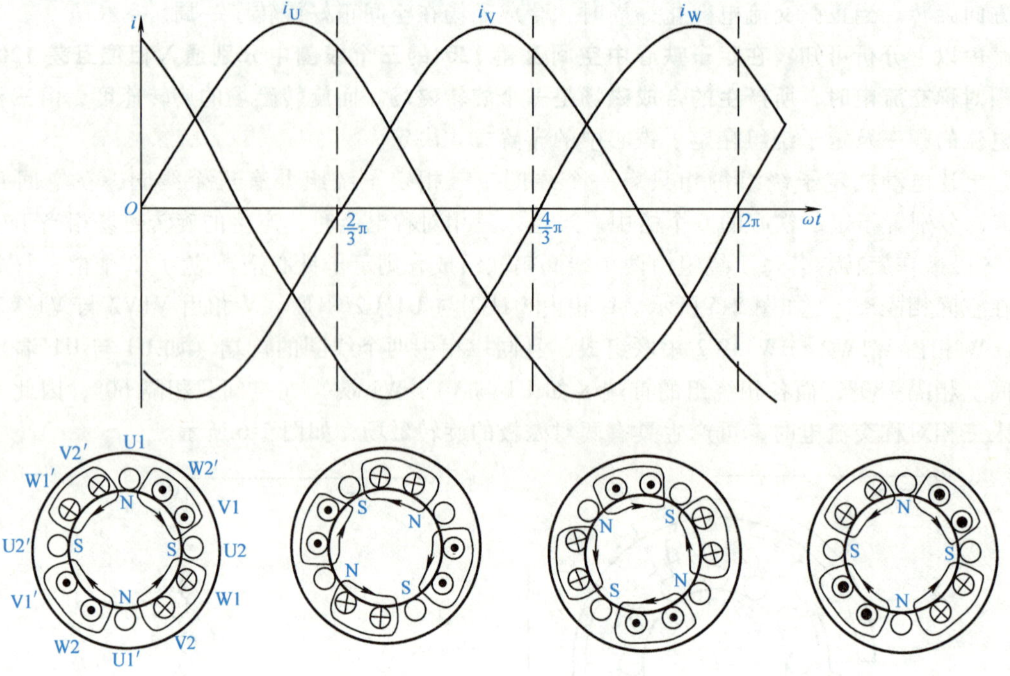

a) $\omega t=0$　b) $\omega t=\frac{2}{3}\pi$　c) $\omega t=\frac{4}{3}\pi$　d) $\omega t=2\pi$

图 2-6 四极电动机旋转磁场

旋转磁场的转速 n_1 又称为同步转速。由式（2-1）可知，它决定于电源频率 f_1 和旋转磁场的极对数 p。当电源频率 $f_1=50\text{Hz}$ 时，三相异步电动机同步转速 n_1 与磁极对数 p 的关系如表 2-1 所示。

表 2-1 $f_1=50\text{Hz}$ 时的旋转磁场转速

磁极对数 p	1	2	3	4	5
同步转速 $n_1/(\text{r}\cdot\text{min}^{-1})$	3000	1500	1000	750	600

3. 旋转磁场的旋转方向　**旋转磁场在空间的旋转方向是由电流相序决定的。**图 2-3 所示的电流相序为 $i_U \to i_V \to i_W$，按顺时针排列，并且互差 120°电角度，故旋转磁场是按顺时针方向旋转的。若把定子绕组与三相电源连接的三根导线中的任意两根对调位置，如把绕组 V_1 接电源 L3，把绕组 W1 接电源 L2，即流过绕组 U1-U2 的电流仍为 i_U，而流过 V1-V2 的电流变为 i_W，流入 W1-W2 的电流变为 i_V，再按上述分析可得出旋转磁场将按逆时针方向旋转。

（二）转子的转动

1. 转子转动的原理　当定子绕组接通三相电源后，绕组中流过三相交流电流，图 2-7 所示为某瞬时定子电流产生的磁场，如果它以同步转速 n_1 按顺时针方向旋转，则静止的转子与旋转磁场间就有了相对运动，这相当于磁场静止而转子按逆时针方向旋转，则转子导体切割磁场，在转子导体中产生感应电动势 E_2，其方向可用右手定则来确定，转子上半部导体的感应电动势方向是出纸面的，下半部导体的感应电动势方向是进入纸面的。由于转子导体是闭合的，所以在转子感应电动势作用下流过转子电流 I_2，若忽略 $\dot{I}_2$ 与 $\dot{E}_2$ 之间的相位差，则 I_2 的方向与转子感应电动势方向一致。通有转子电流 I_2 的转子导体处在定子磁场中，根据左手定则，便可确定转子导体受到的电磁力 F 的作用方向，如图 2-7 所示。由于转子导体是圆周均匀分布，所以电磁力 F 对转轴形成电磁转矩 T 的方向与旋转磁场的旋转方向相同，于是**转子就顺着定子旋转磁场旋转方向转动起来了。**

2. 转子的转速 n、转差率 s 与转动方向　由以上分析可知，异步电动机转子旋转方向与旋转磁场的旋转方向一致，但转速 n 不可能达到与旋转磁场的转速 n_1 相等。因为产生电磁转矩需要转子中存在感应电动势和感应电流，如果转子转速与旋转磁场转速相等，两者之间就没有相对运动，转子导体将不切割磁力线，则转子感应电动势、转子电流及电磁转矩都不存在，转子就减速且不可能继续以 n 转动。所以，**转子转速 n 与旋转磁场转速 n_1 之间必须有差别，且 $n<n_1$。**这就是“异步”电动机名称的由来。另外，又因为产生转子电流的感应电动势是由电磁感应产生的，所以异步电动机也称为“感应”电动机。

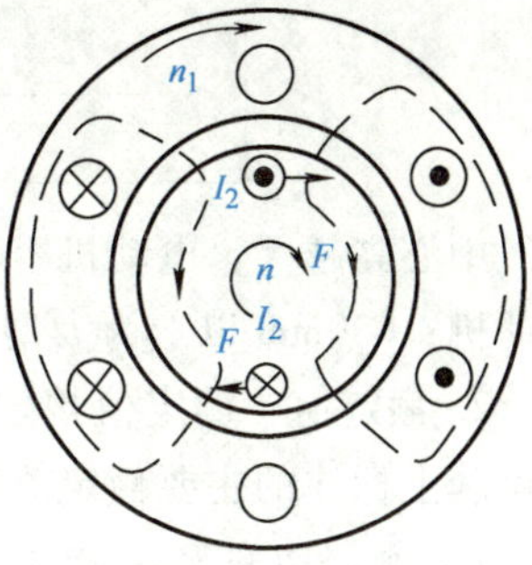

图 2-7　三相异步电动机转动原理

同步转速 n_1 与转子转速 n 之差称为转速差，转速差与旋转磁场的转速的比值称为转差率，用 s 表示，即

$$s=\frac{n_1-n}{n_1} \tag{2-2}$$

转差率是分析异步电动机运行情况的一个重要参数。如起动瞬间 $n=0$，$s=1$，转差率最大；空载时 n 接近 n_1，s 很小，一般在 0.01 以下；若 $n=n_1$ 时，则 $s=0$，此时称为理想空载状态，这在实际运行中是不存在的。异步电动机工作时，转差率在 1~0 之间变化，当电动机在额定负载下工作时，其额定转差率 $s_N=0.01\sim0.07$。

由以上分析还可知，异步电动机的转动方向总是与旋转磁场的转向一致。因此，要改变三相异步电动机的旋转方向，只需把定子绕组与三相电源连接的三根导线中任意两根对调，**改变旋转磁场的转向，也便实现电动机转向的改变了。**

三、三相异步电动机的铭牌及主要系列

（一）三相异步电动机的铭牌

每一台三相异步电动机，在其机座上都有一块铭牌，其上标有型号、额定值等，如表 2-2 所示。

表 2-2　三相异步电动机的铭牌

三相异步电动机			
型号 Y112M-2		编号××××	
4kW		8.2A	
380V	2890r/min	LW79dB(A)	
接法△	防护等级 IP44	50Hz	××kg
	工作制	B 级绝缘	××年××月
××电机厂			

1. 型号　异步电动机型号的表示方法是用汉语拼音的大写字母和阿拉伯数字表示电动

机的种类、规格和用途等，其型号意义：

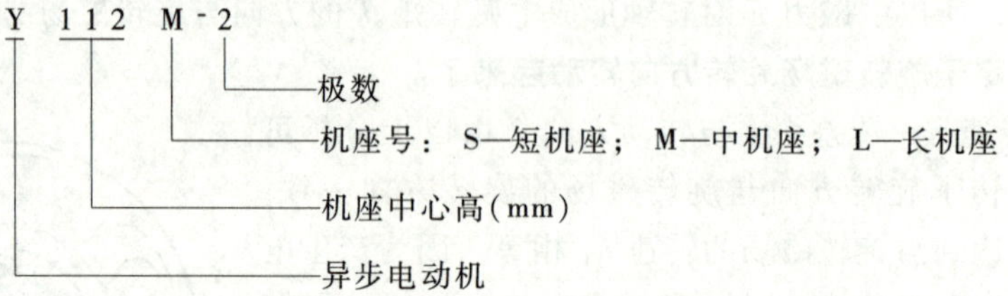

中心高越大，电动机容量越大。中心高 80～315mm 为小型电动机；315～630mm 为中型电动机；630mm 以上为大型电动机。在同一中心高下，机座长则铁心长，容量大。

2. 额定值　额定值规定了电动机正常运行状态和条件，是选用、维修电动机的依据。在铭牌上标注的主要额定值有：

1）额定功率 P_N：指电动机额定运行时，轴上输出的机械功率（kW）。

2）额定电压 U_N：指电动机在额定运行时，加在定子绕组出线端的线电压（V）。

3）额定电流 I_N：指电动机在额定电压、额定频率下，轴上输出额定功率时，定子绕组中的线电流（A）。

对于三相异步电动机，其额定功率与其他额定数据之间有如下关系式：

$$P_N = \sqrt{3} U_N I_N \cos\varphi_N \eta_N \tag{2-3}$$

式中　$\cos\varphi_N$——额定功率因数；

η_N——额定效率。

4）额定频率 f_N：电动机所接交流电源的频率，我国电力系统频率规定为 50Hz。

5）额定转速 n_N：指电动机在额定电压、额定频率下，电动机轴上输出额定机械功率时的转子转速（r/min）。

此外，铭牌上还标明绕组接法、绝缘等级及工作制等。绕线转子异步电动机还标有转子绕组的额定电压（指当定子绕组上加额定频率的额定电压，而转子绕组开路时，集电环间的电压）和转子额定电流。表 2-2 中的防护等级 IP44 是指电动机的防护结构达到国际电工委员会（IEC）规定的外壳防护等级 IP44 的要求，适用于灰尘飞扬、水滴溅射的场所。

（二）三相异步电动机主要系列

Y 系列三相异步电动机是 20 世纪 70 年代末设计、80 年代开始替代 J_2、JO_2 系列的更新换代产品。常用的 Y 系列异步电动机有：Y（IP44）封闭式、Y（IP23）防护式小型三相异步电动机，YR（IP44）封闭式、YR（IP23）防护式绕线转子三相异步电动机，YD 变极多速三相异步电动机，YX 高效率三相异步电动机，YH 高转差率三相异步电动机，YB 隔爆型三相异步电动机，YCT 电磁调速三相异步电动机，YEJ 制动三相异步电动机，YTD 电梯用三相异步电动机，YQ 高起动转矩三相异步电动机等几十种产品。

四、三相异步电动机技能训练

（一）三相异步电动机的拆装与试车

拆装电动机是了解、认识电动机的最好途径，是对电动机进行检查、清理的必要步骤。如果拆装不当，轻者把零部件装配位置弄错，造成装配困难，重者损坏零部件。因此，进行电动机拆装的训练十分必要。

1. 训练工具、设备与器材　电工通用工具 1 套，万用表（MF30 或 MF47 等型）1 只，钳形电流表（T301-A 型）1 只，兆欧表（500V，0～200MΩ）1 只，转速表 1 只，三相异步电动机（型号 Y132M-4、功率 7.5kW，额定电压 380V、额定电流 15A、定子绕组为△联结、额定转速 1470r/min）1 台，拉具（两爪或三爪）。汽油、刷子、干布、绝缘黑胶布等。

2. 电动机的拆卸　对于 55kW 及以下中、小型三相异步电动机的拆卸步骤为：

1）拆卸前，先将电动机外部连接线拆除，做好导线端头标记，记下连接线图。

2）拆开与电动机相连的其他连接件，如其他拖动或被拖动机械及基础螺钉等外部物件，将电动机吊运到检修场地。

3）将联轴器及传送带轮卸下。

4）卸去风罩和风扇。

5）拆下轴伸端的轴承盖和端盖。

6）将后端盖与机座止口脱开，然后将转子连同后端盖一起抽出放置在搁架上。

7）拆去后端盖和轴承盖。

8）卸下滚动轴承清洗或更换。

当电动机容量很小或电动机端盖与机座配合过紧不易卸下时，可用锤子或在轴的前端垫上木块敲，使后端盖与机座脱离，再将转子连同后端盖一起抽出机座。

3. 电动机的装配　电动机的装配步骤与拆卸时的步骤相反。装配前，要认真清除各配合处的锈斑及污垢异物，尤其是定子内膛、定子绕组端部、转子表面都要吹刷干净，不能有杂物。装配时，最好按拆卸时标注的印记复位。装配后，转动转子，检查其转动是否灵活。

4. 接线与测试

1）用万用表检查电动机绕组的通断情况。

2）用兆欧表检查电动机的绝缘电阻应大于 0.5MΩ。

5. 通电空载试车

1）检查电动机的空载转速。

2）检查电动机的空载电流。

3）检查电动机的温度。

操作要点提示：

1）使用拉具时，拉具的丝杆顶端要对准电动机轴的中心；拆卸过程中，不能用锤子直接敲打传动带轮，否则会使轴变形，传动带轮损坏。

2）取下风扇前，可用锤子在风扇四周均匀敲打，风扇即可取下。若风扇是塑料材料，可将风扇浸入热水中待膨胀后卸下。

3）不允许用锤子直接敲打端盖；起重机械的使用要注意安全，钢丝绳一定要绑牢。

4）抽出转子时，一定要小心缓慢，不得歪斜，防止碰伤定子绕组。

5）拉具的脚爪应紧扣轴承的内圈上，拉具的丝杆的顶点要对准转子轴的中心，扳动丝杆要慢，用力要均匀。

6）清洗轴承后，轴承涂注润滑脂不要超过腔体的 2/3。

7）装配时一定要对好标记。装配时，拧紧端盖螺钉，必须四周用力均匀，按对角线上下左右逐步拧紧，绝不能先将一个螺钉拧紧后再去拧紧另一个螺钉。

8）兆欧表的使用要正确，绝缘电阻值低于 0.5MΩ 时要采取烘干措施。

9）使用转速表时一定要注意安全；用酒精温度计测量电动机的温度，检查铁心是否过热。

10）发现电动机在运行时有异常现象，应立即停车检查。

（二）三相异步电动机定子绕组首尾端判断

当电动机接线板损坏，定子绕组的 6 个出线头分不清各为哪相，也分不清首尾端时，切不可盲目接线，必须分清哪两个线头为一相，还要分清它们的首尾端。最简便的方法是利用 36V 交流电源和灯泡来判别首尾端。

1. 训练工具与器材　电工通用工具一套，万用表 1 只，36V 交流电源，灯泡 1 只，三相异步电动机 1 台。

2. 判别方法步骤

1）用万用表的电阻挡，找出三相绕组的各相两个线头。

2）将三相绕组的各相线头分别用 U1、U2 和 V1、V2、W1、W2 来标记。

3）将 U 相的尾 U2 与 V 相的头 V1 相接，构成 U1—U2—V1—V2 两相绕组串联。

4）在 U1、V2 线头上接一只灯泡。

5）在第三相线头 W1、W2 上接通 36V 交流电源，若灯泡发亮，则说明 U 相、V 相首尾标注正确，即 U1 为首，U2 为尾，V1 为首，V2 为尾；若灯泡不亮，可将 U 相或 V 相的两个线头对调一下，灯泡便发亮，此时 U 相、V 相便成为顺向串联，其首、尾端也就确定了。

6）将 V 相线头接 36V 交流电源，U 相与 W 相两绕组串联，按上述方法对 W1、W2 两线头进行判别首、尾端。

第二节　三相异步电动机的空载运行

电动机空载运行是指电动机轴上没有带任何负载，故电动机的转速 n 非常接近旋转磁场的同步转速 n_1，即转子与旋转磁场相对转速接近于零，因此可认为 $E_2 \approx 0$，则 $I_2 \approx 0$，空载运行时，电动机定子空载电流 I_0 近似等于励磁电流。其主要作用是产生三相旋转磁通势，同时也提供空载损耗，即定子绕组铜损、铁心损耗和转子的机械摩擦损耗等。

旋转磁场产生的主磁通 Φ_m 在定子绕组中产生的感应电动势 $\dot{E}_1$ 为

$$\dot{E}_1 = -j4.44 f_1 N_1 K_1 \Phi_m \tag{2-4}$$

式中　N_1——定子每相绕组的串联匝数；

K_1——小于 1 的绕组系数；

Φ_m——每极磁通即旋转磁场产生的主磁通。

异步电动机定子电流产生的磁通中除主磁通 Φ_m 与定子绕组、转子绕组交链外，还有部分磁通仅与定子绕组交链而不进入转子磁路，这部分磁通称为定子漏磁通 $\Phi_{\sigma 1}$，如图 2-8 所示。漏磁通 $\Phi_{\sigma 1}$ 主要经过气隙闭合，它将在定子绕组中产生漏感电动势 $\dot{E}_{\sigma 1}$，用漏感抗压降表示为

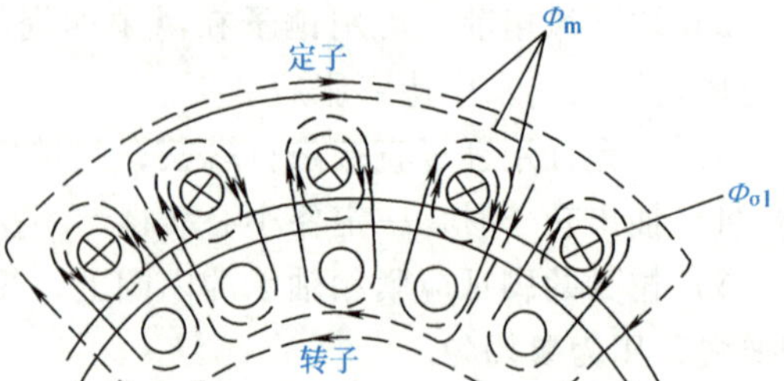

图 2-8　电动机的主磁通 Φ_m 与漏磁通 $\Phi_{\sigma 1}$ 示意图

$$\dot{E}_{\sigma1}=-\mathrm{j}\dot{I}_0X_{\sigma1}$$

式中 $X_{\sigma1}$——定子绕组每相漏电抗，$X_{\sigma1}=2\pi f_1L_{\sigma1}$，$L_{\sigma1}$ 为定子绕组漏电感。

考虑定子绕组电阻 R_1，则根据基尔霍夫定律，可列出定子绕组电压平衡方程式：

$$\dot{U}_1=-\dot{E}_1-\dot{E}_{\sigma1}+\dot{I}_0R_1=-\dot{E}_1+\dot{I}_0(R_1+\mathrm{j}X_{\sigma1})=-\dot{E}_1+\dot{I}_0Z_{\sigma1}$$

式中 $Z_{\sigma1}$——定子绕组每相漏阻抗，$Z_{\sigma1}=R_1+\mathrm{j}X_{\sigma1}$。

因为 $I_0Z_{\sigma1}\ll E_1$，可忽略不计，则

$$\dot{U}_1\approx-\dot{E}_1$$

或

$$U_1\approx E_1=4.44f_1N_1K_1\Phi_{\mathrm{m}} \tag{2-5}$$

由上式可知，**当电源频率一定时，电动机的每极磁通 Φ_{m} 仅与外加电压 U_1 成正比**。一般情况，电源电压为额定值，所以每极磁通 Φ_{m} 基本是一恒定值，负载变化时，Φ_{m} 也基本不变。

三相异步电动机空载运行时的电磁现象，电压平衡方程式与变压器基本相似，但变压器是静止的，不存在机械摩擦损耗，也基本上不存在气隙。所以，三相异步电动机的空载电流比变压器的空载电流大得多。在大、中型容量的异步电动机中，I_0 占额定电流的 10%~35%；在小容量的电动机中，则占 35%~50%，甚至 60%。因此空载时，异步电动机的漏抗压降占额定电压的 2%~5%，而变压器的漏抗压降不超过 0.5%。

第三节 三相异步电动机的负载运行

电动机空载时，轴上的负载转矩是由轴与轴承之间的摩擦及旋转部分受到风阻力等产生的，其值很小，所以电动机转速高，接近同步转速。当电动机轴上带上机械负载后，在开始的那一瞬间，转子所产生的电磁转矩小于负载转矩，转子减速旋转，而旋转磁场的同步转速 n_1 是恒定的，随着转子转速 n 的下降，转子与旋转磁场间的转速差（n_1-n）增大，转子导体中的感应电动势和转子电流也将增大，于是电动机的电磁转矩随之增大，直至电磁转矩等于负载转矩时，转子就不再减速，而在较低转速下稳定运行。

电动机负载运行时，若负载转矩改变，则转子转速 n 或转差率 s 发生变化，而 s 的变化又将引起电动机诸多物理量的变化。

一、转子各物理量与 s 的关系

1\. 转子绕组感应电动势及转子电流的频率 当旋转磁场以相对转速（n_1-n）切割转子绕组时，转子内感应电动势的频率为

$$f_2=\frac{p_2(n_1-n)}{60}=\frac{n_1-n}{n_1}\frac{p_1n_1}{60}=s\frac{p_1n_1}{60}=sf_1 \tag{2-6}$$

式中 p_2——转子绕组极对数，其值恒等于定子极对数 p_1。

由于转子电路的频率随 s 而变化，这就使转子电路中与转子电路频率 f_2 有关的各物理量都随 s 变化而变化。

2\. 转子旋转时转子绕组的感应电动势 E_{2s} 由于转子绕组中产生的感应电动势频率为 f_2，则转子转动时的感应电动势 E_{2s} 为

$$E_{2s}=4.44f_2N_2K_2\Phi_{\mathrm{m}}=4.44sf_1N_2K_2\Phi_{\mathrm{m}}=sE_2 \tag{2-7}$$

式中 N_2——转子绕组每相串联匝数；

K_2——小于或等于1的转子绕组系数；

E_2——转子不动（$s=1$）时的转子绕组感应电动势有效值，$E_2=4.44f_1N_2K_2\Phi_m$。

上式表明：转子感应电动势大小与转差率成正比。转子不动时，$s=1$，$E_{2s}=E_2$ 为最大；当转子旋转时，E_{2s} 随 s 的减小而减小。

3. 转子电抗 X_{2s} 转子电抗是转子旋转时的每相漏电抗，它将在转子绕组中产生漏抗压降。转子电抗为

$$X_{2s}=2\pi f_2L_2=2\pi sf_1L_2=sX_2 \tag{2-8}$$

式中 L_2——转子绕组的每相漏电感；

X_2——转子不动时的每相漏电抗，$X_2=2\pi f_1L_2$。

上式表明：转子电抗大小与转差率成正比。转子不动时，$s=1$，$X_{2s}=X_2$ 为最大；当转子旋转时，X_{2s} 随 s 减小而减小。

4. 转子电流 I_{2s} 由于转子感应电动势 E_{2s} 和转子电抗 X_{2s} 都随 s 变化，当考虑转子绕组电阻 R_2 后，转子电流为

$$I_{2s}=\frac{E_{2s}}{\sqrt{R_2^2+X_{2s}^2}}=\frac{sE_2}{\sqrt{R_2^2+(sX_2)^2}} \tag{2-9}$$

上式表明：转子电流将随 s 增大而增大，其变化规律如图2-9所示。当电动机起动瞬间，$s=1$，为最大，I_{2s} 也为最大，当转子旋转时，s 减小，I_{2s} 也随之减小。

5. 转子电路的功率因数 $\cos\varphi_2$ 由于转子每相绕组都有电阻 R_2 和电抗 X_{2s}，故转子电路功率因数为

$$\cos\varphi_2=\frac{R_2}{\sqrt{R_2^2+(sX_2)^2}} \tag{2-10}$$

上式表明：转子功率因数 $\cos\varphi_2$ 随 s 增大而减小，其变化规律如图2-9所示。但应注意 $\cos\varphi_2$ 仅是转子电路的功率因数，并不是电动机的功率因数。

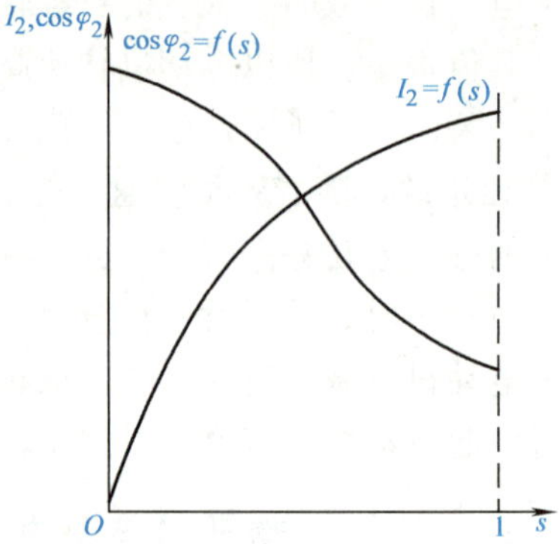

图2-9 I_2、$\cos\varphi_2$ 与 s 的关系曲线

6. 转子的旋转磁通势 F_2 当转子为绕线转子型时，转子绕组的极数与定子绕组的极数相同。

定子旋转磁场在绕线转子绕组中感应的电动势是相位互差120°电角度的三相对称电动势，因而转子绕组电流也是三相对称电流，同样要建立转子旋转磁通势 F_2。这个 F_2 相对转子来说是一个旋转的磁通势，转速为 $60f_2/p=60sf_1/p=sn_1$，又因转子本身以转速 n 旋转，所以 F_2 的空间转速，即相对定子的转速为

$$sn_1+n=\frac{n_1-n}{n_1}n_1+n=n_1 \tag{2-11}$$

由此可见，不论转子本身转速如何，由转子电流建立的转子旋转磁通势 F_2 与定子电流建立的旋转磁通势 F_1 在空间以同样大小的转速、同一方向旋转，故 F_2 与 F_1 之间没有相对运动，它们在空间是相对静止的。

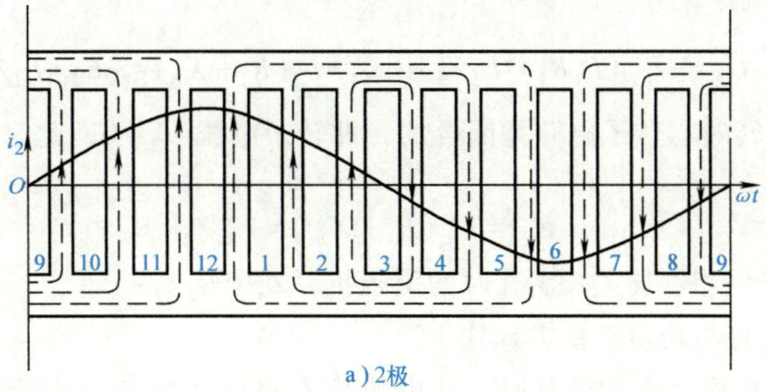

a）2极

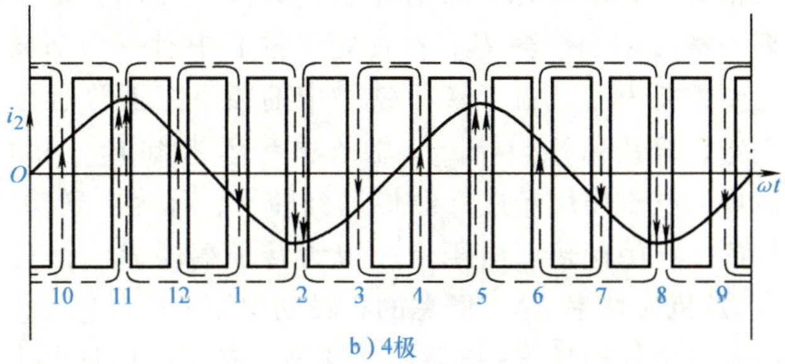

b）4极

图 2-10 笼型转子的磁极

当转子绕组为笼型时，笼型转子的磁极数是随定子磁极数而定的。如图 2-10a 所示，当定子是两极时，则被端环短接的转子导条电流形成两组环流，每一组环流产生一个极性的磁极，两组环流产生两个极性不同的磁极。同理，如图 2-10b 所示，若定子是 4 极的，其转子产生四组环流，即产生 4 极。所以转子极数始终与定子极数相等，而与转子导条数无关。

同样也可分析出笼型转子绕组电流所产生转子旋转磁通势 F_2 与定子电流产生的磁通势 F_1 在空间是相对静止的。

二、负载运行时的基本方程式

1. 磁通势平衡方程式　三相异步电动机空载运行时，主磁通是由定子绕组的空载磁通势 F_0 产生的；三相异步电动机负载运行时，气隙中的合成旋转磁场的主磁通，是由定子绕组磁通势 F_1 和转子绕组磁通势 F_2 共同产生的。由于当定子绕组外加电压和频率不变时，主磁通近似为一常数，所以，空载时磁通势 $\dot{F}_0$ 与负载时磁通势 $\dot{F}_1+\dot{F}_2$ 应相等，即

$$\dot{F}_1+\dot{F}_2=\dot{F}_0$$

或

$$\dot{F}_1=\dot{F}_0+(-\dot{F}_2) \tag{2-12}$$

根据楞次定律，负载时主磁通在转子中产生的感应电流所建立的转子磁通势总是力图削弱主磁通。为此，定子电流由空载时的 I_0 增加到负载电流 I_1，其建立的磁通势 F_1 有两个分量：一个是励磁分量 F_0 用来产生主磁通；另一个是负载分量（$-F_2$）用来抵消转子磁通势 F_2 的去磁作用，以保证主磁通基本不变。所以异步电动机就是通过磁通势平衡关系，使电路上无直接联系的定、转子电流有了关联。当负载增大时，转速 n 降低，转子电流 I_2 增大，电磁转矩增大，同时定子电流 I_1 也增大。当电磁转矩与负载转矩相等时，电动机运行在新的平衡状态。

2. 电动势平衡方程式　电动机由空载到负载，定子电流从 I_0 变为 I_1，定子电路的电动

势平衡方程式为

$$\dot{U}_1=-\dot{E}_1+\dot{I}_1R_1+\mathrm{j}\dot{I}_1X_1=-\dot{E}_1+\dot{I}_1(R_1+\mathrm{j}X_1)=-\dot{E}_1+\dot{I}_1Z_1 \tag{2-13}$$

异步电动机运转时，转子电路是闭合的，即转子电压 $\dot{U}_2=0$，此时转子电路的电动势平衡方程式为

$$\dot{E}_{2s}=\dot{I}_{2s}(R_2+\mathrm{j}X_{2s})=\dot{I}_{2s}Z_{2s} \tag{2-14}$$

式中 Z_{2s}——转子绕组在转差率为 s 时的漏阻抗，$Z_{2s}=R_2+\mathrm{j}X_{2s}$。

3. 功率转换过程与功率平衡方程式

三相异步电动机稳定负载运行时，从电源输入的功率为 P_1。定子电流在定子电阻上要损耗一部分输入功率，称为定子铜耗 P_{Cu1}；在定子铁心中有一小部分输入功率转变为涡流及磁滞损耗，称为定子铁耗 P_{Fe1}，由于转子铁心中的频率在正常运行时仅 1~3Hz，转子铁耗可以忽略不计，则电动机铁耗 $P_{Fe}\approx P_{Fe1}$。输入功率 P_1 扣除 P_{Cu1} 和 P_{Fe} 后，余下的大部分输入功率通过旋转磁场的电磁作用经过气隙传送到转子，称为电磁功率 P_M。传送到转子的电磁功率 P_M 有一小部分消耗在转子电阻上，成为转子铜耗 P_{Cu2}，其余的大部分电磁功率 P_M 成为使转子旋转的总机械功率 P_m，但总的机械功率不能全部输出，因为三相异步电动机运行时还有轴承摩擦及风阻的损耗 P_m 以及高次谐波、转子中的横向电流等引起的附加损耗 P_{ad}，故电动机轴上输出的功率 P_2 为

$$P_2=P_m-(P_m+P_{ad}) \tag{2-15}$$

综上所述可得

$$P_2=P_1-(P_{Cu1}+P_{Fe}+P_{Cu2}+P_m+P_{ad})$$
$$=P_1-\sum P$$

式中 $\sum P=P_{Cu1}+P_{Fe}+P_{Cu2}+P_m+P_{ad}$ 称为电动机的总损耗。

三相异步电动机的功率转换过程可用图 2-11 所示功率图形象表示。

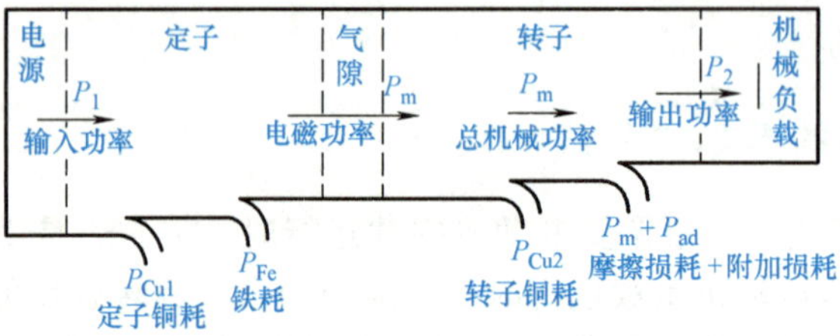

图 2-11 三相异步电动机负载运行功率图

第四节 三相异步电动机的工作特性

三相异步电动机的工作特性是指 $U_1=U_N$ 和 $f_1=f_N$ 及定、转子绕组不串任何阻抗的情况下，电动机的转速 n、定子电流 I_1、电磁转矩 T、功率因数 $\cos\varphi_1$、效率 η 与输出功率 P_2 的关系。图 2-12 为异步电动机的工作特性曲线。下面对各物理量的变化曲线进行定性分析。

一、转速特性 $n=f(P_2)$ 曲线

三相异步电动机空载时，$P_2=0$，转子的转速 n 接近于同步转速 n_1，随着负载的增大，即输出功率增大，转速要略为降低。因为只有转速降低，才能使转子电动势 E_2 增大，从而

使转子电流也增大，以产生更大的电磁转矩与负载转矩平衡，所以三相异步电动机的转速特性是一条稍向下倾斜的曲线，如图 2-12 所示。

二、定子电流特性 $I_1=f(P_2)$ 曲线

由三相异步电动机的定子电流 $\dot{I}_1=\dot{I}_0+(-\dot{I}_2)$，空载时 $P_2=0$，转子电流 $\dot{I}_2\approx0$，定子电流 $I_1\approx I_0$，随着负载的增大，转速下降，转子电流增大，为抵消转子电流所产生的磁通势，定子电流和定子磁通势将几乎随 P_2 的增大按正比例增加，故在正常工作范围内 $I_1=f(P_2)$ 近似为一直线。当 P_2 增大到一定数值时，由于 n 下降较多，转子漏抗较大，转子功率因数 $\cos\varphi_2$ 较低，这时平衡较大的负载转矩需要更大的转子电流，因而 I_1 的增长将比原先更快些，所以 $I_1=f(P_2)$ 曲线将向上弯曲，如图 2-12 所示。

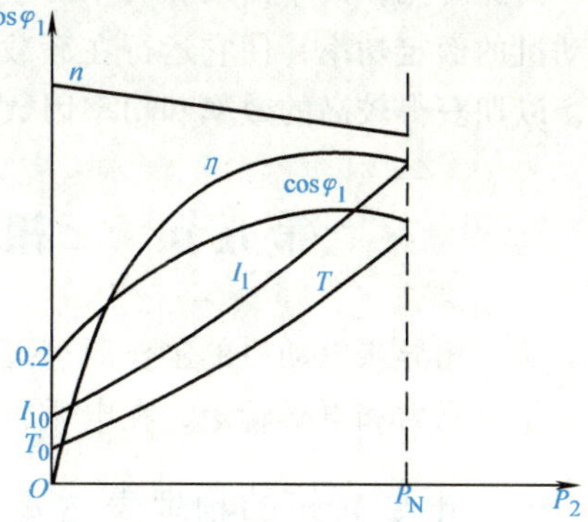

图 2-12　三相异步电动机的工作特性曲线

三、功率因数特性 $\cos\varphi_1=f(P_2)$ 曲线

空载时，$P_2=0$，定子电流 I_1 就是空载电流 I_0，主要用于建立旋转磁场，因此主要是感性无功分量，功率因数很低，$\cos\varphi_1<0.2$。当负载增加时，转子电流的有功分量增加，相对应的定子电流的有功分量也增加，使功率因数提高；接近额定负载时，功率因数最高；超过额定负载时，由于转速降低较多，s 增大，转子功率因数角 $\varphi_2=\arctan(sX_{2s}/R_2)$ 增大，转子功率因数 $\cos\varphi_2$ 下降较多，转子电流的无功分量增大，引起定子电流中的无功分量也增大，使电动机的功率因数 $\cos\varphi_1$ 趋于下降，如图 2-12 所示。

四、电磁转矩特性 $T=f(P_2)$ 曲线

空载时，$P_2=0$，电磁转矩 T 等于空载时的转矩 T_0；随着 P_2 的增加，T_2 在 n 不变的情况下，是一条过原点的直线。考虑到 P_2 增加时，n 稍有降低，故 $T_2=f(P_2)$ 为随着 P_2 增加略向上偏离直线。而 $T=T_0+T_2$ 中，T_0 值很小，且为与 P_2 无关的常数，所以 $T=f(P_2)$ 将比 $T_2=f(P_2)$ 平行上移 T_0 值，如图 2-12 所示。

五、效率特性 $\eta=f(P_2)$ 曲线

电动机效率 η 是指其输出机械功率 P_2 与输入电功率 P_1 的比值，即

$$\eta=\frac{P_2}{P_1}\times100\%=\frac{P_2}{\sqrt{3}UI\cos\varphi_1}\times100\%=\frac{P_2}{P_2+P_{Cu}+P_{Fe}+P_m}\times100\%$$

式中　P_{Cu}——定转子铜耗；

P_{Fe}——铁耗；

P_m——机械损耗。

空载时 $P_2=0$，$\eta=0$；当负载增加但数值较小时，铜耗很小，效率随 P_2 的增加而迅速

上升；当负载继续增大时，铜耗随之增大而铁耗和机械损耗基本不变，η 反而有所减小，如图 2-12 所示。η 的最大值一般设计成在额定负载的 80%附近，一般来说，$\eta\approx 80\%\sim 90\%$。

由此可见，效率曲线和功率因数曲线的最大值都发生在额定负载附近，因此应合理选择电动机的额定功率，使它运行在满载或接近满载状态，尽量避免或减少轻载和空载运行的时间，以期获得较高的效率和功率因数。

第五节　三相异步电动机的电磁转矩特性

从三相异步电动机的工作原理可知，异步电动机的转子电流与旋转磁场磁通相互作用，产生了电磁力和电磁转矩，在电磁转矩作用下电动机旋转。

一、电磁转矩的物理表达式

从三相异步电动机的基本原理出发，可推出电动机电磁转矩的物理表达式为

$$T=C_T\Phi_m I_{2s}\cos\varphi_2 \tag{2-16}$$

式中　T——电动机的电磁转矩；

C_T——与电动机结构有关的常数，称为转矩系数；

Φ_m——旋转磁场每极磁通，即主磁通；

I_{2s}——转子电流有效值；

$\cos\varphi_2$——转子电路功率因数。

式（2-16）为电磁转矩的物理表达式，表明异步电动机的电磁转矩与主磁通成正比，而 $I_{2s}\cos\varphi_2$ 构成转子电流有功分量，因此电磁转矩与转子电流的有功分量成正比。

二、电磁转矩的参数表达式

将

$$I_{2s}=\frac{sE_2}{\sqrt{R_2^2+(sX_2)^2}}$$

$$E_2=4.44f_1N_2K_2\Phi_m$$

$$\Phi_m=\frac{E_1}{4.44f_1N_1K_1}\approx\frac{U_1}{4.44f_1N_1K_1}$$

$$\cos\varphi_2=\frac{R_2}{\sqrt{R_2^2+(sX_2)^2}}$$

代入式（2-15）中可得

$$T=C\frac{U_1^2}{f_1}\frac{sR_2}{[R_2^2+(sX_2)^2]} \tag{2-17}$$

式中　C——由电动机结构决定的常数；

U_1——电动机定子相电压有效值；

f_1——电动机定子电源频率；

s——电动机转差率；

R_2——电动机转子每相绕组电阻值；

X_2——电动机转子不动时的每相漏电抗。

式（2-17）反映了三相异步电动机电磁转矩 T 与定子相电压 U_1、频率 f_1、电动机结构常数 C 以及转差率 s 之间的关系，称为电磁转矩的参数表达式。显然，当 U_1、f_1 及电动机的结构常数不变时，电磁转矩 T 仅与转差率 s 有关。对应不同的 s 值，有不同的 T 值，将这些数据绘成曲线，就成为 $T=f(s)$ 曲线，如图 2-13 所示。s 在不同的区间，电动机运行在不同的状态：

1. 电动状态（$0<s\leqslant 1$）　当 $s=0$ 时，$T=0$；当 s 上升，但在 s 很小值区间，$(sX_2)^2$ 可忽略不计，T 与转差率 s 成正比增大；当 s 继续上升至 s 较大值区间，漏抗 sX_2 比 R_2 大，忽略电磁转矩公式分母中的 R_2，则 T 与 s 成反比。根据数学知识可知，电磁转矩 T 从正比于 s 到反比于 s，中间必有一最大转矩 T_m，又称临界转矩。对应于 T_m 的转差率 s_m 称为临界转差率。s_m 可用高等数学中求最大值的方法求得，当不计漏阻抗时，则

$$s_m=\frac{R_2}{X_2}$$

将 s_m 代入式（2-17）中得最大转矩 T_m 为

$$T_m=\frac{C}{f_1}\frac{U_1^2}{2X_2} \tag{2-18}$$

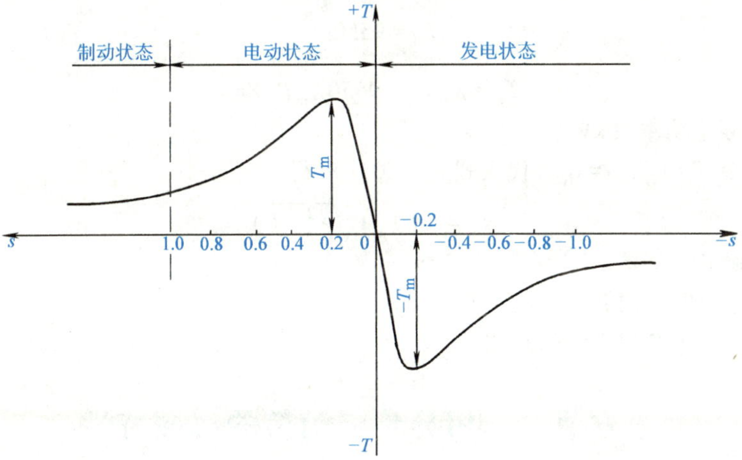

图 2-13　三相异步电动机的 $T=f(s)$ 曲线

最大转矩 T_m 与额定转矩 T_N 之比为最大转矩倍数，也称过载能力，用 λ_m 表示，即

$$\lambda_m=\frac{T_m}{T_N}$$

λ_m 是异步电动机的一个重要性能指标，它表明了电动机短时过载的极限。一般 Y 系列电动机的 λ_m 为 1.8~2.2。

当 $s=1$，$n=0$ 时，对应的电磁转矩为起动转矩，用 T_{st} 表示

$$T_{st}=\frac{C}{f_1}U_1^2\frac{R_2}{R_2^2+X_2^2} \tag{2-19}$$

2. 发电状态（$s<0$）　如果电动机的转子在外力作用下，使转速加速到 $n>n_1$，此时转差率 $s=\frac{n_1-n}{n_1}<0$，旋转磁场相对切割转子导体的方向与电动状态时相反，转子导体感应电动

势和电流方向均改变，电磁力和电磁转矩方向也随之改变，即 $T<0$，且电磁功率也变为负值，说明电动机向电网输出电功率，故电机处于发电状态。

3. 制动状态（$s>1$） 当电动机旋转磁场 n_1 转向与电动机旋转方向 n 相反时，转差率 $s>1$。这时电磁转矩起制动作用，电动机处于制动状态。在 $s>1$ 时，转子电流频率 $f_2=sf_1$ 较大，转子绕组漏抗较大，T 分母中的 R_2 忽略不计，T 与 s 成反比，所以制动状态下的 $T=f(s)$ 曲线为电动状态 $T=f(s)$ 曲线的延伸，如图 2-13 所示。

三、电磁转矩的实用表达式

在实际应用中，电动机手册和产品目录中给出的是电动机的额定功率 P_N、额定转速 n_N、过载能力 λ_m 等，而不给出电机的内部参数。为此可将电磁转矩的参数表达式进行简化，得出电磁转矩的实用表达式为

$$T=\frac{2T_m}{\frac{s_m}{s}+\frac{s}{s_m}} \tag{2-20}$$

上式中 T_m 及 s_m 可用下述方法求得：

$$T_N=9550\frac{P_N}{n_N}$$

$$T_m=\lambda_m T_N=9550\lambda_m P_N/n_N \tag{2-21}$$

式中 P_N——额定功率（kW）。

忽略 T_0，令 $T=T_N$，$s=s_N$，代入式（2-20）可得

$$s_m=s_N(\lambda_m+\sqrt{\lambda_m^2-1}) \tag{2-22}$$

式中 s_N——额定转差率，$s_N=(n_1-n_N)/n_1$；

λ_m——电动机过载能力，$\lambda_m=T_m/T_N$。

如上所述，即可绘出 $T=f(s)$ 曲线。

第六节 三相异步电动机的机械特性

上节分析了三相异步电动机的 $T=f(s)$ 曲线，它表明了电动机电磁转矩 T 随 s（或 n）的变化而变化的情况。但在实际应用中更关心电动机转速 n 因外部负载转矩 T_L 变化而变化的情况，也就是关注电动机适应外界负载变化的能力，即 $n=f(T_L)$ 曲线。而电动机稳定运行时 $T\approx T_L$，故可用 T 替代 T_L，$n=f(T_L)$ 曲线就成为 $n=f(T)$ 曲线。**电动机的 $n=f(T)$ 曲线称为电动机的机械特性。**

根据导步电动机 n 与 s 的关系，可将 $T=f(s)$ 曲线变换成 $n=f(T)$ 曲线。先将 $T=f(s)$ 曲线中的 s 轴变换为 n 轴，再把 T 轴移动到 $s=1$，即 $n=0$ 处，最后按顺时针方向旋转 90°，便得到 $n=f(T)$ 曲线，如图 2-14 所示。

一、机械特性曲线分析

电动机的 $n=f(T)$ 曲线上有四个重要特殊点，它们是同步点（n_1，0）额定工作点（n_N，T_N）、最大点（n_m，T_m）与起动点（0，T_{st}），如图 2-15 所示。

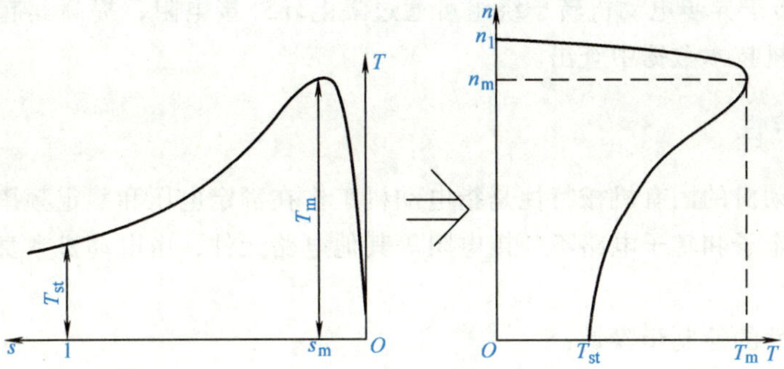

图 2-14 由 $T=f(s)$ 曲线变换为 $n=f(T)$ 曲线

1. 额定转矩 T_N **额定转矩是电动机在额定电压下，以额定转速运行，输出额定功率时，其轴上输出的转矩。** 因为电动机转轴上的功率等于角速度 Ω 和转矩 T 的乘积，即 $P=T\Omega$，故

$$T_N=\frac{P_N}{\Omega_N}=\frac{P_N\times10^3}{\frac{2\pi n_N}{60}}=9550\frac{P_N}{n_N} \tag{2-23}$$

式中 Ω_N——额定机械角速度（rad/s）；

P_N——额定功率（kW）；

n_N——额定转速（r/min）；

T_N——额定电磁转矩（N·m）。

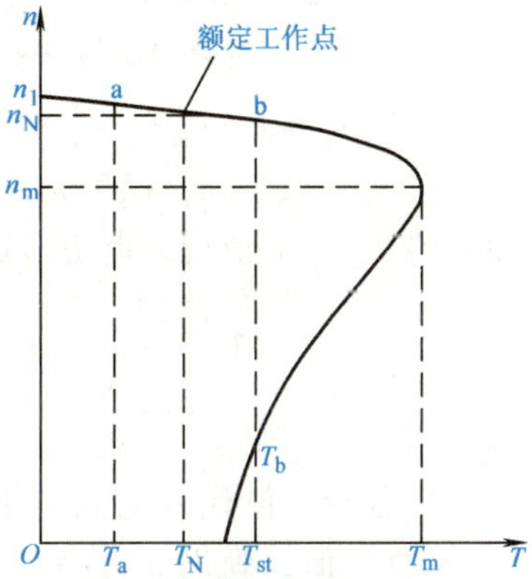

图 2-15 三相异步电动机机械特性曲线

为了避免电动机出现过热现象，一般不允许电动机在超过额定转矩的情况下长期运行，但允许短时过载运行。

2. 最大转矩 T_m **最大转矩 T_m 是电动机能够提供的极限转矩**，故电动机运行中的机械负载不可超过最大转矩，否则电动机的转速越来越低，很快导致堵转。三相异步电动机堵转时电流最大，一般达到额定电流的 4~7 倍，这样大的电流通过定子绕组，会使电动机过热，甚至烧毁。因此，**异步电动机在运行中应注意避免出现堵转，一旦出现堵转应立即切断电源，并卸掉过重的负载。**

3. 起动转矩 T_{st} **电动机在接通电源起动的最初瞬间，$s=1$，$n=0$ 时的转矩称为起动转矩 T_{st}。** 如果起动转矩小于负载转矩，即 $T_{st}<T_L$，则电动机不能起动。这时情况与电动机堵转情况一样，电动机电流达到最大，引起电动机过热。此时应立即断开电源停止起动，在减轻负载或排除故障后重新起动。

如果起动转矩大于负载转矩，即 $T_{st}>T_L$，则电动机的工作点会沿着 $n=f(T)$ 曲线从底部上升，由磁转矩 T 逐渐增大，转速 n 越来越高，对于恒转矩负载，则很快越过最大转矩 T_m，然后随着 n 的升高，T 又逐渐减小，直到 $T=T_L$ 时，电动机以某一转速稳定运行。由此可见，只要异步电动机的起动转矩大于负载转矩，一经起动，便迅速进入机械特性的稳定运行。

异步电动机起动转矩大小，反映了电动机带负载起动的能力。 工程上，常用起动转矩与额定转矩之比作为异步电动机起动能力指标。一般三相笼型异步电动机的起动能力约为

1.0~2.2。绕线转子异步电动机转子绕组可通过集电环外接电阻，提高其起动能力。起动能力大小可在电动机技术数据中查出。

二、固有特性

三相异步电动机的固有机械特性是指电动机工作在额定电压和额定频率下，定子绕组按规定方式连接，定子和转子电路不外接电阻等其他电路元件，由电动机本身固有的参数所决定的机械特性。

固有机械特性的绘制步骤是：

1）从电动机的产品目录中查取该机的 P_N、n_N 和 λ_m 值。

2）计算 T_m 和 s_m 值：

$$T_m = 9550\lambda_m P_N / n_N$$

$$s_m = S_N(\lambda_m + \sqrt{\lambda_m^2 - 1})$$

$$s_N = (n_1 - n_N)/n_1$$

3）将 T_m、s_m 值代入电磁转矩实用表达式：

$$T = \frac{2T_m}{\dfrac{s_m}{s} + \dfrac{s}{s_m}}$$

4）用若干 s 值代入电磁转矩实用表达式，算出对应的 T 值，画出 $n=f(T)$ 曲线，即为三相异步电动机的固有机械特性，如图 2-16 所示。

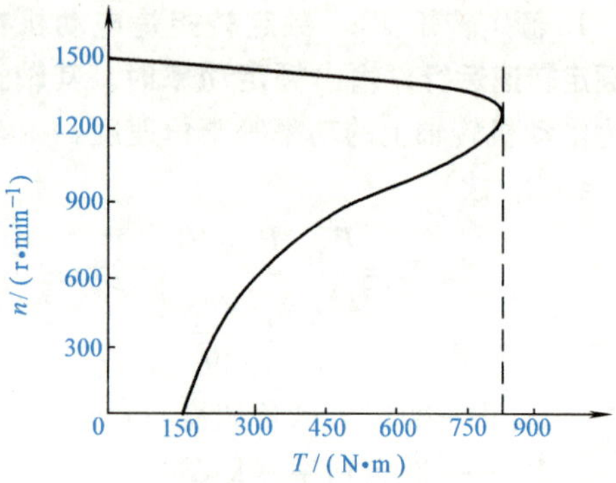

图 2-16 点绘固有机械特性

注意：在点绘固有特性时，至少要包括同步点（n_1，0）、额定点（n_N、T_N）、最大转矩点（n_m、T_m）、起动点（0，T_{st}）等几个特殊运行点。

三、人为机械特性

人为地改变异步电动机定子电压 U_1、电源频率 f_1、定子极对数 p、定子回路电阻或电抗、转子回路电阻或电抗中的一个或多个参数，所获得的机械特性，称为人为机械特性。

下面分别定性讨论降低定子端电压的人为机械特性和转子回路串三相对称电阻的人为机械特性的特点。分析时，先定性画出固有机械特性，然后就人为机械特性的同步点、最大转矩点、起动点与固有机械特性进行比较，看有何变化，再通过这三个特殊运行点，定性画出人为机械特性。

1. 降低定子端电压的人为机械特性　如果三相异步电动机的其他条件都与固有特性一样，仅降低定子电压 U_1 所获得的人为机械特性，称为降压人为机械特性，其特点如下：

1）由同步转速 $n_1=60f_1/p$ 可知，降压后同步转速 n_1 不变，即不同 U_1 的人为机械特性都通过固有机械特性的同步点。

2）由 $T=\dfrac{c}{f_1}\dfrac{sR_2U_1^2}{[R_2^2+(sX_2)^2]}$ 可知，异步电动机的电磁转矩 T 与定子电压 U_1^2 成正比，所以降压后，最大转矩 T_m 随 U_1^2 成比例下降，但 s_m 或 $n_m=n_1(1-s_m)$ 跟固有特性时一样，因此，

不同 U_1 的人为机械特性的最大转矩点的变化规律如图 2-17 所示。

3）降压后的起动转矩 T_{st} 也随 U_1^2 成比例下降。

由图 2-17 可知，端电压 U_1 下降后，电动机的起动转矩 T_{st} 和过载能力 $\lambda'_m = T'_m/T_N$ 都显著下降，这点在实际应用中必须注意。

2. 转子回路串对称三相电阻的人为机械特性　对于绕线转子三相异步电动机，如果其他条件都与固有特性时一样，仅在转子回路串入对称三相电阻 R_p，所获得的人为机械特性称为转子回路串电阻人为机械特性，其特点如下：

1）同步转速 n_1 不变，即不同 R_p 的人为机械特性都通过固有特性的同步点。

2）转子串电阻后的最大转矩 T_m 的大小不变，但临界转差率 s_m 随 R_P 的增大成正比地增大（或 n_m 随 R_P 的增大而减小），不同 R_P 的人为机械特性的最大转矩点的变化如图 2-18 所示。

3）转子串电阻后 s_m 增大，当 $s_m<1$ 时，起动转矩 T_{st} 随 R_P 的增大而增大；但当 $s_m>1$ 后，T_{st} 随 R_P 的增大而减小。

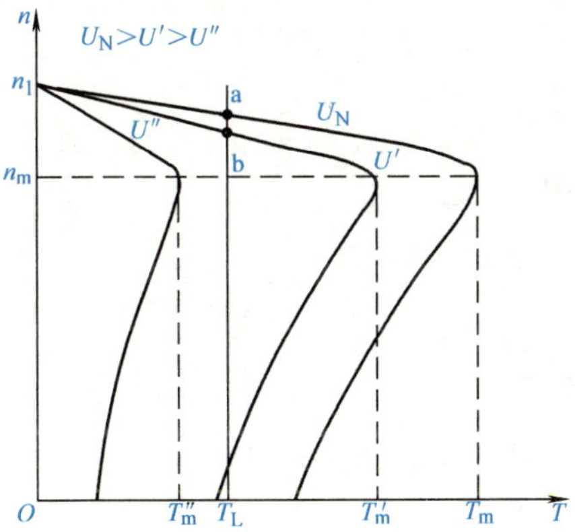

图 2-17　降压人为机械特性

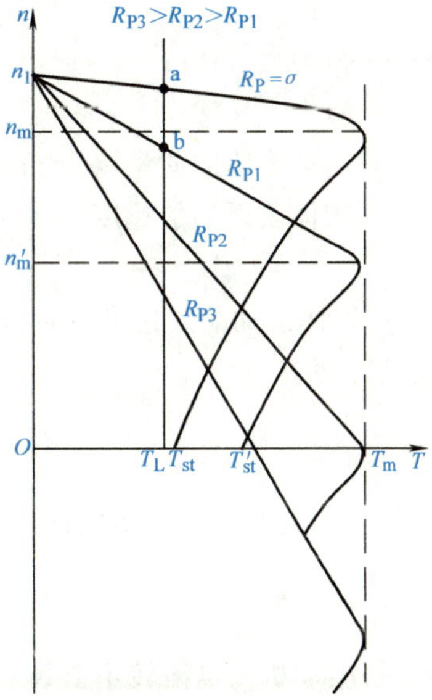

图 2-18　转子回路串电阻人为机械特性

由图 2-18 可知，绕线转子三相异步电动机转子回路串电阻，可以改变转速，因而可用于调速，同时也改变起动转矩，从而改善绕线转子三相异步电动机的起动性能。

第七节　电力拖动基本知识

采用电动机拖动生产机械，并实现生产工艺过程中的各种要求的系统，称为电力拖动系统。电力拖动系统一般由控制设备、电动机、传动机构、生产机械和电源等组成，其组成关系如图 0-1 所示。

电动机作为原动机，通过传动系统拖动生产机械工作；控制设备是由各种控制电动机、电器、自动化设备及工业控制计算机、可编程序控制器等组成，用以控制电动机的运行，从而实现对生产机械各种运动的控制；电源是用以向电动机和控制设备供电的设备。

本节先介绍电力拖动系统的运动方程式，然后介绍生产机械的机械特性。

一、电力拖动系统的运动方程式

电力拖动系统所用的电动机种类各异，生产机械的负载性质也各不相同，但电力拖动系统都应遵循动力学的普遍规律。所以，先从动力学的普遍规律出发，建立电力拖动系统的运动方程式。下面以电动机轴与生产机械旋转机构直接相连的单轴电力拖动系统为例，分析其运动方程式。

（一）单轴电力拖动系统运动方程式

1. 运动方程式

根据牛顿第二定律，做直线运动的物体的运动方程式为

$$F-F_L=ma$$

式中 F——拖动力（N）；

F_L——阻力（N）；

m——运动物体的质量（kg）；

a——物体获得的加速度（m/s^2）。

又因为

$$a=\Delta v/\Delta t$$

式中 v——物体运动的线速度（m/s）。

所以上式又可写成

$$F-F_L=m\frac{\Delta v}{\Delta t}$$

与直线运动相似，由电动机拖动的单轴系统，其旋转运动的方程式为

$$T-T_L=J\frac{\Delta \Omega}{\Delta t} \tag{2-24}$$

式中 T——电动机的电磁转矩（N · m）；

T_L——生产机械的阻转矩（N · m）；

J——旋转物体的转动惯量（$kg\cdot m^2$）；

Ω——旋转物体的旋转角速度（rad/s）。

转动惯量 J 可用下式表示：

$$J=m\rho^2=\frac{G}{g}\left(\frac{D}{2}\right)^2=\frac{GD^2}{4g} \tag{2-25}$$

式中 m——转动体的质量（kg）；

G——转动体的重力（N）；

g——重力加速度（m/s^2）；

ρ——转动体的惯性半径（m）；

D——转动体的惯性直径（m）；

GD^2——飞轮力矩（$N\cdot m^2$）。

将角速度 $\Omega=2\pi n/60$ 和式（2-25）代入式（2-24）中，并在下述转矩正方向规定下可获得

常用的电力拖动系统运动方程式

$$T-T_L=\frac{GD^2}{375}\frac{\Delta n}{\Delta t} \tag{2-26}$$

2. 运动方程式中各转矩正方向的确定

1）任意规定某一旋转方向为 n 的正方向，此方向的 n 为正值。电磁转矩 T 的正方向与转速 n 的正方向相同。

2）负载转矩 T_L 的正方向与转速 n 的正方向相反。

3）加速转矩 $\frac{GD^2}{375}\frac{\Delta n}{\Delta t}$ 的大小及正负号由电磁转矩 T 和负载转矩 T_L 的代数和确定。

根据上述规定，可判定各转矩的工作性质：

当 T 的作用方向与 n 的方向相同时，T 为拖动转矩，此时 T 为正值；当 T 的作用方向与 n 的方向相反时，T 为制动转矩，此时 T 为负值。

当 T_L 的方向与 n 的方向相反时，T_L 为制动转矩，此时 T_L 为正值；当 T_L 的方向与 n 的方向相同时，T_L 为拖动转矩，此时 T_L 为负值。

（二）电力拖动系统的运动状态

电力拖动系统的运动状态，可以从运行方程来判断：

1. 当 $T=T_L$ 时，$\Delta n/\Delta t=0$，即 $n=0$ 或 $n=$ 常数，电力拖动系统处于静止或匀速运行的稳定状态。

2. 当 $T>T_L$ 时，$\Delta n/\Delta t>0$，电力拖动系统处于加速状态，即处于过渡过程中。

3. 当 $T<T_L$ 时，$\Delta n/\Delta t<0$，电力拖动系统处于减速状态，也处于过渡过程中。

由此可知，当系统 $T=T_L$ 时，一旦受到外界干扰，平衡被打破，转速就会变化。对于一个稳定系统来说，应具有恢复平衡状态的能力。

二、电力拖动系统的负载与负载转矩特性

电力拖动系统在运行中主要是由电动机及其转轴上拖动的负载两部分组成。所以，电力拖动系统的运行状态除受电动机的机械特性影响外，还与负载的转矩特性有关。

负载转矩特性简称负载特性，它是指电力拖动系统的旋转速度 n 与负载转矩 T_L 之间的函数关系，即 $n=f(T_L)$。不同生产机械在运动中所具有的转矩特性不同，大致可分为恒转矩负载特性、恒功率负载特性和通风机型负载特性三类。

1. 恒转矩负载特性　恒转矩负载特性是指负载转矩 T_L 的大小不随转速变化，T_L 等于常数。根据 T_L 与运动方向的关系，又分为反抗性负载转矩和位能性负载转矩两种。

（1）反抗性负载转矩：这种负载转矩大小不变，而且方向始终与生产机械的运动方向相反，总是阻碍运动。按正方向规定，当 n 为正方向时，反抗性负载转矩 T_{L1} 也为正方向，负载特性在图 2-19a 的第Ⅰ象限；n 为负方向时，T_{L1} 也为负方向，负载转矩 T_{L1} 在图 2-19a 的第Ⅲ象限。属于这类负载特性的生产机械有轧钢机和机床平移机构等。

（2）位能性负载转矩：位能性负载转矩是由重力作用产生的，其特点是，不论生产机械运动方向变化与否，负载转矩大小和方向始终不变。如起重机类型负载为位能性负载，当起重机提升重物时，T_{L2} 方向与 n 方向相反，为阻转矩；下放重物时，T_{L2} 方向与 n 方向相同，为驱动转矩。若以提升重物时电动机的旋转方向为正，按转矩正方向的规定，不管 n 是正方向还

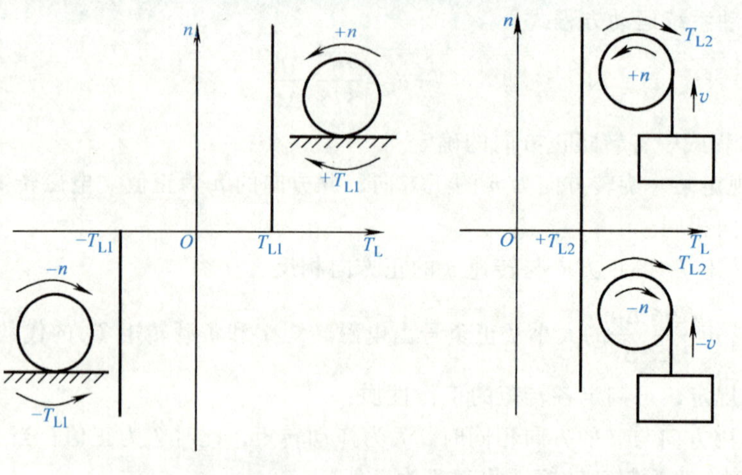

a）反抗性恒转矩负载特性　　b）位能性恒转矩负载特性

图 2-19　恒转矩负载特性

是负方向，T_{L2} 的大小和方向都不变，始终为正值，特性曲线在图 2-19b 的Ⅰ、Ⅳ象限。

2. 恒功率负载特性　恒功率负载特性的特点是：当转速变化时，负载从电动机吸取的功率为恒定值，即

$$P_L = T_L\Omega = T_L\frac{2\pi n}{60} = \frac{2\pi}{60}T_L n = 常数$$

也就是说，负载转矩 T_L 与转速 n 成反比。车床的车削加工就是恒功率负载。车床粗加工时，切削量大，负载阻力大，采用低速档；精加工时，切削量小，负载阻力小，采用高速档。恒功率负载特性曲线如图 2-20 所示。

3. 通风机型负载特性　这一类型的机械是按离心原理工作的。其特点是负载转矩的大小与转速 n 的平方成正比，即

$$T_L = cn^2$$

式中　c——比例常数。

常见的这类负载有鼓风机、水泵、油泵等，其负载特性曲线 $T_L = f(n)$ 如图 2-21 所示。

但应指出，实际的负载可能是单一类型的，也可能是几种典型负载的综合。如起重机提升重物时，除位能性负载转矩外，还要克服系统摩擦转矩这一反抗性负载转矩，所以电动机轴上的负载转矩 T_L 为上述两种转矩之和。

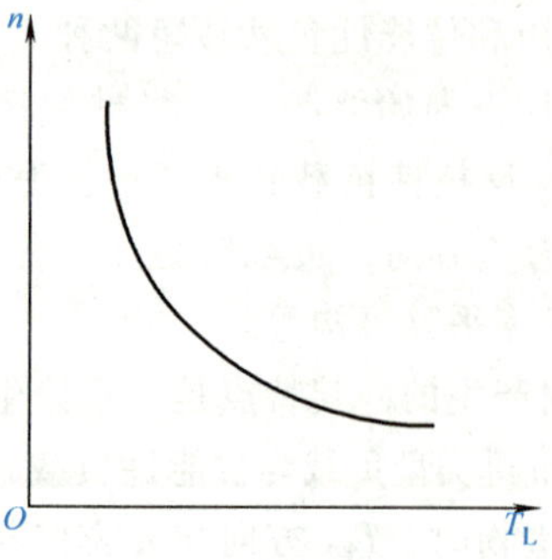

图 2-20　恒功率负载特性

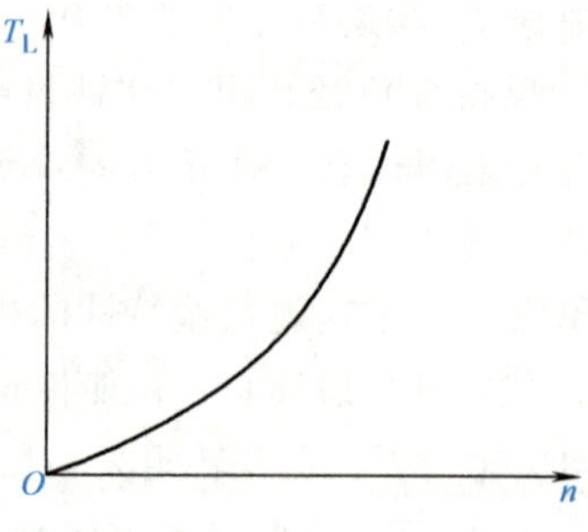

图 2-21　通风机型负载特性

三、电力拖动系统稳定运行的条件

上一节已分析了电动机的机械特性 $n=f(T)$、生产机械的负载特性 $n=f(T_L)$，将这两种特性配合起来，就可分析电力拖动系统稳定运行问题。所谓稳定运行，是指电力拖动系统在某种外界因素的扰动下，离开原来的平衡状态，当外界因素消失后，仍能恢复到原来的平衡状态，或在新的条件下达到新的平衡状态。这里指的“扰动”一般是指电网电压波动或负载的微小变化。

在电力拖动系统中，电动机的机械特性与负载转矩特性有交点，即 $T=T_L$，这是系统稳定运行的必要条件。除这两条特性曲线有交点外，还需这两条特性曲线配合恰当。而电力拖动系统稳定运行的充分必要条件是：

在 $T=T_L$ 处
$$\frac{\Delta T}{\Delta n}<\frac{\Delta T_L}{\Delta n}$$

此外，还可用另一方法来判别电力拖动系统是否稳定运行。因为不论什么扰动，都使转速 n 产生一个增量，如果这个增量 Δn 是正的，即转速上升了 Δn，此时应有 $T<T_L$，只有这样当扰动消失后，才能迫使速度下降，使其回到原来平衡状态。反之，如果这个增量是负的，即转速下降了 Δn，则应有 $T>T_L$，使转速上升，仍可回到平衡状态，这样的系统是稳定的。如图 2-14 所示，在机械特性的 $n_1 \sim n_m$ 段，无论配合何种负载特性，均为稳定运行，故称为稳定区。在 n_m 以下段，对于恒转矩负载与恒功率负载，由于没有稳定运行点，故称为不稳定区；对通风机负载，虽有稳定运行点，但转速太低，损耗大，效率低，对通风机并不是理想运行点。

第八节 三相异步电动机的起动

电动机工作时，转子从静止状态到稳定运行的过程称为起动过程或简称起动。电动机拖动生产机械的起动情况，是依不同生产机械而异的。有的生产机械如电梯、起重机等，其起动时的负载转矩与正常运行时的相同；而机床电动机在起动过程接近空载，待转速接近稳定时再加负载；对于鼓风机，在起动时只有很小的静摩擦转矩，当转速升高时，负载转矩很快增大；还有的生产机械电动机需频繁起动、停止等。这些都对电动机的起动转矩 T_{st} 提出了不同要求。在电力拖动系统中，一方面要求电动机具有足够大的起动转矩，使拖动系统尽快达到正常运行状态；另一方面要求起动电流不要太大，以免电网产生过大电压降，从而影响接在同一电网上其他用电设备的正常运行。此外，还要求起动设备尽量简单、经济、便于操作和维护。

一、三相笼型异步电动机的起动

三相笼型异步电动机因无法在转子回路中串接电阻，所以只有全压起动和减压起动两种方法。

（一）全压起动

全压起动是将笼型异步电动机定子绕组直接接到额定电压的电源上，故又称直接起动。

全压起动时起动电流大，可达 I_N 的 4~7 倍，起动转矩并不大，一般为 $(0.8\sim1.3)T_N$，但起动方法简单，操作方便，如果电源容量允许，应尽量采用。一般 10kW 及以下电动机均采用直接起动。

（二）减压起动

减压起动一般来说不是降低电源电压，而是采用某种方法，使加在电动机定子绕组上的电压降低。减压起动的目的是减小起动电流，但由于电动机的电磁转矩与定子相电压的平方成正比，在减压起动的同时也减小了电动机的起动转矩。因此这种起动对电网有利，但对被拖负载的起动不利，适用于对起动转矩要求不高的场合。

减压起动常用的方法有：定子串电阻或电抗减压起动、自耦变压器减压起动和星形—三角形减压起动等。

1. 定子串电阻或电抗减压起动　电动机起动时，在定子电路中串入电阻或电抗，使加在电动机定子绕组上的相电压 $U_{1\phi}$ 低于电源相电压 $U_{N\phi}$（即全压起动时的定子额定相电压），起动电流 I_{st}' 小于全压起动时的起动电流 I_{st}。定子串电阻起动原理电路及等效电路如图 2-22 所示。

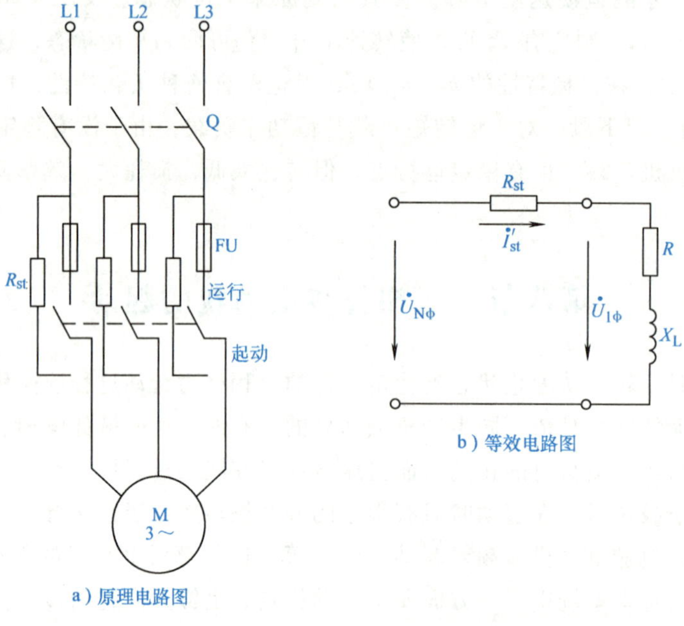

图 2-22　笼型异步电动机定子串电阻减压起动

设 k 为起动电流所需降低的倍数，则减压起动时的起动电流 I_{st}' 为

$$I_{st}'=\frac{I_{st}}{k} \tag{2-27}$$

串电阻后定子绕组相电压 $U_{1\phi}$ 与电源相电压 U_{1N} 的关系应为

$$U_{1\phi}=\frac{U_{N\phi}}{k}$$

从而减压时的起动转矩 T_{st}' 与全压起动时的起动转矩 T_{st} 关系将为

$$T'_{st}=\frac{T_{st}}{k^2} \tag{2-28}$$

这种起动方法具有起动平稳、运行可靠，设备简单之优点，但起动转矩随电压的平方降低，只适合空载或轻载起动，同时起动时电能损耗较大，对于小容量电动机往往采用串电抗减压起动。

2. 自耦变压器减压起动 自耦变压器用作电动机减压起动时，就称为起动补偿器，其接线原理见图 2-23。起动时，自耦变压器的高压侧接电网，低压侧（有抽头，供选择）接电动机定子绕组。起动结束，切除自耦变压器，电动机定子绕组直接接至额定电压运行。

自耦变压器减压起动工作原理见图 2-23b，若自耦变压器一次电压与二次电压之比为 k，则 $k=N_1/N_2=U_1/U_2=U_{1\phi}/U_2>1$，起动时加在电动机定子绕组上的相电压 $U_{1\phi}=U_2=U_{N\phi}/k$，电动机的电流（即自耦变压器的二次电流 I_{st2}）为 $I_{st2}=U_{1\phi}/Z_k=U_{N\phi}/kZ_k=I_{st}/k$（$Z_k$ 为电动机 $s=1$ 时的等值相阻抗，I_{st} 为电动机全压起动时的起动电流）。由于电动机接在自耦变压器的二次侧，自耦变压器的一次侧接电网，故电网供给电动机的一相起动电流，也就是自耦变压器的一次电流 I_{st1} 为

$$I_{st1}=I_{st2}/k=I_{st}/k^2 \tag{2-29}$$

又因 $U_{1\phi}=U_{N\phi}/k$，则起动转矩 T'_{st} 为

$$T'_{st}=T_{st}/k^2 \tag{2-30}$$

比较上述两种减压起动方法，在限制起动电流相同情况下，采用自耦变压器减压起动可获得比串电阻或电抗减压起动更大的起动转矩，这是自耦变压器减压起动的主要优点之一。

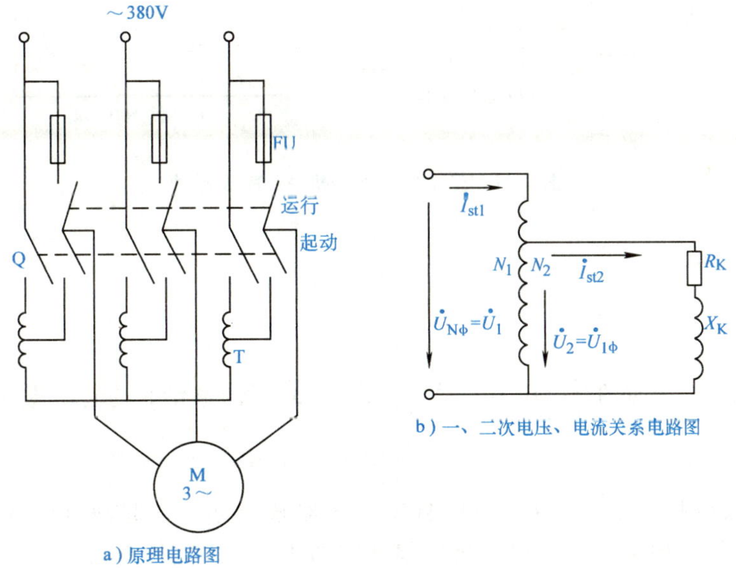

a）原理电路图

b）一、二次电压、电流关系电路图

图 2-23 笼型异步电动机自耦变压器减压起动

自耦变压器减压起动的另一优点是，起动补偿器的二次绕组一般有三个抽头，用户可根

据电网允许的起动电流和机械负载所需的起动转矩来选择。

采用自耦变压器起动线路较复杂，设备价格较高，且不允许频繁起动。

3. Y-△减压起动　这种起动方法只适用于定子绕组在正常工作时为△联结的三相异步电动机。电动机定子绕组的六个端头都引出并接到换接开关上，如图 2-24 所示。起动时，定子绕组接成Y联结，这时电动机在相电压 $U_{N\phi}=U_N/\sqrt{3}$ 的电压下起动，待电动机转速升高后，再改接成△联结，使电动机在额定电压下正常运转。

由图 2-24b 所示定子绕组△联结全压起动时相电压 $U_{1\phi}=U_N$，每相绕组起动电流为 $U_{N\phi}/Z_k$，线路电流 $I_{st\triangle}=\sqrt{3}U_N/Z_k$，起动转矩为 T_{st}；由图 2-24c 所示，定子绕组Y联结减压起动时，相电压 $U_{1\phi}=U_N/\sqrt{3}$，相电流等于线电流 $I_{stY}=U_N/\sqrt{3}Z_k$，比较上述的 $I_{st\triangle}$ 与 I_{stY} 两者关系为

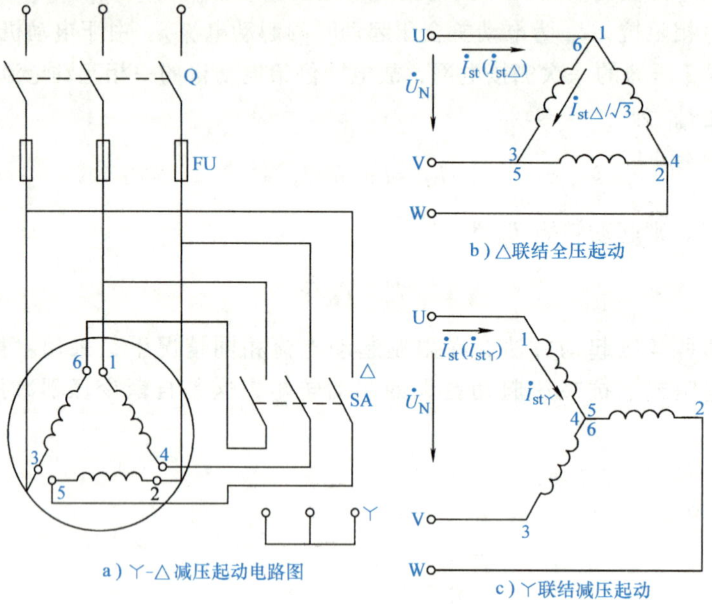

图 2-24　笼型异步电动机Y-△减压起动

$$I_{stY}=I_{st\triangle}/3$$

或

$$I'_{st}=I_{st}/3 \tag{2-31}$$

由于电动机Y联结时的相电压为△联结时的 $1/\sqrt{3}$，故Y联结时的起动转矩降为

$$T'_{st}=T_{st}/3 \tag{2-32}$$

可见Y-△减压起动相当于 $k=\sqrt{3}$ 的自耦变压器减压起动，起动电流降到全压起动的 1/3，限流效果好；但起动转矩仅为全压起动时的 1/3，故此种方法只适用于空载或轻载起动。

Y-△减压起动具有设备简单，成本低，运行比较可靠的优点。Y系列 4kW 及以上的三相笼型异步电动机皆为△联结，可以采用Y-△减压起动。

4. 减压起动方法的比较　表 2-3 列出了上述三种减压起动方法的技术参数，并与全压起动作一比较。表中 U_1'/U_{1N} 表示减压起动时加于电动机一相定子绕组上的电压与全压起动时加于定子的额定相电压之比；I_{st}'/I_{st} 表示减压起动时电网向电动机提供的线电流与全压起动时的线电流之比；T_{st}'/T_{st} 为减压起动时电动机产生的起动转矩与全压起动时起动转矩之比。

表 2-3　笼型三相异步电动机减压起动方法比较

起动方法	$U_{1\phi}'/U_{1N}$	I_{st}'/I_{st}	T_{st}'/T_{st}	特点及适用场合
全压起动	1	1	1	起动设备最简单，起动电流大，起动转矩小，只适用于小容量电动机起动
串电阻或电抗起动	$\frac{1}{k}$	$\frac{1}{k}$	$\frac{1}{k^2}$	起动设备较简单，起动电流较小，起动转矩较小，适用于轻载起动，串接电阻时电能损耗大
自耦变压器起动	$\frac{1}{k}$	$\frac{1}{k^2}$	$\frac{1}{k^2}$	起动设备较复杂，可灵活选择电压抽头，得到合适的起动电流和起动转矩，起动转矩较大，可带较大负载起动
Y-△起动	$\frac{1}{\sqrt{3}}$	$\frac{1}{3}$	$\frac{1}{3}$	起动设备简单，起动转矩较小，适用于轻载起动，只可用于△联结电动机

二、三相绕线转子异步电动机的起动

对于大、中型容量电动机，当需要重载起动时，不仅要限制起动电流，而且要有足够大的起动转矩。为此选用三相绕线转子异步电动机，并在其转子回路中串入三相对称电阻或频敏变阻器来改善起动性能。

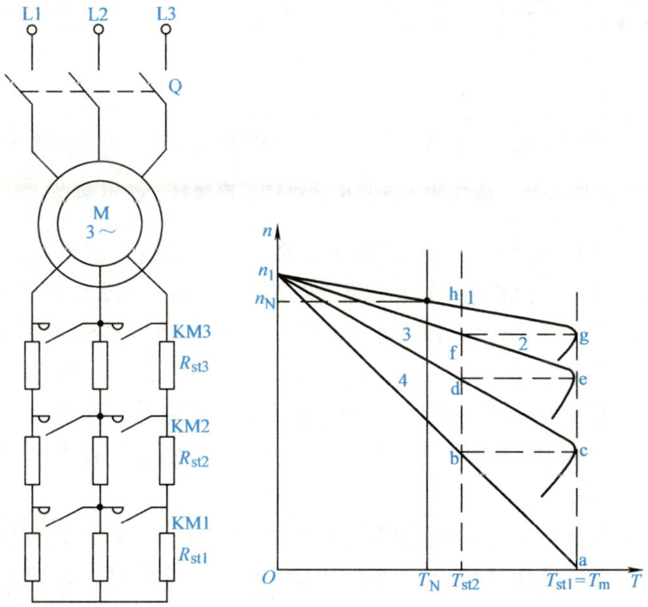

a) 转子起动电阻接线图　　b) 转子串电阻起动特性

图 2-25　绕线转子异步电动机转子串电阻起动

1. 转子串电阻起动　图 2-25 为绕线转子异步电动机转子串电阻起动原理图和起动特性

图。起动时，合上电源开关Q，三个接触器的触头KM1、KM2、KM3都处于断开状态，电动机转子串入全部电阻 $R_{st1}+R_{st2}+R_{st3}$ 起动，对应于人为机械特性曲线4上的a点，电动机转速沿曲线4上升，T_{st1} 下降，到达b点时，接触器KM1触头闭合，将电阻 R_{st1} 切除，电动机切换到人为机械特性曲线3上的c点，并沿特性曲线3上升，这样，逐段切除转子电阻，电动机起动转矩始终在 T_{st1} 和 T_{st2} 之间变化，直至在固有机械特性曲线的h点，电动机稳定运行。为保证起动过程平衡快速，一般 $T_{st1}=(1.5\sim2)T_N$，$T_{st2}=(1.1\sim1.2)T_N$。

2. 转子串频敏变阻器起动　频敏变阻器是一个铁心损耗很大的三相电抗器，铁心做成三柱式，由较厚的钢板叠成。每柱上绕一个线圈，三相线圈联结成星形，然后接到绕线转子异步电动机转子绕组上，如图2-26a所示。转子串频敏变阻器的等效电路如图2-26b所示，其中 R_2 为转子绕组电阻，sX_2 为转子绕组电抗，R_P 为频敏变阻器每相绕组电阻，R_{mP} 为反映频敏变阻器铁心损耗的等效电阻，sX_{mP} 为频敏变阻器每相电抗。

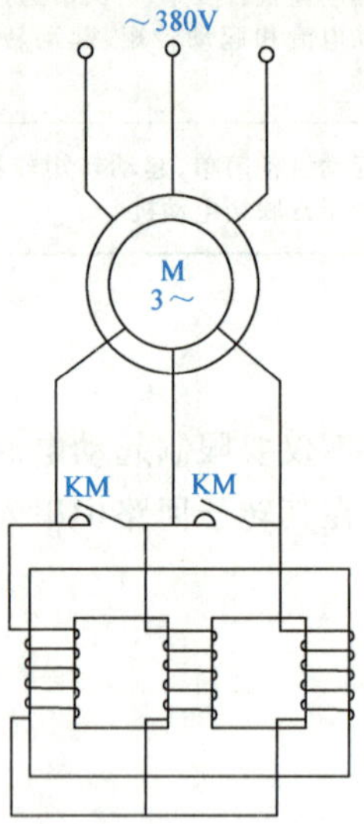

a）频敏变阻器结构与接线

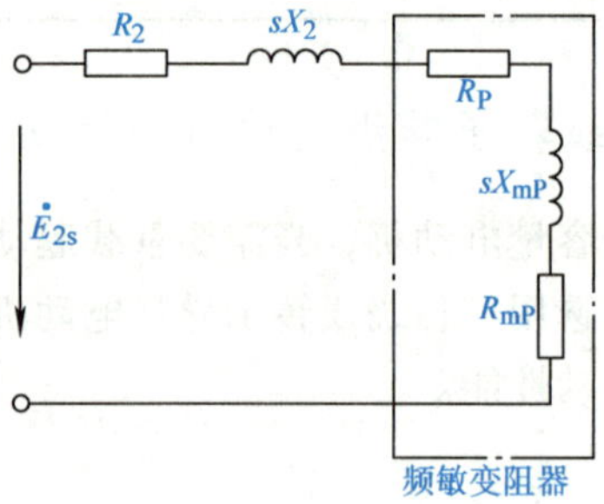

b）串入频敏变阻器后转子等效电路

图2-26　绕线转子异步电动机转子串频敏变阻器起动

电动机起动时，$s=1$，$f_2=f_1$，铁心损耗大，R_{mP} 大，而由于起动电流的作用，频敏变阻器铁心饱和，使 X_{mP} 不大。此时相当于在转子电路中串入一个较大的起动电阻 R_{mP}，使起动电流减小而起动转矩增大，获得较好的起动性能。随着电动机转速的升高，s 的减小、f_2 降低，铁心损耗随频率二次方成正比下降，R_{mP} 减小，此时 sX_{mP} 也减小，相当于随电动机转速升高，自动且连续地减小起动电阻值。当转速接近额定值时，s_N 很小，f_2 极低，此时 R_{mP} 及 sX_{mP} 都很小，相当于将起动电阻全部切除。此时应将频敏变阻器短接，电动机运行在固有特性上，起动过程结束。

由此可知，绕线转子三相异步电动机转子串频敏变阻器起动，具有减小起动电流、又增大起动转矩的优点，同时又具有转子等效电阻随电动机转速升高自动且连续减小的优点，所以起动过程平滑性好。

三、固态减压起动器的“软起动”

前述的三相异步电动机起动方式虽然电路简单，但起动转矩固定不可调，起动过程存在较大的冲击电流，使被拖动负载受到较大的机械冲击，且易受电网电压波动影响。固态减压起动器是一种集电动机软起动、软停车、轻载节能和多种保护于一体的新颖电动机起动控制装置。

固态减压起动器由电动机起停控制装置和软起动控制器组成，其核心部件是软起动控制器。软起动控制器是利用电力电子技术与自动控制技术，将强电与弱电相结合的控制装置，其主要结构是一组串接于电源与被控电动机之间的三相反并联晶闸管及其电子控制电路，利用晶闸管移相控制原理，控制三相反并联晶闸管的导通角，使被控电动机的输入电压按不同的要求来变化，从而实现不同的起动要求。起动时，使晶闸管的导通角从零开始，逐渐前移，于是被控电动机的输入电压从零开始，按预设的函数关系逐渐上升，直至达到所需的起动转矩，使电动机顺利起动，最后使电动机在全电压下运行。所以，三相异步电动机在软起动过程中，软起动控制器是通过加到电动机上的平均电压来控制电动机的起动电流和起动转矩的，一般软起动控制器可通过预先设定来获得不同的起动特性，以满足不同负载特性的起动要求。

我国产品有 JKR 软起动器及 JQ、JQZ 型交流电动机固态节能起动器等。国外产品有 ABB 公司的 PSA、PSD 和 PSDH 型软起动器，美国罗克韦尔公司的 STC、SMC-2，SMCPLUS 和 SMC Dialog PLUS 等系列软起动器，法国施耐德电气公司的 Altistart46 型软起动器、德国西门子公司的 3RW22 型软起动器和德国 AEG 公司的 3DA、3DM 型软起动器等。

第九节　三相异步电动机的制动

三相异步电动机定子绕组断开三相交流电源，由于机械惯性，电动机转子需经一段时间才停止转动，这就不能满足迅速停车的要求。无论从提高生产率，还是从迅速及准确停车考虑，都要求电动机在停止时采取有效的制动。常用的制动方法有机械制动与电气制动。所谓机械制动，是利用外加的机械力使电动机迅速停止的方法，常用的有电磁抱闸制动器制动。电气制动是使电动机的电磁转矩 T 的方向与电动机旋转方向相反，从而起到制动作用。本节仅介绍电气制动的方法及其工作原理。

三相异步电动机电气制动有反接制动、能耗制动及回馈制动三种方法。

一、反接制动

三相异步电动机反接制动按其实现的方式有电源反接制动和倒拉反接制动两种。

（一）电源反接制动

三相异步电动机电源反接制动电路如图 2-27a 所示。三相绕线型异步电动机 M 在反接制动前，运转接触器 KM1 常开主触头闭合，反接制动接触器 KM2 常开主触头断开，常闭辅助触头闭合，将转子电阻短接。电动机定子接入正相序三相交流电源，三相旋转磁场按顺时针方向，以 n_1 转速旋转，在转子导体中产生转子感应电动势和电流，该电流与定子旋转磁场作用产生顺时针方向的电磁转矩 T，在 T 作用下驱动转子顺时针方向以 n 转速旋转，且$n<n_1$，如图 2-27b 所示，电动机处于正转电动状态。

停车反接制动时，运转接触器 KM1 主触头断开，切断电动机正相序三相交流电源；反接制动接触器 KM2 常开主触头闭合，常闭辅助触头断开，前者使电动机定子接入反相序三

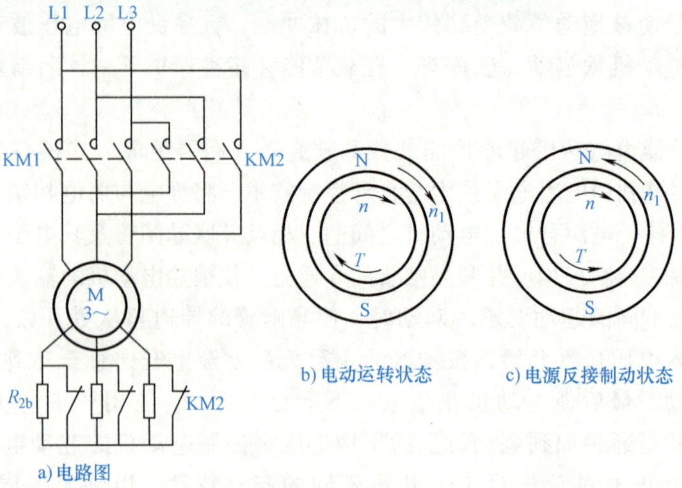

图 2-27 三相异步电动机电源反接制动

相交流电源，后者将电阻 R_{2b} 串入电动机转子电路。此时定子旋转磁场以 n_1 转速逆时针方向旋转，转子依机械惯性仍以顺时针方向旋转，如图 2-27c 所示。转子导体以（n_1+n）的转速切割定子磁场，产生大的转子感应电动势和电流，该电流与定子磁场作用产生逆时针方向的电磁转矩 T，该 T 方向正好与转子依惯性旋转的顺时针方向相反，起制动作用，使 n 迅速下降。随着 n 的下降，T 也逐渐下降，当 $n\approx0$ 时应立即断开电动机反相序三相交流电源，否则电动机将反向起动。为了限制过大的反接制动电流及反接制动转矩，在绕线型三相异步电动机转子中串入电阻 R_{2b} 来消耗能量。同时，应注意反接制动不宜过于频繁。

综上所述，**三相异步电动机电源反接制动的要点是：**

1）三相异步电动机定子三相交流电源一定要反接（相序接反）。

2）三相异步电动机转子或定子电路串入反接制动电阻，以限制反接制动电流与反接制动转矩。

3）当电动机转速 $n\approx0$ 时，及时切断反相序三相交流电源，以防止电动机反向起动。

4）反接制动不宜过于频繁，否则电动机将过热烧毁。

（二）倒拉反接制动

三相异步电动机倒拉反接制动用于三相绕线转子异步电动机拖动位能性负载情况下，具体说用于桥式起重机主钩电动机重载低速下放重物的场合。此时绕线转子异步电动机定子仍按提升重物时接入的是正相序三相交流电源，转子电路接入大的转子电阻 R_{2b}，电动机轴上拖动重物 G，由重物 G 产生方向恒定的重物负载转矩 T_L，如图 2-28 所示。由于电动机提升重物时那样接入的是正相序三相交流电源，故电磁转矩 T 为提升重物方向，恰与负载转矩 T_L 方向相反。但因转子串入 R_{2b}，使转子电流较小，电磁转矩 T 较小，而负载转矩 T_L 较大，且 $T_L>T$，使电动机转速 n 下降，随着 n 的下降，转子感应电动势与转子电流增大，T 增大，但 T_L 仍大于 T，n 再下降，直至 $n=0$，此时 T_L 还大于 T，在 T_L 重力负

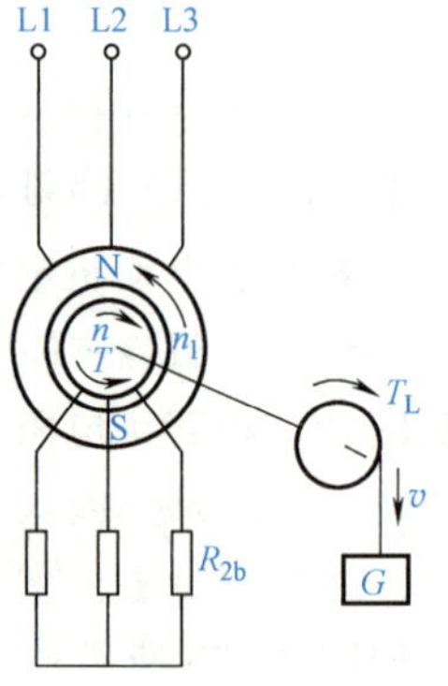

图 2-28 三相异步电动机倒拉反接制动原理分析

载转矩作用下使转子反转成为$-n$，定子正向旋转磁场与转子反转相对转速为（n_1+n），随着电动机反向转速升高，转子感应电动势、转子电流，电磁转矩 T 加大，直至 $T=T_L$ 时，电动机稳定工作在下放重物的某一转速下，从而获得起重机重载时的低速稳定下放。此时电动机定子是按提升重物的正相序接通三相交流电源，对于重物下放来说是“倒着拉”，成为“倒拉”；产生的电磁转矩 T 方向是提升重物方向，可是转子在重力负载转矩 T_L 作用下按下放方向即反向转动，所以 T 方向与 n 方向相反，T 成为制动转矩，电动机为“制动”状态；为使 $T<T_L$，在电动机转子中串入较大的制动电阻 R_{2b}。所以这种制动称为“倒拉反接”制动。

综上所述，**三相绕线转子异步电动机倒拉反接制动的要点是：**

1）电动机定子按提升方向接入正相序三相交流电源。

2）电动机转子电路串入足够大的电阻 R_{2b}。

3）电动机拖动的是位能性负载且 T_L 足够大。

二、能耗制动

能耗制动是把原处于电动运行状态的电动机定子绕组从三相交流电源上切除，迅速将其接入直流电源，通入直流电流，如图 2-29a 所示。流过电动机定子绕组的直流电流在电动机定子内产生一个静止的恒定磁场，电机转子因惯性仍按原方向旋转，转子导体切割恒定磁场产生转子感应电动势和转子电流，该电流与恒定磁场相互作用产生电磁转矩 T，该电磁转矩 T 方向与转子旋转 n 方向相反，成为制动转矩，与系统摩擦负载转矩 T_L 共同作用，使电动机转速 n 迅速下降，如图 2-29b 所示。直到$n=0$ 时，转子导体不再切割恒定磁场，转子感应电动势为零，转子电流为零，电磁转矩为零，制动过程结束，这是一种制动停车的制动，由于这种制动是将转子动能转换为电能消耗在转子回路电阻上，动能耗尽，转子停转，故称能耗制动。

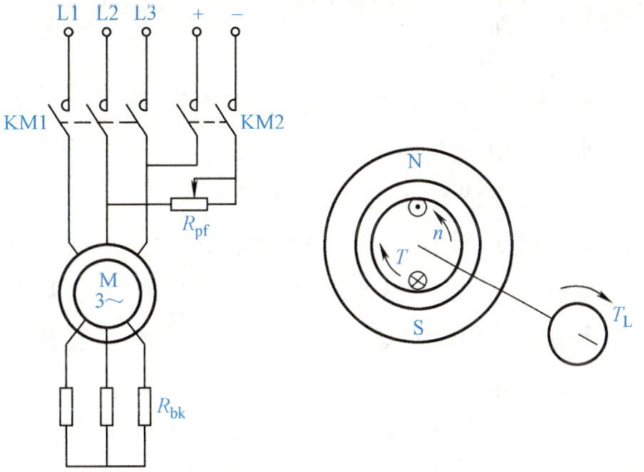

a) 原理接线图　　b) 制动原理图

图 2-29　三相异步电动机能耗制动

调节能耗制动时通入直流电流的大小，可改变恒定磁场强弱，从而改变能耗制动强弱，故在直流电路中串入可变电阻 R_{pf}。

三相异步电动机能耗制动具有制动平稳，能实现准确、快速停车，不会出现反向起动等特点。能耗制动时，电动机从交流电网切除，不再从电网吸取交流电能，只吸收少量的直流电能，所以从能量角度讲比较经济。但随着转速降低，制动转矩减小，会使制动效果变差。能耗制动适用于要求准确停车和起动、制动频繁的场合。

三、回馈制动（再生发电制动）

对于已处于电动运行状态的三相异步电动机，如在外加转矩作用下，使转子转速 n 大于同

步转速 n_1，这时转子导体切割定子旋转磁场的方向将与电动运行状态时相反，因而转子感应电动势、转子电流、电磁转矩的方向都与电动状态时相反，电磁转矩 T 方向与转子转动 n 方向相反，成制动转矩，对 n 起制动作用。由于电动机在外加转矩作用下使 $n>n_1$，不但不从电网吸取电功率，反向电网输出功率，由电动机向电网反馈的电能是由拖动系统的机械能转换而来的，故称回馈制动或再生发电制动。

回馈制动发生在起重机提升机构电动机高速下放重物时或电动机由高速挡换为低速挡的过程中，对应的是反向回馈制动与正向回馈制动。

（一）反向回馈制动

起重机提升机构的电动机是应用反向回馈制动来获得重物高速稳定下放的。三相绕线转子异步电动机原工作在正转提升重物的正转电动状态，如图 2-30a 所示。为获得电动机反向回馈制动高速稳定下放重物，将三相绕线转子异步电动机定子接入反相序三相电源，转子电路串入电阻 R_{bx}，此时电动机定子旋转磁场转速 n_1 由原电动状态的逆时针旋转变为顺时针旋转，电动机转速 n 因机械惯性仍按原正转电动状态逆时针旋转，产生的电磁转矩 T 为顺时针方向，T 方向与 n 转动方向相反，进行反接制动，使逆时针方向转速 n 迅速下降，如图 2-30b 所示。当 $n=0$ 时，在电磁转矩 T 与负载转矩 T_L 共同作用下，电动机快速反向起动，n 成为顺时针方向旋转并加速，电动机处于反向电动状态，如图 2-30c 所示。当电动机加速到等于同步转速 $-n_1$ 时，虽然电磁转矩 $T=0$，但由于重力负载转矩 T_L 的作用，仍使电动机继续加速并超过同步转速，此时转子绕组切割旋转磁场方向与电动机反向电动状态时相反，电磁转矩 T 方向与转速 n 方向相反（n 为负、T 为正），成为制动转矩，进入反向回馈制动。电动机在 T_L 作用下，n 加速，T 加大，当 $T=T_L$ 时，电动机稳定运行在高于同步转速的某一高速下，重物获得稳定的高速下放，电动机处于稳定反向回馈制动状态运行，如图 2-30d 所示。

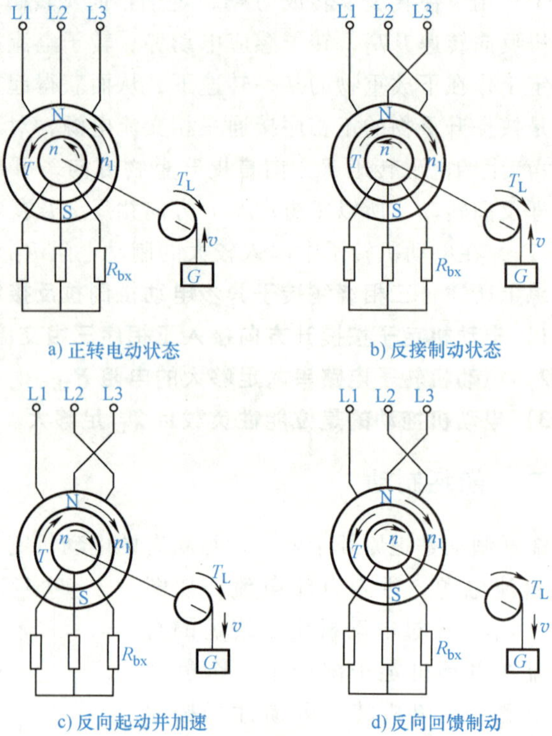

图 2-30　三相异步电动机反向回馈制动物理过程

反向回馈制动下放重物时，转子所串电阻越大，下放速度越高。为使反向回馈制动下放重物速度不致过高，应将转子电阻短接或留有很小电阻。

（二）正向回馈制动

正向回馈制动发生在变极调速或变频调速过程中，当高速挡变为低速挡的降速时，（如由 2 极换接到 4 极运行），电动机 4 极同步转速为 1500r/min，而电动机因惯性，转子转速 $n>1500$r/min，电动机进入正向回馈制动，使 n 迅速下降，当 $n=1500$r/min 时，正向回馈制动结束且 $T=0$，但在负载转矩 T_L 作用下 n 继续下降，同时电磁转矩 T 增加，直至 $T=T_L$ 时，电动机在低于 1500r/min 转速下稳定运行。所以三相异步电动机变极调速时的正向回馈制动，是在电动机由高速降至低速挡同步转速过程中出现的电气制动。

第十节　三相异步电动机的调速

随着电力电子技术、计算机技术和自动控制技术的迅猛发展，交流电动机调速技术日趋完善，大有取代直流调速的趋势，根据三相异步电动机的转速公式

$$n=(1-s)n_1=(1-s)\frac{60f_1}{p}$$

可知，三相异步电动机的调速方法有：

1）变极调速：通过改变异步电动机的极对数 p 来改变电动机同步转速 n_1 进而进行调速。

2）变频调速：通过改变异步电动机定子电源频率 f_1 来改变同步转速 n_1，从而进行调速。

3）变转差率调速：调速过程中保持电动机同步转速 n_1 不变，改变转差率 s 来进行调速，其中有降低定子电压、在绕线转子异步电动机转子回路中串入电阻或串附加电动势等方法调速。下面仅介绍几种常用的调速方法。

一、笼型异步电动机的变极调速

如前所述，改变异步电动机的磁极对数，可以改变其同步转速，从而使电动机在某一负载下的稳定运行转速发生变化，达到调速目的。因为只有当定、转子极数相等时才能产生平均电磁转矩，对于绕线转子异步电动机，在改变定子绕组接线来改变极对数的同时，也应改变转子绕组接线，以保持定、转子极对数相同，这将使绕线转子异步电动机变极接线和控制复杂化。但对于笼型异步电动机，当改变定子绕组极数时，其转子极数可自动跟随定子变化而保持相等。因此，变极调速一般用于笼型异步电动机。

（一）变极原理

三相笼型异步电动机定子每相绕组可看成由两个完全相同的“半相绕组”组成，图 2-31 只画出了 U 相的两个“半相绕组”1U1、1U2 和 2U1、2U2 的连接图。在图 2-31a 中 1U1、1U2 和 2U1、2U2 为头尾相串，即顺向串联，形成一个 $2p=4$ 极的磁场；图 2-31b 中 1U1、1U2 和 2U1、2U2 为尾尾或头头反向串联，形成 $2p=2$ 极的磁场；图 2-31c 中 1U1、1U2 和 2U1、2U2 头尾相反并联，形成 $2p=2$ 极的磁场。比较上述 a、b、c 三种接法可知：只要将两个“半相绕组”中的任一个“半相绕组”中的电流反向，就可以将极对数增加一倍（顺串）或减少一半（反串或反并）。这就是单绕组倍极比的变极原理，可获得 2/4 极、4/8 极。这种方法只改变定子绕组接法，故简单易行。

此外，还可改变定子绕组接法实现非倍极比，如 4/6 极调速。也有采用两套定子绕组实现多极比的变极调速，具体方法可参考有关资料。

（二）两种常用的变极接线法

变极前，每相绕组的两个“半相绕组”都按顺向串联接线，而三相绕组之间又可接成Y联结和△联结。变极时，每相绕组的两个“半相绕组”各都改接成反向并联，使极数减少

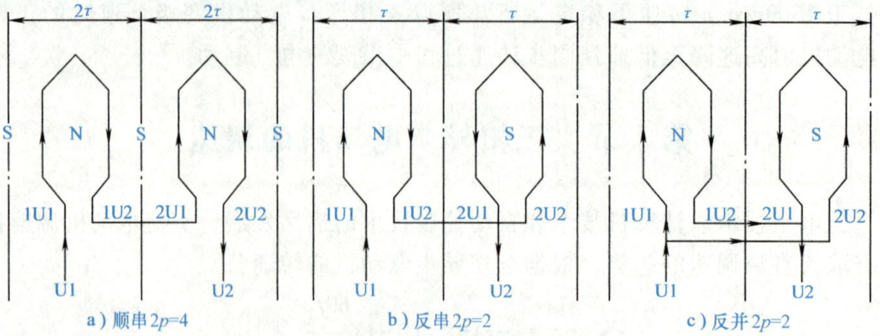

图 2-31 三相笼型异步电动机变极原理

一半，经演变可看出变极后都成为双Y联结。于是这两种常用的变极接线分别为Y/YY变极接法和△/YY变极接法。

1. Y/YY变极调速 图 2-32 为Y/YY变极接线图，其中图 2-32a 为每相绕组顺串时，三相绕组Y形联结接线图；图 2-32b 为每相绕组反并时，三相绕组接线图；图 2-32c 为每相绕组反并时，三相绕组演变成YY联结接线图。

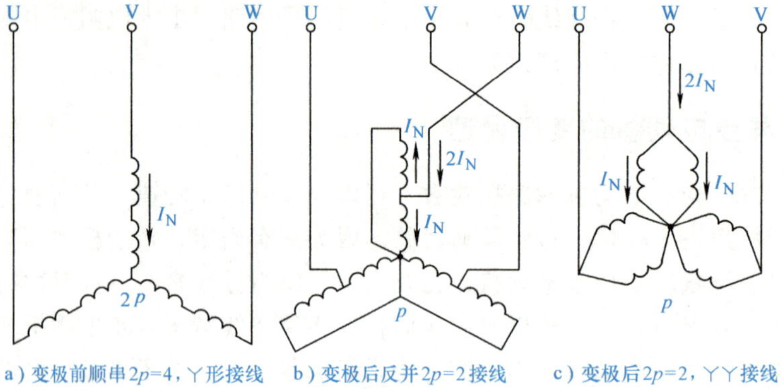

图 2-32 三相笼型异步电动机Y/YY变极接线图

上述图中变极的同时，还将 V、W 两相的出线端进行了对调。这是因为在电动机定子的圆周上，电角度是机械角度的 p 倍，当极对数改变时，必然引起三相绕组的空间相序发生变化。如当 $p=1$ 时，U、V、W 三相绕组轴线的空间位置依次为 0°、120°、240°电角度。而当极对数变为 $p=2$ 时，空间位置依次为 U 相为 0°、V 相为 120°×2＝240°电角度、W 相为 240°×2＝480°，即为 120°电角度，显然变极后绕组的相序改变了。此时若不改变外接电源相序，则变极后，不仅使电动机转速发生变化，而且电动机的旋转方向也发生了变化。所以，**为保证变极调速前后电动机旋转方向不变，在改变三相异步电动机定子绕组接线的同时，必须将 V、W 两相出线端对调，使电动机接入电源的相序改变。这点在工程实践中尤应注意。**

Y/YY变极调速性质分析：设变极前后电源线电压 U_N 不变，通过每个“半相绕组”的电流 I_N 不变，则变极前后的输出功率 P_Y 与 P_{YY} 分别为

$$P_Y=\sqrt{3}U_N I_N \eta_Y \cos\varphi_Y$$

$$P_{YY}=\sqrt{3}U_N 2I_N \eta_{YY} \cos\varphi_{YY}$$

若变极前后，效率 $\eta_{Y}=\eta_{YY}$，功率因数 $\cos\varphi_{Y}=\cos\varphi_{YY}$，则 $P_{YY}=2P_{Y}$；由于Y联结时的极对数是YY联结时的两倍，因此后者的同步转速为前者同步转速的两倍，后者转速近似为前者的两倍，即 $n_{YY}=2n_{Y}$，则电磁转矩

$$T_{Y}=9550\frac{P_{Y}}{n_{Y}}=9550\frac{2P_{Y}}{2n_{Y}}=9550\frac{P_{YY}}{n_{YY}}=T_{YY}$$

由此可见，**电动机定子绕组Y联结变成YY联结后，电动机极数减少一半，转速增加一倍，输出功率增大一倍，而输出转矩基本不变，属于恒转矩调速性质，适用于拖动起重机、电梯、运输带等恒转矩负载的调速。**

2. △/YY变极调速　图 2-33 为△/YY变极接线图。变极前每相绕组的两个“半相绕组”顺向串联，三相绕组为△联结；变极后每相绕组的两个“半相绕组”改接成反向并联，三相绕组为YY联结。

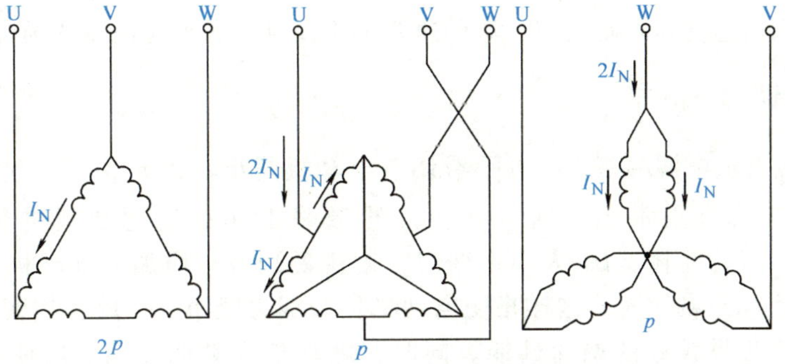

a）变极前顺串2p=4，△形接线　b）变极后反并2p=2接线　c）变极后2p=2，YY接线

图 2-33　笼型三相异步电动机△/YY变极接线图

△/YY变极调速性质分析：与前面设定相同，电源线电压 U_N，线圈电流 I_N 在变极前后保持不变，效率 η 与功率因数 $\cos\varphi$ 在变极前后近似不变，则输出功率之比为

$$\frac{P_{YY}}{P_{\triangle}}=\frac{\sqrt{3}U_N 2I_N\eta_{YY}\cos\varphi_{YY}}{3U_N I_N\eta_{\triangle}\cos\varphi_{\triangle}}=\frac{2}{\sqrt{3}}\approx1.15$$

输出转矩之比为

$$\frac{T_{YY}}{T_{\triangle}}=\frac{9550P_{YY}/n_{YY}}{9550P_{\triangle}/n_{\triangle}}=\frac{2}{\sqrt{3}}\frac{n_{\triangle}}{n_{YY}}=\frac{2}{\sqrt{3}}\frac{n_{\triangle}}{2n_{\triangle}}=0.577$$

由此可见，电动机定子绕组由△联结变成YY联结后，极数减半，转速增加一倍，转矩近似减小一半，功率近似保持不变。**因此△/YY变极调速近似为恒功率调速性质，适用于车床切削加工**。如粗车时，进刀量大，转速低；精车时，进刀量小，转速高，但负载功率近似不变。

（三）变极调速电动机的机械特性

由Y联结改接成YY联结时，两个半相绕组并联，则定、转子每相绕组的阻抗为Y联结时的1/4，相电压 U_1 不变，极对数减少一半。所以，YY联结时，最大转矩和起动转矩均为Y联结时的两倍，电动机过载能力加大一倍，而临界转差率保持不变，其机械特性如图 2-34a 所示。

由△联结换接成YY联结时，定、转子每相绕组阻抗为△联结时的 1/4，极对数减少一半，相电压 $U_{YY}=U_{\triangle}/\sqrt{3}$，所以，YY联结时的最大转矩和起动转矩均为△联结的 2/3，电动机的过载能力下降，临界转差率不变，机械特性如图 2-34b 所示。

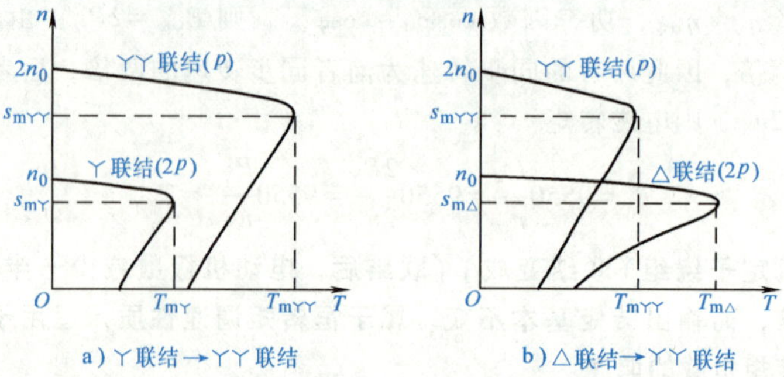

图 2-34 变极调速时的机械特性

变极调速具有操作简单、成本低、效率高、机械特性硬等特点，而且采用不同的接线方式，既可适用于恒转矩调速又可适用于恒功率调速。但是，变极调速是一种有级调速，而且只能是有限的几档速度，因而适用于对调速要求不高且不需平滑调速的场合。

二、变频调速

改变电动机交流电源频率 f_1，可平滑调节电动机同步转速 n_1，从而使电动机获得平滑调速。但由于电动机正常运行时，电动机的磁路工作在磁化曲线的膝部，$U_1 \approx E_1 = 4.44 f_1 N_1 k_1 \Phi_m$，当 f_1 下降，U_1 大小不变时，则主磁通 Φ_m 增加，电动机磁路将进入饱和段，使空载电流 I_0 急剧增大，这样将使电动机负载能力变小。为此，在变频的同时应调节定子电压，以期获得较好的调速性能。同时，电动机变频调速前、后应具有同样的过载能力。

（一）变频与调压的配合

1. 变频时为保持电动机主磁通 Φ_m 不变 U_1 的配合　为使变频时电动机的主磁通 Φ_m 保持不变，电动机定子电压与频率应有下式关系：

$$\frac{U_1}{f_1} = \frac{U_1'}{f_1'} = 4.44 N_1 k_1 \Phi_m = \text{定值} \tag{2-33}$$

式中 U_1——变频前电动机定子绕组相电压；

f_1——变频前的电源频率；

f_1'——变频后的电源频率；

U_1'——与 f_1' 对应的电动机定子绕组相电压。

为使在 f 变化时，Φ_m 保持不变，要求变频电源的输出电压的大小与其频率成正比例地调节。

2. 变频时保持过载能力 λ_m 不变　由三相异步电动机最大转矩公式（2-18）可写成

$$T_m = \frac{C}{f_1}\frac{U_1^2}{2X_2} = \frac{C}{f_1}\frac{U_1^2}{2\times 2\pi f_1 L_2} = C'\frac{U_1^2}{f_1^2} \propto \frac{U_1^2}{f_1^2}$$

为使变频调速时过载能力不变，即 $\lambda_m = T_m/T_N = T_m'/T_N' = \lambda_m'$，则

$$T_m/T_m' = T_N/T_N' = \frac{(U_1/f_1)^2}{(U_1'/f_1')^2}$$

即

$$\frac{U_1}{f_1} = \frac{U_1'}{f_1'}\sqrt{\frac{T_N}{T_N'}} \tag{2-34}$$

式中 T_N、T'_N——分别为f_1和f'_1时的额定转矩，即额定电流时对应的转矩。

由上式可见，在改变频率的同时，要相应地改变定子电压，使$\frac{U_1}{f_1}$=定值，才能保持电动机最大转矩T_m不变，即过载能力不变。

额定频率称为基频，变频调速时可以从基频向上调（即转速从基速向上调），也可以从基频向下调（即转速从基速向下调）。

按$\frac{U_1}{f_1}$=定值的控制方式进行，当电源频率从基频向下调时，电动机的最大转矩T_m不变，为恒转矩调速。

当电源频率从基频向上调时，如果仍保持$\frac{U_1}{f_1}$=定值，则在$f_1>f_N$时，将使$U_1>U_N$，这是不允许的。因此基频以上调速，必须保持$U_1=U_N$。这将使磁通Φ_m减小，电动机的允许输出转矩T下降，而频率f_1增加使电动机转速$n=(1-s)\frac{60f_1}{P}$上升，电动机的容许输出功率$P=\frac{Tn}{9.55}$=定值，所以基频以上的升频调速为恒功率调速。

（二）恒转矩变频调速时机械特性

在生产实际中，变频调速大都用于恒转矩负载，在此仅讨论恒转矩变频调速时的机械特性。因恒转矩变频调速时定子电压U_1与频率f_1的关系为U_1/f_1=常数，由此出发分析机械特性中的三个特殊点来定性画出机械特性曲线。

1）同步点：由于$n_1=60f_1/p$，则$n_1\propto f_1$。

2）最大转矩点：由于U_1/f_1=常数，则最大转矩T_m可由式（2-18）得

$$T_m=C'\frac{U_1^2}{f_1^2}=\text{常数}$$

临界转差率
$$s_m=\frac{R_2}{X_2}=\frac{R_2}{2\pi f_1L_2}\propto\frac{1}{f_1}$$

临界转速降
$$\Delta n_m=s_mn_1=\frac{R_2}{2\pi f_1L_2}\frac{60f_1}{p}=\text{常数}$$

所以，在不同频率时，最大转矩保持不变，且对应于最大转矩时的转速降也不变，所以恒转矩变频调速时的机械特性基本上是平行的。

3）起动转矩点：由于U_1/f_1=常数，起动转矩T_{st}可由式（2-19）得

$$T_{st}=\frac{C}{f_1}U_1^2\frac{R_2}{R_2^2+X_2^2}\approx\frac{C}{f_1}U_1^2\frac{R_2}{X_2^2}=\frac{C}{f_1}U_1^2\frac{R_2}{4\pi^2f_1^2L_2^2}\propto\frac{1}{f_1}$$

可知起动转矩随频率下降而增加。

由此得到恒转矩变频调速时的机械特性如图2-35所示。图中曲线1为U_{1N}、f_{1N}时的固有机械特性，曲线2为降低频率，即$f'_1<f_{1N}$，但f'_1仍较高时的人为机械特性；曲线3为频率较低时的人为机械特性，其T_m变小，这是由于U_1/f_1仍保持为常数。当频率f_1较低时，电源电压U_1也很低，则此时定子电阻R_1的压降I_1R_1大小已不能再忽略，而使E_1、Φ_m、E_2、I_{2s}下降更严重，T与T_m变小，这点务必引起注意。

对于基频以上调速，不能按比例升高电压，只能保持 $U_1=U_{1N}$ 不变，因此 f_1 增大，Φ_m 减小，转速 n 增大，所以在 f_{1N} 以上调速为恒功率调速且最大转矩、起动转矩都变小，如图 2-35 所示。

（三）三相异步电动机变频调速时的起动

三相异步电动机起动时，应从低频开始起动，因为在一定低频下起动，起动电流小且起动转矩大，有利于缩短起动时间。

变频调速时，频率的增加要考虑电动机的运行情况，如图 2-36 所示。当频率由 f_{11} 增加到 f_{13} 时，电动机转速来不及变化，则电动机将由工作点 1 转换到点 2 运行，这时电动机的电磁转矩 T_2 小于负载转矩 T_L，造成电动机减速直至停转，达不到往上调速的目的。

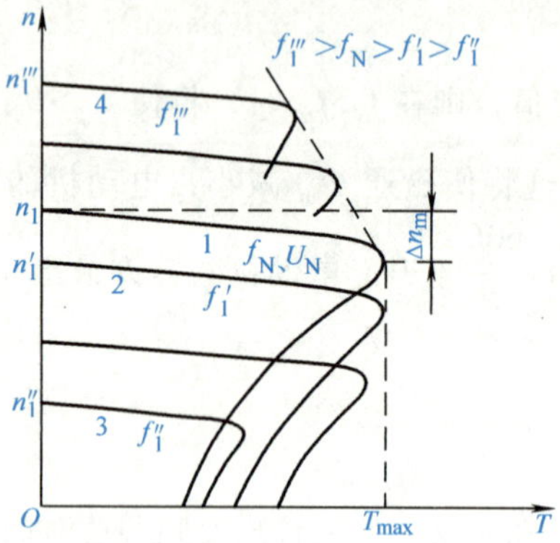

图 2-35 恒转矩变频调速机械特性

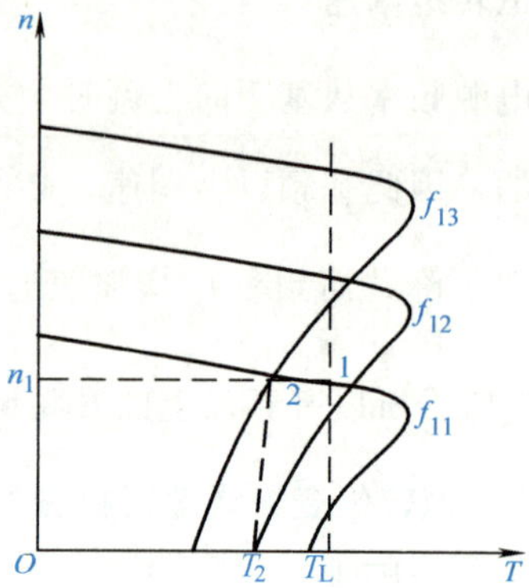

图 2-36 三相异步电动机变频起动与调速

（四）变频电源简介

变频调速是由变频器向交流电动机供电并构成调速系统。变频器是把固定电压、固定频率的交流电变换成可调电压、可调频率的交流电的变换器。变换过程中没有中间直流环节的，称为交-交变频器，有中间直流环节的称为交-直-交变频器。

交-交变频器是将普通恒压恒频的三相交流电通过电力变流器直接转换为可调压调频的三相交流电源，故又称为直接交流变频器。

交-直-交变频器，是先将三相工频电源经整流器整流成直流，再用逆变器将直流变为调频调压的三相交流电。

综上所述，三相异步电动机变频调速有以下几个特点：

1）从额定频率（基频）向下调速，为恒转矩调速性质（也可进行恒功率调速）；从额定频率往上调速，为近似恒功率调速性质。

2）频率可连续调节，故变频调速为无级调速。

3）机械特性硬，调速范围大，转速稳定性好。

三、变转差率 s 调速

变转差率调速方法很多，有绕线转子异步电动机转子串电阻调速、转子串附加电动势调速（串级调速）、改变定子电压调速等。变转差率调速的特点是电动机同步转速保持不变。

（一）绕线转子异步电动机转子串电阻调速

由图 2-18 可知，绕线转子异步电动机转子串电阻后同步转速不变，最大转矩不变，但临界转差率增大，机械特性运行段的斜率变大。图2-37为绕线转子异步电动机串电阻调速图，当电动机拖动恒转矩负载且 $T_L=T_N$ 时，转子回路不串附加电阻时，电动机稳定运行在A点，转速为 n_A。当转子串入 R_{P1} 时，由于惯性，转速不能突变，则从A点过渡到A′点，则转子电流 I_2 减小，电磁转矩 T 减小，电动机减速，转差率 s 增大，转子电动势、转子电流和电磁转矩均增大，直到B点，$T_B=T_L$ 为止，电动机将稳定运行在B点，转速为 n_B，显然 $n_B<n_A$。当串入转子回路电阻为 R_{P2}、R_{P3} 时，电动机最后将分别稳定运行于C点与D点，获得 n_C 和 n_D 转速。由此可以得出：所串附加电阻越大，转速越低，机械特性越软。

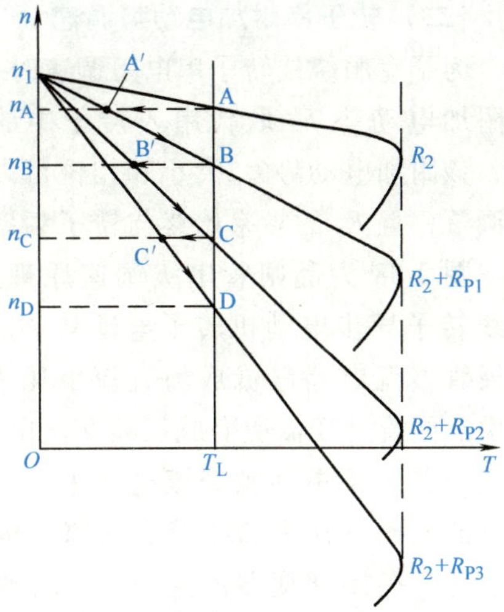

图 2-37　绕线转子异步电动机串电阻调速

转子串电阻调速性质分析：由电磁转矩公式 $T=C_T\Phi_m I_{2s}\cos\varphi_2$ 可知，当电源电压一定时，主磁通 Φ_m 基本不变，调速过程中要求转子电流 I_{2s} 保持转子额定电流 I_{2sN} 不变，由

$$I_{2s}=\frac{sE_2}{\sqrt{(R_2+R_P)^2+(sX_2)^2}}$$

$$I_{2sN}=\frac{s_N E_2}{\sqrt{R_2^2+(s_N X_2)^2}}$$

$$I_{2s}=I_{2sN}$$

则

$$\frac{R_2}{s_N}=\frac{R_2+R_P}{s} \tag{2-35}$$

则串入电阻 R_P 后的转子功率因数

$$\cos\varphi_2=\frac{R_2+R_P}{\sqrt{(R_2+R_P)^2+(sX_2)^2}}=\frac{R_2}{\sqrt{R_2^2+(s_N X_2)^2}}=\cos\varphi_{2N}$$

因而有 $T=C_T\Phi_m I_{2s}\cos\varphi_2=C_T\Phi_m I_{2sN}\cos\varphi_{2N}=T_N=$ 常数，所以，转子串电阻调速为恒转矩调速性质，适用于恒转矩负载的调速。由于电动机的负载转矩 T_L 不变，调速前后稳定运行时的转子电流不变，定子电流不变，输入电功率也不变；同时因电磁转矩 T 不变，定子电磁功率不变，但转子轴上的总机械功率随转速下降而减小。

绕线转子异步电动机转子串电阻调速为有级调速，调速平滑性差；转速上限为额定转速，转子串电阻后机械特性软，转速下限受静差度限制，因而调速范围不大；适用于重载下调速；低速时转子发热严重，效率低。

然而，这种调速方法简单方便，调速电阻还可兼作起动与制动电阻使用，因而在起重机的拖动系统中得到广泛的应用。

（二）转子串附加电动势调速（串级调速）

为了克服绕线转子串电阻调速时，串入电阻消耗电能的缺点，在转子回路串入三相对称的附加电动势 E_f 取代串入转子中的电阻，该附加电动势 E_f 大小和相位可以自行调节，且 E_f 的频率始终与转子频率相同。图 2-38 为晶闸管串级调速原理图。绕线转子异步电动机转子电动势 E_{2s} 经二极管整流电路整流成为直流电压 U_d，再由晶闸管逆变器逆变成工频交流电压，经变压器 T 反馈回到交流电网中去。逆变器的电压可视为加在转子回路中的反电动势，控制逆变器的逆变角，就改变逆变器的电压，即改变了反电势的大小，从而达到调速的目的。这种调速具有恒转矩调速性质，其损耗小、效率高，在技术和经济指标上具有优越性。

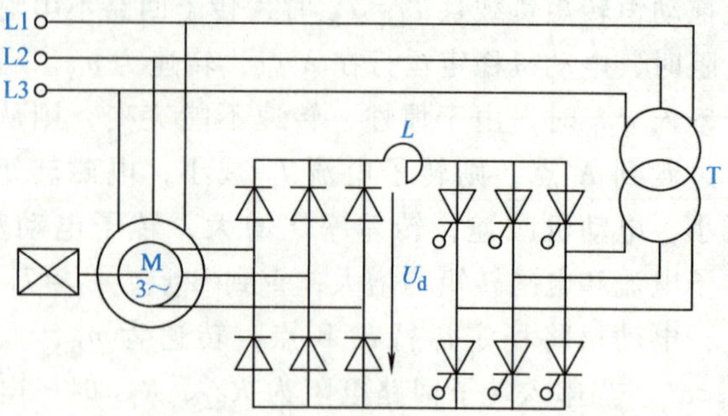

图 2-38 晶闸管串级调速原理图

（三）改变定子电压调速

改变异步电动机定子电压时的机械特性如图 2-39 所示。在不同定子电压下，电动机的同步转速 n_1 是不变的，临界转差率 s_m 或 n_m 也保持不变，随着电压的降低，电动机的最大转矩按平方比例下降。

如果负载为通风机负载，其特性如图 2-39a 中曲线 1 所示。改变定子电压，可以获得较低的稳定运行速度。如果负载为恒转矩负载，其特性如图 2-39a 中曲线 2 所示，其调速范围较窄，往往不能满足生产机械对调速的要求，所以调压调速用于通风机负载效果更好。

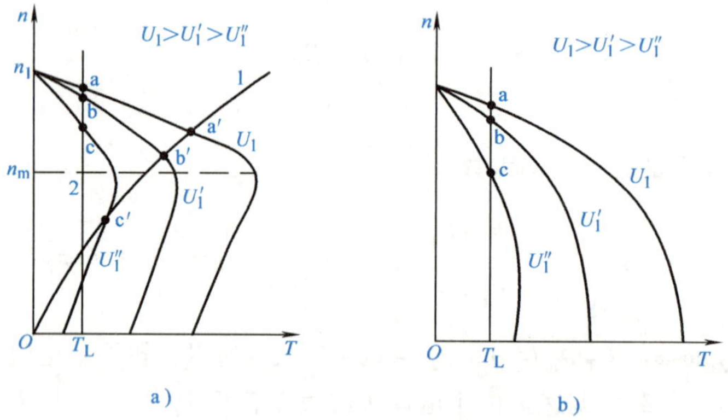

图 2-39 改变定子电压调速机械特性

为了扩大在恒转矩负载时调速范围，要采用转子电阻较大、机械特性较软的高转差率电动机，该电动机在不同定子电压时的机械特性如图 2-39b 所示。显然，机械特性太软，其转差率、运行稳定性又不能满足生产工艺的要求，所以，单纯改变定子电压调速很不理想。为此，现代的调压调速系统通常采用了测速反馈的闭环控制。

表 2-4 列出了三相异步电动机调速方法并对各种方法的调速性能进行了比较。

表 2-4 三相异步电动机调速方法比较

调速方法 / 调速指标	改变同步转速 n_1		改变转差率 s		
	改变极对数（笼型）	改变电源频率（笼型）	转子串电阻（绕线转子）	串级（绕线转子）	改变定子电压（笼型）
调速方向	上、下调	上、下调	下调	下调	下调
调速范围	不广	宽广	不广	宽广	不广
调速平滑性	差	好	差	好	好
调速稳定性	好	好	差	好	较好
适合负载类型	恒转矩Y/YY 恒功率△/YY	恒转矩（f_N 以下） 恒功率（f_N 以上）	恒转矩	恒转矩 恒功率	恒转矩 通风机型
电能损耗	小	小	低速时大	小	低速时大
设备投资	少	多	少	多	较多

第十一节 单相异步电动机

使用单相交流电源的异步电动机称为单相异步电动机。这种电动机具有结构简单、使用方便、运行可靠等优点，广泛应用于家用电器、医疗器械、自动控制系统及小型电气设备中。

单相异步电动机结构与三相笼型异步电动机相似，转子采用笼型结构，定子只安装单相绕组或两相绕组。与同容量的三相异步电动机相比，单相异步电动机体积较大，运行性能较差，但当容量不大时，这些缺点不明显，所以单相异步电动机的容量较小，一般功率在几瓦到几百瓦之间。

一、单相异步电动机的工作原理

1. 交流单相绕组产生脉振磁通势　当在单相全距集中绕组 U_1U_2 中通入单相交流电流 $i=\sqrt{2}I\cos\omega t$，并以绕组轴线处作为坐标原点，则在一极中产生的磁通势如图 2-40 所示为矩形波磁通势，其瞬时值为

$$f(x,t)=\frac{1}{2}Ni=\frac{1}{2}\sqrt{2}NI\cos\omega t=F_m\cos\omega t \tag{2-36}$$

式中　F_m——矩形波磁通势的幅值，$F_m=\frac{1}{2}\sqrt{2}NI$。

由式（2-36）可以看出，在单相全距集中绕组中通入余弦变化的交流电时，所产生的矩形磁通势的高度，将随时间做余弦变化。当 $\omega t=0$ 时，电流达到最大值，矩形波的高度也达到最大值 F_m；当 $\omega t=90°$时，电流为零，矩形波的高度也为零。当电流为负值时，磁通势也随着改变方向。矩形波磁通势随时间变化的关系如图 2-41 所示。在这里应把磁通势的空间分布规律和随时间变化规律相区别。在任何瞬间，磁通势在空间的分布为一矩形波；波形在空间的任何一点，磁通势的大小随时间 t 按余弦规律脉振。这种在空间位置固定，而大小随时间变化的磁通势称为脉振磁通势，脉振磁通势的频率与交流电流频率相同。这种矩形波磁通势，它既对称于横轴又对称于纵轴，应用傅里叶级数分解，存在 1、3、5、7…次奇次谐

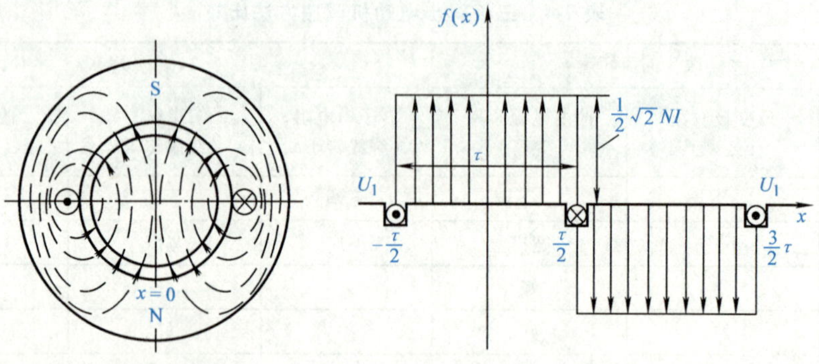

a）全距集中绕组产生的两极磁通势和磁场　　b）磁通势的展开空间分布图

图 2-40　全距集中绕组的磁通势

波，且仅含余弦项，即

$$f(x,t)=F_m\cos\omega t$$
$$=0.9NI\left[\cos\frac{\pi}{\tau}x-\frac{1}{3}\cos3\frac{\pi}{\tau}x+\frac{1}{5}\cos5\frac{\pi}{\tau}x\cdots\right]\cos\omega t \tag{2-37}$$

式中　τ——极距。

其中基波磁通势为

$$f_1(x,t)=0.9NI\cos\frac{\pi}{\tau}x\times\cos\omega t=F_1\cos\frac{\pi}{\tau}x\times\cos\omega t$$

对电机正常工作来说，基波磁通势是主要的，它既是时间 t 的函数，同时又是空间位置 x 的函数。在讨论单相异步电动机工作原理时，矩形波磁通势只需考虑其基波分量就可以了。

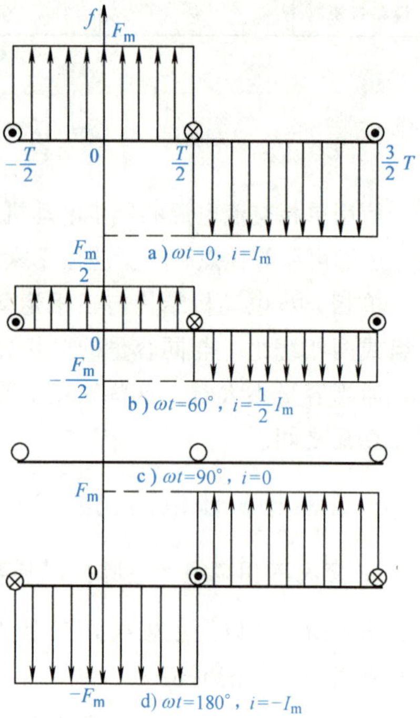

图 2-41　不同瞬时的脉振磁通势

2. 基波脉振磁通势的分解　对上述的基波脉振磁通势用三角函数公式进行分解得

$$f_1(x,t)=F_1\cos\frac{\pi}{\tau}x\times\cos\omega t$$
$$=\frac{1}{2}F_1\cos\left(\frac{\pi}{\tau}x-\omega t\right)+\frac{1}{2}F_1\cos\left(\frac{\pi}{\tau}x+\omega t\right)$$
$$=F_{1+}+F_{1-} \tag{2-38}$$

式中　F_{1+}——正向旋转磁通势；

　　　F_{1-}——逆向旋转磁通势。

这两个旋转磁通势的幅值相等，均为单相基波脉振磁通势幅值 F_1 的 1/2，且均以同步角速度 ω 旋转，但旋转方向相反。

3. 单相异步电动机工作原理　F_{1+}或 F_{1-}在单相异步电动机气隙中旋转时，它们都切割转子导体，产生转子感应电动势并产生转子电流，形成各自的电磁转矩 T_{1+}和 T_{1-}。由 F_{1+}产

生的正转电磁转矩 T_{1+} 的方向与 F_{1+} 方向相同，使转子向 F_{1+} 旋转方向旋转。由 F_{1-} 产生的反转电磁转矩 T_{1-} 方向与 F_{1-} 方向相同，使转子向反向旋转。T_{1+} 与 T_{1-} 作用在同一转子上。

正向电磁转矩 T_{1+} 与正向转差率 $s_{1+}=n_1-n/n_1$ 的关系 $T_{1+}=f(s_{1+})$，与三相异步电动机的 $T=f(s)$ 的关系特性一样，如图 2-42 中曲线 1 所示。而 T_{1-} 与反向转差率 $s_{1-}=\dfrac{-n_1-n}{-n_1}=2-s_{1+}$ 的关系 $T_{1-}=f(s_{1-})$ 如图 2-42 中曲线 2 所示。

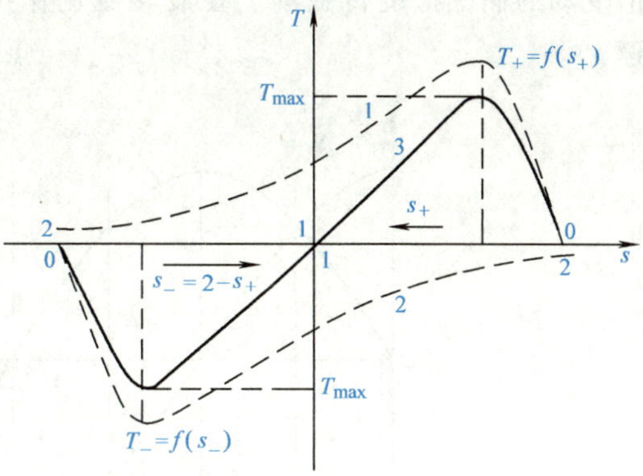

图 2-42　单相异步电动机的 $T=f(s)$ 曲线

由于正、反向电磁转矩同时存在，其合成转矩 $T_1=T_{1+}+T_{1-}$，其形状如图 2-42 中曲线 3 所示。从单相异步电动机的机械特性 $T_1=f(s)$ 曲线上可获得如下结论：

1）当转子静止时，$n=0$，$s_{1+}=s_{1-}=1$，这时 $T_{1+}=T_{1-}$，起动转矩 $T_{st}=T_{1+}-T_{1-}=0$。表明单相异步电动机无起动转矩，若不采取其他措施，电动机不能起动。

2）单相异步电动机一旦起动旋转后，$n\neq0$，$s\neq1$，$T_1\neq0$。当合成转矩大于负载转矩时，则电动机在撤销起动措施后电动机将自行加速并在某一稳定转速下运行。

3）单相异步电动机稳定运行的旋转方向由电动机起动方向确定。

4）由于存在反向电磁转矩 T_{1-}，起制动作用，$T_1=T_{1+}+T_{1-}$，使合成电磁转矩减小。所以单相异步电动机的过载能力、效率、功率因数等均低于同容量的三相异步电动机，且机械特性变软，转速变化较大。

二、单相异步电动机的分类和起动方法

由于单相异步电动机的起动转矩 $T_{st}=0$，所以需采用其他途径产生起动转矩。按照起动方法与相应结构不同，单相异步电动机可分为分相式或罩极式。

1. 单相分相式异步电动机　这种电动机是在电动机定子上安放两套绕组，一个是工作绕组 U1-U2，另一个是起动绕组 V1-V2。这两个绕组在空间相差 90°电角度。起动绕组 V1-V2 串联适当的电容器后再与工作绕组 U1-U2 并联，接于单相交流电源上构成单相电容运转电动机，并尽量设计成在 U1-U2 与 V1-V2 绕组中流进大小相等、相位相差 90°电角度的正弦电流，即

$$i_U=I_m\sin\omega t$$

$$i_V=I_m\sin(\omega t+90°) \tag{2-39}$$

图 2-43 为 i_U、i_V 电流波形，且规定电流从绕组首端流入，末端流出时为正，再仿照分析三相交流电流产生旋转磁场的分析方法，选取几个不同的时刻，来分析单相异步电动机两套绕组通入不同相位电流时，产生合成磁场的情况。由图 2-43 可知，随时间的推移，当 ωt 经 360°电角度后，合成磁场在空间也转过了 360°电角度，所以合成磁场为一个旋转磁场。该旋转磁场的旋转速度也为 $n_1=60f_1/p$。用同样的方法可以分析得出，当两个绕组在空间上

不相差 90°电角度或通入的 i_U、i_V 在相位上不相差 90°电角度时，则气隙中产生的将是一个幅值变动的椭圆形旋转磁场。在旋转磁场作用下，单相异步电动机起动旋转并加速到稳定转速。

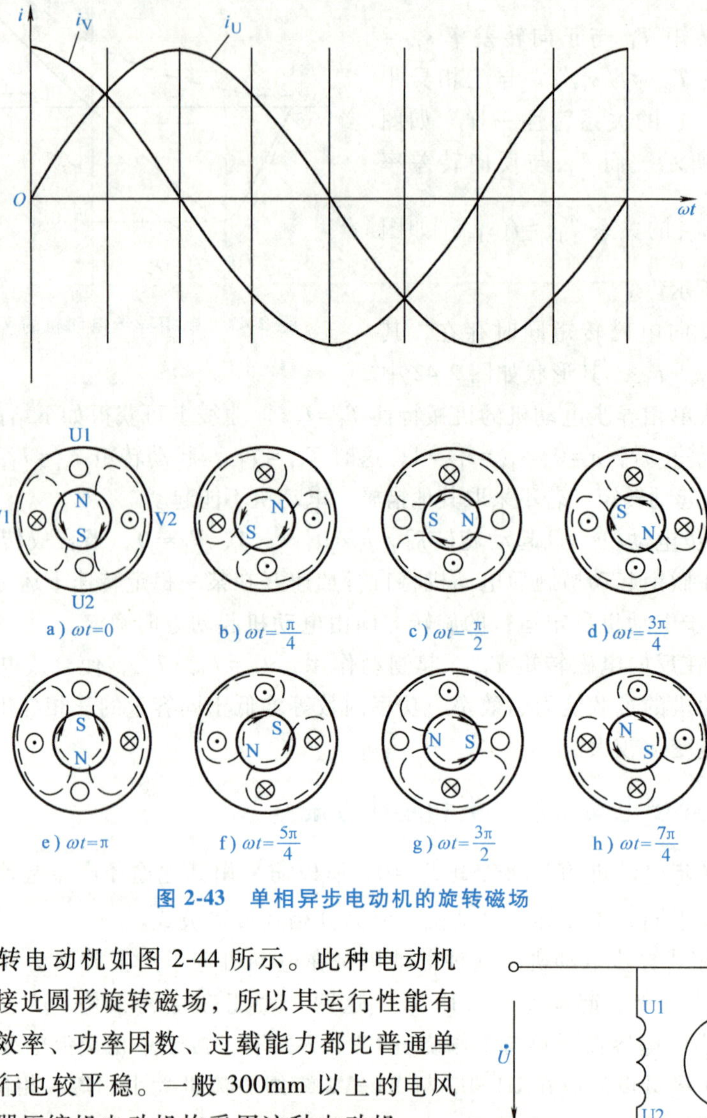

图 2-43　单相异步电动机的旋转磁场

单相电容运转电动机如图 2-44 所示。此种电动机定子气隙磁场较接近圆形旋转磁场，所以其运行性能有较大改善，无论效率、功率因数、过载能力都比普通单相电动机高，运行也较平稳。一般 300mm 以上的电风扇电动机和空调器压缩机电动机均采用这种电动机。

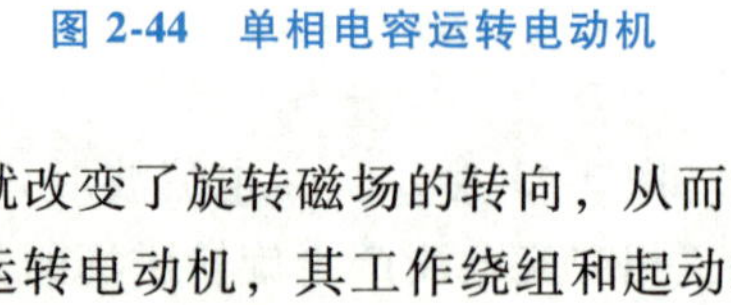

图 2-44　单相电容运转电动机

单相分相式电动机的反向运转：由于单相分相电动机转向是由电流领先相转向电流滞后相，所以将工作绕组 U1-U2 或起动绕组 V1-V2 其中任意一个绕组的两个出线端对调一下，就改变了两绕组中电流之间的相序，也就改变了旋转磁场的转向，从而电动机的旋转方向获得了改变。洗衣机采用的即是单相电容运转电动机，其工作绕组和起动绕组完全相同，接线如图 2-45 所示。通过转换开关 S 将工作绕组和起动绕组不断变换，从而实现电动机旋转方向的改变，进而驱动洗衣机波轮的正反转。

2. 单相罩极式异步电动机　单相罩极式异步电动机按磁极形式分，有凸极式与隐极式两种，其中以凸极式最为常见，如图 2-46 所示。这种电动机定、转子铁心均由 0.5mm 厚的硅钢片叠制而成，转子为笼型结构，定子做成凸极式，在定子凸极上装有单相集中绕组，即为工作绕组。在磁极极靴的 1/3～1/4 处开有小槽，槽中嵌有短路铜环，短路环将部分磁极罩起来，这个短路铜环称为罩极线圈，结构示意图如图 2-47a 所示。

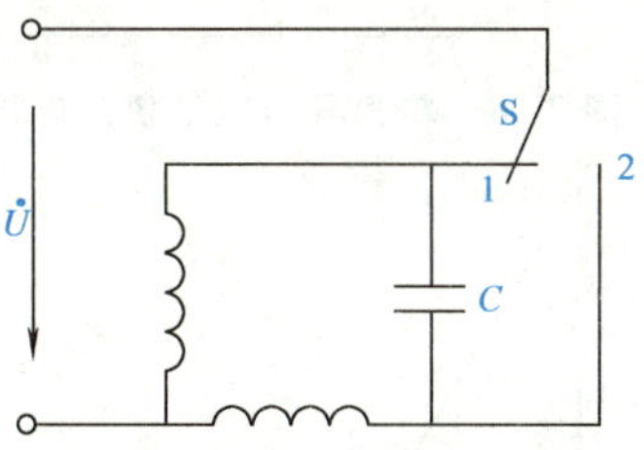

图 2-45　洗衣机单相电容运转电动机的正反转

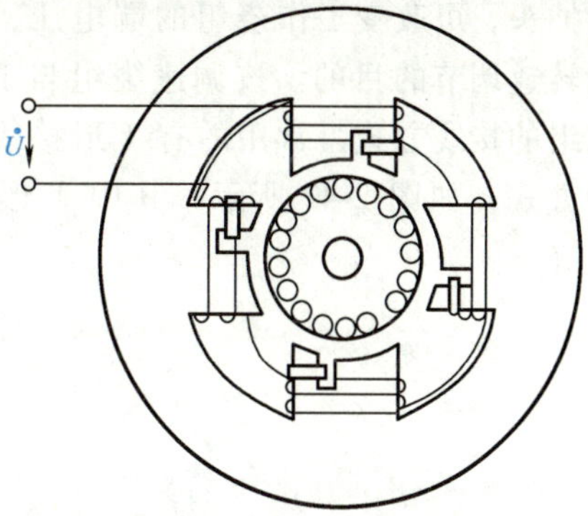

图 2-46　单相罩极凸极式异步电动机

当工作绕组通入单相交流电流时，产生脉振磁通 $\dot{\Phi}$，$\dot{\Phi}=\dot{\Phi}_1+\dot{\Phi}_2$，其中 $\dot{\Phi}_1$ 为工作绕组产生的穿过未罩部分极面的磁通，$\dot{\Phi}$ 为由工作绕组产生穿过罩极线圈包围极面的磁通，$\dot{\Phi}_2$ 将在罩极线圈中产生感应电动势 $\dot{E}_K$，流过感应电流 $\dot{I}_K$，由 $\dot{I}_K$ 产生磁通 $\dot{\Phi}_K$。这样，使穿过罩极线圈罩住极面的磁通 $\dot{\Phi}_2'=\dot{\Phi}_2+\dot{\Phi}_K$，而穿过未罩极面的磁通仍为 $\dot{\Phi}_1$，其结构示意图如图 2-47a 所示，磁通相量分析如图 2-47b 所示。

由图 2-47b 可知，$\dot{\Phi}_1$ 与 $\dot{\Phi}_2'$在空间上处于不同位置，在时间上又有相位差，当 φ_1 达到最大时，φ_2'还较小；当 φ_1 减小后，φ_2'才达到最大值。所以整个磁极的磁力线从未罩着部分移向罩着部分，它们的合成磁场是一个椭圆形旋转磁场，在该磁场作用下，电动机将获得一定的起动转矩，使电动机起动旋转。**因此这种电动机的旋转方向总是从磁极的未罩部分转向磁极被罩部分，其转向是不能改变的。**

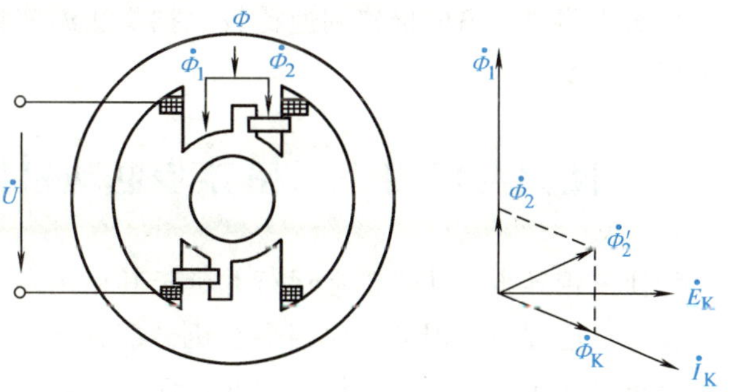

a）结构示意图　　b）磁通相量图

图 2-47　凸极式罩极电动机原理分析

单相罩极电动机结构简单，制造方便，噪声小，且允许短时过载运行。缺点是起动转矩小，且不能实现正、反转，常用于小型电风扇及仪器仪表中。

三、单相异步电动机的调速

单相异步电动机目前采用较多的是串电抗器调速和抽头法调速。

1. 串电抗器调速　在电动机电路中串联电抗器后再接在单相电源上，改接电抗器的抽头，从而改变电动机定子工作绕组、起动绕组的端电压，实现电动机转速的调节，如

图 2-48 所示。

2. 抽头法调速　在单相异步电动机的定子内，除工作绕组、起动绕组外，还嵌放一个调速绕组。三套绕组采用不同的接法，通过换接调速绕组的不同抽头，可改变工作绕组的端电压，进而达到电动机转速调节的目的。按调速绕组与工作绕组和起动绕组的接线方式，常用的有 T 形接线和 L 形接线两种方式，如图 2-49 所示，其中 T 形接线调速性能较好。

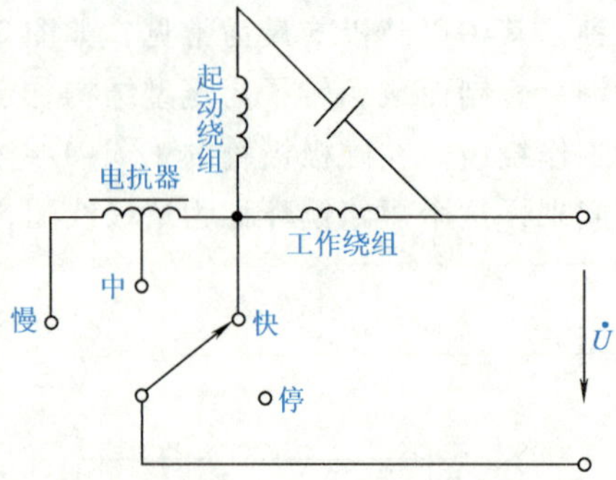

图 2-48　单相异步电动机串电抗器调速

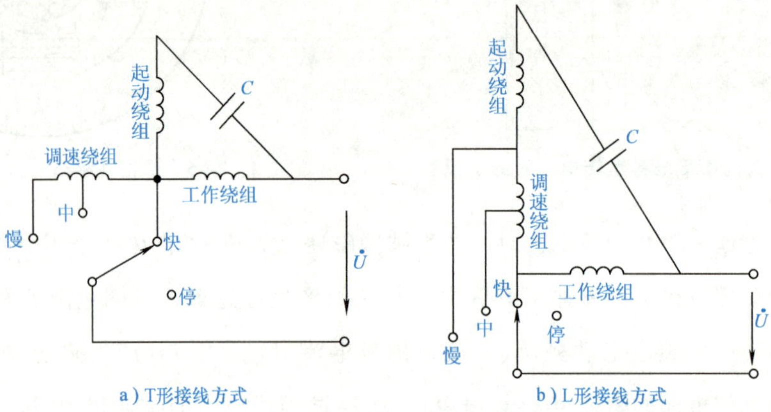

图 2-49　单相异步电动机抽头法调速接线图

抽头法调速与串电抗器调速比较，抽头法调速耗电少，但绕组嵌线和接线较为复杂，增加了修理难度。

阅读与应用　三相异步电动机的运行维护与故障分析

为使三相异步电动机正常运行并延长其使用寿命，必须加强电动机的运行维护工作。电动机在运行过程中，因某些原因会在机械部分或电气部分发生故障，造成电动机不能正常工作，严重时甚至会损坏电动机。因此，对其在运行中的故障进行分析，准确迅速地找出故障原因和故障点，并正确迅速地排除故障，显得尤为重要。

一、三相异步电动机的运行维护

电动机在运行中，可通过耳、眼、鼻、手等感觉器官和借助于仪表、工具来监视电动机运行情况，并判断电动机运行是否正常。监视的内容有电动机的线路电流、温度和响声等，如果出现不正常现象应立即停机，找出故障并加以排除。

1. 电动机运行温度的监视　电动机机壳温度过高是电动机绕组和铁心过热的外部表现，过热会损坏电动机绕组绝缘，甚至会烧毁电动机绕组和降低其他方面性能。

检查电动机温升最简便的方法是用手心摸机壳来判断，但事先须用验电笔测试电动机外壳是否带电，或用手背试搭机壳是否麻手，在确实证明机壳不带电时，方可用手心摸机壳。

如果机壳烫得使手缩回，便说明电动机已经过热。如果没有这样严重，这时温度一般在60℃左右。也可在机壳上滴几滴水试验，若水滴上后冒热气，则说明温度在80℃以上；如听到嗞嗞声，则说明机壳温度就更高了。

测电动机绕组温度可用温度计法，将电动机吊环拆去，将酒精温度计球部用锡纸包好放入孔中，最好同孔壁紧贴，在孔口用棉花或纱头堵严。这时测出的温度按经验应比绕组实际温度低15~20℃。测电动机绕组温度不宜使用水银温度计，因为电动机内交变磁场对水银温度计有影响，测温不准。

2. 电动机线路电流的监视　当环境温度为标准值时，电动机定子电流可等于或低于铭牌上所规定的额定值。如果环境温度高于标准温度时，应考虑降低电动机电流，使其低于额定电流，但允许短时过载。当环境温度低于标准温度时，可适当增加额定电流。如果电动机电流不符合规定，且超过很多时，应查明原因，降低负载运行。此外，还要监视电动机定子三相电流是否平衡，三相中最大或最小的一相电流与其三相电流的平均值的偏差不得大于三相平均值的10%，当超过该值时，应查明原因并排除故障。

3. 电源电压的监视　电动机正常运行时电源电压波动应不超过±5%，若电压过高或过低，则应考虑降低电动机负载。而三相电压间不平衡值不得超过5%，若超出这一范围，应找出原因，设法调整供电系统负载，使三相负载电压力求平衡。

4. 电动机声音、气味和振动的监视　电动机正常运行时，声音均匀，无杂声或特殊叫声。若有杂声出现，往往有机电两方面的原因，应仔细听辨，并注意观察电动机转速是否下降或者发生剧烈振动。若出现以上情况，应立即停机检查，避免事态扩大，造成更大损失。

电动机超载运行时间太长，电动机绕组绝缘将会损坏，严重时能嗅到绝缘漆的焦糊味，这时应立即停机，检查原因并加以排除。

电动机在正常运行时只有轻度振动，如果振幅很大，说明存有故障，这时应立即停机，检查底脚螺钉、带轮、联轴器等是否松动或有严重变形。

5. 轴承运行情况的监视　电动机轴承运行是否正常，可用螺钉旋具接触轴承盖，听有无杂音，若有杂音应及时处理。另外，还需监视轴承中滑润油是否不足或过多。

除上述各项需经常监视并及时处理异常现象外，还要注意电动机通风情况和周围环境是否清洁，注意熔丝有无损伤，以免电动机单相运行而烧坏电动机绕组。除平时加强电动机监视外，还应做好定期维护工作。定期维修分小修与大修，小修一般是属于检查和维护，对电动机不作大的拆卸；大修则要拆开电动机进行清理、检查和修理。一般小修每年进行2~3次，大修则进行一次，不过这还要根据电动机工作性质和周围环境来定。

二、三相异步电动机的故障分析

1. 三相异步电动机运行常见故障

1）电动机的单相运行。产生该故障的原因有电源线一相折断；刀闸或起动设备触头烧蚀、松动、接触不良或一相熔断器熔丝熔断；电动机本身一相绕组断路等。当电动机运行时发生本身一相绕组断路，这时额定输出功率约为原来的一半，如果电动机仍带上原来较大负载，电动机转速明显要下降，而且电动机定子电流大大超出其额定电流，使电动机绕组发热而烧坏。

若电动机在起动时发生单相运行。电动机将起动不起来，并伴有明显的电磁嗡嗡声，此时应立即切断电源，检查故障原因。

2）电动机的V接线运行。对于△联结的三相绕组在绕组内部发生一相断线，则其余两相绕组成为V形联结，如图2-50所示。这时三相电路中有一相电流最大，另两相线电流基本相等。若保证绕组中相电流不超过额定电流，则电动机绕组在V接线运行时，其额定输出功率约为原来的67%；如果仍带原来的额定负载，则转速明显下降，且定子电流超过额定电流，电动机温升明显增高，运行时间一长，电动机绕组会烧坏，此时还会伴有振动。

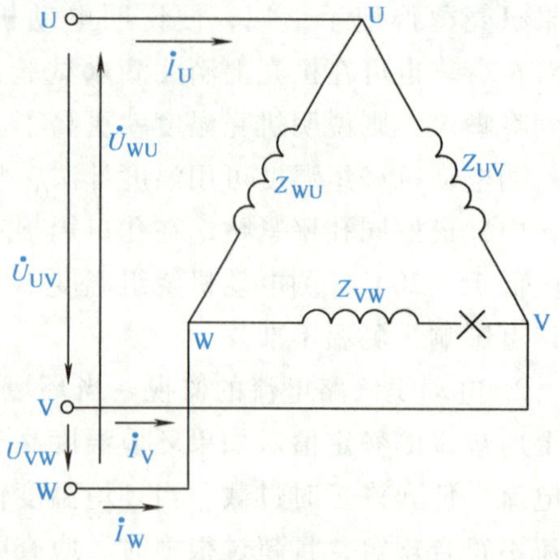

图2-50 三相电动机的V形联结

由于绕组V形联结，两相绕组中电流不同相，电动机在起动时能自行起动，但起动转矩小，起动慢，当负载转矩较大时，也可能起动不起来。起动电流三相不平衡，有一相为正常值，另两相基本相等。

3）电动机定子绕组接地。电动机绕组或引出线的带电部分与铁心或机壳相接，造成了绕组接地故障。如果三相绕组只有一点碰机壳，而电动机外壳又未接地，机壳就有了和该点相同的电位。这时电动机仍可继续运行，但人体却有触电的危险。

如果一相绕组导线有一点碰到了铁心和机壳，但机壳是接地的，这样就会造成该点接地短路（因供电变压器的绕组中性点通常是接地的），同时会使该相绕组的部分线匝被短接，其有效匝数减少，将使该相电流增大。接地点越靠近绕组的引出线端，情况就越严重，甚至会使绕组烧坏。

如果电动机的绕组有两相同时接地，除上述情况外，还会造成相间短路，这时故障的严重程度随绕组的接地点而异，但总会造成电动机的不正常运行，使绕组过热甚至烧坏。

4）定子绕组匝间或相间短路。由于绕组线匝的绝缘损坏，使不该接通的两导线直接相碰造成的故障称为绕组的匝间短路。

如果是同一相绕组的匝间短路，由于短路线圈的阻抗减小，在感应电动势的作用下会形成较大的电流，使短路线匝的温度迅速升高，甚至烧毁。短路的线匝越多，情况就越严重。发生匝间短路故障后，一般的电动机仍能继续运行，但会发出异常的电磁噪声，电流增大而使电动机过热。

如果是两相绕组的相邻线匝发生短路，即造成了绕组的相间短路，这种故障对电动机的影响和前面所述两相绕组同时碰壳情况相同，不再重复。

2. 三相异步电动机运行中常见故障现象及故障原因分析

（1）电动机过热　造成电动机过热的原因可以从电源、负载和电动机本身三个方面进行分析。

1）电源方面的原因：①电源电压高于额定电压，这时磁通随之增大，趋于饱和，使铁心损耗大大增加，引起铁心发热；同时磁通的增加，还引起励磁电流急剧增加，从而使定子电流增加，造成绕组损耗增大，引起绕组过热。②电源电压低于额定电压，一方面电压低引起磁通相应减小，因而定子电流中的励磁电流分量减少；另一方面假若电动机处于运行中，拖动额定负载转矩，电动机转速下降，转子电流和定子电流的负载分量将增大。因此，当电动机带负载工作时，由于电压降低使电磁转矩按平方下降，则造成定、转子电流增大，造成绕组损耗增大，使定、转子绕组过热。③电源线路的一相发生断路，电动机单相运行而过热。

2）负载方面的原因：电动机拖动负载的大小其反应为定子、转子的电流的大小，通常电动机有一定的过载能力，若长期运行在过载情况下，电动机定子、转子电流将超过允许值，致使电动机过热。

3）电动机本身方面的原因：如前所述，因电动机绕组一相断路而造成单相运行或 V 联结运行；绕组的匝间或相间短路；转子断条等，都会造成电动机过热。此外，电动机接线错误，如Y联结错接成△联结，或将△联结错接成Y联结，也使电动机过热。电动机本身机械方面的故障也会造成电动机过热，如由于轴弯曲引起转子扫镗；电动机装配不良使转轴转动不灵活，甚至卡死；轴承本身发热等。

此外，电动机本身通风散热不良，如电动机内部粉尘太多影响散热，未装风罩或未装内挡风板，不能形成一定风路，风扇损坏以及环境温度升高，都会使电动机过热。

（2）电动机运行产生振动和噪声的原因往往有机、电两方面

机械方面的原因：

1）电动机底座不牢或固定不紧。

2）转子零件松弛，如笼型异步电动机内风叶上的配重螺钉松弛，或转子铁心与轴承松弛等。

3）安装时电动机和被拖动机械轴心不在同一直线上。

4）由于轴弯或轴承磨损造成电动机转子偏心，严重时定、转子相擦也会产生剧烈振动和不均匀摩擦声。

5）转子重心不在转子中心上。

6）轴承内润滑油不足，电动机轴承室内发出咝咝声。

7）轴承内钢珠损坏，运转中有咕噜咕噜声。

电磁方面的原因：

1）绕组发生短路、接反，造成磁场不对称，电磁转矩不均匀，使电动机发生振动并发出一种低沉的声音。由于电磁原因而产生的故障，只要将电源切断，振动和噪声立即消失，电源一接通，振动和噪声又重新产生。

2）转子有断条时，电动机转速降低，负载电流时高时低，显出周期性波动现象，并发出时高时低的嗡嗡声，机身也发生振动。

3）铁心、硅钢片过于松弛，在电动机外壳上能听到一种丝丝的磁振动声。

4）定子、转了相擦，会发出不均匀碰擦声。气隙不均匀，产生高次谐波，也会产生电磁噪声。

在辨别电动机噪声时，不仅听声音，还要观察其他现象，如电压和电流的大小，电动机中有无过热，有无焦臭味，将其联系起来加以分析，才能做出正确的判断。

（3）电动机运行中三相电流不平衡　电动机正常工作时，三相电流是平衡的，若三相绕组匝数略有不等，所引起的三相电流不平衡程度很小。只有在电源三相电压不平衡程度过大或电动机本身有故障时，电动机才会产生较大的三相不平衡电流。

不平衡电流造成电动机过热，同时还会造成三相旋转磁场不再为圆形，使电动机发生振动并发出特殊的低沉吼声。

三相电流之间差数不允许过大，一般要求三相电流最大或最小一相的电流值与三相电流平均值的差值不能大于三相电流平均值的 10%。当三相电流不平衡程度超过 10%，而且电动机发出低沉的嗡嗡声，机身也剧烈振动时，应首先检查电源三相电压，若电源电压是平衡的，说明电动机本身有了故障，此时可能有以下情况：

1）电动机绕组断路。电动机每相绕组有几个支路并联，若发生一条支路或几条支路断路，则三相阻抗不平衡，造成三相电流不平衡，为此应停机测每相电阻。

最严重的断路是电动机一相断线或熔断器一相熔丝熔断，造成电动机单相运行，此时该相电流为零，其余两相绕组电流增加很多，电动机转速下降，并发出特殊低沉的吼声。这时如将电动机停机后再起动就转不起来了。

2）电动机单相短路或相间短路时，短路电流很大，三相电流不平衡程度也很严重，熔断器熔丝熔断。此时熔丝若不熔断，电动机绕组因过热而烧毁，电动机冒烟并有焦臭味。如果发生某相绕组内匝间短路或元件短路时，熔丝可能不熔断，电动机三相电流也不平衡，此时也应停机检查处理。

3）电动机一相首尾接反，造成一相反接，三相电流极不平衡，这时熔丝往往熔断，若熔丝不断，电动机继续运转，将发生剧烈振动并有强烈的吼声。若电动机绕组部分反接，情况与上类似，只是程度稍轻。此时应停机检查相头相尾是否接错，或拆开电动机检查接线有无部分绕组接反的情况。

习　题

2-1　三相异步电动机的旋转磁场是如何产生的？

2-2　三相异步电动机旋转磁场的转速由什么决定？对于工频下的 2、4、6、8、10 极的三相异步电动机的同步转速为多少？

2-3　试述三相异步电动机的转动原理，并解释“异步”的意义。

2-4　旋转磁场的转向由什么决定？如何改变旋转磁场的转向？

2-5　当三相异步电动机转子电路开路时，电动机能否转动？为什么？

2-6　何谓三相异步电动机的转差率？额定转差率一般是多少？起动瞬时的转差率是多少？

2-7　试述三相异步电动机当机械负载增加时，三相异步电动机的内部经过怎样的物理过程，最终使电动机稳定运行在更低的转速下。

2-8　当三相异步电动机的机械负载增加时，为什么定子电流会随转子电流的增加而增加？

2-9　三相异步电动机在空载时功率因数约为多少？当在额定负载下运行时，功率因数为何会提高？

2-10　电网电压太高或太低，都易使三相异步电动机定子绕组过热而损坏，为什么？

2-11　三相异步电动机的电磁转矩与电源电压大小有何关系，若电源电压下降 20%，电动机的最大转矩和起动转矩将变为多大？

2-12　为什么在减压起动的各种方法中，自耦变压器减压起动性能相对较好？

2-13　三相笼型异步电动机定子回路串电阻起动和串电抗起动相比，哪一种较好？为什么？

2-14　对于三相绕线转子异步电动机转子串合适电阻起动，为什么既能减小起动电流，又能增大起动转矩？串入电阻是否越大越好？

2-15　在桥式起重机的绕线转子异步电动机转子回路中串接可变电阻，当定子绕组按提升方向接通电源时，调节转子可变电阻可获得重物提升或重物下降，原因何在？

2-16　为什么变极调速时要同时改变电源相序？

2-17　电梯电动机变极调速和车床切削电动机的变极调速，定子绕组应采用什么样的改接方式？为什么？

2-18　试述绕线转子异步电动机转子串电阻调速原理和调速过程，有何优缺点？

2-19　对于一台单相单绕组异步电动机若不采取措施，起动转矩为什么为零？当给电动机转子一个外力矩时，电动机为什么就可向该力矩方向旋转？

2-20　一台三相异步电动机（Y联结）发生一相断线时，相当于一台单相电动机，若电动机原来在轻载或重载运转，在此情况下还能继续运转吗，为什么？当停机后，能否再起动？

2-21　一台罩极电动机，若调换磁极上工作绕组的两个端头，能改变电动机的转向吗？

第三章

直流电机

直流电机是通以直流电流的旋转电机，是电能和机械能相互转换的设备。将机械能转换为电能的是直流发电机，将电能转换为机械能的是直流电动机。

与交流电机相比，直流电机结构复杂，成本高，运行维护较困难。但直流电动机调速性能好，起动转矩大，过载能力强，在起动和调速要求较高的场合，仍获得广泛应用。作为直流电源的直流发电机虽已逐步被晶闸管整流装置所取代，但在电镀、电解行业中仍在使用。具体要求如下。

知识目标

1）了解直流电机的基本原理和结构。
2）掌握直流电动机的起动、制动和调速方法。
3）理解直流电动机的工作特性。
4）理解直流电动机的起动、制动和调速原理，能结合机械特性进行分析。

技能目标

1）能够正确拆装直流电动机。
2）能读懂直流电动机铭牌数据。
3）能够分析直流电动机的起动、制动和调速控制原理。

素养目标

1）树立积极向上的工作态度。
2）培养团队协作精神。
3）遵循国家标准，操作规范化。

第一节　直流电机的基本原理与结构

直流电机是依据导体切割磁力线产生感应电动势和载流导体在磁场中受到电磁力的作用这两条基本原理制造的。因此，从结构上看，任何电机都包括磁路和电路两部分；从原理上讲，任何电机都体现了电和磁的相互作用。

一、直流电机的工作原理

（一）直流发电机工作原理

直流发电机工作原理如图 3-1 所示。图中 N、S 是一对在空间固定不动的磁极，磁极可以由永久磁铁制成，但通常是在磁极铁心上绕有励磁绕组，在励磁绕组中通入直流电流，即可产生 N、S 极。在 N、S 磁极之间装有由铁磁性物质构成的圆柱体，在圆柱体外表面的槽中嵌放了线圈 abcd，整个圆柱体可在磁极内部旋转，整个转动部分称为转子或电枢。电枢线圈 abcd 的两端分别与固定在轴上相互绝缘的两个半圆铜环相连接，这两个半圆铜环称为换向片，即构成了简单的换向器。换向器通过静止不动的电刷 A 和 B，将电枢线圈与外电路相接通。

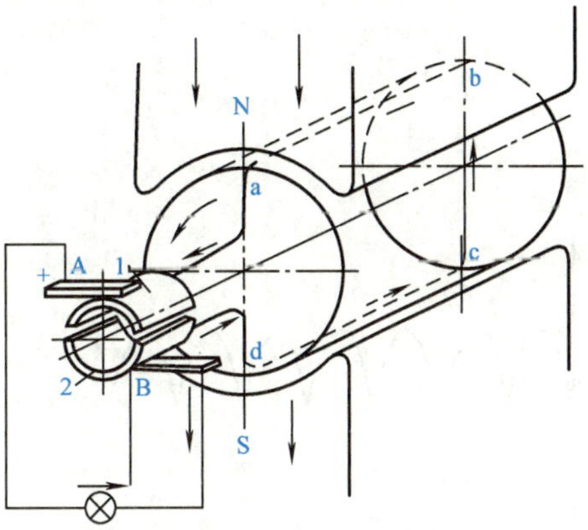

图 3-1 直流发电机工作原理

电枢由原动机拖动，以恒定转速按逆时针方向旋转，当线圈有效边 ab 和 cd 切割磁力线时，便在其中产生感应电动势，其方向用右手定则确定。如图 3-1 所示瞬间，导体 ab 中的电动势方向由 b 指向 a，导体 cd 中的电动势则由 d 指向 c，从整个线圈来看，电动势的方向为 d 指向 a，故外电路中的电流自换向片 1 流至电刷 A，经过负载，流至电刷 B 和换向片 2，进入线圈。此时，电流流出处的电刷 A 为正电位，用“+”表示；而电流流入线圈处的电刷 B 则为负电位，用“-”表示。电刷 A 为正极，电刷 B 为负极。

电枢旋转 180°后，导体 ab 和 cd 以及换向片 1 和 2 的位置同时互换，电刷 A 通过换向片 2 与导体 cd 相连接，此时由于导体 cd 取代了原来 ab 所在的位置，即转到 N 极下，改变原来电流方向，即由 c 指向 d，所以电刷 A 的极性仍然为正；同时电刷 B 通过换向片 1 与导体 ab 相连接，而导体 ab 此时已转到 S 极下，也改变了原来电流方向，由 a 指向 b，因此，电刷 B 的极性仍然为负。通过换向器和电刷的作用，及时地改变线圈与外电路的连接，使线圈产生的交变电动势变为电刷两端方向恒定的电动势，保持外电路的电流按一定方向流动。

由电磁感应定律（$e=Blv$），线圈感应电动势 e 的波形与气隙磁感应强度 B 的波形相同，即线圈感应电动势 e 随时间变化的规律与气隙磁感应强度 B 沿空间的分布规律相同。在直流发电机中，磁极下气隙磁感应强度按梯形波分布，如图 3-2 所示。因此，通过电刷和换向器的作用，在电刷两端所得到的电动势方向是不变的，但大小却在零与最大值之间脉动，如图 3-3 所示。由于线圈只有一匝，产生的电动势很小，如果在直流发电机电枢上均匀分布很多线圈，此时换向片的数目也相应增多，每个线圈两端均分别接至两换向片上，这样，电刷两端总的电动势脉动将显著减小，如图 3-4 所示。同时其电动势值也大为增加。由于直流发电机中线圈、换向片数目很多，因此，电刷两端的电动势可以认为是恒定的直流电动势。

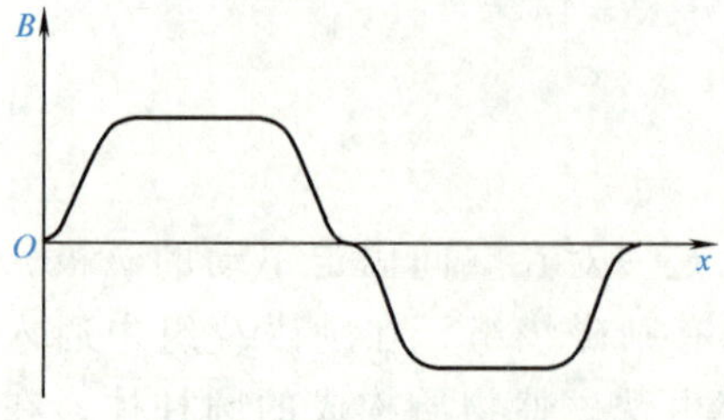

图 3-2 直流发电机气隙磁感应强度 *B* 分布波形

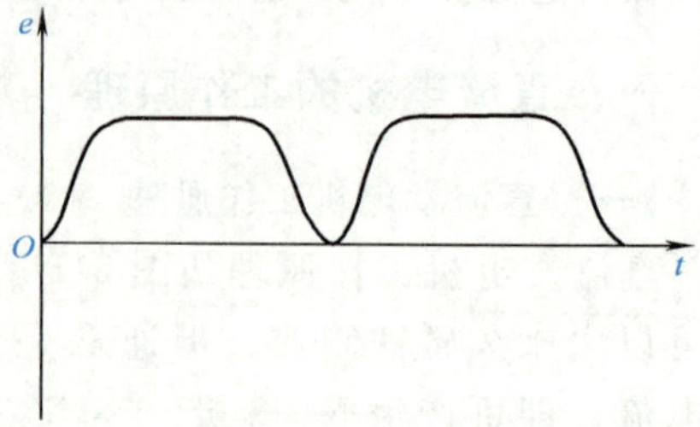

图 3-3 直流发电机电刷两端电动势波形

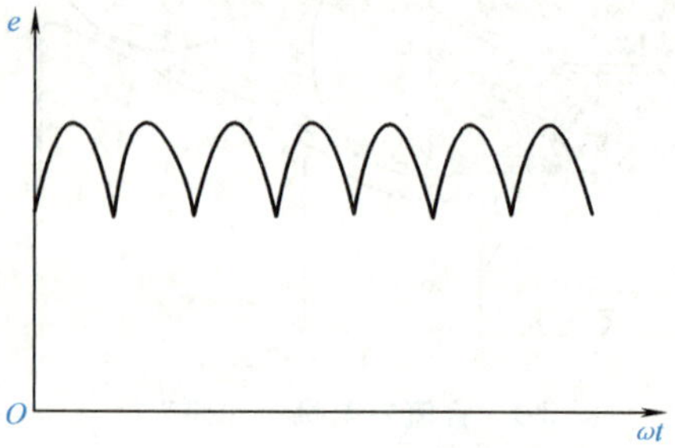

图 3-4 多线圈和多换向片时电刷两端的电动势波形

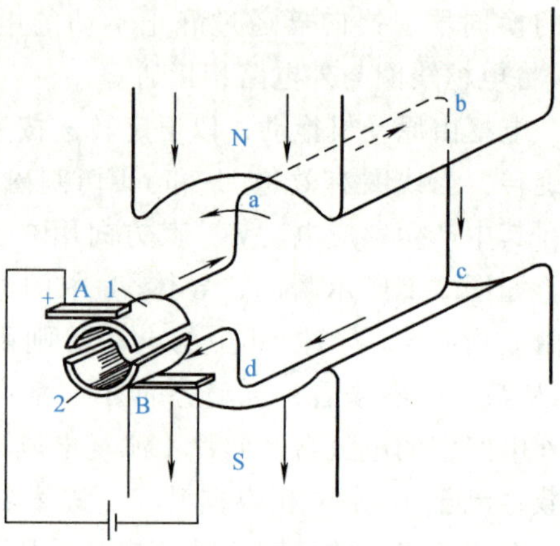

图 3-5 直流电动机工作原理

（二）直流电动机工作原理

图 3-5 所示为直流电动机工作原理图，其基本结构与发电机完全相同，只是将直流电源接至电刷两端。当电刷 A 接至电源的正极，电刷 B 接至负极，电流将从电源正极流出，经过电刷 A、换向片 1、线圈 abcd 到换向片 2 和电刷 B，最后回到负极。根据电磁力定律，载流导体在磁场中受电磁力的作用，其方向由左手定则确定。图 3-5 中 ab 导体所受电磁力方向向左，而导体 cd 所受电磁力的方向向右，这样就产生了一个转矩。在转矩的作用下，电枢便按逆时针方向旋转起来。当电枢从图 3-5 所示的位置转过 90°时，线圈磁感应强度为零，因而使电枢旋转的转矩消失，但由于机械惯性，电枢仍能转过一个角度，使电刷 A、B 分别与换向片 2、1 接触，于是线圈中又有电流流过。此时电流从正极流出，经过电刷 A、换向片 2、线圈到换向片 1 和电刷 B，最后回到电源负极，此时导体 ab 中的电流改变了方向，同时导体 ab 已由 N 极下转到 S 极下，其所受电磁力方向向右。同时，处于 N 极下的导体 cd 所受的电磁力方向向左。因此，在转矩的作用下，电枢继续沿着逆时针方向旋转，这样电枢便一直旋转下去，这就是直流电动机的基本原理。

由此可知：**直流电机既可作发电机运行，也可作电动机运行，这就是直流电机的可逆原理**。如果原动机拖动电枢旋转，通过电磁感应，便将机械能转换为电能，供给负载，这就是发电机；如果由外部电源供给电机，由于载流导体在磁场中的作用产生电磁力，建立电磁转矩，拖动负载转动，又成为电动机了。

二、直流电机的基本结构

直流电机的结构示意图如图3-6所示。它由定子和转子两个基本部分组成。

（一）定子

定子是直流电机的静止部分，其主要由主磁极、换向磁极、机座、端盖与电刷装置等组成。

1. 主磁极　主磁极由磁极铁心和励磁绕组组成，磁极铁心由1~1.5mm厚的低碳钢板冲片叠压铆接而成。当在励磁线圈中通入直流电流后，便产生主磁场。主磁极可以有一对、两对或更多对，它是用螺栓固定在机座上。

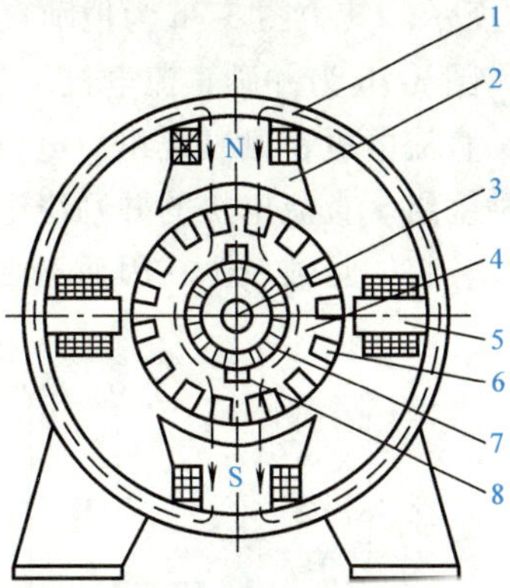

图3-6　直流电机结构示意图

1—机座　2—主磁极　3—转轴　4—电枢铁心　5—换向磁极　6—电枢绕组　7—换向器　8—电刷

2. 换向磁极　换向磁极也是由铁心和换向磁极绕组组成，位于两主磁极之间，是比较小的磁极。其作用是产生附加磁场，以改善电机的换向条件，减小电刷与换向片之间的火花。换向磁极绕组总是与电枢绕组串联，其匝数少，导线粗。换向磁极铁心通常都用厚钢板叠制而成，在小功率的直流电机中也有不装换向磁极的。

3. 机座　机座由铸钢或厚钢板制成，它是电机的支架，用来安装主磁极和换向磁极等部件，它既是电机的固定部分，又是电机磁路的一部分。

4. 端盖与电刷　在机座的两边各有一个端盖，端盖的中心处装有轴承，用以支持转子的转轴。端盖上还固定有电刷架，利用弹簧把电刷压在转子的换向器上。

（二）转子

直流电机的转子又称为电枢，其主要由电枢铁心、电枢绕组、换向器、转轴和风扇等组成。

1. 电枢铁心　电枢铁心通常用0.5mm厚、表面涂有绝缘的硅钢片叠压而成，其表面均匀开槽，用来嵌放电枢绕组。电枢铁心也是直流电机磁路的一部分。

2. 电枢绕组　电枢绕组由许多相同的线圈组成，按一定规律嵌放在电枢铁心的槽内，并与换向器连接，其作用是产生感应电动势和电磁转矩。

3. 换向器　换向器又称整流子，是直流电机的特有装置。它由许多楔形铜片组成，片间用云母或者其他垫片绝缘。外表呈圆柱形，装在转轴上。每一换向铜片按一定规律与电枢绕组的线圈连接。在换向器的表面压着电刷，使旋转的电枢绕组与静止的外电路相通，其作用是将直流电动机输入的直流电流转换成电枢绕组内的交变电流，进而产生恒定方向的电磁转矩，或是将直流发电机电枢绕组中的交变电动势转换成输出的直流电压。

（三）气隙

气隙是电机磁路的重要部分。转子要旋转，定子与转子之间必须要有气隙，称为工作气隙。气隙路径虽短，但由于气隙磁阻远大于铁心磁阻（一般小型电机气隙为0.5~5mm，大型电机为5~10mm），故对电机性能有很大影响。

三、直流电机的励磁方式

直流电机的励磁绕组的供电方式称为励磁方式。按直流电机励磁绕组与电枢绕组连接方式的不同分为他励直流电机、并励直流电机、串励直流电机与复励直流电机等四种，如图3-7所示。其中图3-7a为他励直流电机，励磁绕组与电枢绕组分别用两个独立的直流电源供电；图3-7b为并励直流电机，励磁绕组与电枢绕组并联，由同一直流电源供电；图3-7c为串励直流电机，励磁绕组与电枢绕组串联；图3-7d为复励直流电机，既有并励绕组，又有串励绕组。直流电机的并励绕组一般电流较小，导线细，匝数较多；串励绕组的电流较大，导线较粗，匝数较少，因而不难辨别。

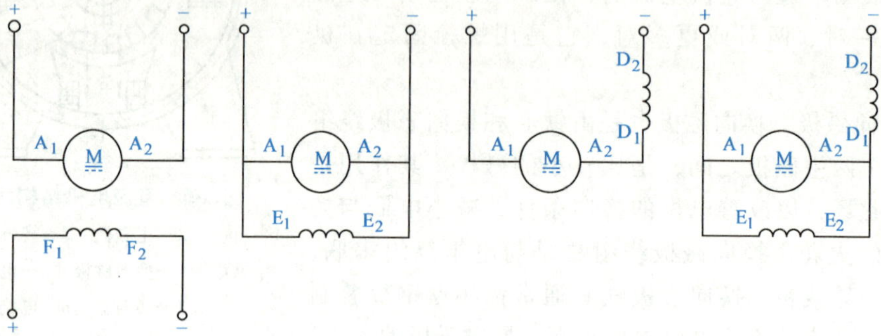

a）他励直流电机　b）并励直流电机　c）串励直流电机　d）复励直流电机

图3-7　直流电机的励磁方式

四、直流电机的铭牌数据和主要系列

（一）直流电机的铭牌数据

每台直流电机的机座上都有一个铭牌，其上标有电机型号和各项额定值，用以表示电机的主要性能和使用条件，图3-8为某台直流电动机的铭牌。

直流电动机

型号	Z4-112/2-1	励磁方式	并励
功率	5.5kW	励磁电压	180V
电压	440V	效率	81.190%
电流	15A	定额	连续
转速	3000r/min	温升	80°C
出品号数	××××	出厂日期	2001年10月
××××电机厂			

图3-8　某台直流电动机铭牌

1. 电机型号　型号表明电机的系列及主要特点。知道了电机的型号，便可从相关手册及资料中查出该电机的有关技术数据。型号Z4-112/2-1的含义如下：

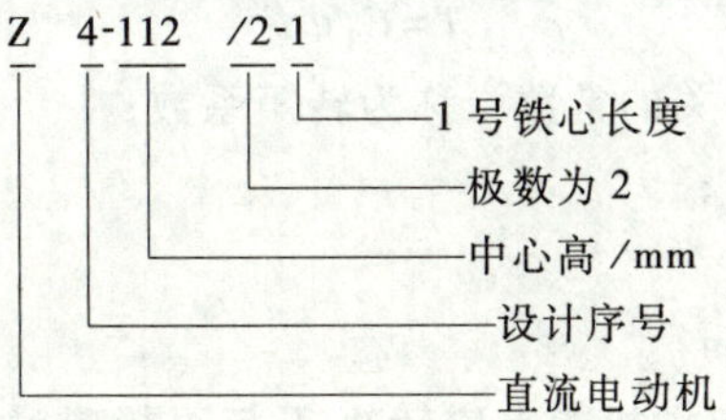

2. 额定功率 P_N　指电机在额定运行时的输出功率，对发电机是指输出电功率 $P_N = U_N I_N$；对电动机是指轴上输出的机械功率 $P_N = U_N I_N \eta_N$。

3. 额定电压 U_N　指额定运行状况下，直流发电机的输出电压或直流电动机的输入电压。

4. 额定电流 I_N　指额定电压和额定负载时允许电机长期输入（电动机）或输出（发电机）的电流。

5. 额定转速 n_N　指电动机在额定电压和额定负载时的旋转速度。

6. 电动机额定效率 η_N　指直流电动机额定输出功率 P_N 与电动机额定输入功率 $P_1 = U_N I_N$ 比值的百分数。

此外，铭牌上还标有励磁方式、额定励磁电压、额定励磁电流和绝缘等级等参数。

（二）直流电机主要系列

直流电机应用广泛，型号很多，我国直流电动机主要系列有：

Z4 系列：一般用途的小型直流电动机。

ZT 系列：广调速直流电动机。

ZJ 系列：精密机床用直流电动机。

ZTD 系列：电梯用直流电动机。

ZZJ 系列：起重冶金用直流电动机。

ZD2 系列：中型直流电动机。

ZQ 系列：直流牵引电动机。

Z-H 系列：船用直流电动机。

ZA 系列：防爆安全用电动机。

ZLJ 系列：力矩直流电动机。

第二节　直流电动机的电磁转矩和电枢电动势

直流电动机是一种在电枢表面均匀分布的绕组中通入直流电流后，与电动机定子磁场相互作用产生电磁力形成电磁转矩使其转子旋转的电机。而电枢转动时，电枢绕组导体不断切割磁力线，在电枢绕组中又产生感应电动势，这一电动势称为反电动势。

一、电磁转矩

由电磁力公式可知，每根载流导体在磁场中所受电磁力平均值为 $F = BlI$。对于给定的电动机，在线性磁路中，磁感应强度 B 与每个磁极的磁通 Φ 成正比，电磁力 F 与电枢电流 I 成正比，而导线在磁极磁场中的有效长度 l 及转子半径等都是固定的，仅取决于电动机的结构，因此直流电动机的电磁转矩 T 的大小可表示为

$$T=C_T\Phi I_a \tag{3-1}$$

式中 C_T——与电动机结构有关的常数，称为转矩系数；

Φ——每极磁通（Wb）；

I_a——电枢电流（A）；

T——电磁转矩（N·m）。

由式（3-1）可知，**直流电动机的电磁转矩 T 与每极磁通 Φ 和电枢电流 I_a 的乘积成正比。电磁转矩的方向由左手定则决定。**

直流电动机的转矩 T 与转速 n 及轴上输出功率 P 的关系式为

$$T=9550\frac{P}{n} \tag{3-2}$$

式中 P——电动机轴上输出功率（kW）；

n——电动机转速（r/min）；

T——电动机电磁转矩（N·m）。

二、电枢电动势

当电枢转动时，电枢绕组中的导体在不断切割磁力线，因此每根载流导体中将产生感应电动势，其大小平均值为 $E=Blv$，其方向由右手定则确定，如图 3-9 所示，将此图与图 3-5 对照，可以看出该电动势的方向与电枢电流的方向相反，因而称为反电动势。对于给定的直流电动机，磁感应强度 B 与每极磁通 Φ 成正比，导体的运动速度 v 与电枢的转速 n 成正比，而导体的有效长度和绕组匝数都是常数，因此直流电动机两电刷间总的电枢电动势的大小为

$$E_a=C_e\Phi n \tag{3-3}$$

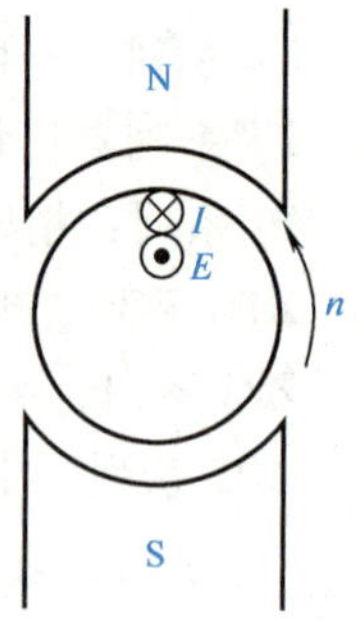

图 3-9 电枢电动势和电流

式中 C_e——与电动机结构有关的另一常数，称为电动势系数；

Φ——每极磁通（Wb）；

n——电动机转速（r/min）；

E_a——电枢电动势（V）。

由此可知，**直流电动机在旋转时，电枢电动势 E_a 的大小与每极磁通 Φ 和电动机转速 n 的乘积成正比，它的方向与电枢电流方向相反，在电路中起着限制电流的作用。**

第三节 他励直流电动机的运行原理与机械特性

图 3-10 为一台他励直流电动机结构示意图和电路图，电枢电动势 E_a 为反电动势，与电枢电流 I_a 方向相反；电磁转矩 T 为拖动转矩，方向与电动机转速 n 的方向一致；T_L 为负载转矩；T_0 为空载转矩，方向与 n 方向相反。

一、直流电动机的基本方程式

直流电动机的基本方程式是指直流电动机稳定运行时电路系统的电动势平衡方程式、机械系统的转矩平衡方程式和能量转换过程中的功率平衡方程式。这些方程式反映了直流电动

机内部的电磁过程，也表达了电动机内外的机电能量转换，说明了直流电动机的运行原理。

（一）电动势平衡方程式

由基尔霍夫定律可知，在电动机电枢电路中存在如下的回路电压方程式：

$$U=E_a+I_aR_a \tag{3-4}$$

式中 U——电枢电压（V）；

I_a——电枢电流（A）；

R_a——电枢回路中内电阻（Ω）。

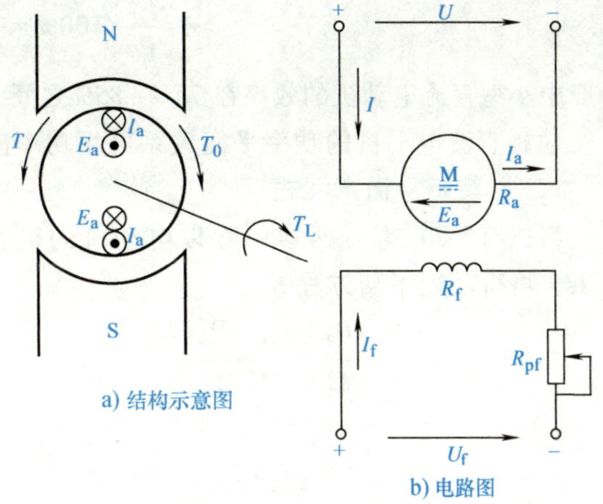

图 3-10 他励直流电动机结构示意图和电路图

（二）功率平衡方程式

直流电动机输入的电功率是不可能全部转换成机械功率的，因为在转换的过程中存在着各种损耗。这些损耗按其性质可分为机械损耗 P_m、铁心损耗 P_{Fe}、铜损 P_{Cu} 和附加损耗 P_s 四种。

1）机械损耗 P_m：电动机旋转时，必须克服摩擦阻力，因此产生机械损耗。其中有轴与轴承摩擦损耗，电刷与换向器摩擦损耗，以及转动部分与空气的摩擦损耗等。

2）铁心损耗 P_{Fe}：当直流电动机旋转时，电枢铁心因其中磁场反复变化而产生的磁滞损耗和涡流损耗称为铁心损耗。

上述机械损耗 P_m 和铁心损耗 P_{Fe} 在直流电动机转起来，尚未带负载时就存在，故上述两损耗之和称为空载损耗 P_0，即

$$P_0=P_m+P_{Fe} \tag{3-5}$$

由于机械损耗 P_m 与铁心损耗 P_{Fe} 都会产生与旋转方向相反的制动转矩，该转矩将抵消一部分拖动转矩，因此这个制动转矩称为空载转矩 T_0。

3）铜耗 P_{Cu}：当直流电动机运行时，在电枢回路和励磁回路中都有电流流过，因此在绕组电阻上产生的损耗称为铜耗。

4）附加损耗 P_s：又称杂散损耗，其值很难计算和测定，一般取（0.5%~1%）P_N。

由此可知，直流电动机总损耗 ΣP 为

$$\Sigma P=P_m+P_{Fe}+P_{Cu}+P_s$$

当他励直流电动机接上电源时，电枢绕组流过电流 I_a，电源向电动机输入的电功率为

$$P_1=UI=UI_a=(E_a+I_aR_a)I_a=E_aI_a+I_a^2R_a=P_{em}+P_{Cua} \tag{3-6}$$

上式说明：输入的电功率一部分被电枢绕组消耗（电枢铜损），一部分作为电磁功率 P_{em}。

从上分析可知，电动机旋转后，还要克服各类摩擦引起的机械损耗 P_m，电枢铁心损耗 P_{Fe}，以及附加损耗 P_s，而大部分从电动机轴上输出，故电动机输出的机械功率为

$$P_2=P_{em}-P_{Fe}-P_m-P_s$$

若忽略附加损耗，则输出机械功率 P_2 为

$$P_2=P_{em}-P_{Fe}-P_m=P_{em}-P_0 \tag{3-7}$$

$$=P_1-P_{Cua}-P_0$$

$$=P_1-\Sigma P \tag{3-8}$$

则直流电动机的效率为

$$\eta=\frac{P_2}{P_1}\times100\%=\frac{P_2}{P_2+\Sigma P}\times100\%$$

一般中小型直流电动机的效率在 75%~85%之间，大型直流电动机的效率在 85%~94%之间。

他励直流电动机的功率平衡关系可用功率流程图来表示，如图 3-11 所示。

（三）转矩平衡方程式

将式（3-7）等号两边同除以电动机的机械角速度 Ω，可得转矩平衡方程式

$$\frac{P_2}{\Omega}=\frac{P_{em}}{\Omega}-\frac{P_0}{\Omega}$$

即 $$T_2=T-T_0$$

或 $$T=T_2+T_0 \tag{3-9}$$

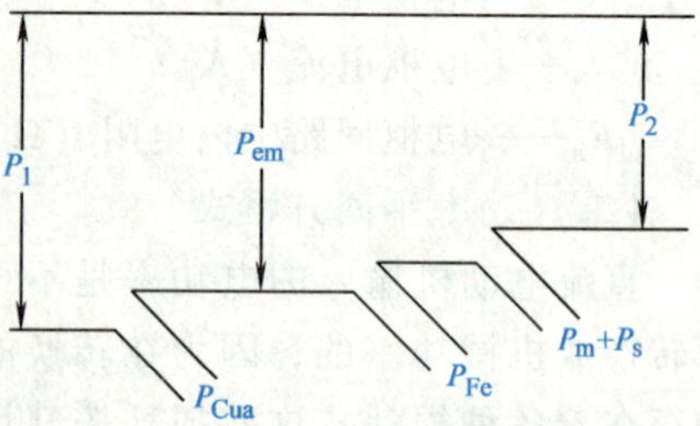

图 3-11 他励直流电动机功率流程图

式中 T——电动机电磁转矩（N·m）；

T_2——电动机轴上输出的机械转矩（负载转矩）（N·m）；

T_0——空载转矩（N·m）。

由于空载转矩 T_0 仅为电动机额定转矩的 2%~5%，所以在重载或额定负载下常忽略不计，则负载转矩 T_2 近似与电磁转矩 T 相等。

二、他励直流电动机的机械特性

直流电动机的机械特性是在稳定运行情况下，电动机的转速 n 与机械负载转矩 T_L 之间的关系，即 $n=f(T_L)$。机械特性表明电动机转速因外部负载变化而变化的情况，由于电动机电磁转矩 T 近似等于负载转矩 T_L，故 $n=f(T_L)$ 常写成 $n=f(T)$。机械特性是电动机的主要特性，是分析电动机起动、反转、调速和制动的重要工具。

（一）他励直流电动机机械特性方程式

由他励直流电动机电动势平衡方程式

$$U=E_a+I_a(R_a+R_{pa})=E_a+I_aR$$

式中 R_{pa}——电枢回路外串电阻（Ω）；

R——电枢回路总电阻（Ω）。

又由 $E_a=C_e\Phi n$，可得

$$n=\frac{U-I_aR}{C_e\Phi}$$

再由 $T=C_T\Phi I_a$，得 $I_a=T/(C_T\Phi)$，最终可得机械特性方程为

$$n=\frac{U}{C_e\Phi}-\frac{R}{C_eC_T\Phi^2}T \tag{3-10}$$

当 U、R、Φ 数值不变时，转速 n 与电磁转矩 T 为线性关系，其机械特性曲线如图 3-12 所示。

由图可知，式（3-10）还可以写成：

$$n=n_0-\beta T=n_0-\Delta n \tag{3-11}$$

式中 n_0——电磁转矩 $T=0$ 时的转速，称为理想空载转速 $n_0=\dfrac{U}{C_e\Phi}$（r/min）。电动机实际上空载运行时，由于 $T=T_0\neq 0$，所以实际空载转速 n_0' 略小于理想空载转速 n_0；

β——机械特性斜率，$\beta=\dfrac{R}{C_eC_T\Phi^2}$。在同一 n_0 下，β 值较小时，转速随电磁转矩的变化较小，称此特性为硬特性，β 值越大，表明直线倾斜越厉害，机械特性为软特性；

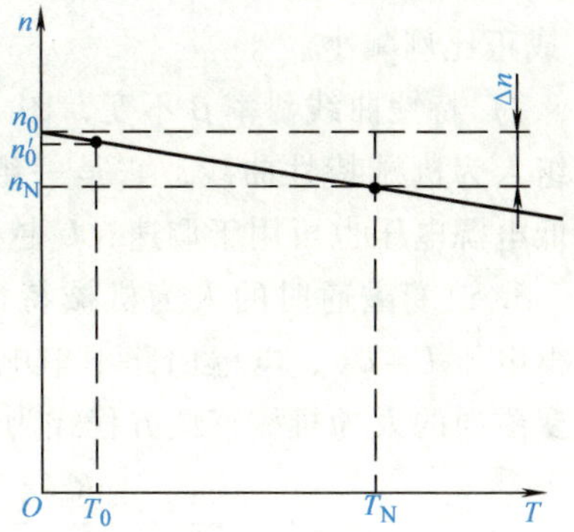

图 3-12 他励直流电动机机械特性

Δn——转速降，$\Delta n=\dfrac{R}{C_eC_T\Phi^2}T$（r/min）。

当电动机负载变化时，如 T_L 增大，则电动机转速下降，电动机的电磁转矩 T 也随之增大，直至新的稳定工作点，此时转速降 Δn 也增大。且斜率 β 越大，转速下降越快。

（二）他励直流电动机的固有机械特性

当他励直流电动机的电源电压、磁通为额定值，电枢回路未接附加电阻 R_{pa} 时的机械特性称为固有机械特性，其特性方程为

$$n=\frac{U_N}{C_e\Phi_N}-\frac{R_a}{C_eC_T\Phi_N^2}T \tag{3-12}$$

由于电枢绕组的电阻 R_a 阻值很小，因此 Δn 很小，固有机械特性为硬特性。

（三）他励直流电动机的人为机械特性

人为地改变电动机气隙磁通 Φ、电源电压 U 和电枢回路串联电阻 R_{pa} 等参数，获得的机械特性为人为机械特性。

1. 电枢回路串接电阻 R_{pa} 时的人为特性　电枢回路串接电阻 R_{pa} 时的人为机械特性方程为

$$n=\frac{U_N}{C_e\Phi_N}-\frac{R_a+R_{pa}}{C_eC_T\Phi_N^2}T \tag{3-13}$$

与固有机械特性相比，电枢回路串接电阻 R_{pa} 的人为机械特性的特点为

1）理想空载转速 n_0 保持不变。

2）机械特性的斜率 β 随 R_{pa} 的增大而增大，特性曲线变软。图 3-13 为不同 R_{pa} 时的一组人为机械特性曲线。从图中可以看出，改变电阻 R_{pa} 大小，可以使电动机的转速发生变化，因此电枢回路串电阻可用于调速。

2. 改变电源电压时的人为机械特性　当 $\Phi=\Phi_N$，电枢回路不串接电阻，即 $R_{pa}=0$，改变电源电压的人为机械特性方程为

$$n=\frac{U}{C_e\Phi_N}-\frac{R_a}{C_eC_T\Phi_N^2}T \tag{3-14}$$

由于受到绝缘强度的限制，电源电压只能从电动机额定电压 U_N 向下调节。**与固有机械特性相比，改变电源电压的人为机械特性的特点为**

1）理想空载转速 n_0 正比于电压 U，U 下降时，n_0 成正比例减小。

2）特性曲线斜率 β 不变，图 3-14 为调节电压的一组人为机械特性曲线，它是一组平行直线。因此，降低电源电压也可用于调速，U 越低，转速越低。

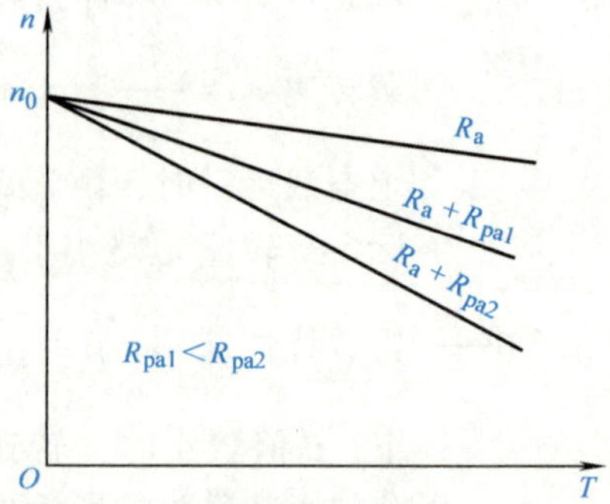

图 3-13　他励直流电动机电枢回路串电阻的人为机械特性

3. 改变磁通时的人为机械特性　保持电动机的电枢电压 $U=U_N$，电枢回路不串电阻，即 $R_{pa}=0$ 时，改变磁通的人为机械特性方程式为

$$n=\frac{U_N}{C_e\Phi}-\frac{R_a}{C_eC_T\Phi^2}T \qquad (3\text{-}15)$$

由于电机设计时，Φ_N 处于磁化曲线的膝部，接近饱和段，因此，磁通只可从 Φ_N 往下调节，也就是调节励磁回路串接的可变电阻 R_{pf} 使其增大，从而减小励磁电流 I_f，减小磁通 Φ。**与固有机械特性相比，改变磁通的人为机械特性的特点是**

1）理想空载转速与磁通成反比，减弱磁通 Φ，n_0 升高。

2）斜率 β 与磁通二次方成反比，减弱磁通使斜率增大。

图 3-15 所示为一组减弱磁通的人为机械特性曲线，随着 Φ 减弱，n_0 升高，曲线斜率变大。若用于调速，则 Φ 越小，转速越高。

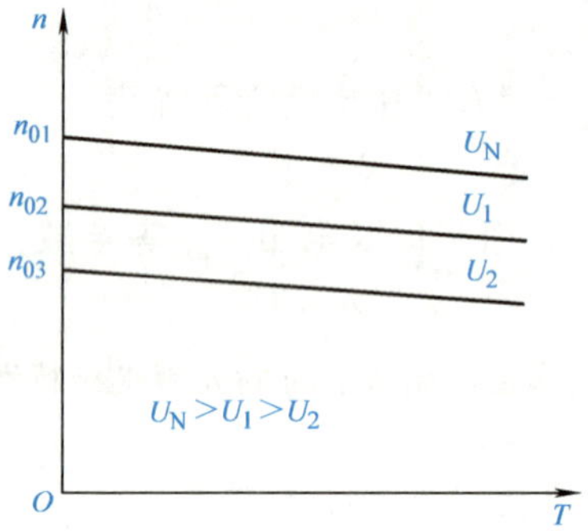

图 3-14　他励直流电动机降压的人为机械特性

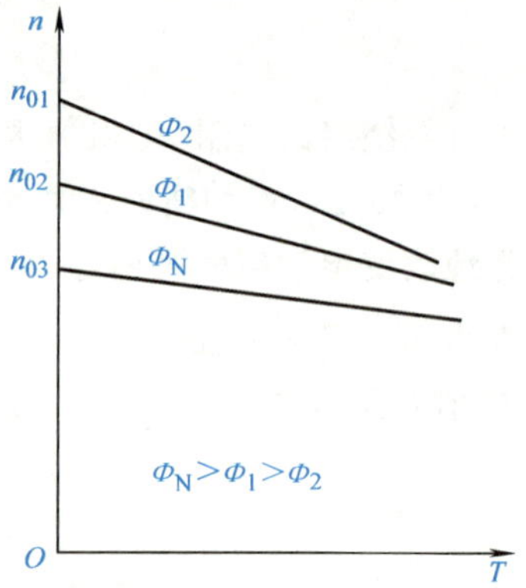

图 3-15　他励直流电动机减弱磁通的人为机械特性

第四节　他励直流电动机的起动和反转

生产机械对直流电动机的起动要求是：起动转矩 T_{st} 足够大，因为只有 T_{st} 大于负载转矩 T_L 时，电动机方可顺利起动；起动电流 I_{st} 不可太大；起动设备操作方便，起动时间短，运行可靠，成本低廉。

一、起动方法

1. 全压起动　全压起动是在电动机磁场磁通为 Φ_N 情况下，在电动机电枢上直接加以额定电压的起动方式。起动瞬间，电动机转速 $n=0$，电枢绕组感应电动势 $E_a=C_e\Phi_N n=0$。

由电动势平衡方程 $U=E_a+I_aR_a$ 可知，起动电流 I_{st} 为

$$I_{st}=\frac{U_N}{R_a} \tag{3-16}$$

则起动转矩 T_{st} 为

$$T_{st}=C_T\Phi_N I_{st} \tag{3-17}$$

由于电枢电阻 R_a 阻值很小，额定电压下直接起动的起动电流很大，通常可达额定电流的 10~20 倍，起动转矩也很大。过大的起动电流引起电网电压下降，影响其他用电设备的正常工作，同时电动机自身的换向器产生剧烈的火花。而过大的起动转矩可能会使轴上受到不允许的机械冲击。所以**全压起动只限于容量很小的直流电动机。**

2. 减压起动　减压起动是起动前将施加在电动机电枢两端的电源电压降低，以减小起动电流 I_{st}，为了获得足够大的起动转矩，起动电流通常限制在 $(1.5\sim2)I_N$ 内，则起动电压应为

$$U_{st}=I_{st}R_a=(1.5\sim2)I_NR_a \tag{3-18}$$

随着转速 n 的上升，电动势 E_a 逐渐增大，I_a 相应减小，起动转矩也减小。为使 I_{st} 保持在 $(1.5\sim2)I_N$ 范围，即保证有足够大的起动转矩，起动过程中电压 U 必须逐渐升高，直到升至额定电压 U_N，电动机进入稳定运行状态，起动过程结束。目前多采用晶闸管整流装置自动控制起动电压。

3. 电枢回路串电阻起动　电枢回路串电阻起动是电动机电源电压为额定值且恒定不变时，在电枢回路中串接一个起动电阻 R_{st} 来达到限制起动电流的目的，此时 I_{st} 为

$$I_{st}=\frac{U_N}{R_a+R_{st}} \tag{3-19}$$

起动过程中，由于转速 n 上升，电枢电动势 E_a 上升，起动电流 I_{st} 下降，起动转矩 T_{st} 下降，电动机的加速度作用逐渐减小，致使转速上升缓慢，起动过程延长。要想在起动过程中保持加速度不变，必须要求电动机的电枢电流和电磁转矩在起动过程中保持不变，即随着转速上升，起动电阻 R_{st} 应平滑地减小。为此往往把起动电阻分成若干段，来逐级切除。图 3-16 为他励直流电动机自动起动电路图。图中 R_{st4}、R_{st3}、R_{st2}、R_{st1} 为各级串入的起动电阻，KM 为电枢线路接触器，KM1~KM4 为起动接触器，用它们的常开主触头来短接各段电阻。起动过程机械特性如图 3-17 所示。

在电动机励磁绕组通电后，再接通线路接触器 KM 线圈电路，其常开触头闭合，电动机接上额定电压 U_N，此时电枢回路串入全部起动电阻 $R_4=R_a+R_{st1}+R_{st2}+R_{st3}+R_{st4}$ 起动，起动电流 $I_{st1}=U_N/R_4$，产生的起动转矩 $T_{st1}>T_L$（设 $T_L=T_N$）。电动机从 a 点开始起动，转速沿特性曲线上升至 b 点，随着转速上升，反电动势 $E_a=C_e\Phi n$ 上升，电枢电流减小，起动转矩减小，当减小至 T_{st2} 时，接触器 KM1 线圈通电吸合，其触头闭合，短接第 1 级起动电阻 R_{st4}，电动机由 R_4 的机械特性切换到 R_3（$R_3=R_a+R_{st1}+R_{st2}+R_{st3}$）的机械特性。切换瞬间，由于机械惯性，转速不能突变，电动势 E_a 保持不变，电枢电流将突然增大，转矩也成比例突然增大，恰当的选择电阻，使其增加至 T_{st1}，电动机运行点从 b 点过渡至 c 点。从 c 点沿 cd 曲线继续加速到 d 点，KM2 触头闭合，切除第 2 级起动电阻 R_{st3}，电动机运行点从 d 点过渡到 e

点，电动机沿 ef 曲线加速，如此周而复始，依次使接触器 KM3、KM4 触头闭合，电动机由 a 点经 b、c、d、e、f、g、h 点到达 i 点。此时，所有起动电阻均被切除，电动机进入固有机械特性曲线运行并继续加速至 k 点。在 k 点 $T=T_L$，电动机稳定运行，起动过程结束。

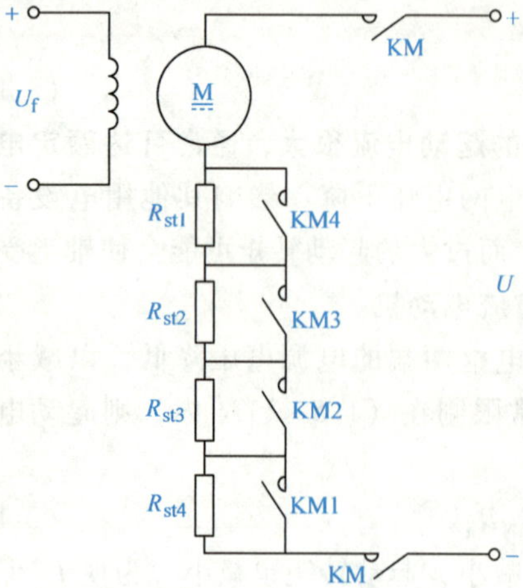

图 3-16 他励直流电动机电枢回路串电阻起动控制主电路图

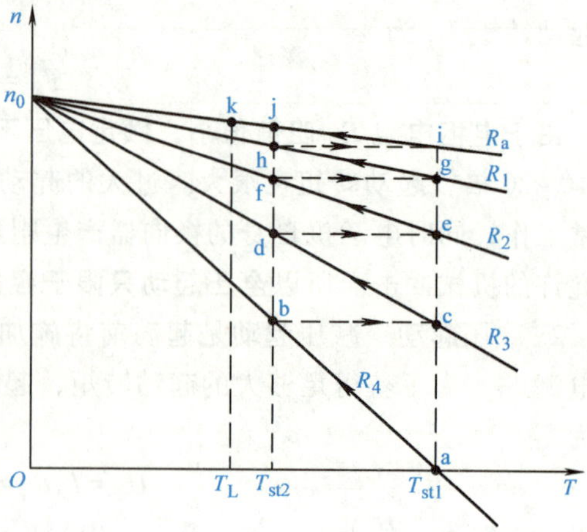

图 3-17 他励直流电动机 4 级起动机械特性

由上分析可知，电枢回路串电阻起动与绕线转子三相异步电动机转子串电阻起动相似。为使电动机起动时获得均匀加速，减少机械冲击，应合理选择各级起动电阻，以使每一级切换转矩 T_{st1}、T_{st2} 数值相同。一般 $T_{st1}=(1.5\sim2.0)T_N$，$T_{st2}=(1.1\sim1.3)T_N$。

二、他励直流电动机反转

要使他励直流电动机反转，也就是使电磁转矩方向改变，而电磁转矩的方向是由磁通方向和电枢电流方向决定的。所以，只要将磁通 Φ 和 I_a 任意一个参数改变方向，电磁转矩就改变方向。在电气控制中，直流电动机反转的方法有以下两种：

1）**改变励磁电流方向** 保持电枢两端电压极性不变，将电动机励磁绕组反接，使励磁电流反向，从而使磁通 Φ 方向改变。

2）**改变电枢电压极性** 保持励磁绕组电压极性不变，将电动机电枢绕组反接，电枢电流 I_a 即改变方向。

由于他励直流电动机的励磁绕组匝数多、电感大，励磁电流从正向额定值变到负向额定值的时间长，反向过程缓慢，而且在励磁绕组反接断开瞬间，绕组中将产生很大的自感电动势，可能造成绝缘击穿。所以实际应用中大多采用改变电枢电压极性的方法来实现电动机的反转。但在电动机容量很大，对反转过程快速性要求不高的场合，由于励磁电路的电流和功率小，为减小控制电器容量，也可采用改变励磁绕组极性的方法实现电动机的反转。

第五节 他励直流电动机的制动

他励直流电动机的电气制动是使电动机产生一个与旋转方向相反的电磁转矩，阻碍电动机转动。在制动过程中，要求电动机制动迅速、平滑、可靠、能量损耗少。

常用的电气制动有能耗制动、反接制动和发电回馈制动。此时电动机电磁转矩 T 与转速 n 的方向相反，其机械特性在第Ⅱ或Ⅳ象限内。

一、能耗制动

能耗制动是把正处于电动机运行状态的他励直流电动机的电枢从电网上切除，并接到一个外加的制动电阻 R_{bk} 上构成闭合回路，其控制电路如图 3-18a 所示。制动时，保持磁通大小、方向均不变，接触器 KM 线圈断电释放，其常开触头断开，切断电枢电源；当常闭触头闭合，电枢接入制动电阻 R_{bk} 时，电动机进入制动状态，如图 3-18b 所示。

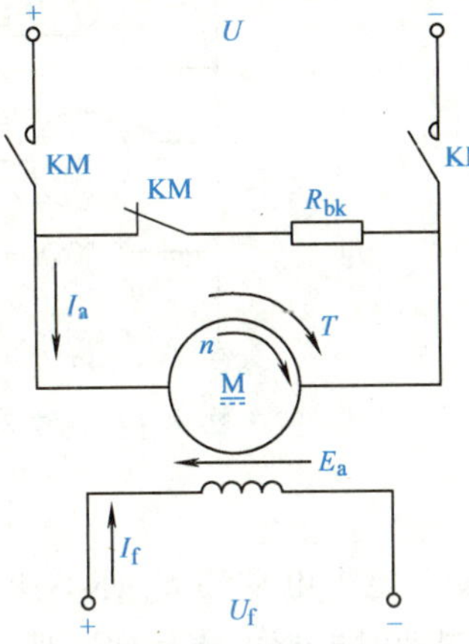

a）能耗制动控制电路图

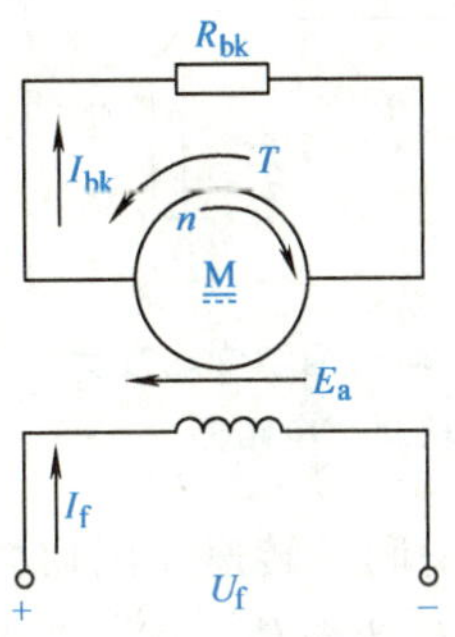

b）能耗制动电路图

图 3-18 能耗制动

电动机制动开始瞬间，由于惯性作用，转速 n 仍保持与原电动状态时的方向和大小，电枢电动势 E_a 亦保持电动状态时的大小和方向，但由于此时电枢电压 $U=0$，因此电枢电流为

$$I_a=\frac{U-E_a}{R_a+R_{bk}}=-\frac{E_a}{R_a+R_{bk}} \tag{3-20}$$

电枢电流为负值，其方向与电动状态时的电枢电流反向，称为制动电流 I_{bk}，由此产生的电磁转矩 T 也与转速 n 方向相反，成为制动转矩，随着 $n\downarrow\rightarrow E_a\downarrow\rightarrow I_a\downarrow\rightarrow$制动电磁转矩 $T\downarrow$，直至 $n=0$。

在制动过程中，电动机把拖动系统的动能转变为电能并消耗在电枢回路的电阻上，故称为能耗制动。

若电动机拖动的是位能性负载，如图 3-19 所示，下放重物采用能耗制动时，电动机转速 n 由原电动状态时方向和大小下降至 0 为电动机能耗制动过程，与前述电动机拖动反抗性负载时相同。但当 $n=0$，$T=0$ 后，拖动系统在位能负载转矩 T_L 作用下反转，n 反向，E_a 反向，I_a 反向，T 反向。且随着 n 的反向增加，电磁转矩 T 也反向增加，直到 $T=T_L$，获得稳定运行，重物获得匀速下放。此状态称为稳定能耗制动运行。

二、反接制动

反接制动有电枢反接制动和倒拉反接制动两种方式。

(一) 电枢反接制动

电枢反接制动是将电枢反接在电源上，同时电枢回路要串接制动电阻 R_{bk}，控制电路如图 3-20 所示。当接触器 KM1 线圈通电吸合，KM2 线圈断电释放时，KM1 常开触头闭合，KM2 常开触头断开，电动机稳定运行在电动状态。而当 KM1 线圈断电释放，KM2 通电吸合时，由于 KM1 常开触头断开，KM2 常开触头闭合，把电枢反接，并串入限制反接制动电流的制动电阻 R_{bk}。

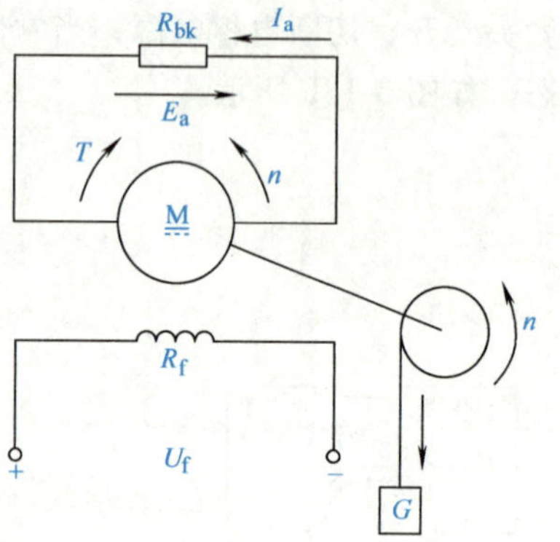

图 3-19 电动机拖动位能性负载能耗制动电路图

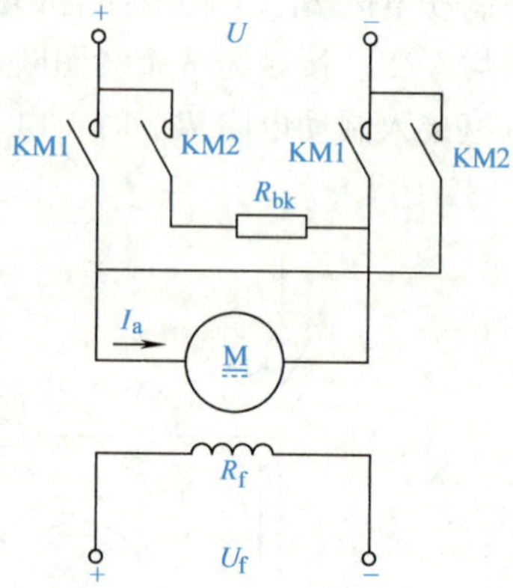

图 3-20 电枢反接制动控制电路

电枢电源反接瞬间，转速 n 因惯性不能突变，电枢电动势 E_a 亦不变，但电枢电压 U 反向，此时电枢电流 I_a 为负值。式（3-21）表明制动时电枢电流反向，那么电磁转矩也反向，与转速方向相反，起制动作用，电动机处于制动状态。在电磁转矩 T 与负载转矩 T_L 共同作用下，电动机转速迅速下降。

$$I_a=\frac{-U_N-E_a}{R_a+R_{bk}}=-\frac{U_N+E_a}{R_a+R_{bk}} \tag{3-21}$$

当 $n=0$ 时，若要求准确停车，应立即切断电源，否则将进入反向起动。若要求电动机反向运行，且负载为反抗性恒转矩负载，当电动机 $n=0$ 时，电磁转矩 $|T|<|T_L|$，则电动机堵转；若 $|T|>|T_L|$，电动机将反向起动，直至 $T=T_L$，电动机稳定运行在反向电动状态。如果负载为位能性恒转矩负载，电动机反向旋转，转速继续上升，超越反向的理想空载转速，此时电动机在反向发电回馈制动状态下稳定运行。

(二) 倒拉反接制动

这种制动方法一般发生在提升重物的情况下，控制电路如图 3-21a 所示。

电动机在提升重物时，接触器 KM 线圈通电吸合，其常开触头闭合，短接电阻 R_{bk}，电动机稳定工作在正转提升的电动状态，以 n_a 转速提升，见图 3-21b。下放重物时，接触器 KM 线圈断电释放，其常开触头断开，电枢电路串入较大电阻 R_{bk}，这时电动机转速因惯性不能突变，但由于此时电磁转矩 $T<T_L$，电动机减速并下降至零。在位能负载转矩作用下，电动机转速 n 反向成为负值，电枢电动势 E_a 也反向成为负值，电枢电流 $I_a=(U_N-E_a)/(R_a+R_{bk})$ 为正值（**注意：此时 E_a 为负值**），所以电磁转矩 T 保持提升时的原方向，与转速方向相反，电动机处于制动状态，直至 $T=T_L$，电动机以稳定转速 n_b 下放重物，如

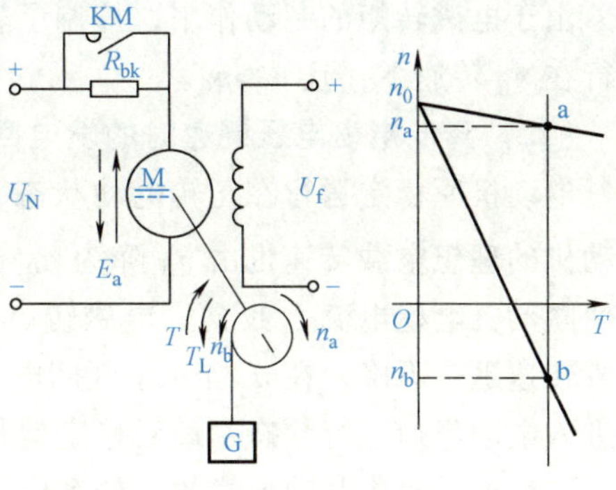

a) 控制电路 b) 机械特性

图 3-21 倒拉反接制动

图 3-21b 所示。此运行状态是由位能负载转矩拖动电动机反转而产生的，故称为倒拉反接制动。

倒拉反接制动下放重物的速度随制动时电枢电路串入电阻 R_{bk} 大小而异，R_{bk} 越大，下放稳定速度越高。

由此可知，**电动机进入倒拉反接制动状态，必须由位能性负载反拖电动机，同时电枢回路中串入较大电阻**。此时位能负载转矩成为拖动转矩，电动机电磁转矩成为制动转矩，正是这一制动转矩抑制了重物下放的速度，获得稳定速度下放，达到安全下放。

三、发电回馈制动

当电动机转速高于理想空载转速，即 $n>n_0$ 时，电枢电动势 E_a 大于电枢电压 U，电枢电流 $I_a=\dfrac{U-E_a}{R}<0$，其方向与电动状态时相反，电动机向电源回馈电能，电磁转矩 T 方向与电动状态时相反，而转速方向未变，为制动性质。此时电机的运行状态称为发电回馈制动状态。发电回馈制动常应用在位能负载高速拖动电动机和电动机降低电枢电压调速等场合。

（一）位能负载高速拖动电动机时的发电回馈制动

由直流电动机拖动的电车，在平路行驶时，电磁转矩 T 与负载转矩 T_L（包括摩擦转矩 T_f）相平衡，电动机稳定运行在正向电动状态，以 n_a 转速旋转，如图 3-22a 所示。

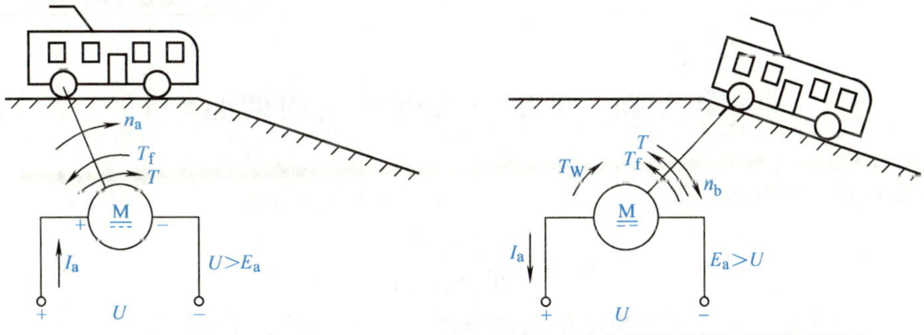

a) 电车平路行驶时电动状态 b) 电车下坡时的发电回馈制动状态

图 3-22 位能负载拖动电动机的发电回馈制动

当电车下坡时，见图 3-22b。T_f 仍然存在，但由电车自重及载客产生的转矩 T_W 是帮助运动的，此时的负载转矩 $T_L=T_f-T_W$，当 $T_W>T_f$ 时，T_L 方向将与电车前进方向相同，于是在 T_L 与电磁转矩 T 共同作用下，电动机转速上升。当 $n>n_0$ 时，电枢电动势 $E_a>U$，I 反向，T 反向成为制动转矩，电动机进入发电回馈制动状态下运行，这时合成的负载转矩 T_L 拖动电动机将轴上输入的机械功率变为电磁功率 E_aI_a，其中大部分回馈电网 UI_a，小部分消耗在电枢绕组的铜耗上。

由于电磁转矩的制动作用，抑制了转速的继续上升，当 $T=T_L=T_W-T_f$ 时，电机便稳定运行在 n_b 转速下，且 $n_b>n_0$。

（二）降低电枢电压调速时的发电回馈制动

电动机原稳定运行在正转电动状态，以 n_a 旋转，当电动机电枢电压由 U_N 降为 U_1 时，电动机的理想空载转速也由 n_0 降为 n_{01}，但因惯性电动机转速不能突变且 $n_a>n_{01}$，$E_a>U_1$，致使电动机电枢电流 I_a 反向，电磁转矩 T 反向。T 的方向与 n_a 方向相反起制动作用，使电动机转速迅速下降，在 n_a 至 n_{01} 区间电动机处于发电回馈制动状态。当 n 降到 n_{01} 后，电动机进入电动降速运行状态，最后稳定运行在比 n_a 更低的转速下。

直流电动机的制动形式的比较和应用见表 3-1。

表 3-1 制动形式的比较和应用

制动形式	优　点	缺　点	应用场合
能耗制动	1）制动线路简单、平稳可靠，制动过程中不吸收电能，经济、安全 2）可以实现准确停车	制动效果随转速下降而成比例减小	适用于要求减速平稳的场合，例如反抗性负载准确停车。还用于下放重物
反接制动	1）电枢反接制动转矩随转速变化较小，制动转矩较恒定，制动强烈而迅速 2）倒拉反接制动的转速可以很低，安全性好	1）电枢反接制动有自动反转的可能性。在转速接近零时，应及时切断电源，能量损失大 2）倒拉反接制动从电网吸收大量电能	电枢反接制动应用于频繁正、反转转换的电力拖动系统 倒拉反接制动不能用于停车，只能应用于起动设备以较低的稳定转速下放重物的场合
发电回馈制动	1）制动简单可靠，不需改变电动机接线 2）能量反馈到电网，比较经济	1）在转速 $\|n\|>\|n_0\|$ 时才能产生制动，应用范围较窄 2）不能实现停车	应用于位能负载的稳定高速下降场合 在降压和减弱磁通调速的过滤过程中可能出现这种制动状态

第六节　他励直流电动机的调速

由直流电动机机械特性方程式

$$n=\frac{U}{C_e\Phi}-\frac{R}{C_eC_T\Phi^2}T$$

可知，**人为地改变电枢电压 U、电枢回路总电阻 R 和每极磁通 Φ 都可改变转速 n**。所以直流他励电动机的调速方法有：降压调速、电枢回路串电阻调速和减弱磁通调速三种。

一、改变电枢电路串接电阻的调速

由电枢回路串接电阻 R_{pa} 时的人为机械特性方程式（3-13）可画出不同 R_{pa} 值的人为机械特性曲线，如图 3-23 所示。从图中可以看出，串入的电阻越大，曲线的斜率越大，机械特性越软。

在负载转矩 T_L 下，当电枢未串 R_{pa} 时，电动机稳定运行在固有特性曲线 1 的 a 点上，当电阻 R_{pa1} 接入电枢电路瞬间，因惯性电动机转速不能突变，工作点从 a 点过渡到人为特性 2 的 b 点，此时电枢电流因 R_{pa1} 的串入而减小。电磁转矩减小，$T<T_L$，电动机减速，电

枢电动势 E_a 减小，电枢电流 I_a 回升，T 增大，直到 $T=T_L$，电动机在特性 2 的 c 点稳定运行，显然 $n_c<n_a$。

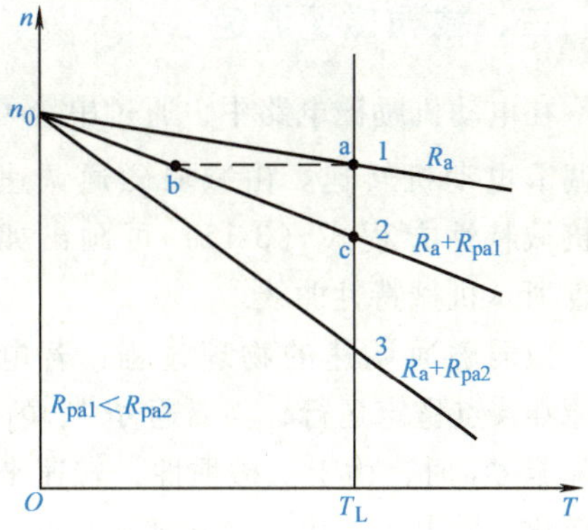

图 3-23 他励直流电动机电枢串电阻调速的机械特性

电枢串电阻调速的特点：

1）串入电阻后转速只能降低，且串入电阻越大特性越软，特别是低速运行时，当负载波动引起电动机的转速波动很大。因此低速运行的下限受到限制，其调速范围也受限制。

2）串入电阻一般是分段串入，使其调速是有级调速，调速的平滑性差。

3）电阻串入在电枢电路中，而电枢电流大，从而使调速电阻消耗的能量大，不经济。

4）电枢串电阻调速方法简单，设备投资少。

这种调速方法适用于小容量电动机调速。但调速电阻不能用起动变阻器代替，因为起动电阻是短时使用的，而调速电阻则是连续工作的。

二、降低电枢电压调速

由降低电枢电压人为机械特性方程式 (3-14) 画出降压后的人为机械特性曲线，如图 3-24 所示。

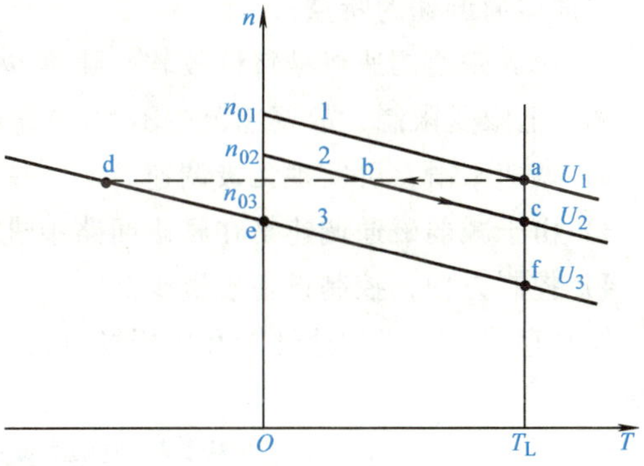

图 3-24 他励直流电动机降压调速机械特性

降压调速的物理过程为：在负载转矩 T_L 下，电动机稳定运行在固有特性曲线 1 的 a 点，若突然将电枢电压从 $U_1=U_N$ 降至 U_2，因机械惯性，转速不能突变，电动机由 a 点过渡到特性曲线 2 上的 b 点，此时 $T<T_L$，电动机立即进行减速，随着 n 的下降，电动势 E_a 下降，电枢电流 I_a 回升，电磁转矩 T 上升，直到特性 2 的 c 点，$T=T_L$，电动机以较低转速 n_c 稳定运行。

若降压幅度较大时，如从 U_1 突然降到 U_3，电动机运行转速点由 a 点过渡到 d 点，由于 $n_d>n_{03}$，电动机进入发电回馈制动状态，直至 e 点。当电动机减速至 e 点时，$E_a=U_3$，电动机重新进入电动状态继续减速直至特性曲线 3 的 f 点，$T=T_L$，电动机以更低的转速稳定运行。

降压调速的特点：

1）调压调速机械特性硬度不变，调速性能稳定，调速范围广。

2）电源电压便于平滑调节。故调速平滑性好，可实现无级调速。

3）调压调速是通过减小输入功率来降低转速的，故低速时在恒转矩负载下损耗有所减小，调速经济性好。

4）调压电源设备较复杂。

由于调压调速性能好，广泛用于自动控制系统中。

三、减弱磁通调速

在电动机励磁电路中，通过串接可调电阻 R_{pf}，改变励磁电流，从而改变磁通 Φ 的大小来调节电动机转速。由减弱磁通调速人为机械特性方程式（3-15）可画出如图 3-25 所示机械特性曲线。

减弱磁通调速的物理过程：若电动机原在 a 点稳定运行，当磁通 Φ 从 Φ_1 突然降至 Φ_2 时，由于机械惯性，转速来不及变化，则电动机由 a 点过渡到 b 点，此时 $T>T_L$，电动机立即加速，随着 n 的提高，E_a 增大，I_a 下降，T 下降，直到 c 点 $T=T_L$，电动机以新的较高的转速稳定运行。而 Φ 由 Φ_2 突然增至 Φ_1 时，将会出现一段发电回馈制动。

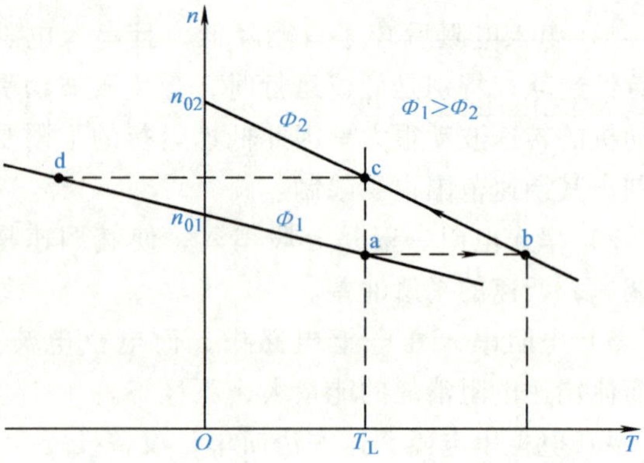

图 3-25 他励直流电动机减弱磁通调速的机械特性

减弱磁通调速的特点：

1）减弱磁通调速机械特性较软，随着 Φ 的减小 n 加大，但受电动机换向和机械强度限制，调速上限受限制，故调速范围不大。

2）调速平滑，可实现无极调速。

3）由于减弱磁通调速是在励磁回路中进行，故能量损耗小。

4）控制方便，控制设备投资少。

他励直流电动机调速性能和应用场合见表 3-2，可根据生产机械调速要求合理选择调速方法。

表 3-2 他励直流电动机调速方法比较

调速方法	调速范围 $D\left(=\frac{n_{max}}{n_{min}}\right)$	相对稳定性	平滑性	经济性	应用
串电阻调速	在额定负载下 $D=2$，轻载时 D 更小	差	差	调速设备投资少，电能损耗大	对调速性能要求不高的场合，适用于与恒转矩负载配合
降压调速	一般为 8 左右：100kW 以上电动机可达 10 左右；1kW 以下的电动机为 3 左右	好	好	调速设备投资大，电能损耗小	对调速要求高的场合，适用于与恒转矩负载配合
减弱磁通调速	一般直流电动机为 1～2。变磁通电动机最大可达 4	较好	好	调速设备投资少，电能损耗小	一般与降压调速配合使用，适用于与恒功率负载配合

习　题

3-1　直流电机中为何要用电刷和换向器，它们有何作用？

3-2　简述直流电动机的工作原理。

3-3　直流电动机的励磁方式有哪几种？画出其电路。

3-4　阐明直流电动机电磁转矩和电枢电动势公式 $T=C_t\Phi I_a$、$E_a=C_e\Phi n$ 中各物理量的函义。

3-5　直流电动机电枢电动势为何称为反电动势？

3-6　试写出直流电动机的基本方程式，它们的物理意义各是什么？

3-7　何谓直流电动机的机械特性，写出他励直流电动机的机械特性方程式。

3-8　何谓直流电动机的固有机械特性与人为机械特性？

3-9　写出他励直流电动机各种人为机械特性方程式，并画出人为机械特性曲线、分析其特点。

3-10　直流电动机一般为什么不允许采用全压起动？

3-11　试分析他励直流电动机电枢串电阻起动物理过程。

3-12　他励直流电动机实现反转的方法有哪两种？实际应用中大多采用哪种方法？

3-13　他励直流电动机电气制动有哪几种？

3-14　何谓能耗制动？其特点是什么？

3-15　试分析电枢反接制动工作原理。

3-16　试分析倒拉反接制动工作原理，能实现倒拉反接的条件是什么？

3-17　何谓发电回馈制动？其出现在何情况下？

3-18　他励直流电动机调速方法有哪几种？各种调速方法的特点是什么？

3-19　试定性地画出各种电气制动机械特性曲线。

第四章

常用控制电机

随着自动控制系统和计算装置的不断发展，在普通旋转电机的基础上产生出多种具有特殊性能的小功率电机，它们在自动控制系统和计算装置中作为执行元件、检测元件和解算元件，这类电机统称为控制电机。控制电机和普通旋转电机从基本的电磁感应原理来说，并没有本质上的区别，但由于其使用场合不同，因此对其性能指标要求也不一样。普通旋转电机主要用于电力拖动系统中，用来完成机电能量的转换，着重于起动和运转状态力能指标的要求。而控制电机主要用于自动控制系统和计算装置中，着重于特性的高精度和对控制信号的快速响应等。

控制电机输出功率一般较小，从数百毫瓦到数百瓦，但在大功率的自动控制系统中，控制电机的输出功率可达数十千瓦。

控制电机已成为现代工业自动化系统、现代科学技术和现代军事装备中必不可少的重要元件。它的使用范围非常广泛，如机床加工过程的自动控制和自动显示，阀门的遥控，火炮和雷达的自动定位，舰船方向舵的自动操纵，飞机的自动驾驶，遥远目标位置的显示，以及电子计算机、自动记录仪表、医疗设备、录音、录像、摄影等方面的自动控制系统等。本章仅讨论机械工业常用的执行用控制电动机，即交、直流伺服电动机和步进电机，以及测速用控制电机，即交、直流测速发电机。具体要求如下。

知识目标

1）熟知伺服电动机的结构原理。
2）理解测速发电机的结构原理。
3）掌握步进电动机的结构原理。

技能目标

能够正确分析控制电机的控制电路。

素养目标

1）培养团队协作精神。
2）严格执行操作规范。

第一节　伺服电动机

伺服电动机又称为执行电动机，在自动控制系统中作为执行元件。它将输入的电压信号转换成转矩或速度输出，以驱动控制对象。输入的电压信号称为控制信号或控制电压，改变控制电压的极性和大小，便可改变伺服电动机的转向和转速。

伺服电动机按其使用电源性质不同，可分为直流伺服电动机和交流伺服电动机。

一、直流伺服电动机

直流伺服电动机就是一台微型他励直流电动机，其结构与工作原理与他励直流电动机相同。其输出功率为1~600W，一般用在功率稍大的系统中。按励磁方式的不同可分为他励式和永磁式两种。

工程中采用直流电压信号控制伺服电动机的转速和转向，其控制方式有电枢控制和磁场控制。前者是通过改变电枢电压的大小和方向来达到改变伺服电动机的转速和转向；后者是通过改变励磁电压大小和方向来改变伺服电动机的转速和转向。后者只适用于他励式直流伺服电动机，且控制性能不如前者，因此工程中多采用电枢控制。

电枢控制直流伺服电动机接线图如图4-1所示。伺服电动机励磁绕组接于恒压直流电源U_f上，流过恒定励磁电流I_f，产生恒定磁通Φ，将控制电压U_c加在电枢绕组上来控制电枢电流I_c，进而控制电磁转矩T，实现对电动机转速的控制。

采用电枢控制时，直流伺服电动机机械特性与他励直流电动机改变电枢电压时的人为机械特性相似，其机械特性方程为

$$n=\frac{U_c}{C_e\Phi}-\frac{R_a}{C_eC_t\Phi^2}T \tag{4-1}$$

当U_c为不同值时，机械特性为一簇平行直线，如图4-2所示（图中的n^*和T^*分别是转速n和电磁转矩T的相对值）。在U_c一定情况下，T越大则转速n越低。在负载转矩一

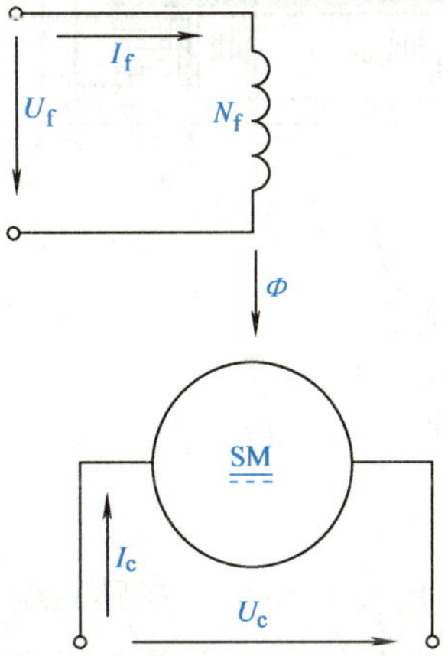

图4-1　电枢控制式直流伺服电动机原理图

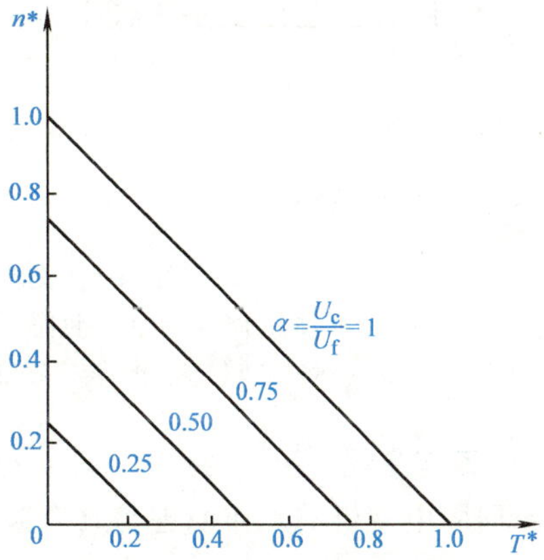

图4-2　直流伺服电动机U_f为常数时的机械特性

定，磁通不变时，控制电压 U_c 越高，转速也越高，且转速的增加与控制电压的增加成正比；当 $U_c=0$ 时，$n=0$，电动机停转。要改变直流伺服电动机转向，可改变控制电压 U_c 的极性。所以直流伺服电动机具有可控性。

直流伺服电动机在使用时应先接通励磁电源，等待控制信号。控制信号一旦出现，电动机马上起动，快速进入运行；当控制信号消失，电动机马上停转。所以在工作过程中，一定要防止励磁绕组断电，以防电动机因超速而损坏。

常用的有 SZ 系列直流伺服电动机。

二、交流伺服电动机

（一）结构

交流伺服电动机结构类似单相异步电动机，在定子铁心槽内嵌放两相绕组，一个是励磁绕组 N_f，由给定的交流电压 U_f 励磁；另一个是控制绕组 N_c，输入交流控制电压 U_c。两相绕组在空间相差 90°电角度。常用的转子有两种结构，一种为笼型转子，但为减小转子转动惯量而做成细而长的形状。转子导条和端环采用高阻值材料或采用铸铝转子，如图 4-3a 所示；另一种是用铝合金或纯铜等非磁性材料制成的空心杯转子。空心杯转子交流伺服电动机还有一个内定子，内定子上不装绕组，仅作为磁路一部分，相当于笼型转子的铁心，杯型转子装在内外定子之间的转轴上，可在内外定子之间的气隙中自由旋转，如图 4-3b 所示。

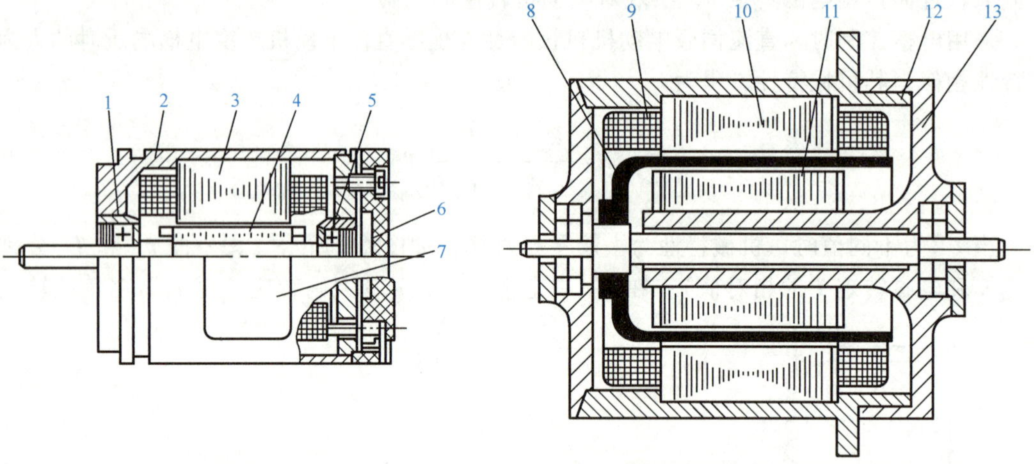

a）笼型转子　　b）杯型转子

图 4-3　交流伺服电动机结构示意图

1、5—轴承　2、12—机壳　3—定子　4—转子　6—接线板　7—铭牌

8—杯型转子　9—定子绕组　10—外定子　11—内定子　13—端盖

（二）工作原理

交流伺服电动机的工作原理与具有起动绕组的单相异步电动机相似。在励磁绕组 N_f 中串入电容 C 进行移相，使励磁电流 I_f 与控制绕组 N_c 中的电流 I_c 在相位上近似相差 90°电角度，如图 4-4 所示。它们产生的磁通 Φ_f 与 Φ_c 在相位上也近似相差 90°电角度，于是在空间

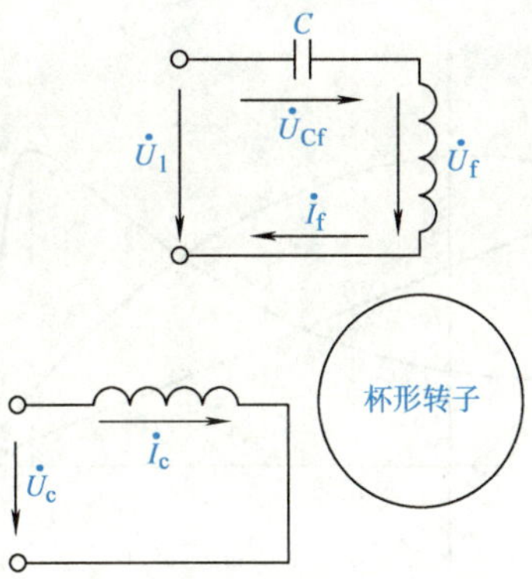

图 4-4 交流伺服电动机原理图

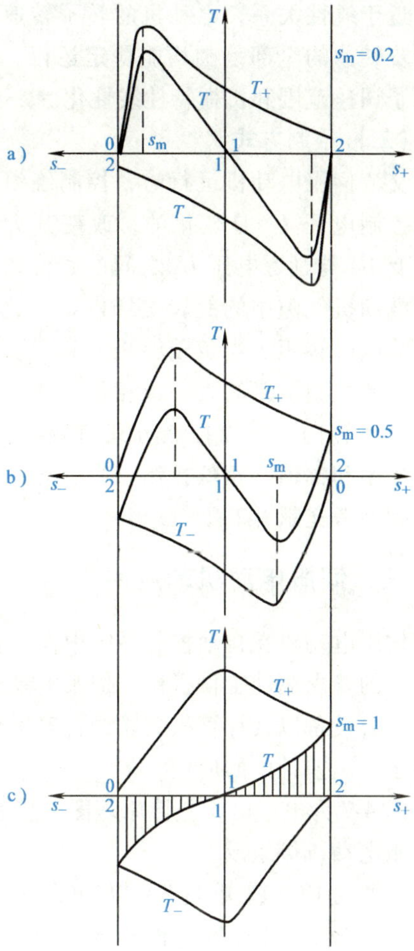

图 4-5 交流伺服电动机单相运行（$U_c=0$）时的 $T=f(s)$ 曲线

产生一个两相旋转磁场。在旋转磁场作用下，在笼型转子的导条中或杯形转子的杯形筒壁中产生感应电动势与感应电流，该转子电流与旋转磁场相互作用产生电磁转矩，从而使转子转动起来。但一旦控制电压取消，仅有励磁电压作用时，若伺服电动机仍按原转动方向旋转，即呈现“自转”现象。“自转”是不符合交流伺服电动机可控性要求的。为了防止“自转”现象的发生，必须增大转子电阻。

从单相异步电动机的工作原理可知，单个绕组通入交流电流产生的单相脉动磁场可分为两个大小相等、方向相反的旋转磁场，正向旋转磁场对转子产生拖动转矩 T_+，反向旋转磁场对转子产生制动转矩 T_-。图 4-5 画出了转子电阻值不同且控制电压 $U_c=0$ 时的正向转矩、反向转矩以及合成转矩 T 的机械特性曲线。其中图 4-5a 为电动机转子电阻值大小与一般单相异步电动机相同时的 $T=f(s)$ 曲线，出现最大转矩时的转差率 $s_m=0.2$ 左右。若此时控制电压消失，则电动机仍沿着转子原转动方向继续转动。图 4-5b 是把交流伺服电动机的转子电阻增大到 R_2' 的 $T=f(s)$ 曲线，此时 $s_m=0.5$ 左右。若负载转矩小于最大电磁转矩，即 $T_L<T_m$，则在控制电压消失时，电动机仍沿转子转动方向转动。图 4-5c 是电动机转子电阻增大到 $R_2''(R_2''>R_2'>R_2)$ 时的 $T=f(s)$ 曲线，此时 $s_m=1$，其合成转矩 T 在电动机工作状态时成为负值，即当控制电压消失后，处于单相运行状态的电动机由于电磁转矩为制动性质，使电动机迅速停下来。由此可知，交流伺服电动机在制造时，适当加大转子电阻，使 $T=f(s)$ 曲线中 $s_m\geqslant1$，便可克服交流伺服电动机的“自转”现象。增大转子电阻不仅可克服“自转”现象，还可改善交流伺服电动机的其他性能。

图 4-6 为交流伺服电动机的机械特性曲线。图中曲线 1 为一般异步电动机的机械特性，其临界转差率 $s_m=0.1\sim0.2$，其稳定运行区在 $s=0\sim0.1$，所以电动机的调速范围很小。如果增大转子电阻，使其 $s_m\geqslant1$，则电动机的机械特性曲线成为图中曲线 2、3 所示，即机械特

性更近于线性关系，电动机的转子转速由零到同步转速的全部范围均能稳定运行，从而扩大了调速范围和机械特性线性化。

（三）控制方式

交流伺服电动机运行时，控制绕组上所加的控制电压 U_c 是变化的，改变其大小或者改变 U_c 与励磁电压 U_f 之间的相位角，都能使电动机气隙中的旋转磁场发生变化，从而影响电磁转矩。当负载转矩一定时，可以通过调节控制电压的大小或相位来改变电动机转速或转向。所以控制方式有幅值控制、相位控制和幅值—相位控制三种，详细分析请参阅参考文献［2］。

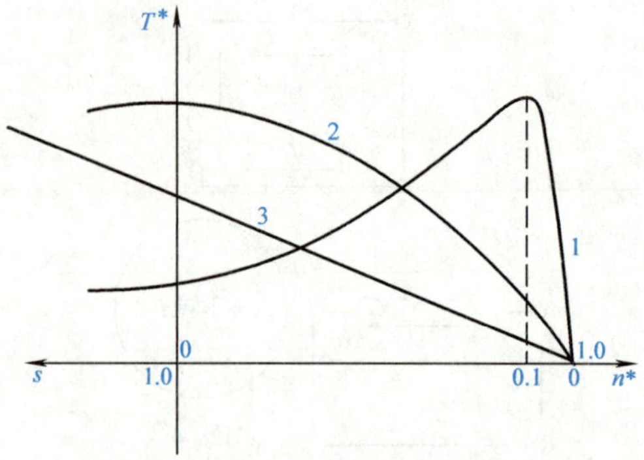

图 4-6 交流伺服电动机的机械特性曲线

1—$s_m=0.1$ 2—$s_m=1$ 3—$s_m>1$

三、伺服电动机的应用

伺服电动机在自动控制系统中作为执行元件，当输入控制电压后，伺服电动机能按照控制信号的要求驱动工作机械。伺服电动机应用十分广泛，在工业机器人、机床、各种测量仪器、办公设备以及计算机关联设备等场合获得广泛应用。下面介绍交流伺服电动机在测温仪表电子电位差计中的应用。

图 4-7 为电子电位差计原理图。该系统主要由热电偶、电桥电路、变流器、放大器与交流伺服电动机等组成。

在测温前，将开关 SA 扳向 a 位，将电动势为 E_0 的标准电池接入；然后调节 R_3，使 $I_0(R_1+R_2)=E_0$，$\Delta U=0$，此时的电流 I_0 为标准值。在测温时，要保持 I_0 为恒定的标准值。

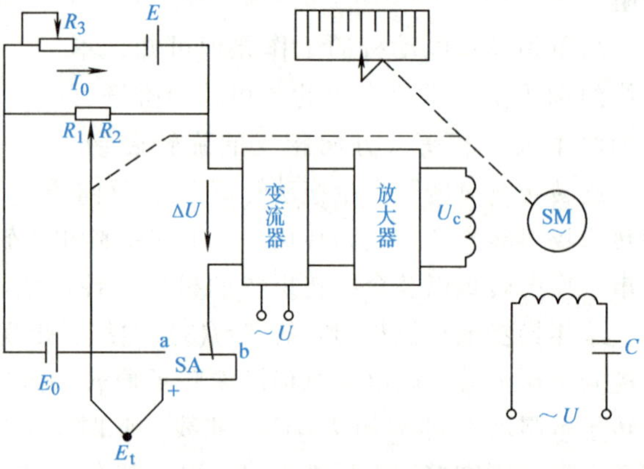

图 4-7 电子电位差计原理图

在测量温度时，将开关 SA 扳向 b 位，将热电偶接入。热电偶将被测的温度转换成热电动势 E_t，而电桥电路中电阻 R_2 上的电压 I_0R_2 是用以平衡 E_t 的，当两者不相等时将产生不平衡电压 ΔU。而 ΔU 经过变流器变换为交流电压，再经过放大器放大，用以驱动伺服电动机 SM。电动机经减速后带动测温仪指针偏转，同时驱动滑线电阻器的滑动端移动。当滑线电阻器 R_2 达到一定值时，电桥达到平衡，伺服电动机停转，指针停留在一个转角 α 处。由于测温仪的指针被伺服电动机所驱动，而偏转角度 α 与被测温度 t 之间存在着对应的关系，因此，可从测温仪刻度盘上直接读得被测温度 t 的值。

当被测温度上升或下降时，ΔU 的极性不同，亦即控制电压的相位不同，从而使得伺服电动机正向或反向运转，电桥电路重新达到平衡，从而测得相应的温度。

第二节 测速发电机

测速发电机是一种测速装置，它将输入的机械转速转换为电压信号输出。这就要求测速发电机的输出电压与转速成正比，且对转速的变化反应灵敏。按照测速发电机输出信号的不同，可分为直流测速发电机和交流测速发电机两大类。

一、直流测速发电机

直流测速发电机是一种微型直流发电机，其定子和转子结构与直流发电机基本相同，按励磁方式可分为他励式和永磁式两种，其中以永磁式直流测速发电机应用最为广泛。

直流测速发电机工作原理图如图 4-8 所示。在恒定磁场 Φ_0 中，当发电机以转速 n 旋转时，发电机空载电动势为

$$E_0 = C_e \Phi_0 n \tag{4-2}$$

可见空载运行时，直流测速发电机空载电动势与转速成正比，电动势的极性与转动方向有关。空载时直流测速发电机输出电压 $U_o = E_0$，因此空载输出电压与转速也成正比。

当负载电阻为 R_L 时，其输出电压 U 为

$$U = E_0 - IR_a$$

其中 R_a 为电枢回路总电阻，而 $I = U/R_L$，则

$$U = \frac{E_0}{1+\frac{R_a}{R_L}} = \frac{C_e \Phi_0}{1+\frac{R_a}{R_L}} n = kn \tag{4-3}$$

可见，直流测速发电机输出电压 U 与转速 n 仍成正比。只不过对于不同的负载电阻 R_L，测速发电机的输出特性的斜率有所不同，它随负载电阻 R_L 的减小而降低，如图 4-9 所示。空载时 $R_L = \infty$，$U = C_e \Phi_0 n = E_0$，输出特性 $U-f(n)$ 为一条直线。R_L 愈小，电流 I 愈大，当转速为一定值时，输出电压 U 下降得也就愈多，而且当 R_L 减小时线性误差将增加，特别在高速时，输出特性偏离 U 与 n 的线性关系为虚线所示。为此，使用时 R_L 尽可能取大些。在直流测速发电机技术数据中给出了“最小负载电阻和最高转速”，以确保控制系统的精度。

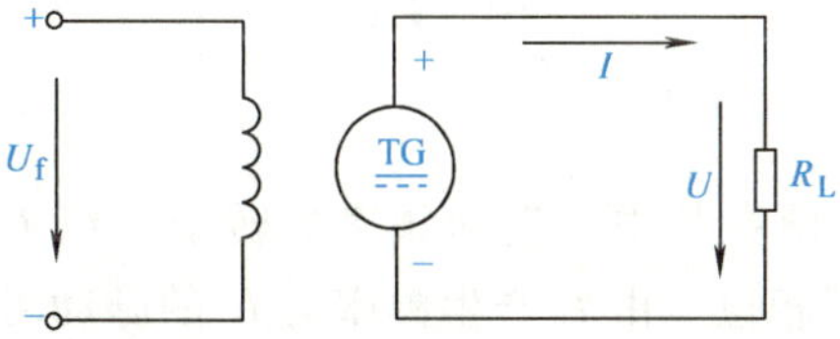

图 4-8 直流测速发电机的工作原理图

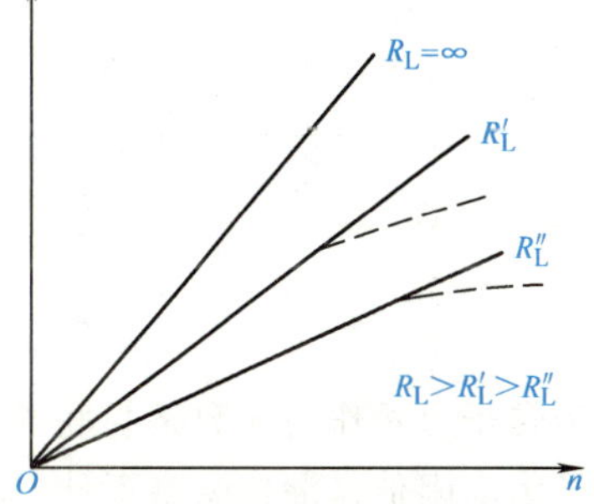

图 4-9 直流测速发电机的输出特性

二、交流测速发电机

交流测速发电机有异步式和同步式两类，在自动控制系统中，应用较广的为交流异步测速发电机。

交流异步测速发电机结构与杯形转子伺服电动机相同。在机座号小的测速发电机中，定子槽内嵌放着空间相差90°电角度的两相绕组，其中一相绕组作为励磁绕组；另一相作为输出绕组。在机座号较大的测速发电机中，常将励磁绕组嵌放在外定子上，而把输出绕组嵌放在内定子上。下面以异步式交流测速发电机为例来分析其工作原理。如图4-10所示，在定子上有两个轴线互相垂直的绕组，一个励磁绕组 N_1，另一个是输出绕组 N_2。转子是空心杯，用电阻率较大的非磁性材料磷青铜制成。在杯子内还装有一个由硅钢片制成的铁心，称为内铁心，用以减小磁路的磁阻。

发电机的励磁绕组接到稳定的交流电源上，励磁电压为 $\dot{U}_1$，流过电流为 $\dot{I}_1$，在励磁绕组的轴线方向产生交变脉动磁通 $\boldsymbol{\Phi}_1$，由

$$U_1 \approx 4.44 f_1 k_1 N_1 \Phi_1 \tag{4-4}$$

可知，Φ_1 正比于 U_1。

当转子静止时，由于脉动磁通与输出绕组的轴线垂直，Φ_1 与 N_2 没有交链，所以输出绕组无感应电动势，输出电压 $U_2=0$，如图4-10a所示。

当转子被主机拖动，以转速 n 旋转时，杯形转子切割 Φ_1，在转子中感应出电动势 E_r，其方向由右手定则确定，如图4-10b所示。由于 Φ_1 是随时间作正弦变化，所以 E_r 也是正弦交流电动势，其频率也是 f_1，电动势有效值为

$$E_r = C_e \Phi_1 n \tag{4-5}$$

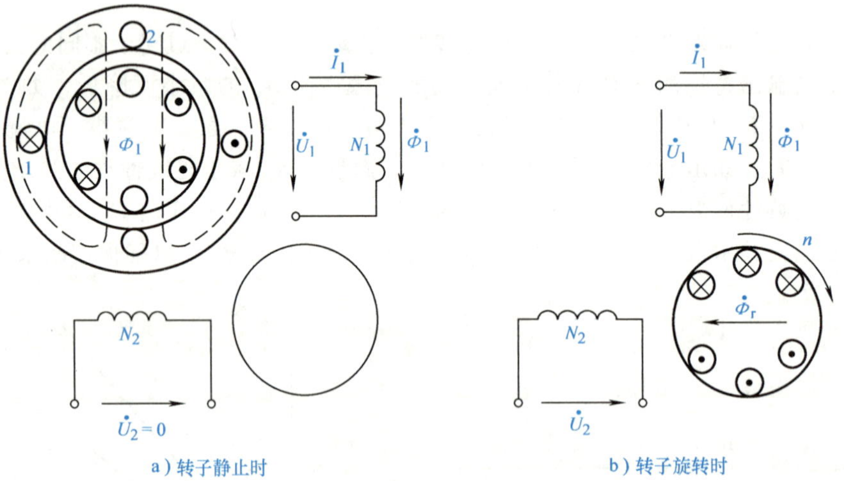

图4-10　异步测速发电机原理图

杯型转子可看作由无数条并联导体组成，E_r 便在其中产生同频率的转子电流 I_r。由于杯形转子为高阻值，漏抗忽略不计，故 I_r 与 E_r 同相位。由 I_r 产生频率为 f_1 的脉动磁通 Φ_r，磁通 Φ_r 与输出绕组的轴线方向一致，因而在输出绕组中感应出频率也为 f_1 的电动势，其有

效值为

$$E_2 = 4.44 f_1 k_2 N_2 \Phi_r \tag{4-6}$$

则输出绕组两端在空载时输出电压为 $U_2 = E_2$ (4-7)

由上述关系可知

$$U_2 \propto \Phi_r \propto E_r \propto \Phi_1 n \propto U_1 n \tag{4-8}$$

式 (4-8) 表明，测速发电机励磁绕组加上电压 U_1，以转速 n 转动时，产生的输出电压 U_2 的大小与 n 成正比。当旋转方向改变时，输出电压 U_2 相位也反了，于是就把转速信号转换为电压信号。

若输出绕组阻抗为 Z_2，则有

$$\dot{U}_2 = \dot{E}_2 - \dot{I}_2 Z_2 \tag{4-9}$$

当输出绕组接有负载，回路总阻抗为 Z_L，则 $\dot{I}_2 = \dot{U}_2 / Z_L$，代入式 (4-9) 中，得

$$\dot{U}_2 = \dot{E}_2 \Big/ \left(1 + \frac{Z_2}{Z_L}\right) = kn \tag{4-10}$$

测速发电机输出电压 U_2 与转速的关系为输出特性 $U_2 = f(n)$。图 4-11a 为交流测速发电机理想输出特性，斜线 1 为输出绕组开路时，即 $Z_L = \infty$ 时的输出特性；斜线 2 为接有负载 Z_L 时的输出特性。

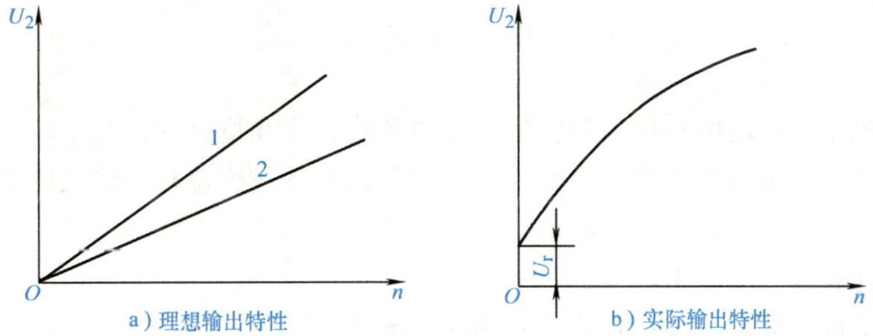

图 4-11 交流测速发电机输出特性

测速发电机在实际工作时，输出特性如图 4-11b 所示。因为 Φ_1 是由励磁电流与转子电流共同产生的，而转子电动势和转子电流与转子转速 n 有关。因此，当转速变化时，励磁电流和磁通 Φ_1 都将发生变化，即 Φ_1 并非常数，这就使输出电压 U_2 与转速 n 不再是线性关系了，从而出现误差。

三、测速发电机的应用

图 4-12 为直流测速发电机在恒速控制系统中的应用原理图。图中直流电动机 M 拖动旋转的机械负载。要求当负载转矩变动时，系统转速不变。若采用直流电动机拖动机械负载，由于直流电动机转速是随负载转矩的大小而变化的，不能达到负载转速恒定的要求。为此，与电动机同轴连接一台直流测速发电机，并将直流测速发电机 TG 的输出电压送入系统的输入端，称为反馈电压 U_f，且 U_f 与给定电压 U_g 反向连接，成为负反馈。

系统工作时，先调节给定电压 U_g，使直流电动机的转速恰为负载要求的转速。若负载

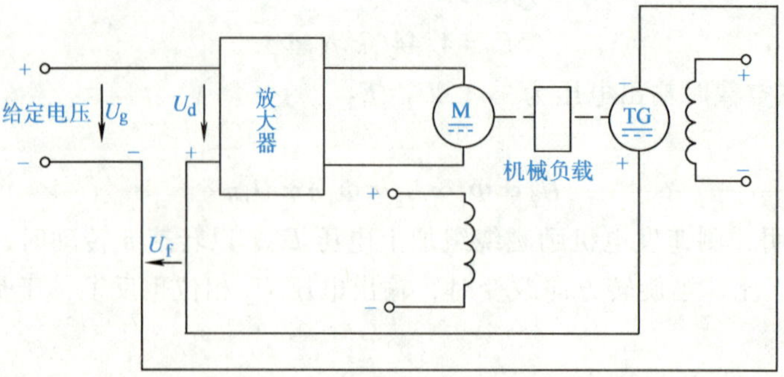

图 4-12 恒速控制系统原理图

转矩由于某种因素减小时，电动机的转速上升，与其同轴的测速发电机转速也将上升，输出电压 U_f 增大，使差值电压 $U_d=U_g-U_f$ 减小，经放大器放大后的输出电压随之减小，由于该输出电压作为电动机电枢电压，所以使直流电动机转速下降，从而使系统转速基本不变。反之当负载转矩由于某种原因有所增加时，系统的转速将下降，测速发电机的输出电压 U_f 减小，因而差值电压 $U_d=U_g-U_f$ 增大，经放大后加在电动机上的电枢电压也增大，电动机转速上升。由此可见，该系统由于测速发电机的接入，具有自动调节作用，使系统转速近似于恒定值。

第三节 步进电动机

步进电动机是一种将电脉冲信号转换成相应角位移或线位移的控制电机。每输入一个脉冲，电动机就转动一个角度或前进一步，其输出的角位移或线位移与输入脉冲数成正比，转速与脉冲频率成正比。因此，步进电动机又称为脉冲电动机。在数字控制系统中，步进电动机作为执行元件获得广泛应用。

步进电动机种类繁多，按运行方式可分为旋转型和直线型，通常使用的多为旋转型。旋转型步进电动机又有反应式（磁阻式）、永磁式和感应式三种，其中反应式步进电动机是我国目前使用最广的一种。它具有惯性小、反应快和速度高等特点。按相数又有单相、两相、三相和多相等形式，对于反应式步进电动机，没有单相和两相的形式。下面以三相反应式步进电动机为例，介绍其结构和工作原理。

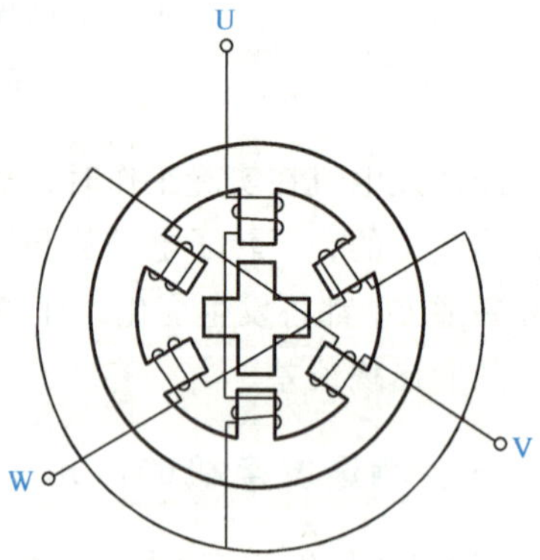

图 4-13 三相反应式步进电动机结构示意图

一、三相反应式步进电动机的结构

图 4-13 为三相反应式步进电动机结构示意图。其定、转子铁心均由硅钢片叠制而成，定子上有均匀分布的六个磁极，磁极上绕有控制（励磁）绕组，两个相对磁极组成一相，三相绕组接成星形联结。转子铁心上没有绕组，转子具有均匀分布的四个齿，且转子齿宽等于定子极靴宽。

二、工作原理

（一）单三拍控制步进电动机工作原理

图 4-14 为三相反应式步进电动机单三拍控制方式时的工作原理图。单三拍控制中的“单”是指每次只有一相控制绕组通电，通电顺序为 U→V→W→U 或按 U→W→V→U 顺序。“拍”是指一种通电状态换到另一种通电状态，“三拍”是指经过三次切换控制绕组的电脉冲为一个循环。

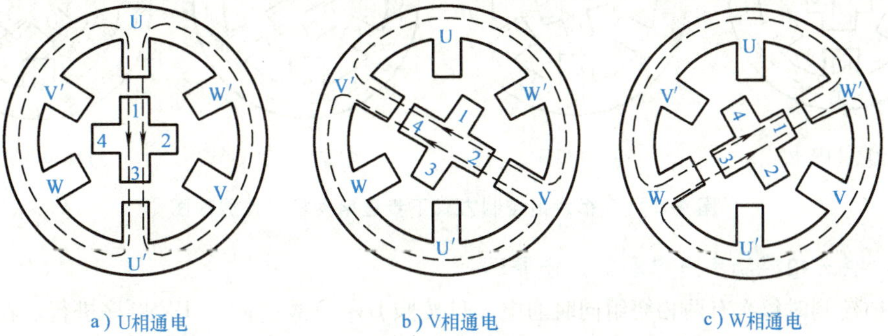

图 4-14　单三拍控制方式下步进电动机工作原理图

当 U 相控制绕组通入电脉冲时，U、U′成为电磁铁的 N、S 极。由于磁路磁通要沿着磁阻最小的路径来闭合，将使转子齿 1、3 和定子极 U、U′对齐，即形成 U、U′轴线方向的磁通 Φ_U，如图 4-14a 所示。

U 相脉冲结束，接着 V 相通入脉冲，由于上述原因，转子齿 2、4 与定子磁极 V、V′对齐，如图 4-14b 所示，转子顺时针方向转过 30°。V 相脉冲结束，随后 W 相控制绕组通入电脉冲，使转子齿 3、1 和定子磁极 W、W′对齐，转子又在空间顺时针方向转过 30°，如图 4-14c 所示。

由上分析可知，如果按照 U→V→W→U 的顺序通入电脉冲，转子按顺时针方向一步一步转动，每步转过 30°，该角度称为步距角。电动机的转速取决于电脉冲的频率，频率越高，转速越高。若按 U→W→V→U 顺序通入电脉冲，则电动机反向转动。三相控制绕组的通电顺序及频率大小，通常由电子逻辑电路来实现。

上述三相单拍通电方式，是在一相绕组断电瞬间另一绕组刚开始通电，容易造成失步。而且由于单一控制绕组吸引转子，也容易使转子在平衡位置附近产生振荡，所以运行稳定性较差，故很少采用。

（二）六拍方式控制步进电动机工作原理

六拍控制方式中三相控制绕组通电顺序按 U→UV→V→VW→W→WU→U 进行，即先 U 相控制绕组通电，而后 U、V 两相控制绕组同时通电；然后断开 U 相控制绕组，由 V 相控制绕组单独通电；再使 V、W 两相控制绕组同时通电，依次进行下去，如图 4-15 所示。每转换一次，步进电动机顺时针方向旋转 15°，即步距角为 15°。若改变通电顺序（即反过来），步进电动机将逆时针方向旋转。该控制方式下，定子三相绕组经六次换接完成一个循环，故称为“六拍”控制。此种控制方式因转换时始终有一相绕组通电，故工作比较稳定。

上述单三拍控制步距角为 30°，采用六拍控制时步距角为 15°，由于其步距角太大，不能满足精度要求。为了减小步距角，通常将转子与定子磁极都加工成齿形结构。以步进电动

机转子齿数 $z=40$ 个为例，齿沿转子圆周均匀分布，齿与槽宽度相等，定子上有 6 个磁极，每个极的极弧上各有 5 个齿，齿宽与槽宽相等，极上装有控制绕组，相对的两个磁板上的绕组串联后再接成星形。此时采用三相单三拍控制时，步距角为 3°，如果采用三相六拍控制时，步距角为 1.5°。

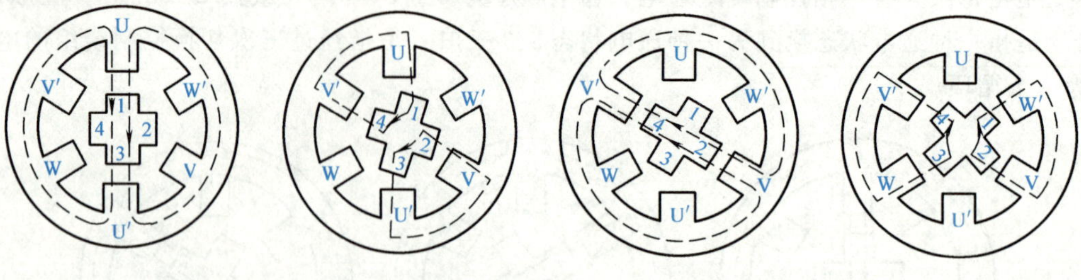

a) U 相通电　　b) U、V 相通电　　c) V 相通电　　d) V、W 相通电

图 4-15　三相六拍控制方式下步进电动机工作原理图

（三）双三拍控制步进电动机工作原理

双三拍控制时每次有两相绕组同时通电，且按照 UV→VW→WU→UV 顺序进行。在双三拍通电方式下步进电动机的转子位置与六拍通电方式时两相绕组同时通电时的情况相同，如图 4-15b 和 d 所示。所以，按双三拍通电方式运行时，它的步距角和单三拍控制方式相同，皆为 30°。

由上分析可知，若步进电动机定子有三相六个磁极，极距为 360°/6＝60°，转子齿数为 $z_r=4$，齿距角为 360°/4＝90°。当采用三拍控制时，每一拍转过 30°，即 1/3 齿距角；当采用六拍控制时，每一拍转过 15°，即 1/6 齿距角。因此，步进电动机的步距角 θ 与运行拍数 N、转子齿数 z_r 有下式关系：

$$\theta=\frac{360°}{z_r N}=\frac{2\pi}{z_r N} \tag{4-11}$$

式中　θ——步距角（rad）；

N——运行拍数；

z_r——转子齿数。

若脉冲频率为 f(Hz)，步距角 θ 的单位为弧度（rad），则当连续通入控制脉冲时步进电动机的转速 n 为

$$n=\frac{\theta f}{2\pi}\times 60=\frac{60f}{z_r N} \tag{4-12}$$

式中　n——步进电动机的转速（r/min）；

f——控制脉冲的频率（Hz）。

所以，步进电动机的转速与脉冲频率 f 成正比，并与频率同步。

在运行拍数和转子齿数一定时，步进电动机的转速只取决于电脉冲频率，并与频率成正比，而且步进电动机具有结构简单，维护方便，精确度高，调速范围大，起动、制动、反转灵敏等优点，而且无积累误差，故广泛应用于数字控制系统，如数控机床，绘图仪、自动记录仪表、检测仪表和数模转换装置上。

三、步进电动机的应用

步进电动机的转速不受电压和负载变化的影响，也不受环境条件温度、压力等的限制，

仅与脉冲频率成正比，所以应用于高精度的控制系统中。图 4-16 是步进电动机在数控线切割机床上的应用示意图。

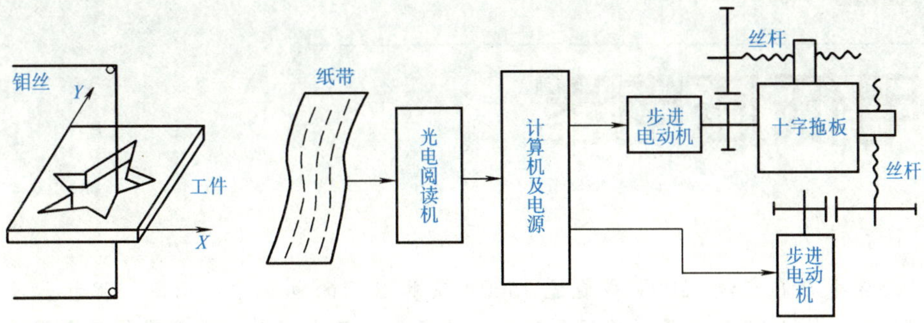

a）十字拖板示意图　　b）工作原理示意图

图 4-16　线切割机床工作原理示意图

数控线切割机床是采用专门计算机进行控制，并利用钼丝与被加工工件之间电火花放电所产生的电蚀现象来加工复杂形状的金属冲模或零件的一种机床。在加工过程中钼丝的位置是固定的，而工件则固定在十字拖板上，如图 4-16a 所示，通过十字拖板的纵横运动完成对加工工件的切割。

图 4-16b 为线切割机床工作原理示意图。数控线切割机床在加工零件时，先根据图样上零件的形状、尺寸和加工工序编制计算机程序，并将该程序记录在穿孔纸带上，而后由光电阅读机读出后进入计算机，计算机就对每一方向的步进电动机给出控制电脉冲（这里十字拖板 X、Y 方向的两根丝杆，分别由两台步进电动机拖动），指挥两台步进电动机运转，通过传动装置拖动十字拖板按加工要求连续移动，进行加工，从而切割出符合要求的零件。

习　题

4-1　为什么交流伺服电动机的转子电阻值要相当大？

4-2　当直流伺服电动机励磁电压和控制电压不变时，若将负载转矩减小，试问此时电枢电流、电磁转矩、转速将如何变化？

4-3　如何改变两相交流伺服电动机的转向？为什么能改变其转向？

4-4　为什么直流测速发电机使用时不宜超过规定的最高转速？负载电阻又不能低于规定值？

4-5　何谓步进电动机的步距角 θ？一台步进电动机可以有两个步距角，如 3°/1.5°是什么意思？

4-6　什么是步进电动机的单三拍、六拍和双三拍工作方式？

第五章

常用低压电器

用于额定电压在交流 1200V 或直流 1500V 及其以下的电路中起通断、保护、控制和调节作用的电器，称为低压电器。采用电磁原理构成的低压电器称为电磁式低压电器；利用集成电路或电子元件构成的低压电器称为电子式低压电器；利用现代控制原理构成的低压电器元件或装置，称为自动化电器、智能化电器或可通信电器。无论在低压供电系统，还是在控制生产过程的电力拖动控制系统中，都大量使用各种类型的低压电器。

本章主要介绍常用低压电器的结构、工作原理及应用，为学习电器控制电路打下基础。具体要求如下。

知识目标

1）了解常用低压电器基本知识。
2）了解常用低压电器的作用、分类、型号、技术参数。
3）掌握接触器的结构、工作原理。
4）掌握热继电器的结构、工作原理。
5）掌握熔断器的选择、安装和使用方法。
6）掌握电磁式继电器的结构、原理、选择方法。
7）掌握时间继电器的结构、原理、选择方法。
8）了解常用低压电器的常见故障。
9）掌握速度继电器的结构、原理和调整方法。

技能目标

1）会用万用表对低压电器进行检测。
2）会根据类型、参数，合理选用、安装、使用常用低压电器。
3）会用仪表和工具拆装、维修常用低压电器。
4）对常用低压电器的常见故障会进行处置。

素养目标

1）工作认真细致。
2）遵循国家标准，规范安装。
3）勤于观察、善于分析。

第一节　常用低压电器基本知识

一、低压电器的分类

低压电器种类繁多，功能多样，用途广泛，结构各异，工作原理各不相同，分类方法多种多样。

（一）按用途分类

1）低压控制电器：用于各种控制电路和控制系统中的电器。如手动电器有转换开关、控制按钮和主令控制器等，自动电器有接触器、继电器和电磁阀等，自动保护电器有热继电器、熔断器等。

2）低压配电电器：用于电能输送和分配的电器。如刀开关、熔断器、隔离开关和低压断路器等。

3）执行电器：用于完成某种动作或传送功能的电器。如电磁铁、电磁离合器等。

4）通信用低压电器：具有计算机接口和通信接口，可与计算机网络连接的电器。如智能化断路器、智能化接触器和电动机控制器等。

5）终端电器：用于线路末端的一种小型化、模数化的组合式开关电器，可根据需要组合成具有对电路和用电设备进行配电、保护、控制、调节、报警等功能的电路设备，包括各种智能单元、信号指示器、防护外壳和附件等。

（二）按应用场合分类

1）一般用途低压电器：也称为基本系列低压电器，是在正常工作条件下工作的低压电器。这类电器用于电力系统、冶金企业、机器制造业及其他工业的配电系统、电力拖动系统以及自动控制系统。其他各类低压电器一般是在此类低压电器的基础上派生出来的。

2）矿用低压电器：具有防爆功能，适用于含煤尘及甲烷等爆炸性气体的环境。

3）化工用低压电器：具有防腐蚀功能，适用于有腐蚀性气体和粉尘的场所。

4）船用低压电器：具有耐颠簸、振动和冲击功能，能在很大的倾斜条件下工作，而且耐潮湿，能抵抗盐雾和霉菌的侵蚀。

5）牵引低压电器：常用于电力机车，其工作环境温度较高，能耐倾斜、振动和冲击。

6）航空低压电器：能在任何位置上可靠地工作，体积小，重量轻，耐冲击和振动。

（三）按操作方式分类

可分为手动电器和自动电器。手动电器属于非自动切换的开关电器，如按钮、刀开关、转换开关、行程开关和主令电器等。自动电器有接触器、继电器和断路器等。操作方式有人力操作、人力储能操作、电磁铁操作、电动机操作和气动操作等。

（四）按使用系统分类

1）自动控制电力拖动系统用电器：有接触器、起动器和控制继电器等。对这类电器的主要技术要求是有一定的通断能力、操作频率高、电气和机械寿命长等。

2）电力系统用电器：有断路器、熔断器等。对这类电器的主要技术要求是通断能力强、限流效果好、电动稳定性高和保护性能完善等。

3）自动化通信系统用电器：有微型继电器和晶体管逻辑元件等。对这类电器的主要技术要求是动作快、灵敏度高和抗干扰能力强等。

（五）按电器执行功能分类

1）有触头（点）电器：电器通断电路的执行功能由触头来实现。

2）无触头电器：电器通断电路的执行功能根据输出信号的逻辑电平来实现。

3）混合电器：有触头和无触头结合的电器。

（六）按电力拖动自动控制系统用电器分类

1）接触器：有交流接触器、直流接触器、切换电容器接触器、真空接触器和智能接触器等类型。

2）继电器：有电压继电器、电流继电器、时间继电器、中间继电器、热继电器、温度继电器、压力继电器、速度继电器和固态继电器等。

3）主令电器：有按钮、微动开关、接近开关、行程开关和主令控制器等。

4）执行电器：有电磁铁、电磁阀、电磁离合器和电磁抱闸等。

5）熔断器：有插入式熔断器、螺旋式熔断器、有填料密封式熔断器、无填料密封式熔断器、快速熔断器和自恢复熔断器等类型。

6）低压断路器：有万能框架式低压断路器、装置式（塑壳式）低压断路器和智能化断路器等类型。

7）隔离开关、转换开关：有单极、双极和三极等类型，并有多种安装形式。

8）成套电器：主要有低压控制屏（柜）、低压配电屏（柜）、动力配电箱（柜）和照明配电箱（柜）四大类。

低压电器产品型号类组代号见附录A低压电器产品型号编制方法。我国编制的低压电器产品型号适用于13大类产品：刀开关和转换开关、熔断器、断路器、控制器、接触器、起动器、控制继电器、主令电器、电阻器、变阻器、调整器、电磁铁和其他电器等。并用字母H、R、D、K、C、Q、J、L、Z、B、T、M和A分别表示这13大类电器产品。

国家对低压电器产品制定了国家标准，低压开关设备和控制设备国家标准有：

GB/T 14048.1—2012 低压开关设备和控制设备 第1部分：总则

GB/T 14048.2—2020 低压开关设备和控制设备 断路器

GB/T 14048.3—2017 低压开关设备和控制设备 第3部分：开关、隔离器、隔离开关及熔断器组合电器

GB/T 14048.4—2020 低压开关设备和控制设备 第4-1部分：机电式接触器和电动机起动器

GB/T 14048.5—2017 低压开关设备和控制设备 第5-1部分：控制电路电器和开关元件 机电式控制电路电器

GB/T 14048.6—2016 低压开关设备和控制设备 第4-2部分：接触器和电动机起动器 交流电动机用半导体控制器和起动器（含软起动器）

GB/T 14048.9—2008 低压开关设备和控制设备 第6-2部分：多功能电器（设备） 控制与保护开关电器（设备）（CPS）

GB/T 14048.10—2016 低压开关设备和控制设备 第5-2部分：控制电路电器和开关元件 接近开关

GB/T 14048.11—2016 低压开关设备和控制设备 第 6-1 部分：多功能电器 转换开关电器

供学习与使用中参考。

二、电磁式低压电器基本结构

从结构上看，电器一般都具有两个基本组成部分，即感受部分与执行部分。感受部分接受外界输入的信号，并通过转换、放大与判断做出有规律的反应，使执行部分动作，输出相应的指令，实现控制的目的。对于有触头的电磁式电器，感受部分是电磁机构，执行部分是触头系统。

（一）电磁机构

1. 电磁机构的结构型式 电磁机构由吸引线圈、铁心和衔铁组成。吸引线圈通以一定的电压和电流产生磁场及吸力，并通过气隙转换成机械能，从而带动衔铁运动使触头动作，完成触头的断开和闭合，实现电路的分断和接通。图 5-1 是几种常用电磁机构的结构型式，根据衔铁相对铁心的运动方式，电磁机构有直动式与拍合式，拍合式又有衔铁沿棱角转动和衔铁沿轴转动两种。

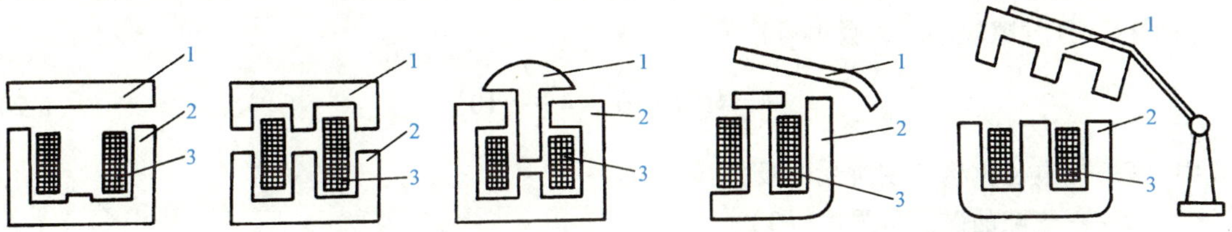

a) 直动式电磁机构 b) 拍合式电磁机构

图 5-1 电磁机构

1—衔铁 2—铁心 3—线圈

吸引线圈用以将电能转换为磁能，按吸引线圈通入电流性质不同，电磁机构分为直流电磁机构和交流电磁机构，其线圈称为直流电磁线圈和交流电磁线圈。直流电磁线圈一般做成无骨架、高而薄的瘦高型，线圈与铁心直接接触，易于线圈散热；交流电磁线圈由于铁心存在磁滞和涡流损耗，造成铁心发热，为此铁心与衔铁用硅钢片叠制而成，且为改善线圈和铁心的散热，线圈设有骨架，使铁心和线圈隔开，并将线圈做成短而厚的矮胖型。另外，根据线圈在电路中的联接方式，又有串联线圈和并联线圈。串联线圈采用粗导线、匝数少，其又称为电流线圈；并联线圈匝数多，线径较细，又称为电压线圈。

2. 电磁机构工作原理 当吸引线圈通入电流后，产生磁场，磁通经铁心、衔铁和工作气隙形成闭合回路，产生电磁吸力，将衔铁吸向铁心。与此同时，衔铁还受到反作用弹簧的拉力，只有当电磁吸力大于弹簧反力时，衔铁才可靠地被铁心吸住。而当吸引线圈断电时，电磁吸力消失，在弹簧作用下，衔铁与铁心脱离，即衔铁释放。电磁机构的工作特性常用吸力特性和反力特性来表述。

当电磁机构吸引线圈通电后，铁心吸引衔铁吸合的力与气隙的关系曲线称为吸力特性。电磁机构使衔铁释放（复位）的力与气隙的关系曲线称为反力特性。

（1）反力特性。电磁机构使衔铁释放的力大多是利用弹簧的反力，由于弹簧的反力与

其机械变形的位移量 x 成正比，其反力特性可写成

$$F = Kx \tag{5-1}$$

电磁机构的反力特性如图 5-2a 所示。其中 δ_1 为电磁机构气隙的初始值；δ_2 为动、静触头开始接触时的气隙长度。考虑到常开触头闭合时超行程机构的弹力作用，反力特性在 δ_2 处有一突变。

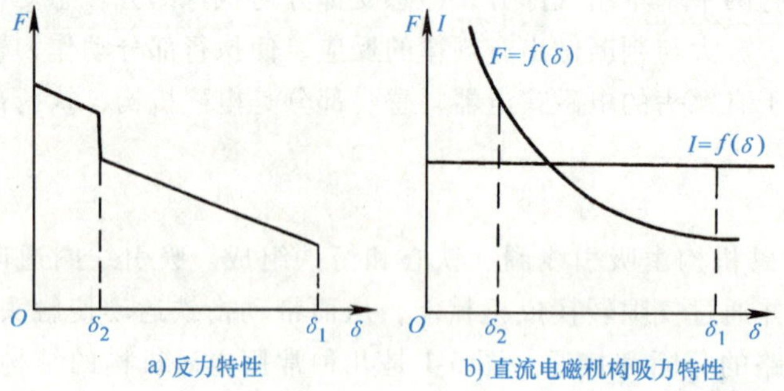

图 5-2 电磁机构反力特性与吸力特性

(2) 直流电磁机构的吸力特性　电磁机构的吸力与很多因素有关，当铁心与衔铁端面互相平行，且气隙较小时，吸力可按下式求得：

$$F = 4B^2S\times10^5 = 4\frac{\Phi^2}{S}\times10^5 \tag{5-2}$$

式中　F——电磁机构衔铁所受的吸力（N）；

B——气隙的磁感应强度（T）；

Φ——磁通（Wb）；

S——吸力处端面积（m^2）。

当端面积 S 为常数时，吸力 F 与磁通 Φ^2 成正比，与端面积 S 成反比，即

$$F \propto \frac{\Phi^2}{S} \tag{5-3}$$

直流电磁机构的直流励磁电流稳定时，直流磁路对直流电路无影响，所以励磁电流不受磁路气隙的影响，即其磁动势 IN 不受磁路气隙的影响，根据磁路欧姆定律

$$\Phi = \frac{IN}{R_m} = \frac{IN}{\dfrac{\delta}{\mu_0 S}} = \frac{IN\mu_0 S}{\delta} \tag{5-4}$$

而电磁吸力 $F \propto \dfrac{\Phi^2}{S}$，则

$$F \propto \Phi^2 \propto \left(\frac{1}{\delta}\right)^2 \tag{5-5}$$

即直流电磁机构的吸力 F 与气隙 δ 的平方成反比。其吸力特性如图 5-2b 所示。由此看出，**直流电磁机构具有以下特点：**

1）直流电磁机构衔铁吸合前后吸引线圈励磁电流不变，但衔铁吸合前后吸力变化很

大，气隙越小，吸力越大。所以，直流电磁机构适用于动作频繁的场合，且由于衔铁吸合后电磁吸力大，工作可靠。

2）直流电磁机构吸引线圈断电时，由于电磁感应，将在吸引线圈中产生很大的感应电动势，其值可达线圈额定电压的十多倍，将使线圈因过电压而损坏。为此，常在吸引线圈两端并联由电阻与一个硅二极管串联组成的放电回路，正常励磁时，因二极管处于截止状态，放电回路不起作用，而当吸引线圈断电时产生的感应电动势则经放电回路将其能量释放出来并消耗在电阻上，起到过电压保护。一般，放电电阻阻值为线圈直流电阻的 8 倍左右。

（3）交流电磁机构的吸力特性　由电工基础知识可知，交流电磁机构线圈电压与磁通关系，在忽略线圈电阻与漏磁情况下为

$$U \approx E = 4.44 f \Phi_m N \tag{5-6}$$

$$\Phi_m = \frac{U}{4.44 f N} \tag{5-7}$$

式中　U——线圈电压有效值（V）；

E——线圈感应电动势（V）；

f——线圈电压的频率（Hz）；

N——线圈匝数；

Φ_m——气隙磁通最大值（Wb）。

当线圈电源电压 U、频率 f 和线圈匝数 N 为常数时，气隙磁通 Φ_m 亦为常数，令气隙中磁感应强度 $B(t)$ 按正弦规律变化，即 $B(t)=B_m \sin\omega t$，可分析出交流电磁机构电磁吸力瞬时值 $F(t)$、电磁吸力在一周期内的平均值 F_{av}。

交流电磁机构电磁吸力瞬时值

$$\begin{aligned} F(t) &= 4B^2(t)S\times10^5 \\ &= 4B_m^2 S\times10^5 \sin^2\omega t \\ &= 2\times10^5 B_m^2 S(1-\cos2\omega t) \\ &= 4B^2 S(1-\cos2\omega t)\times10^5 \\ &= 4B^2 S\times10^5 - 4B^2 S\times10^5 \cos2\omega t \\ &= F_{-} - F_{\sim} \end{aligned} \tag{5-8}$$

式中，$B=B_m/\sqrt{2}$ 为正弦磁感应强度 $B(t)$ 的有效值，F_{-} 为 $F(t)$ 直流分量，$F_{\sim}$ 为 $F(t)$ 交流分量。当 $t=0$，则 $\cos\omega t=1$，于是 $F(t)=0$ 为最小值；当 $t=T/4$，则 $\cos2\omega t=-1$，于是 $F(t)=8B^2S\times10^5=F_m$ 为最大值，在一个周期内的平均值为

$$F_{av} = \frac{1}{T}\int_0^T F(t)\,dt = 4\times10^5 B^2 S\left[\frac{1}{T}\int_0^T (1-\cos2\omega t)\,dt\right] = 4B^2 S\times10^5 = F_{-} \tag{5-9}$$

由上式可知，交流电磁机构气隙中的磁感应强度 $B(t)$ 虽按正弦规律变化，但其交流电磁吸力 $F(t)$ 却是脉动的，是在 0 与最大值 $F_m=8B^2S\times10^5$ 的范围内以 2 倍电源频率变化。平均吸力 F_{av} 就是 $F(t)$ 的直流分量 F_{-}，其值为瞬时吸力最大值 F_m 的一半。交流电磁机构电磁吸力随时间变化情况如图 5-3 所示。

由以上分析可知，**交流电磁机构具有以下特点：**

1）$F(t)$ 是脉动的，在 50Hz 的工频下，1s 内有 100 次过零点，因而引起衔铁的振动，

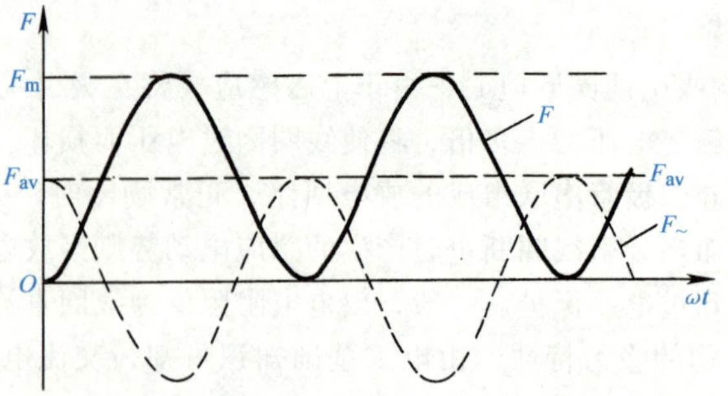

图 5-3 交流电磁机构电磁吸力随时间变化情况

产生机械噪声和机械损坏，应加以克服。

2）因 $U\approx4.44fN\Phi_m$，当 U 一定时，Φ_m 也一定。不管有无气隙，Φ_m 基本不变。所以，交流电磁机构电磁吸力平均值基本不变，即平均吸力与气隙 δ 的大小无关。实际上，考虑到漏磁通的影响，吸力 F_{av} 随气隙 δ 的减少而略有增加，其吸力特性如图 5-2c 所示。

3）交流电磁机构在衔铁未吸合时，磁路中因气隙磁阻较大，维持同样的磁通 Φ_m，所需的励磁电流即线圈电流，比吸合后无气隙时所需的电流大得多。对于 U 形交流电磁机构的励磁电流在线圈已通电，但衔铁尚未动作时的电流为衔铁吸合后的额定电流的 5～6 倍；对于 E 型电磁机构则高达 10～15 倍。所以，交流电磁机构的线圈通电后，衔铁因卡住而不能吸合，或交流电磁机构频繁工作，都将因线圈励磁电流过大而烧坏线圈。

为此，**交流电磁机构不适用于可靠性要求高与频繁操作的场合。**

（4）剩磁的吸力特性　由于铁磁物质存有剩磁，它使电磁机构的励磁线圈断电后仍有一定的剩磁吸力存在，剩磁吸力随气隙 δ 增大而减小。剩磁的吸力特性如图 5-4 曲线 4 所示。

（5）吸力特性与反力特性的配合　电磁机构欲使衔铁吸合，应在整个吸合过程中，吸力都必须大于反力，但也不宜过大，否则会影响电器的机械寿命。这就要求吸力特性在反力特性的上方且尽可能靠近。在释放衔铁时，其反力特性必须大于剩磁吸力特性，这样才能保证衔铁的可靠释放。这就要求电磁机构的反力特性必须介于电磁吸力特性和剩磁吸力特性之间，如图 5-4 所示。

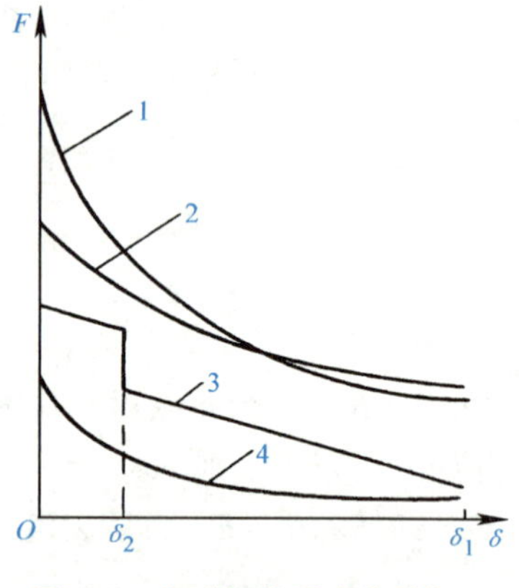

图 5-4 电磁机构吸力特性与反力特性的配合

1—直流吸力特性 2—交流吸力特性
3—反力特性 4—剩磁吸力特性

（6）交流电磁机构短路环的作用　交流电磁机构电磁吸力由式（5-8）可知，它是一个周期函数，该周期函数由直流分量和 2ω 频率的正弦分量组成。虽然交流电磁机构中的磁感应强度是正、负交变的，但电磁吸力总是正的，它是在最大值为 $2F_{av}$ 和最小值为零的范围内脉动变化。因此在每一个周期内，必然有某一段时刻吸力小于反力，这时衔铁释放，而当吸力大于反力时，衔铁又被吸合。这样，在 $f=50$Hz 时，电磁机构就出现了频率为 $2f$ 的持续抖动和撞击，发出噪声，并容易损坏铁心。

为了避免衔铁振动，通常在铁心端面开一小槽，在槽内嵌入铜质短路环，如图 5-5 所示。短路环把端面 S 分成两部分，即环内部分 S_1 与环外部分 S_2，短路环仅包围了磁路磁通 Φ 的一部分。这样，铁心端面处就有两个不同相位的磁通 Φ_1 和 Φ_2，它们分别产生电磁吸力 F_1 和 F_2，而且这两个吸力之间也存在一定的相位差。这样，虽然这两部分电磁吸力各自都有到达零值的时候，但到零值的时刻已错开，二者的合力就大于零，只要总吸力始终大于反力，衔铁便被吸牢，也就能消除衔铁的振动。

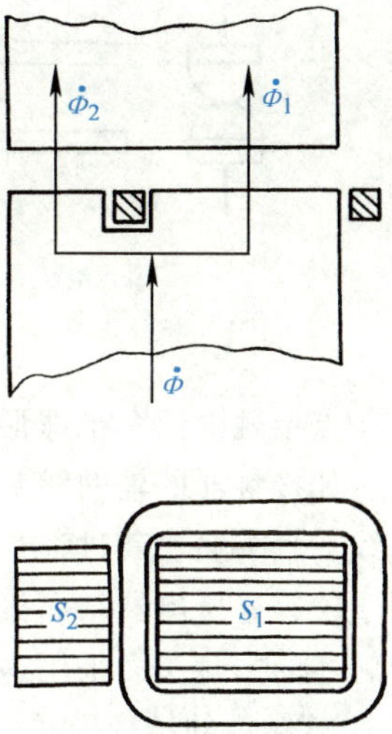

图 5-5　交流电磁机构短路环

3. 电磁机构的输入-输出特性　电磁机构的吸引线圈加上电压（或通入电流），产生电磁吸力，从而使衔铁吸合。因此，也可将线圈电压（或电流）作为输入量 x，而将衔铁的位置作为输出量 y，则电磁机构衔铁位置（吸合与释放）与吸引线圈的电压（或电流）的关系称为电磁机构的输入-输出特性，通常称为“继电特性”。

若将衔铁处于吸合位置记作 $y=1$，释放位置记作 $y=0$。由上分析可知，当吸力特性处于反力特性上方时，衔铁被吸合；当吸力特性处于反力特性下方时，衔铁被释放。若使吸力特性处于反力特性上方的最小输入量用 x_0 表示，称为电磁机构的动作值；使吸力特性处于反力特性下方的最大输入量用 x_r 表示，称为电磁机构的复归值。

电磁机构的输入-输出特性如图 5-6 所示，当输入量 $x<x_0$ 时衔铁不动作，其输出量 $y=0$；当 $x=x_0$ 时，衔铁吸合，输出量 y 从“0”跃变为“1”；再进一步增大输入量使 $x>x_0$，输出量仍为 $y=1$。当输入量 x 从 x_0 减小的时候，在 $x>x_r$ 的过程中，虽然吸力减小，但因衔铁吸合状态下的吸力仍比反力大，衔铁不会释放，其输出量 $y=1$。当 $x=x_r$ 时，因吸力小于反力，衔铁才释放，输出量由“1”变为“0”；再减小输入量，输出量仍为“0”。所以，电磁机构的输入-输出特性或“继电特性”为一矩形曲线。动作值与复归值均为继电器的动作参数，电磁机构的继电特性是电磁式继电器的重要特性。

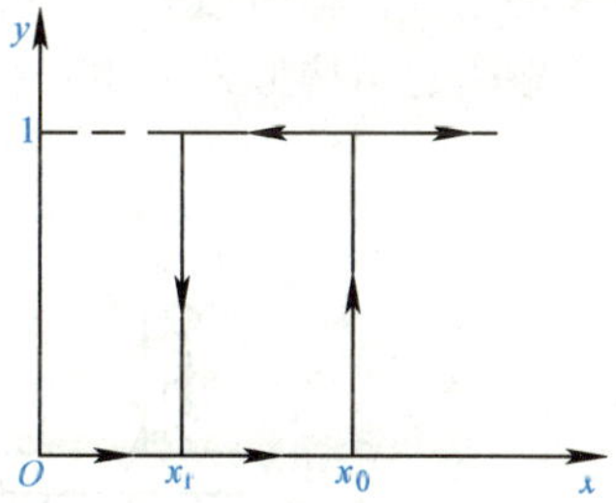

图 5-6　电磁机构的输入-输出特性

（二）触头系统

触头亦称触点，是电磁式电器的执行部分，起接通和分断电路的作用。因此，要求触头导电导热性能好，通常用铜、银、镍及其合金材料制成，有时也在铜触头表面电镀锡、银或镍。对于一些特殊用途的电器如微型继电器和小容量的电器，触头采用银质材料制成。

触头闭合且有工作电流通过时的状态称为电接触状态，电接触状态时触头之间的电阻称为接触电阻，其大小直接影响电路工作情况。若接触电阻较大，电流流过触头时造成较大的电压降，这对弱电控制系统影响较严重。同时电流流过触头时电阻损耗大，将使触头发热导致温度升高，严重时可使触头熔焊，这样既影响工作的可靠性，又降低了触头的寿命。触头接触电阻大小主要与触头的接触形式、接触压力、触头材料及触头表面状况等有关。

1. 触头的接触形式　触头的接触形式有点接触、线接触和面接触三种，如图 5-7 所示。

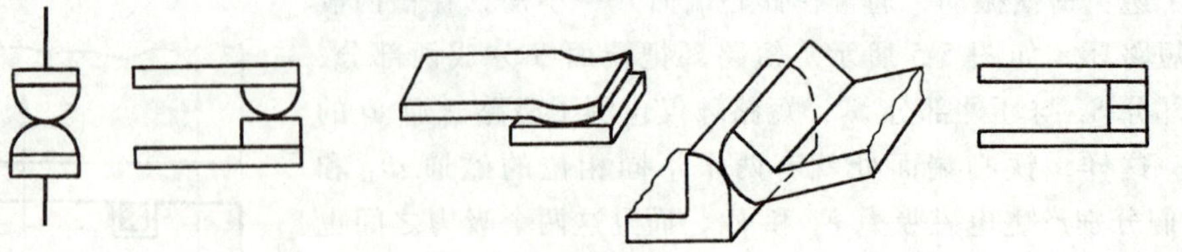

a) 点接触　　b) 线接触　　c) 面接触

图 5-7 触头的接触形式

点接触由两个半球形触头或一个半球形与一个平面形触头构成，常用于小电流的电器中，如接触器的辅助触头和继电器触头。线接触常做成指形触头结构，它们的接触区是一条直线，触头通、断过程是滚动接触并产生滚动摩擦，适用于通电次数多，电流大的场合，多用于中等容量电器。面接触触头一般在接触表面镶有合金，允许通过较大电流，中小容量的接触器的主触头多采用这种结构。

2. 触头的结构形式　触头在接触时，要求其接触电阻尽可能小，为使触头接触更加紧密以减小接触电阻，同时消除开始接触时产生的振动，在触头上装有接触弹簧，使触头刚刚接触时产生初压力，随着触头闭合逐渐增大触头互压力。

触头按其原始状态可分为常开触头和常闭触头。原始状态时（吸引线圈未通电时）触头断开，线圈通电后闭合的触头叫常开触头（动合触头）。原始状态闭合，线圈通电断开的触头叫常闭触头（动断触头）。线圈断电后所有触头回复到原始状态。

按触头控制的电路可分为主触头和辅助触头。主触头用于接通或断开主电路，允许通过较大的电流，辅助触头用于接通或断开控制电路，只能通过较小的电流。

触头的结构形式主要有桥式触头和指形触头，如图 5-8 所示。

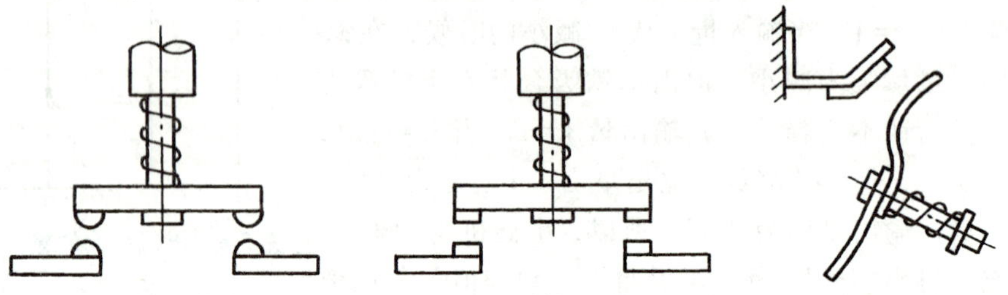

a) 点接触桥式触头　　b) 面接触桥式触头　　c) 线接触指形触头

图 5-8 触头的结构形式

桥式触头在接通与断开电路时由两个触头共同完成，对灭弧有利。这类结构触头的接触形式一般是点接触和面接触。指形触头在接通或断开时产生滚动摩擦，能去掉触头表面的氧化膜，从而减小触头的接触电阻。指形触头的接触形式一般采用线接触。

3. 减小接触电阻的方法　首先触头材料选用电阻系数小的材料，使触头本身的电阻尽量减小；其次增加触头的接触压力，一般在动触头上安装触头弹簧；再次改善触头表面状况，尽量避免或减小触头表面氧化膜形成，在使用过程中尽量保持触头清洁。

（三）电弧的产生和灭弧方法

1. 电弧的产生　在自然环境下开断电路时，如果被开断电路的电流（电压）超过某一数值时（根据触头材料的不同其值约在 0.1~1A，12~20V 之间），在触头间隙中就会产生电弧。电弧实际上是触头间气体在强电场作用下产生的放电现象。这时触头间隙中的气体被游离产生大量的电子和离子，在强电场作用下，大量的带电粒子作定向运动，使绝缘的气体变成了导体。电流通过这个游离区时所消耗的电能转换为热能和光能，由于光和热的效应，产生高温并发出强光，使触头烧蚀，并使电路切断时间延长，甚至不能断开，造成严重事故。为此，必须采取措施熄灭或减小电弧。

2. 电弧产生的原因　电弧产生的原因主要经历四个物理过程：

1）强电场放射。触头在通电状态下开始分离时，其间隙很小，电路电压几乎全部降落在触头间很小的间隙上，使该处电场强度很高，强电场将触头阴极表面的自由电子拉出到气隙中，使触头间隙的气体中存在较多的电子，这种现象称为强电场放射。

2）撞击电离。触头间的自由电子在电场作用下，向正极加速运动，经一定路程后获得足够大的动能，在其前进途中撞击气体原子，将气体原子分裂成电子和正离子。电子在向正极运动过程中将撞击其他原子，使触头间隙中气体电荷越来越多，这种现象称为撞击电离。

3）热电子发射。撞击电离产生的正离子向阴极运动，撞击在阴极上使阴极温度逐渐升高，并使阴极金属中电子动能增加，当阴极温度达到一定程度时，一部分电子有足够动能将从阴极表面逸出，再参与撞击电离。由于高温使电极发射电子的现象称为热电子发射。

4）高温游离。当电弧间隙中的气体温度升高，使气体分子热运动速度加快，当电弧温度达到或超过 3000℃时，气体分子发生强烈的不规则热运动并造成相互碰撞，使中性分子游离成为电子和正离子。这种因高温使分子撞击所产生的游离称为高温游离。

由以上分析可知，在触头刚开始分断时，首先是强电场放射。当触头完全打开时，由于触头间距离增加，电场强度减弱，维持电弧存在主要靠热电子发射、撞击电离和高温游离，而其中又以高温游离作用最大。但是在气体分子电离的同时，还存在消电离作用。消电离是指正负带电粒子相互结合成为中性粒子。对于复合消电离只有在带电粒子运动速度较低时才有可能。因此冷却电弧，或将电弧挤入绝缘的窄缝里，迅速导出电弧内部热量，降低温度，减小离子的运动速度，以便加强复合过程。同时，高度密集的高温离子和电子，要向周围密度小、温度低的介质表面扩散，使弧隙中的离子和电子浓度降低，电弧电流减小，使高温游离大为减弱。

3. 灭弧的基本方法　灭弧的基本方法有：

1）快速拉长电弧，以降低电场强度，使电弧电压不足以维持电弧的燃烧，从而熄灭电弧。

2）用电磁力使电弧在冷却介质中运动，降低弧柱周围的温度，使离子运动速度减慢，离子复合速度加快，从而使电弧熄灭。

3）将电弧挤入绝缘壁组成的窄缝中以冷却电弧，加快离子复合速度，使电弧熄灭。

4）将电弧分成许多串联的短弧，增加维持电弧所需的临极电压降。

交流电弧主要是电流过零点后如何防止重燃的问题，这使交流电弧比较容易熄灭；而直流电流没有过零的特性，产生的电弧相对不容易熄灭，因此一般还需附加其他灭弧措施。

4. 常用的灭弧装置　常用灭弧装置有：

1）桥式结构双断口触头灭弧。图 5-9 是一种桥式结构双断口触头，当触头断开电路时，在断口处产生电弧，电弧电流在两电弧之间产生图中所示的磁场，根据左手定则，电弧电流将受到指向外侧的电动力 F 的作用，使电弧向外运动并拉长。这时电弧迅速进入冷却介质，加快了电弧冷却。这种双断口触头在分断时形成两个断点，将一个电弧分为两个电弧来削减电弧的作用以利灭弧。此种灭弧常用于小容量交流接触器中。

2）磁吹灭弧装置。磁吹灭弧装置工作原理如图 5-10 所示。在触头电路中串入一磁吹线圈。当触头电流通过磁吹线圈时产生磁场，该磁场由导磁夹板引向触头周围，磁吹线圈产生的磁场 6 与电弧电流产生的磁场 7 相互叠加，这两个磁场在电弧下方方向相同，在电弧上方方向相反，所以电弧下方的磁场强于上方的磁场，在下方磁场作用下，电弧受力方向为 F 所指的方向，故电弧被拉长并吹入灭弧罩中。引弧角 4 与静触头相连接，其作用是引导电弧向上运动，将热量传递给罩壁，促使电弧熄灭。这种装置是利用电弧电流本身灭弧的，故电弧电流越大，灭弧能力越强。这种方法广泛用于直流灭弧装置中。

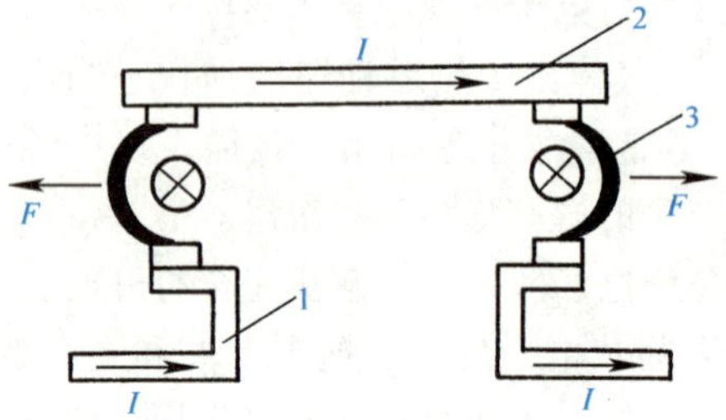

图 5-9 双断口电动力吹弧

1—静触头 2—动触头 3—电弧

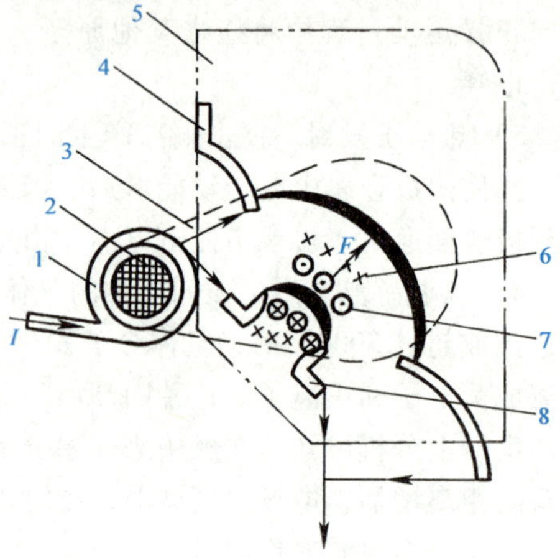

图 5-10 磁吹灭弧装置工作原理

1—磁吹线圈 2—铁心 3—导磁夹板 4—引弧角 5—灭弧罩 6—磁吹线圈磁场 7—电弧电流磁场 8—动触头

3）栅片灭弧装置。图 5-11 为栅片灭弧原理图。灭弧栅由多片镀铜的薄钢片（称为栅片）制成，它们置于灭弧罩内触头的上方，彼此之间相互绝缘，片间距离为 2～5mm。当触头分断电路时，在触头之间产生电弧，电弧电流产生磁场，由于钢片磁阻比空气磁阻小得多，使灭弧栅上方磁通非常稀疏，而灭弧栅处的磁通非常密集，这种上疏下密的磁场将电弧拉入灭弧罩中，电弧进入灭弧栅后，电弧被栅片分割成许多短电弧，当交流电压过零时电弧自然熄灭。两栅片间必须有 150～250V 的电压，电弧才能重燃。一方面电源电压不足以维持电弧，另一方面由于栅片的散热作用，电弧自然熄灭后很难重燃。由于栅片灭弧装置的灭弧效果在电流为交流时要比直流时强得多，因此在交流电器中常采用栅片灭弧装置。

4）灭弧罩灭弧装置。灭弧罩由陶土、石棉、水泥或耐弧塑料制成，在灭弧罩内有一个或数个纵缝，缝的下部宽上部窄，灭弧罩窄缝灭弧原理如图 5-12 所示。当触头断开时，电弧在电动力的作用下进入灭弧罩，与灭弧罩接触，使电弧迅速冷却而熄灭。同时，灭弧罩还可以分隔各路电弧，以防止发生短路，这种灭弧装置可用于交流和直流灭弧。

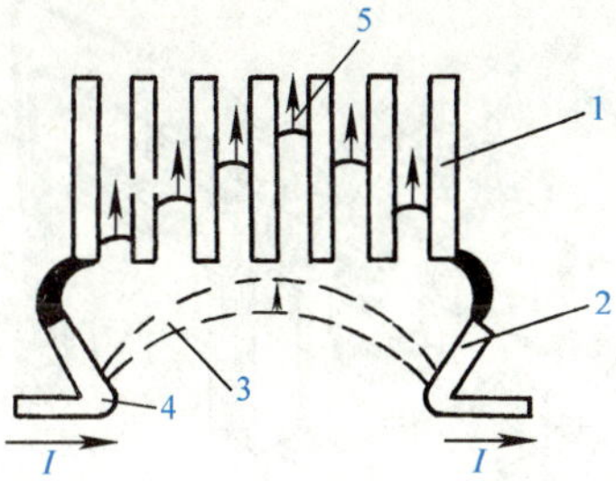

图 5-11　栅片灭弧原理

1—灭弧栅片　2—动触头　3—长电弧　4—静触头　5—短电弧

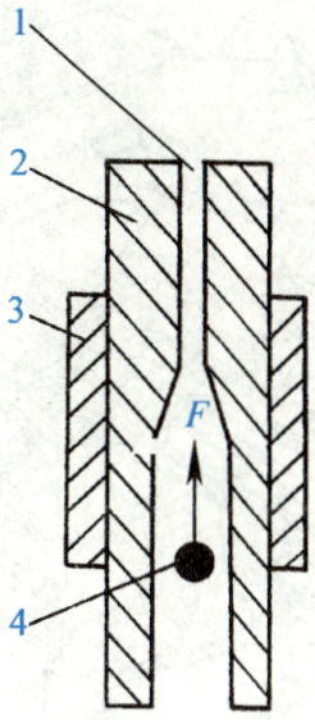

图 5-12　灭弧罩窄缝灭弧原理

1—纵缝　2—介质　3—磁性夹板　4—电弧

实际中，为加强灭弧效果，通常不是采用单一的灭弧方法，而是采用两种或多种方法灭弧。

第二节　电磁式接触器

接触器是一种用于中远距离频繁地接通与断开交直流主电路及大容量控制电路的一种自动开关电器。主要用于自动控制交、直流电动机，电热设备，电容器组等设备。接触器具有大的执行机构，大容量的主触头有迅速熄灭电弧的能力。当电路发生故障时，能迅速、可靠地切断电源，并有低压释放功能，与保护电器配合可用于电动机的控制及保护，故应用十分广泛。

接触器按操作方式分，有电磁接触器、气动接触器和电磁气动接触器；按灭弧介质分，有空气电磁式接触器、油浸式接触器和真空接触器等；按主触头控制的电流性质分，有交流接触器、直流接触器。而按电磁机构的励磁方式可分为直流励磁操作与交流励磁操作两种。其中应用最广泛的是空气电磁式交流接触器和空气电磁式直流接触器，简称为交流接触器和直流接触器。

一、接触器的结构及工作原理

（一）接触器的结构

接触器由电磁机构、触头系统、灭弧装置、释放弹簧、触头弹簧、触头压力弹簧、支架及底座等组成，如图 5-13a 所示。

电磁机构由线圈、铁心和衔铁组成，用于产生电磁吸力，带动触头动作。

触头系统有主触头和辅助触头两种，中小容量的交、直流接触器的主、辅助触头一般都采用直动式双断口桥式结构，大容量的主触头采用转动式单断口指形触头。辅助触头在结构上通常是常开和常闭成对的。当线圈通电后，衔铁在电磁吸力作用下吸向铁心，同时带动动触头动作，实现常闭触头断开，常开触头闭合。当线圈断电或线圈电压降低时，电磁吸力消失或减弱，衔铁在释放弹簧作用下释放，触头复位，实现低压释放保护功能。

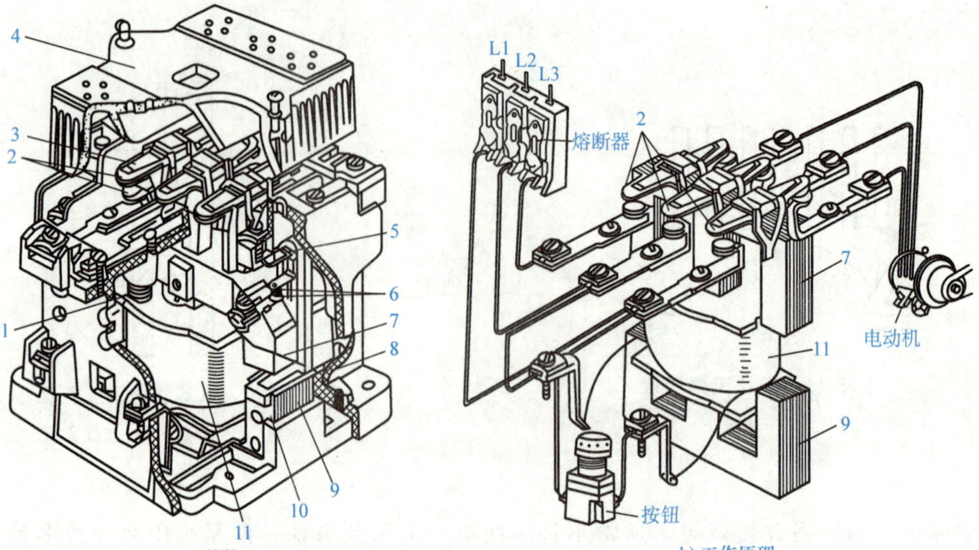

a) 结构 b) 工作原理

图 5-13 交流接触器结构和工作原理

1—释放弹簧 2—主触头 3—触头压力弹簧 4—灭弧罩 5—常闭辅助触头 6—常开辅助触头 7—动铁心 8—缓冲弹簧 9—静铁心 10—短路环 11—线圈

由于接触器主触头用来接通或断开主电路或大电流电路，在触头间隙中就会产生电弧。为了灭弧，小容量接触器常采用电动力吹弧、灭弧罩灭弧；对于大容量接触器常采用纵缝灭弧装置或栅片灭弧装置及真空灭弧装置灭弧。直流接触器常采用磁吹式灭弧装置来灭弧。

（二）接触器的工作原理

因接触器最主要的用途是控制电路的接通或断开，现以接触器控制电动机为例来说明其工作原理。如图 5-13b 所示，当将按钮按下时，电磁线圈就经过按钮和熔断器接通到电源上。线圈通电后，会产生一个磁场将静铁心磁化，吸引动铁心，使它向着静铁心运动，并最终与静铁心吸合在一起。接触器触头系统中的动触头是同动铁心经机械机构固定在一起的，当动铁心被静铁心吸引向下运动时，动触头也随之向下运动，并与静触头结合在一起。这样，电动机便经接触器的触头系统和熔断器接通电源，开始起动运转。一旦电源电压消失或明显降低，以致电磁线圈没有励磁或励磁不足，动铁心就会因电磁吸力消失或过小而在释放弹簧的反作用力作用下释放，与静铁心分离。与此同时，和动铁心固定安装在一起的动触头也与静触头分离，使电动机与电源脱开，停止运转，这就是所谓的失电压保护。

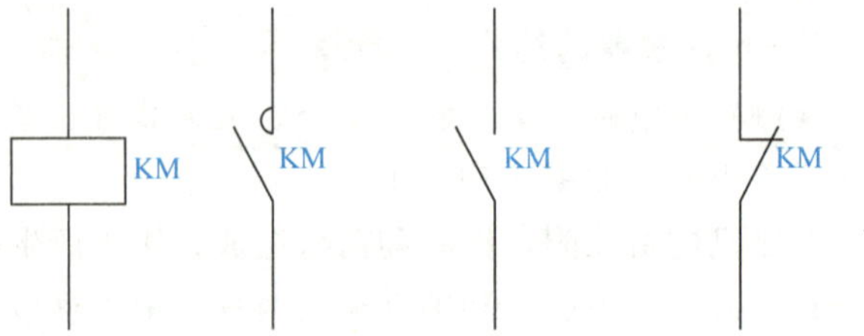

a) 线圈 b) 主触头 c) 辅助常开触头 d) 辅助常闭触头

图 5-14 接触器的符号

接触器图形符号与文字符号如图 5-14 所示。

二、接触器的主要技术参数

接触器的主要技术参数有极数和电流种类，额定工作电压，额定工作电流（或额定控制功率），约定发热电流，额定通断能力，线圈额定工作电压，允许操作频率，机械寿命和电气寿命，接触器线圈的起动功率和吸持功率，使用类别等。

1. 接触器的极数和电流种类　按接触器接通与断开主电路电流种类不同，分为直流接触器和交流接触器，按接触器主触头的个数不同又分为两极、三极与四极接触器。

2. 额定工作电压　接触器额定工作电压是指主触头之间的正常工作电压值，也就是指主触头所在电路的电源电压。直流接触器额定电压有：110V、220V、440V、660V；交流接触器额定电压有：127V、220V、380V、500V、660V。

3. 额定工作电流　接触器额定工作电流是指主触头正常工作时通过的电流值。直流接触器的额定工作电流有40A、80A、100A、150A、250A、400A及600A等；交流接触器的额定工作电流有10A、20A、40A、60A、100A、150A、250A、400A及600A等。

4. 约定发热电流　指在规定条件下试验时，电流在8h工作制下，各部分温升不超过极限时接触器所承载的最大电流。对老产品只讲额定工作电流，对新产品（如CJ20系列）则有约定发热电流和额定工作电流之分。

5. 额定通断能力　指接触器主触头在规定条件下能可靠地接通和分断的电流值。在此电流值下接通电路时主触头不应发生熔焊；在此电流下分断电路时，主触头不应发生长时间燃弧。电路中超出此电流值的分断任务，则由熔断器、断路器等承担。

6. 线圈额定工作电压　指接触器电磁吸引线圈正常工作电压值。常用接触器线圈额定电压等级为：对于交流线圈，有127V、220V、380V；对于直流线圈，有110V、220V、440V。

7. 允许操作频率　指接触器在每小时内可实现的最高操作次数。交、直流接触器允许操作频率有600次/h、1200次/h。

8. 机械寿命和电气寿命　机械寿命是指接触器在需要修理或更换机构零件前所能承受的无载操作次数。电气寿命是在规定的正常工作条件下，接触器不需修理或更换的有载操作次数。

9. 接触器线圈的起动功率和吸持功率　直流接触器起动功率和吸持功率相等。交流接触器起动视在功率一般为吸持视在功率的5~8倍。而线圈的工作功率是指吸持有功功率。

10. 使用类别　接触器用于不同负载时，其对主触头的接通和分断能力要求不同，按不同使用条件来选用相应使用类别的接触器便能满足其要求。在电力拖动控制系统中，接触器常见的使用类别及典型用途见表5-1。它们的主触头达到的接通和分断能力为：AC1和DC1类允许接通和分断额定电流；AC2、DC3和DC5类允许接通和分断4倍的额定电流；AC3类允许接通6倍的额定电流和分断额定电流；AC4类允许接通和分断6倍的额定电流。

三、常用典型交流接触器

（一）空气电磁式交流接触器

在接触器中，空气电磁式交流接触器应用最广泛，产品系列、品种最多，其结构和工作

表 5-1 接触器常见使用类别和典型用途

电流种类	使用类别	典型用途
AC（交流）	AC1	无感或微感负载、电阻炉
	AC2	绕线转子异步电动机的起动、制动
	AC3	笼型异步电动机的起动、运转中分断
	AC4	笼型异步电动机的起动、反接制动、反向和点动
DC（直流）	DC1	无感或微感负载、电阻炉
	DC2	并励电动机的起动、反接制动和点动
	DC3	串励电动机的起动、反接制动和点动

原理基本相同。典型产品有 CJ20、CJ21、CJ26、CJ29、CJ35、CJ40、NC、B、LC1-D、3TB 和 3TF 系列交流接触器等。其中 CJ20 是 20 世纪 80 年代我国统一设计的产品，CJ40 是在 CJ20 基础上在 20 世纪 90 年代更新设计的产品。CJ21 是引进德国芬纳尔公司技术生产的，3TB 和 3TF（国内型号为 CJX3）是引进德国西门子公司技术生产（3TF 是在 3TB 基础上改进设计的产品）的，B 系列是引进德国原 BBC 公司技术生产的，LC1-D（国内型号为 CJX4）是引进法国 TE 公司技术生产的。此外还有 CJ12、CJ15、CJ24 等系列大功率重任务交流接触器。

CJ20 系列型号含义：

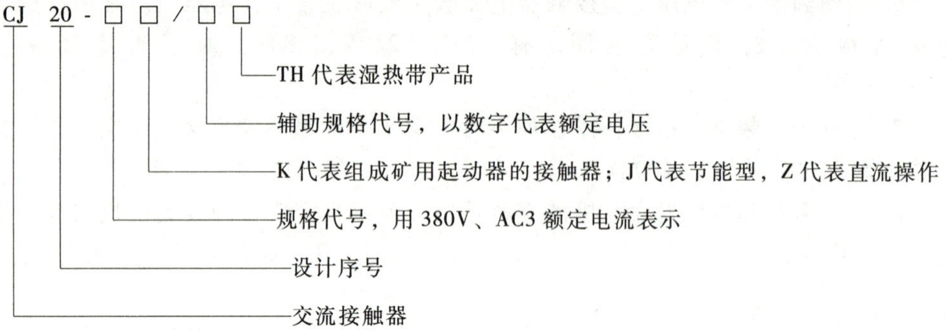

B 系列型号含义：

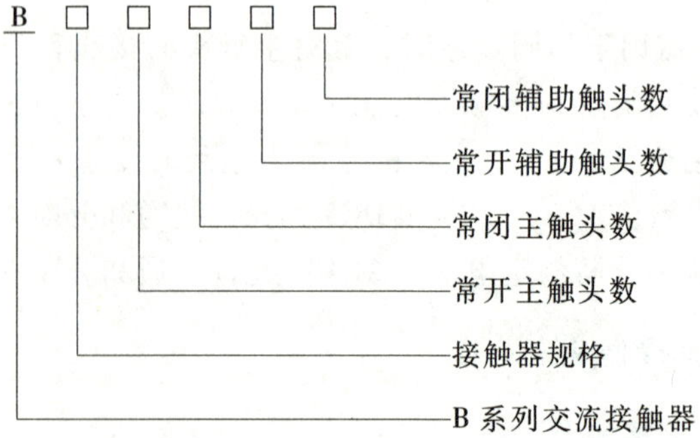

部分 CJ20 系列交流接触器主要技术数据见表 5-2。

表 5-2 部分 CJ20 系列交流接触器主要技术数据

型号	约定发热电流 I/A	额定工作电压 U_N/V	额定工作电流 I_N/A (AC3)	额定操作频率 (AC3)/(次/h)	寿命/万次		380V、AC3 类工作制下控制电动机功率 P/kW	辅助触头组合
					机械	电气		
CJ20-10	10	220	10	1200	1000	100	2.2	1开3闭
		380	10	1200			4	2开2闭
		660	5.2	600			7	3开1闭
CJ20-16	16	220	16	1200			4.5	2开2闭
		380	16	1200			7.5	
		660	13	600			11	
CJ20-25	32	220	25	1200			5.5	
		380	25	1200			11	
		660	14.5	600			13	
CJ20-40	55	220	40	1200			11	
		380	40	1200			22	
		660	25	600			22	

（二）切换电容器接触器

切换电容器接触器是专用于低压无功补偿设备中投入或切除并联电容器组，以调整用电系统的功率因数的接触器。常用产品有 CJ16、CJ19、CJ39、CJ41、CJX4、CJX2A、LC1-D、6C 系列等。

（三）真空交流接触器

真空交流接触器是以真空为灭弧介质，其主触头密封在真空开关管内。特别适用于条件恶劣的危险环境中。常用的真空接触器有 3RT12、CKJ 和 EVS 系列等。

（四）直流接触器

直流接触器应用于直流电力线路中，供远距离接通与分断电路及直流电动机的频繁起动、停止、反转或反接制动控制，以及 CD 系列电磁操作机构合闸线圈或频繁接通和断开起重电磁铁、电磁阀、离合器和电磁线圈等。常用的直流接触器有 CZ18、CZ21、CZ22、CZ0 和 CZT 系列等。

CZ18 系列接触器型号含义：

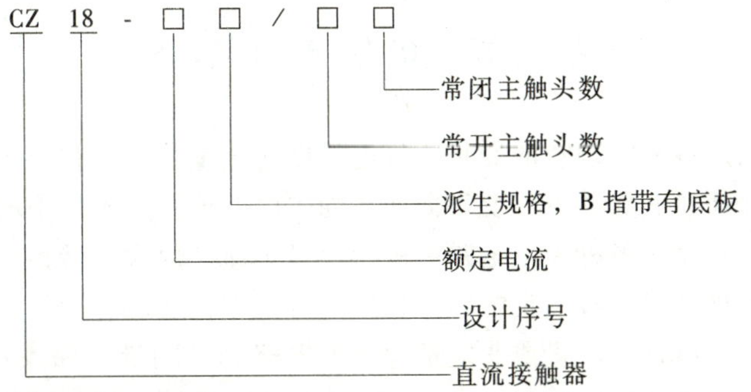

CZ18 系列直流接触器主要技术数据见表 5-3。

表 5-3 CZ18 系列直流接触器技术数据

<table>
<tr><th rowspan="2">型号</th><th rowspan="2">额定工作电压 U_N/V</th><th rowspan="2">约定发热电流 I/A</th><th rowspan="2">额定操作频率 /(次·h^{-1})</th><th rowspan="2">使用类别</th><th rowspan="2">常开主触头数</th><th colspan="3">辅助触头</th></tr>
<tr><th>常开</th><th>常闭</th><th>约定发热电流 I/A</th></tr>
<tr><td>CZ18-40/10</td><td rowspan="8">440</td><td rowspan="2">40（20、10、5①）</td><td rowspan="2">1200</td><td rowspan="8">DC2②</td><td>1</td><td rowspan="8">2</td><td rowspan="8">2</td><td rowspan="4">6</td></tr>
<tr><td>CZ18-40/20</td><td>2</td></tr>
<tr><td>CZ18-80/10</td><td rowspan="2">80</td><td rowspan="2">1200</td><td>1</td></tr>
<tr><td>CZ18-80/20</td><td>2</td></tr>
<tr><td>CZ18-160/10</td><td>160</td><td rowspan="4">600</td><td>1</td><td rowspan="4">10</td></tr>
<tr><td>CZ18-315/10</td><td>315</td><td>1</td></tr>
<tr><td>CZ18-630/10</td><td>630</td><td>1</td></tr>
<tr><td>CZ18-1000/10</td><td>1000</td><td>1</td></tr>
</table>

① 5A、10A、20A 为吹弧线圈的额定工作电流。

② 当使用类别为 DC2 时，在 440V 下，额定工作电流等于约定发热电流。

四、接触器的选用

1）接触器极数和电流种类的确定。根据主触头接通或分断电路的性质来选择直流接触器还是交流接触器。三相交流系统中一般选用三极接触器，当需要同时控制中性线时，则选用四极交流接触器。单相交流和直流系统中则常用两极或三极并联。一般场合选用电磁式接触器；易爆易燃场合应选用防爆型及真空接触器。

2）根据接触器所控制负载的工作任务来选择相应使用类别的接触器。如负载是一般任务则选用 AC3 使用类别；负载为重任务则应选用 AC4 类别；如果负载为一般任务与重任务混合时，则可根据实际情况选用 AC3 或 AC4 类接触器，如选用 AC3 类时，应降级使用。

3）根据负载功率和操作情况来确定接触器主触头的电流等级。当接触器使用类别与所控制负载的工作任务相对应时，一般按控制负载电流值来决定接触器主触头的额定电流值；若不对应时，应降低接触器主触头电流等级使用。

4）根据接触器主触头接通与分断主电路电压等级来决定接触器的额定电压。

5）接触器吸引线圈的额定电压应由所接控制电路电压确定。

6）接触器触头数和种类应满足主电路和控制电路的要求。

第三节 电磁式继电器

继电器是一种利用各种物理量的变化，将电量或非电量信号转化为电磁力或使输出状态发生阶跃变化，从而通过其触头或突变量促使在同一电路或另一电路中的其他器件或装置动作的一种控制元件。它用于各种控制电路中进行信号传递、放大、转换、联锁等，控制主电路和辅助电路中的器件或设备按预定的动作程序进行工作，实现自动控制和保护的目的。

被转化或施加于继电器的电量或非电量称为继电器的激励量（输入量），继电器的激励量可以是电量如交流或直流的电流、电压，也可以是非电量如位置、时间、温度、速度、压力等。当输入量高于它的吸合值或低于它的释放值时，继电器动作，对于有触头式继电器是其触头闭合或断开，对于无触头式继电器是其输出发生阶跃变化，以此提供一定的逻辑变量，实现相应的控制。

常用的继电器按动作原理分，有电磁式、磁电式、感应式、电动式、光电式、压电式、热继电器与时间继电器等。按激励量不同分，有交流、直流、电压、电流、中间、时间、速度、温度、压力、脉冲继电器等。其中以电磁式继电器种类最多，应用最广泛。本节仅介绍常用的电磁式继电器。

任何一种继电器都具有两个基本机构，一是能反应外界输入信号的感应机构；二是对被控电路实现“通”“断”控制的执行机构。前者又由变换机构和比较机构组成，变换机构是将输入的电量或非电量变换成适合执行机构动作的某种特定物理量，如电磁式继电器中的铁心和线圈，能将输入的电压或电流信号变换为电磁力，比较机构用于对输入量的大小进行判断，当输入量达到规定值时才发出命令使执行机构执行，电磁式继电器中的返回弹簧，由于事先的压缩产生了一定的预压力，使得只有当电磁力大于此力时触头系统才动作。至于继电器的执行机构，对有触头继电器就是触头的接通与断开，对无触头半导体继电器则为晶体管具有截止、饱和两种状态来实现对电路的通断控制。

虽然**继电器与接触器都是用来自动闭合或断开电路，但是它们仍有许多不同之处，其主要区别如下：**

1）继电器一般用于控制小电流的电路，触头额定电流不大于5A，所以不加灭弧装置；接触器一般用于控制大电流的电路，主触头额定电流不小于5A，往往加有灭弧装置。

2）接触器一般只能对电压的变化做出反应，而各种继电器可以在相应的各种电量或非电量作用下动作。

一、电磁式继电器的基本结构及分类

（一）电磁式继电器的结构

电磁式继电器结构和工作原理与电磁式接触器相似，其结构如图5-15所示。由电磁机构和触头系统两部分组成，因继电器的触头均接在控制电路中，电流小，无需再设灭弧装置，但继电器为满足控制要求，需调节动作参数，故有调节装置。

1. 电磁机构　直流继电器的电磁机构均为U形拍合式，铁心和衔铁均由电工软铁制成，为了改变衔铁闭合后的气隙，在衔铁的内侧面上装有非磁性垫片，铁心铸在铝基座上。

交流继电器的电磁机构有U形拍合式、E形直动式、螺管式等结构形式。铁心与衔铁均由硅钢片叠制而成，且在铁心柱端面上嵌有短路环。

在铁心上装设不同的线圈，可制成电流继电器、电压继电器和中间继电

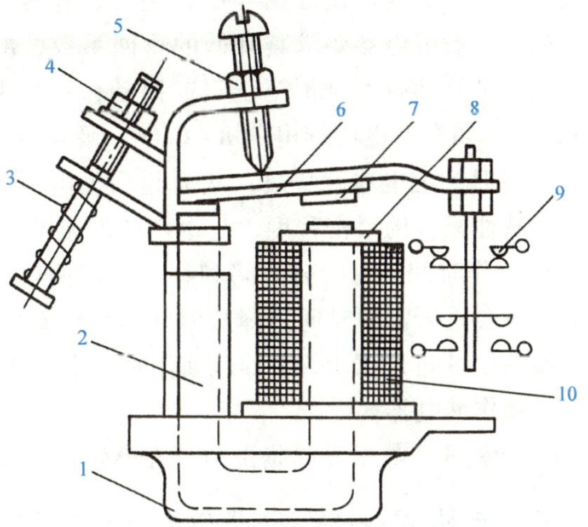

图5-15　电磁式继电器的典型结构

1—底座　2—铁心　3—释放弹簧　4、5—调节螺母　6—衔铁　7—非磁性垫片　8—极靴　9—触头系统　10—线圈

器。而继电器的线圈又有交流和直流两种，直流继电器再加装铜套又可构成电磁式时间继电器。

2. 触头系统 继电器的触头一般都为桥式触头，有常开和常闭两种形式，没有灭弧装置。

3. 调节装置 为改变继电器的动作参数，应设有改变继电器释放弹簧松紧程度的调节装置和改变衔铁释放时初始状态磁路气隙大小的调节装置，如调节螺母和非磁性垫片。

（二）电磁式继电器的分类

电磁式继电器按输入信号不同分，有电压继电器、电流继电器、时间继电器、速度继电器和中间继电器；按线圈电流种类不同分，有交流继电器和直流继电器；按用途不同分，有控制继电器、保护继电器、通信继电器和安全继电器等。

二、电磁式继电器的特性及主要参数

（一）电磁式继电器的特性

继电器的特性是指继电器的输出量随输入量变化的关系，即输入—输出特性。电磁式继电器的特性就是电磁机构的继电特性，如图 5-6 所示。图中 x_0 为继电器的动作值（吸合值），x_r 为继电器的复归值（释放值），这两值为继电器的动作参数。因此，也可以用继电特性来定义继电器，即具有继电特性的电器称为继电器。

（二）继电器的主要参数

1. 额定参数 继电器的线圈和触头在正常工作时允许的电压值或电流值称为继电器额定电压或额定电流。

2. 动作参数 即继电器的吸合值与释放值。对于电压继电器有吸合电压 U_0 与释放电压 U_r；对于电流继电器有吸合电流 I_0 与释放电流 I_r。

3. 整定值 根据控制要求，对继电器的动作参数进行人为调整的数值。

4. 返回系数 是指继电器的释放值与吸合值的比值，用 K 表示。K 值可通过调节释放弹簧或调节铁心与衔铁之间非磁性垫片的厚度来达到所要求的值。不同场合要求不同的 K 值，如对一般继电器要求具有低的返回系数，K 值应在 0.1~0.4 之间，这样当继电器吸合后，输入量波动较大时不至于引起误动作；欠电压继电器则要求高的返回系数，K 值应在 0.6 以上。如有一电压继电器 $K=0.66$，吸合电压为额定电压的 90%，则释放电压为额定电压的 60%时，继电器就释放，从而起到欠电压保护作用。返回系数反映了继电器吸力特性与反力特性配合的紧密程度，是电压和电流继电器的主要参数。

5. 动作时间 有吸合时间和释放时间两种。吸合时间是指从线圈接受电信号起，到衔铁完全吸合止所需的时间；释放时间是从线圈断电到衔铁完全释放所需的时间。一般电磁式继电器动作时间为 0.05~0.2s，动作时间小于 0.05s 为快速动作继电器，动作时间大于 0.2s 为延时动作继电器。

6. 灵敏度 灵敏度是指继电器在整定值下动作时所需的最小功率或安匝数。

三、电磁式电压继电器与电流继电器

电磁式继电器反映的是电信号，当线圈反映电压信号时，为电压继电器。当线圈反映电流信号时，为电流继电器。其在结构上的区别主要在线圈上，**电压继电器的线圈匝数多、导**

线细，而电流继电器的线圈匝数少、导线粗。

电磁式继电器有交、直流之分，它是按线圈通过交流电还是直流电来区分的。

（一）电磁式电压继电器

电磁式电压继电器线圈并接在电路电源上，用于反映电路电压大小。其触头的动作与线圈电压大小直接有关，在电力拖动控制系统中起电压保护和控制作用。按吸合电压相对其额定电压大小可分为过电压继电器和欠电压继电器。

1. 过电压继电器　在电路中用于过电压保护。当线圈为额定电压时，衔铁不吸合，当线圈电压高于其额定电压时，衔铁才吸合动作。当线圈所接电路电压降低到继电器释放电压时，衔铁才返回释放状态，相应触头也返回成原来状态。所以，过电压继电器释放值小于吸合值，其电压返回系数 $K_V<1$，规定当 $K_V>0.65$ 时，称为高返回系数继电器。

由于直流电路一般不会出现过电压，所以产品中没有直流过电压继电器。交流过电压继电器吸合电压调节范围为 $U_0=(1.05\sim1.2)U_N$。

2. 欠电压继电器　在电路中用于欠电压保护。当线圈电压低于其额定电压值时衔铁就吸合，而当线圈电压很低时衔铁才释放。一般直流欠电压继电器吸合电压 $U_0=(0.3\sim0.5)U_N$，释放电压 $U_r=(0.07\sim0.2)U_N$。交流欠电压继电器的吸合电压与释放电压的调节范围分别为 $U_0=(0.6\sim0.85)U_N$，$U_r=(0.1\sim0.35)U_N$。由此可见，欠电压继电器的返回系数 K_v 很小。

电压继电器的符号如图 5-16 所示。

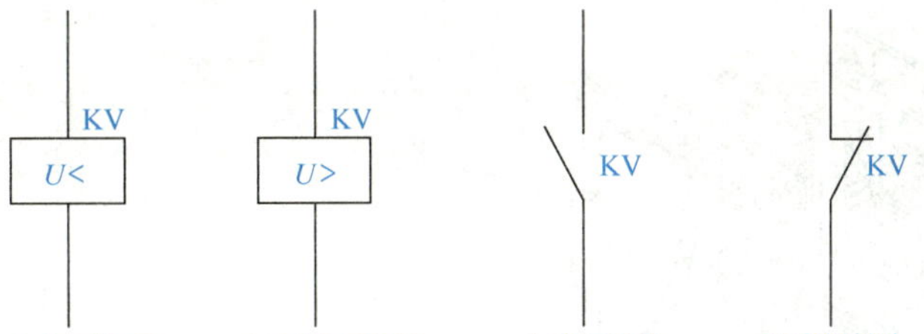

图 5-16　电压继电器的符号

（二）电磁式电流继电器

电磁式电流继电器线圈串接在电路中，用来反映电路电流的大小，触头的动作与否与线圈电流大小直接有关。按线圈电流种类不同，有交流电流继电器与直流电流继电器之分。按吸合电流大小可分为过电流继电器和欠电流继电器。

1. 过电流继电器　正常工作时，线圈流过负载电流，即便是流过额定电流，衔铁仍处于释放状态，而不被吸合；当流过线圈的电流超过额定负载电流一定值时，衔铁才被吸合而动作，从而带动触头动作，其常闭触头断开，分断负载电路，起过电流保护作用。通常，交流过电流继电器的吸合电流 $I_0=(1.1\sim3.5)I_N$，直流过电流继电器的吸合电流 $I_0=(0.75\sim3)\ I_N$。由于过电流继电器在出现过电流时衔铁吸合动作，其触头来切断电路，故过电流继电器无释放电流值。

2. 欠电流继电器　正常工作时，继电器线圈流过负载额定电流，衔铁吸合动作；当负载电流降低至继电器释放电流时，衔铁释放，带动触头动作。欠电流继电器在电路中起欠电流保护作用，所以常用欠电流继电器的常开触头接于电路中，当继电器欠电流释放时，常开触头来断开电路起保护作用。

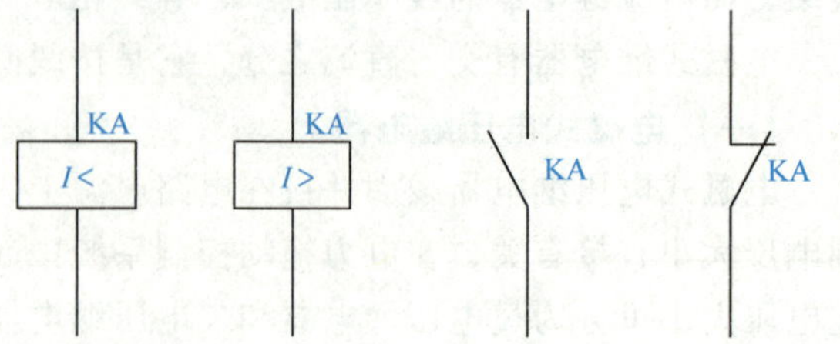

a) 欠电流线圈 b) 过电流线圈 c) 常开触头 d) 常闭触头

图 5-17 电流继电器的符号

在直流电路中，由于某种原因而引起负载电流的降低或消失，往往会导致严重的后果，如直流电动机的励磁回路电流过小会使电动机发生超速，带来危险。因此在电器产品中有直流欠电流继电器，对于交流电路则无欠电流保护，也就没有交流欠电流继电器了。

直流欠电流继电器的吸合电流与释放电流调节范围为 $I_0=(0.3\sim0.65)I_N$ 和 $I_r=(0.1\sim0.2)I_N$。

电流继电器的符号如图 5-17 所示。

(三) 电磁式中间继电器

电磁式中间继电器实质上是一种电磁式电压继电器，其特点是触头数量较多，在电路中起增加触头数量和起中间放大作用。由于中间继电器只要求线圈电压为零时能可靠释放，对动作参数无要求，故中间继电器没有调节装置。JZ7 系列中间继电器结构及符号如图 5-18 所示。

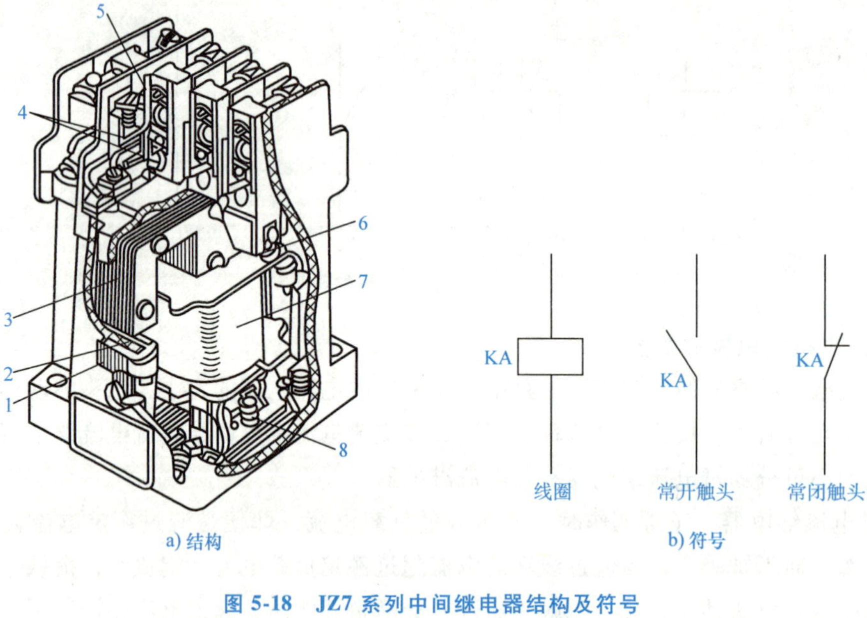

a) 结构 b) 符号

图 5-18 JZ7 系列中间继电器结构及符号

1—静铁心 2—短路环 3—衔铁 4—常开触头 5—常闭触头 6—释放弹簧 7—线圈 8—缓冲弹簧

按电磁式中间继电器线圈电压种类不同，又有直流中间继电器和交流中间继电器两种。有的电磁式直流继电器，更换不同电磁线圈时便可成为直流电压、直流电流及直流中间继电器，若在铁心柱上套有阻尼套筒，又可成为电磁式时间继电器。因此，这类继电器具有

"通用"性，又称为通用继电器。

（四）常用典型电磁式继电器

1. 直流电磁式通用继电器　常用的有JT3、JT9、JT10、JT18等系列。表5-4列出了JT18系列直流电磁式通用继电器型号、规格、技术数据。

表5-4　JT18系列直流电磁式通用继电器型号、规格、技术数据

继电器类型	型号	可调参数调整范围	延时可调范围/s 断电/通电	触头数量 常开	触头数量 常闭	吸引线圈 额定电压（或电流）	吸引线圈 消耗功率/W	机械寿命/万次	电气寿命/万次
电压	JT18-□	吸合电压(0.3~0.5)U_N 释放电压(0.07~0.2)U_N	—	1	1	直流24V、48V、110V、220V、440V	19	300	50
		吸合电压(0.35~0.5)U_N		2	2				
电流	JT18-□/L	吸合电流(0.3~0.65)I_N 释放电流(0.1~0.2)I_N	—	1	1	直流1.6A、2.5A、4.6A、10A、16A、25A、40A、63A、100A、160A、250A、600A	19	300	50
		吸合电流(0.35~0.65)I_N		2	2				
时间	JT18-□/1	—	0.3~0.9/0.3~1.5	1	1	直流110V、220V、440V	19	300	50
	JT18-□/3		0.8~3/1~3.5						
	JT18-□/5		2.5~5/3~3.5	2	2				

JT18系列型号含义：

JT 18 - □ □ / □

- □——延时继电器的延时规格(S)
- □——派生代号，L表示欠电流
- □——前一数字为常开触头数量、后一数字为常闭触头数量
- 18——设计序号
- JT——通用继电器

2. 电磁式中间继电器　常用的有JZ7、JDZ2、JZ14等系列。引进产品有MA406N系列中间继电器，3TH系列（国内型号JZC）。JZ14系列中间继电器型号、规格、技术数据见表5-5。

表5-5　JZ14系列中间继电器型号、规格、技术数据

型号	电压种类	触头电压/V	触头额定电流/A	触头组合 常开	触头组合 常闭	额定操作频率/(次/h)	通电持续率(%)	吸引线圈电压/V	吸引线圈消耗功率
JZ14-□□J/□ JZ14-□□Z/□	交流、 直流	380 220	5	6 4 2	2 4 6	2000	40	交流110、127、220、380 直流24、48、110、220	10VA 7W

JZ14 系列型号含义：

JZ 14 - □ □ □ / □

- □（第四个方框，“/”后）——结构特征代号：无代号为敞开式板后安装；1 为敞开式板前安装；2 为带外罩板后安装；3 为带外罩板前安装；4 为带外罩和接线底座
- □（第三个方框）——J 交流；Z 直流
- □（第二个方框）——常闭触头数量
- □（第一个方框）——常开触头数量
- 14——设计序号
- JZ——中间继电器

3. 电磁式交、直流电流继电器 常用的有 JL3、JL14、JL15 等系列。JL14 系列交直流电流继电器型号、规格、技术数据见表 5-6。

表 5-6 JL14 系列交直流电流继电器型号、规格、技术数据

电流种类	型号	线圈额定电流 I_N/A	吸合电流调整范围 I_N/A	触头数量 常开	触头数量 常闭	备注
直流	JL14-□□Z	1、1.5、2.5、5、10、15、20、40、60、100、150、300、600、1200、1500	0.7~3	3	3	
	JL14-□□ZS		0.3~0.65 或释放电流在 0.1~0.2 范围调整	2	1	手动复位
	JL14-□□ZQ			1	2	欠电流
交流	JL14-□□J		1.1~4.0	1	1	
	JL14-□□JS			2	2	手动复位
	JL14-□□JG			1	1	返回系数大于 0.6

JL14 系列型号含义：

JL 14 - □ □ □ □

- □（第四个方框）——S：手动复位机构； Q：欠电流； G：高返回系数
- □（第三个方框）——Z：直流； J：交流
- □（第二个方框）——常闭触头数量
- □（第一个方框）——常开触头数量
- 14——设计序号
- JL——电流继电器

（五）电磁式继电器的选用

1. 使用类别的选用 继电器的典型用途是控制接触器的线圈，即控制交、直流电磁铁。按规定，继电器使用类别有：AC-11 控制交流电磁铁负载与 DC-11 控制直流电磁铁负载两种。

2. 额定工作电流与额定工作电压的选用 继电器在对应使用类别下，继电器的最高工作电压为继电器的额定绝缘电压，继电器的最高工作电流应小于继电器的额定发热电流。

选用继电器电压线圈的电压种类与额定电压值时，应与系统电压种类与电压值一致。

3. 工作制的选用 继电器工作制应与其使用场合工作制一致，且实际操作频率应低于继电器额定操作频率。

4. 继电器返回系数的调节 应根据控制要求来调节电压和电流继电器的返回系数。一

般采用增加衔铁吸合后的气隙、减小衔铁打开后的气隙或适当放松释放弹簧等措施来达到增大返回系数的目的。

第四节　时间继电器

继电器输入信号输入后，经一定的延时，才有输出信号的继电器称为时间继电器。对于电磁式时间继电器，当电磁线圈通电或断电后，经一段时间，延时触头状态才发生变化，即延时触头才动作。

时间继电器种类很多，常用的有电磁阻尼式、空气阻尼式、电动机式和电子式等。按延时方式可分为通电延时型和断电延时型。通电延时型当接受输入信号后延迟一定时间，输出信号才发生变化；当输入信号消失后，输出瞬时复原。断电延时型当接受输入信号后，瞬时产生相应的输出信号，当输入信号消失后，延迟一定时间，输出信号才复原。本节介绍利用电磁原理工作的直流电磁式时间继电器、空气阻尼式时间继电器和晶体管时间继电器。

一、直流电磁式时间继电器

直流电磁式时间继电器是在电磁式电压继电器铁心上套个阻尼铜套，如图 5-19 所示。当电磁线圈接通电源时，在阻尼套筒内产生感应电动势，流过感应电流。在感应电流作用下产生的磁通阻碍穿过铜套内的原磁通变化，因而对原磁通起阻尼作用，使磁路中的原磁通增加缓慢，使达到吸合磁通值的时间加长，衔铁吸合时间后延，触头也延时动作。由于电磁线圈通电前，衔铁处于打开位置，磁路气隙大，磁阻大，磁通小，阻尼套筒作用也小，因此衔铁吸合时的延时只有 0.1~0.5s，延时作用可忽略不计。

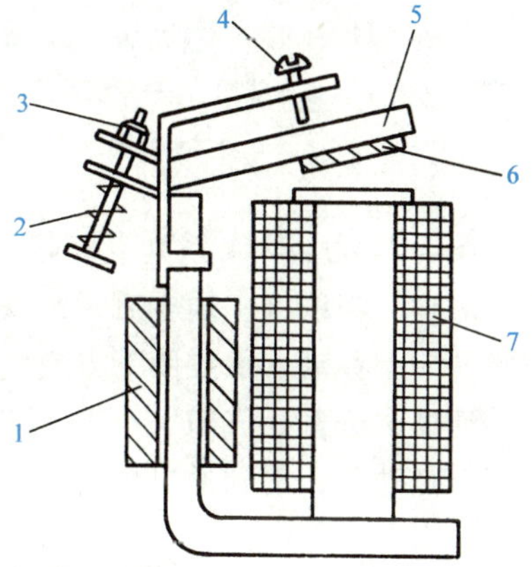

图 5-19　直流电磁式时间继电器

1—阻尼套筒　2—释放弹簧　3—调节螺母
4—调节螺钉　5—衔铁　6—非磁性垫片
7—电磁线圈

但当衔铁已处于吸合位置，在切断电磁线圈直流电源时，因磁路气隙小，磁阻小，磁通变化大，铜套的阻尼作用大，使电磁线圈断电后衔铁延时释放，相应触头延时动作，线圈断电获得的延时可达 0.3~5s。

直流电磁式时间继电器延时时间的长短可改变铁心与衔铁间非磁性垫片的厚薄（粗调）或改变释放弹簧的松紧（细调）来调节。垫片厚则延时短，垫片薄则延时长；释放弹簧紧则延时短，释放弹簧松则延时长。

直流电磁式时间继电器具有结构简单、寿命长、允许通电次数多等优点。但仅适用于直流电路，若用于交流电路需加整流装置；仅能获得断电延时，且延时时间短，延时精度不高。常用的有 JT18 系列电磁式时间继电器，其技术数据见表 5-4。

二、空气阻尼式时间继电器

（一）空气阻尼式时间继电器结构与工作原理

空气阻尼式时间继电器由电磁机构、延时机构和触头系统三部分组成，它是利用空气阻尼原理达到延时的目的。延时方式有通电延时型和断电延时型两种。其外观区别在于：当衔铁位于铁心和延时机构之间时为通电延时型；当铁心位于衔铁和延时机构之间时为断电延时型。下面以 JS7-A 系列时间继电器为例来分析其工作原理。图 5-20 为 JS7-A 系列空气阻尼式时间继电器外形与结构图。

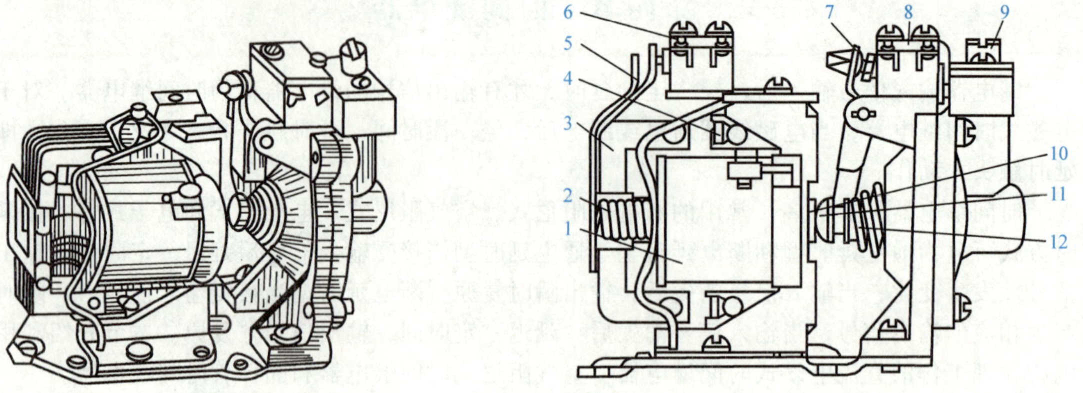

a) 外形　　b) 结构

图 5-20 JS7-A 系列空气阻尼式时间继电器外形与结构图

1—线圈 2—释放弹簧 3—衔铁 4—铁心 5—弹簧片 6—瞬时触头 7—杠杆 8—延时触头 9—调节螺钉 10—推杆 11—活塞杆 12—塔形弹簧

图 5-21 为 JS7-A 系列空气阻尼式时间继电器结构原理图。现以通电延时型为例说明其工作原理。当线圈 1 通电后，衔铁 3 吸合，活塞杆 6 在塔形弹簧 7 作用下带动活塞 13 及橡皮膜 9 向上移动，橡皮膜下方空气室的空气变得稀薄，形成负压，活塞杆只能缓慢移动，其移动速度由进气孔气隙大小来决定。经一段延时后，活塞杆通过杠杆 15 压动微动开关 14，使其触点动作，起到通电延时作用。

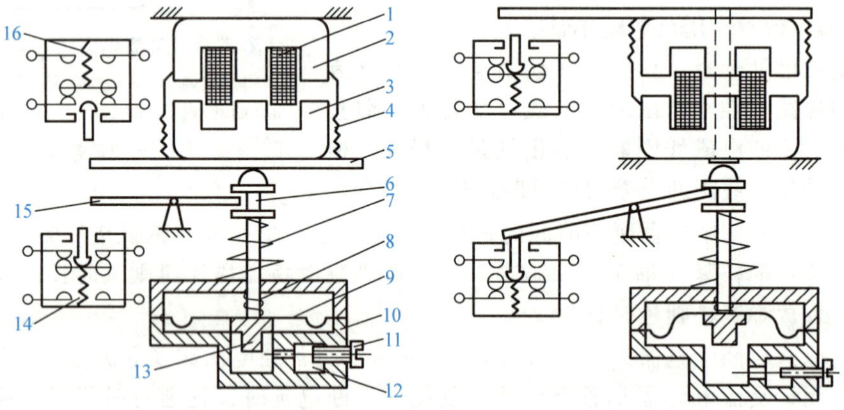

a) 通电延时型　　b) 断电延时型

图 5-21 JS7-A 系列空气阻尼式时间继电器结构原理图

1—线圈 2—铁心 3—衔铁 4—释放弹簧 5—推板 6—活塞杆 7—塔形弹簧 8—弱弹簧 9—橡皮膜 10—空气室壁 11—调节螺钉 12—进气孔 13—活塞 14、16—微动开关 15—杠杆

当线圈断电时，衔铁释放，橡皮膜下方空气室内的空气通过活塞肩部所形成的单向阀迅速排出，使活塞杆、杠杆、微动开关迅速复位。由线圈通电至触头动作的一段时间即为时间

继电器的延时时间，延时长短可通过调节螺钉 11 来调节进气孔气隙大小来改变。

微动开关 16 在线圈通电或断电时，在推板 5 的作用下都能瞬时动作，其触头为时间继电器的瞬动触头。

空气阻尼式时间继电器具有结构简单、延时范围较大、价格较低的优点，但其延时精度较低，没有调节指示，适用于延时精度要求不高的场合。

时间继电器的符号如图 5-22 所示。

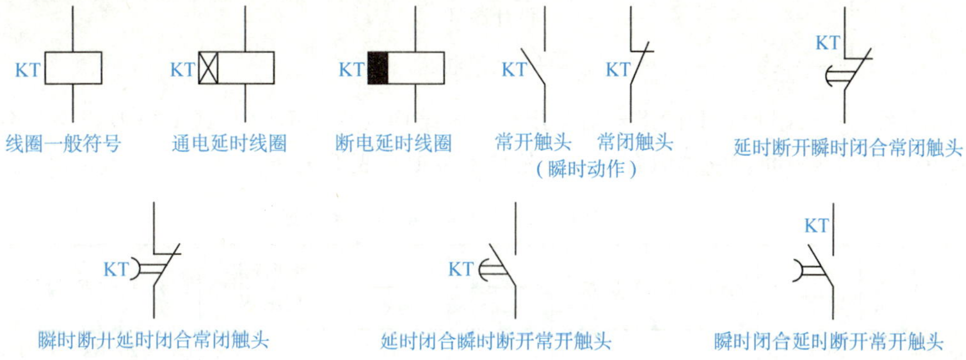

图 5-22 时间继电器的符号

（二）空气阻尼式时间继电器典型产品简介

空气阻尼式时间继电器典型产品有 JS7、JS23、JSK□系列时间继电器。JS23 系列时间继电器是以一个具有 4 个瞬动触点的中间继电器为主体，再加上一个延时机构组成。延时组件包括波纹状气囊及排气阀门，刻有细长环形槽的延时片，调时旋钮及动作弹簧等。JS23 系列时间继电器技术数据与输出触头形式及组合见表 5-7、表 5-8。

表 5-7 JS23 系列时间继电器技术数据

型号	额定电压/V		最大额定电流/A		线圈额定电压/V	延时重复误差(%)	机械寿命/万次	电气寿命/万次	
			瞬动	延时				瞬动触头	延时触头
JS23-□□/□	交流	220	—		交流 110、220、380	≤9	100	100	50
		380	0.79						
	直流	110	—						
		220	0.27	0.14					

表 5-8 JS23 系列时间继电器输出触头形式及组合

型号	延时动作触头数量				瞬时动作触头数量	
	线圈通电后延时		线圈断电后延时			
	常开触头	常闭触头	常开触头	常闭触头	常开触头	常闭触头
JS23-1□/□	1	1	—	—	4	0
JS23-2□/□	1	1	—	—	3	1
JS23-3□/□	1	1	—	—	2	2
JS23-4□/□	—	—	1	1	4	0
JS23-5□/□	—	—	1	1	3	1
JS23-6□/□	—	—	1	1	2	2

JS23 系列型号含义：

JS 23 - □ □ / □

- □ 安装方式：1—螺钉安装式；2—卡轨安装式
- □ 延时时间：1—0. 2 ~ 30s；2—10 ~ 180s
- □ 输出触头形式及组合，见表 1-7
- 23 设计序号
- JS 时间继电器

JSK□系列空气阻尼式时间继电器采用积木式结构，它由 LA2-D 或 LA3-D 型空气延时头与 CA2-DN/122 型中间继电器组合而成，其技术数据见表 5-9。

表 5-9 JSK□系列时间继电器技术数据

型号	延时范围/s	动作方式	复位方式	触头数量		线圈额定电压/V	产品构成
				延时	瞬动		
JSK□-3/1	0. 1 ~ 3	通电延时	自动复位	1 常开 2 常闭	2 常开 2 常闭	220 380 415 440 550	LA2-D20+CA2-DN/122
JSK□-30/1	0. 1 ~ 30						LA2-D22+CA2-DN/122
JSK□-180/1	10 ~ 180						LA2-D24+CA2-DN/122
JSK□-3/2	0. 1 ~ 3	断电延时	自动复位				LA2-D20+CA2-DN/122
JSK□-30/2	0. 1 ~ 30						LA2-D22+CA2-DN/122
JSK□-180/2	10 ~ 180						LA2-D24+CA2-DN/122

三、晶体管时间继电器

晶体管时间继电器又称为半导体式时间继电器或电子式时间继电器。晶体管时间继电器除执行继电器外，均由电子元器件组成，没有机械零件，因而具有寿命较长、精度较高、体积小、延时范围宽、控制功率小等优点。

（一）晶体管时间继电器的分类

1）晶体管时间继电器按构成原理不同，分为阻容式和数字式两类。

2）晶体管时间继电器按延时方式不同可分为通电延时型、断电延时型和带瞬动触头的通电延时型等。

（二）晶体管时间继电器的结构与工作原理

晶体管时间继电器品种和型式很多，电路各异，下面以具有代表性的 JS20 系列为例，介绍晶体管时间继电器的结构和工作原理。

1. JS20 系列晶体管时间继电器的结构　该系列时间继电器采用插座式结构，所有元器件均装在印制电路板上，然后用螺钉使之与插座紧固，再装入塑料罩壳，组成本体部分。

在罩壳顶面装有铭牌和整定电位器的旋钮。铭牌上有该时间继电器最大延时时间的十等分刻度。使用时旋动旋钮即可调整延时时间。并有指示灯，当继电器吸合后指示灯亮。外接式的整定电位器不装在继电器的本体内，而用导线引接到所需的控制板上。

安装方式有装置式与面板式两种。装置式备有带接线端子的胶木底座，它与继电器本体部分采用接插连接，并用扣攀锁紧，以防松动；面板式可直接把时间继电器安装在控制台的面板上，它与装置式的结构大体一样，只是采用 8 脚插座代替装置式的胶木底座。

2. JS20 系列晶体管时间继电器的工作原理　该时间继电器所采用的电路有两类：一类是单结晶体管电路；另一类是场效应晶体管电路。JS20 系列晶体管时间继电器有通电延时型、断电延时型、带瞬动触头的通电延时型三种型式。延时等级对于通电延时型分为 1s、5s、10s、30s、60s、120s、180s、300s、600s、1800s、3600s。断电延时型分为 1s、5s、10s、30s、60s、120s、180s 等。

图 5-23 为采用场效应晶体管 JS20 系列通电延时继电器电路图，它由稳压电源、*RC* 充放电电路、电压鉴别电路、输出电路和指示电路等部分组成。

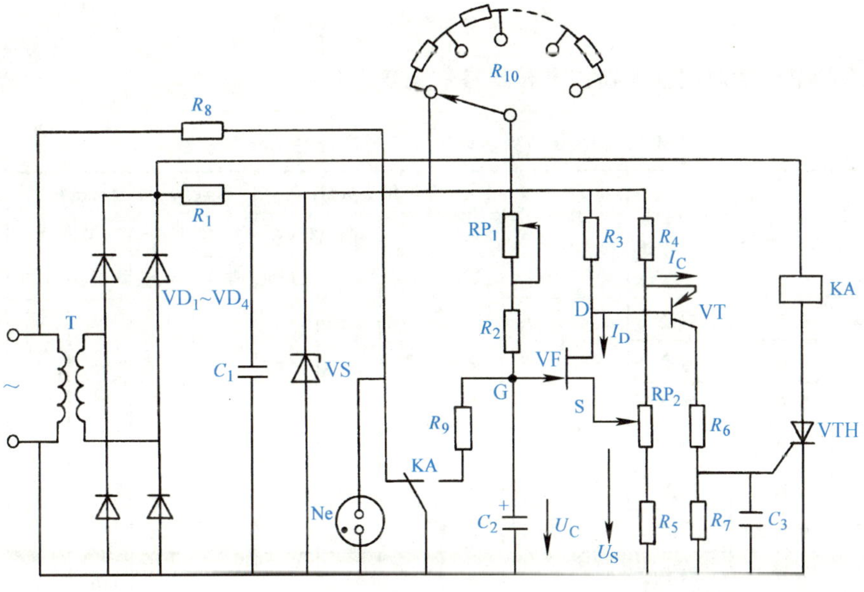

图 5-23　JS20 系列通电延时型继电器电路图

电路工作原理：接通交流电源，经整流、滤波和稳压后，直流电压经波段开关上的电阻 R_{10}、RP_1、R_2 向电容 C_2 充电。开始时 VF 场效应晶体管截止，晶体管 VT、晶闸管 VTH 也处于截止状态。随着充电的进行，电容器 C_2 上的电压由零按指数曲线上升，直至 U_{GS} 上升到 $U_{GS}>U_P$（夹断电压）时 VF 导通。这是由于 I_D 在 R_3 上产生电压降，D 点电位开始下降，一旦 D 点电位降低到 VT 的发射极电位以下时，VT 导通。VT 的集电极电流 I_C 在 R_4 上产生压降，使场效应晶体管 U_S 降低，即负栅偏压越来越小。所以对 VF 来说，R_4 起正反馈作用，使 VT 导通，并触发晶闸管 VTH 使它导通，同时使继电器 KA 动作，输出延时信号。从时间继电器接通电源，C_2 开始被充电到 KA 动作这段时间即为通电延时动作时间。KA 动作后，C_2 经 KA 常开触头对电阻 R_9 放电，同时氖泡 Ne 指示灯起辉，并使场效应晶体管 VF 和晶体管 VT 都截止，为下次工作做准备。但此时晶闸管 VTH 仍保持导通，除非切断电源，使电路恢复到原来状态，继电器 KA 才释放。

（三）常用晶体管时间继电器简介

1. JS20 系列晶体管时间继电器　继电器型号含义：

JS　20-□　□/□　□

- □——辅助规格代号：0—装置式；1—面板式；2—外接式；
  3—装置式带瞬动触头；
  4—面板式带瞬动触头；
  5—外接式带瞬动触头；
- □——辅助规格代号：0—无波段开关；1—带波段开关
- □——派生代号：D—断电延时；无字母—通电延时
- 20-□——基本规格代号：以数字表示延时时间范围(s)
- 20——设计代号
- JS——时间继电器

JS20 系列晶体管时间继电器主要技术参数见表 5-10。

表 5-10　JS20 系列晶体管时间继电器主要技术参数

型　号	结构形式	延时整定元件位置	延时范围/s	延时触头数量				瞬动触头数量		工作电压/V		功率损耗/W	机械寿命/万次
				通电延时		断电延时							
				常开	常闭	常开	常闭	常开	常闭	交流	直流		
JS20-□/00	装置式	内接	0.1～300	2	2	—	—	—	—	36、110、127、220、380	24、48、110	≤5	1000
JS20-□/01	面板式	内接											
JS20-□/02	装置式	外接											
JS20-□/03	装置式	内接		1	1	—	—	1	1				
JS20-□/04	面板式	内接											
JS20-□/05	装置式	外接											
JS20-□/10	装置式	内接	0.1～3600	2	2	—	—	—	—				
JS20-□/11	面板式	内接											
JS20-□/12	装置式	外接											
JS20-□/13	装置式	内接		1	1	—	—	1	1				
JS20-□/14	面板式	内接											
JS20-□/15	装置式	外接											
JS20-□/00	装置式	内接	0.1～180	—	—	2	2	—	—				
JS20-□/01	面板式	内接											
JS20-□/02	装置式	外接											

2. JSS 系列数字式晶体管时间继电器　该系列时间继电器是一种多功能、高精度、宽延时范围的数字式时间继电器，采用 MOS 大规模集成电路，工作可靠，利用拨码开关整定延时时间，直观性和重复性好。

继电器型号含义：

JS S 1 -□ □/□ □

- 安装形式：M—面板式；无字 —装置式
- 控制电压种类：Z—直流；无字 —交流
- 数显型式代号（见表 5-11）
- 延时范围代号（01～10）
- 设计序号
- 数字式
- 时间继电器

表 5-11 JSS1 系列时间继电器数显型式代号

代　号	无	A	B	C	D	E	F
意义	不带数显	二位数显递增	二位数显递减	三位数显递增	三位数显递减	四位数显递增	四位数显递减

JSS2-□/□ □

- 控制电压：48—AC24V、48V
  220—AC110V、220V
- 功能及触头型式代号（见表 5-12）
- 基本规格代号：0—基本型，0.1s～999min；
  1—数显型，0.1s～999.9min；
  2—装置型，0.1s～99.9min

表 5-12 JSS2 系列时间继电器功能及触头型式代号

代　号	0	1	2	3	4	5	6	7	8	9
功能型式	清除型	清除型	积累型	积累型	循环型	循环型	保持型	保持型	全功能型	全功能型
转换触头对数	2	1	2	1	2	1	2	1	2	1

JSS 系列数字式时间继电器的主要技术数据见表 5-13。

四、电动机式时间继电器

（一）电动机式时间继电器结构与工作原理

电动机式时间继电器是利用微型同步电动机拖动减速齿轮，经传动机构获得延时动作的时间继电器。图 5-24 为 JS11-□1 型电动机式时间继电器结构原理图。它由微型同步电动机 8、离合电磁铁 13、减速齿轮 7、差动轮系 6、复位游丝 5、触头系统 11、12、脱扣机构 10 及延时长短整定装置 1 等部分组成。

当同步电动机接通电源后，带动减速齿轮与差动轮系一起转动，差动轮系 z_1 与 z_3 在轴上空转，z_2 在另一轴上空转，而转轴不转。当需要延时时，接通（或断开）离合电磁铁的励磁线圈电路，使离合电磁铁吸合（或释放），从而将齿轮 z_3 刹住。于是，齿轮 z_2 的旋转只能以 z_3 为轨迹连同其轴做圆周运动。当轴上的凸轮随着轴转动到适当的位置，它就推动脱扣机构，使延时触头动作，并通过一对常闭触头的分断，切断同步电动机的电源。需要继电器复位时，只要断开（或接通）离合电磁铁的电源，所有机构都将在复位游丝的作用下恢复至原始状态。

表 5-13 JSS 系列数字式时间继电器主要技术数据

型号	延时范围	误差	额定控制电压/V	触头容量		延时触头数	
				电压/V	发热电流/A	通电延时 闭合	通电延时 断开
JSS1-01	0.1~9.9s 1~99s	交流型：±1个脉冲 直流型：重复误差±1% 电压及温度波动误差2.5%	AC：24、36、42、48、110、127、220、380 DC：24、48、100	AC：380 DC：220	5	2	2
JSS1-02	0.1~9.9s 10~990s						
JSS1-03	1~99s 10~990s						
JSS1-04	0.1~9.9min 1~99min						
JSS1-05	0.1~99.9s 1~999s						
JSS1-06	1~999s 10~9990s						
JSS1-07	0.1~99.9min 1~999min						
JSS1-08	0.1~999.9s 1~9999s						
JSS1-09	1~9999s 10~99990s						
JSS1-10	0.1~999.9min 1~9999min						
JSS2-0	0.1s~999min		AC：24、48 或 110、220 两种	AC：220	一对触头 2A 两对触头 0.5A	1 或 2	1 或 2
JSS2-1	0.1s~999.9min						
JSS2-2	0.1s~99.9min						

电动机式时间继电器的延时时间是从离合电磁铁线圈通电（或断电）起，到触头动作止所经过的时间，其延时长短可通过改变整定装置中定位指针的位置，即凸轮的起始位置来调整。凸轮离脱扣机构较远时，则齿轮要经过较长的转动时间才能推动脱扣机构动作，触头延时动作的时间就长，反之就短。

电动机式时间继电器按离合电磁铁线圈通电还是断电来使触头延时动作来区分是通电延时型还是断电延时型。

电动机式时间继电器具有延时精度高，延时范围宽的优点，但也存在机械结构复杂、寿命短、体积较大、成本较高的缺点，一般用于要求延时精度高，延时长的场合。

（二）电动机式时间继电器典型产品

电动机式时间继电器常用的有 JS11、JS17 系列和引进德国西门子公司技术生产的 7PR 系列等。其中 JS11 系列电动机式时间继电器技术数据见表 5-14。

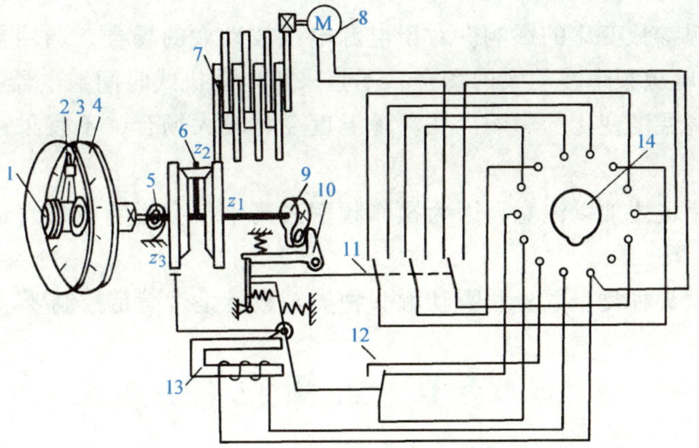

图 5-24　JS11-□1 型电动机式时间继电器结构原理图

1—延时长短整定装置　2—指针定位　3—指针　4—刻度盘　5—复位游丝　6—差动轮系　7—减速齿轮　8—同步电动机　9—凸轮　10—脱扣机构　11—延时触头　12—瞬动触头　13—离合电磁铁　14—接线插座

表 5-14　JS11 系列电动机式时间继电器技术数据

线圈额定电压/V		AC110，220，380					
触头通断能力		AC380V 时，接通 3A，分断 0.3A，长期工作电流 5A					
触头组合	型　号	延时动作触头数量				瞬动触头数量	
		通电延时		断电延时			
		常开	常闭	常开	常闭	常开	常闭
	JS11-□1	3	2	—	—	1	1
	JS11-□2	—	—	3	2	1	1
延时范围		JS11-1□:0~8s;JS11-2□:0~40s;JS11-3□:0~4min;JS11-4□:0~20min JS11-5□:0~2h;JS11-6□:0~12h;JS11-7□:0~72h					
操作频率/(次·h^{-1})		1200					
误差范围		±1%					

JS11 系列型号含义：

JS11-□ □
- 1—通电延时型，2—断电延时型
- 延时范围，见表 5-14
- 电动机式时间继电器

五、时间继电器的选用

1）根据控制电路的控制要求选择通电延时型还是断电延时型。

2）根据对延时精度要求不同选择时间继电器类型。对延时精度要求不高的场合，一般选用电磁式或空气阻尼式时间继电器；对延时精度要求高的场合，应选用晶体管式或电动机式时间继电器。

3）应注意电源参数变化的影响。对于电源电压波动大的场合，选用空气阻尼式比采用晶体管式好；而在电源频率波动大的场合，不宜采用电动机式时间继电器。

4）应注意环境温度变化的影响。在环境温度变化较大场合，不宜采用晶体管式时间继电器。

5）对操作频率也要加以注意，因为操作频率过高不仅会影响电气寿命，还可能导致延时误动作。

6）考虑延时触头种类、数量和瞬动触头种类、数量是否满足控制要求。

第五节　热继电器

热继电器是利用电流流过发热元件产生热量来使检测元件受热弯曲，进而推动机构动作的一种保护电器。由于发热元件具有热惯性，在电路中不能用于瞬时过载保护，更不能做短路保护，主要用作电动机的长期过载保护。在电力拖动控制系统中应用最广的是双金属片式热继电器。

一、电气控制对热继电器性能的要求

1. 应具有合理可靠的保护特性　热继电器主要用作电动机的长期过载保护，根据电动机的过载特性是一条如图 5-25 所示的反时限特性，为适应电动机的过载特性，又能起到过载保护作用，则要求热继电器具有形同电动机过载特性的反时限特性。这条特性是流过热继电器发热元件的电流与热继电器触头动作时间的关系曲线，称为热继电器的保护特性，如图 5-25 中曲线 2 所示。考虑各种误差的影响，电动机的过载特性与热继电器的保护特性是一条曲带，误差越大，曲带越宽。从安全角度出发，热继电器的保护特性应处于电动机过载特性下方并相邻近。这样，当发生过载时，热继电器就在电动机未达到其允许过载之前动作，切断电动机电源，实现过载保护。

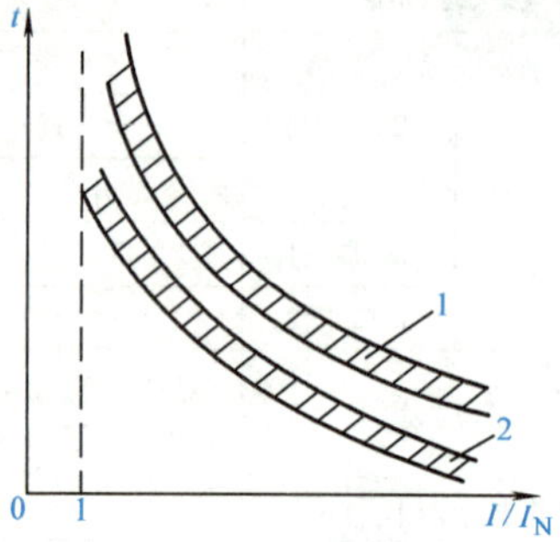

图 5-25　热继电器保护特性与电动机过载特性的配合

1—电动机的过载特性

2—热继电器的保护特性

2. 具有一定的温度补偿　当环境温度变化时，热继电器检测元件受热弯曲存在误差，为补偿由于温度引起的误差，应具有温度补偿装置。

3. 热继电器动作电流可以方便地调节　为减少热继电器热元件的规格，热继电器动作电流可在热元件额定电流 66%~100%范围内调节。

4. 具有手动复位与自动复位功能　热继电器动作后，可在 2min 内按下手动复位按钮进行复位，也可在 5min 内可靠地自动复位。

二、双金属片热继电器的结构及工作原理

双金属片热继电器主要由热元件、主双金属片、触头系统、动作机构、复位按钮、电流整定装置和温度补偿元件等部分组成，如图 5-26 所示。

双金属片是热继电器的感测元件，它是将两种线胀系数不同的金属片以机械辗压的方式使其形成一体，线胀系数大的称为主动片，线胀系数小的称为被动片。而环绕其上的电阻丝串接于电动机定子电路中，流过电动机定子线电流，反映电动机过载情况。由于电流的热效应，使双金属片变热产生线膨胀，于是双金属片向被动片一侧弯曲，当电动机正常运行时，热元件产生的热量虽能使双金属片弯曲，但还不足以使热继电器的触头动作；只有当电动机长期过载时，过载电流流过热元件，使双金属片弯曲位移增大，经一定时间后，双金属片弯曲到推动导板 3，并通过补偿双金属片 4 与推杆 6 将触头 7 与 8 分开，此常闭触头串接于接触器线圈电路中，触头分开后，接触器线圈断电，接触器主触头断开电动机定子电源，实现电动机的过载保护。

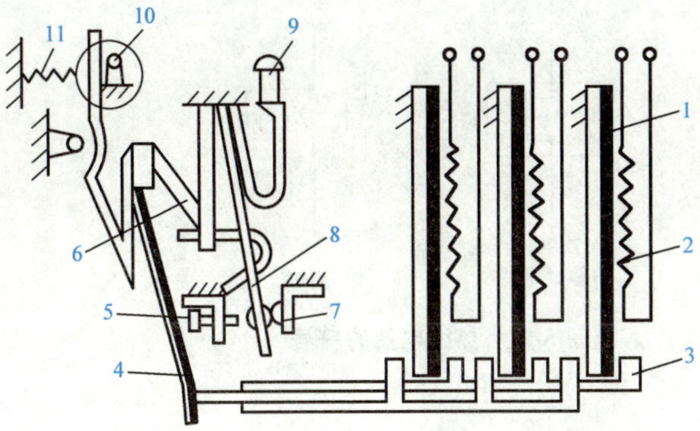

图 5-26 双金属片式热继电器结构原理图

1—主双金属片 2—电阻丝 3—导板 4—补偿双金属片 5—螺钉 6—推杆 7—静触头 8—动触头 9—复位按钮 10—调节凸轮 11—弹簧

调节凸轮 10 用来改变补偿双金属片与导板间的距离，达到调节整定动作电流的目的。此外，调节复位螺钉 5 来改变常开触头的位置，使继电器工作在手动复位或自动复位两种工作状态。调试手动复位时，在故障排除后需按下复位按钮 9 才能使常闭触头闭合。

补偿双金属片可在规定范围内补偿环境温度对热继电器的影响，当环境温度变化时，主双金属片与补偿双金属片同时向同一方向弯曲，使导板与补偿双金属片之间的推动距离保持不变。这样，继电器的动作特性将不受环境温度变化的影响。

热继电器的符号如图 5-27 所示。

三、具有断相保护的热继电器

三相感应电动机运行时，若发生一相断路，流过电动机各相绕组的电流将发生变化，其变化情况将与电动机三相绕组的接法有关。如果热继电器保护的三相电动机是星形接法，当发生一相断路时，另外两相线电流增加很多，由于此时线电流等于相电流，而使流过电动机绕组的电流就是流过热继电器热元件的电流，因此，采用普通的两相或三相热继电器就可对此做出保护。如果电动机是三角形联结，在正常情况下，线电流是相电流的$\sqrt{3}$倍，串接在电动机电源进线中的热元件按电动机额定电流即线电流来整定。当发生一相断路时，如图 5-28 所示电路，当电动机仅为 0.58 倍额定负载时，流过跨接于全电压下的一相绕组的相电流 I_{P3} 等于 1.15 额定相电流，而流过两相绕组串联的电流 $I_{P1}=I_{P2}$，仅为 0.58 倍的额定相电流。此时未断相的那两相线电流正好为额定线电流，接在电动机进线中的热元件因流过额定线电流，热继电器不动作，但流过全压下的一相绕组已流过 1.15 倍额定相电流，时间一长便有过热烧毁的危险。所以**三角形接法的电动机必须采用带断相保护的热继电器来对电动机进行长期过载保护**。

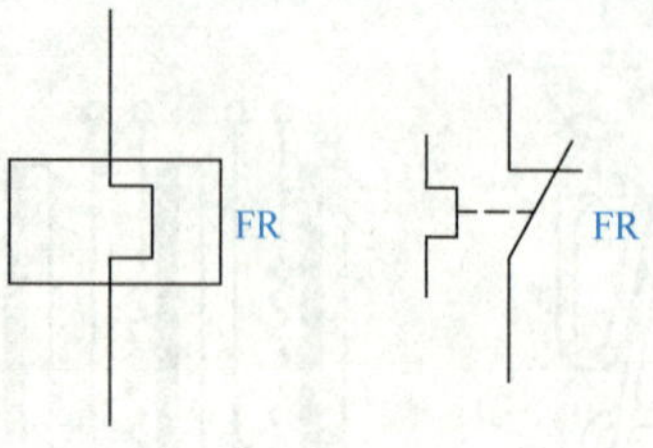

a) 驱动部件　　b) 常闭触头

图 5-27　热继电器的符号

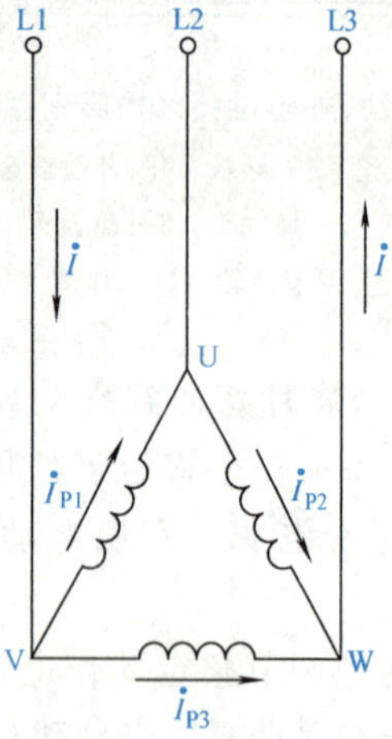

图 5-28　电动机三角形联结时 U 相断线时的电流分析

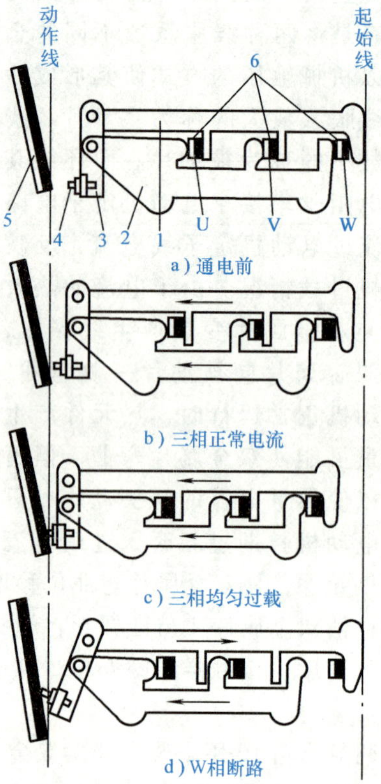

图 5-29　差动式断相保护机构及工作原理

1—上导板　2—下导板　3—杠杆　4—顶头

5—补偿双金属片　6—主双金属片

带有断相保护的热继电器是将热继电器的导板改成差动机构。如图 5-29 所示。差动机构由上导板 1、下导板 2 及装有顶头 4 的杠杆 3 组成，它们之间均用转轴连接。其中，图 5-29a 为未通电时导板的位置；图 5-29b 为热元件流过正常工作电流时的位置，此时三相双金属片都受热向左弯曲，但弯曲的挠度不够，所以下导板向左移动一小段距离，顶头 4 尚未碰到补偿双金属片 5，继电器不动作；图 5-29c 为电动机三相同时过载的情况，三相双金属片同时向左弯曲。推动下导板向左移动，通过杠杆 3 使顶头 4 碰到补偿双金属片端部，使继电器动作；图 5-29d 为 W 相断路时的情况，这时 W 相双金属片将冷却，端部向右弯曲，推动上导板向右移，而另外两相双金属片仍受热，端部向左弯曲推动下导板继续向左移动。这样上、下导板的一右一左移动，产生了差动作用，通过杠杆的放大作用。迅速推动补偿双金属片，使继电器动作。由于差动作用，使继电器在断相故障时加速动作，保护电动机。带断相保护热继电器的保护特性见表 5-15。

表 5-15　带断相保护热继电器保护特性

项号	电流倍数		动作时间	试验条件
	任意两相	第三相		
1	1	0.9	2h 不动作	冷态
2	1.15	0	<2h	从相 1 电流加热到稳定后开始

四、热继电器典型产品及主要技术参数

常用的热继电器有 JR20，JRS1，JR36，JR21，3UA5、6，LR1-D，T 系列。后四种是引入国外技术生产的。

JR20 系列具有断相保护、温度补偿、整定电流值可调、手动脱扣、自动复位、动作后的信号指示等作用。它与交流接触器的安装方式有分立结构，还有组合式结构，可通过导电杆与挂钩直接插接，并电气联接在 CJ20 接触器上。引进的 T 系列热继电器常与 B 系列接触器组合成电磁起动器。表 5-16 列出了 JR20 部分产品的技术数据。

表 5-16　JR20 系列热继电器技术数据

型号	热元件号	整定电流范围/A
JR20-10 配 CJ20-10	1R	0. 1~0. 13~0. 15
	2R	0. 15~0. 19~0. 23
	3R	0. 23~0. 29~0. 35
	4R	0. 35~0. 44~0. 53
	5R	0. 53~0. 67~0. 8
	6R	0. 8~1~1. 2
	7R	1. 2~1. 5~1. 8
	8R	1. 8~2. 2~2. 6
JR20-16 配 CJ20-16	1S	3. 6~4. 5~5. 4
	2S	5. 4~6. 7~8
	3S	8~10~12
	4S	10~12~14
	5S	12~14~16
	6S	14~16~18
JR20-25 配 CJ20-25	1T	7. 8~9. 7~11. 6
	2T	11. 6~14. 3~17

型号	热元件号	整定电流范围/A
JR20-10 配 CJ20-10	9R	2. 6~3. 2~3. 8
	10R	3. 2~4~4. 8
	11R	4~5~6
	12R	5~6~7
	13R	6~7. 2~8. 4
	14R	7. 2~8. 6~10
	15R	8. 6~10~11. 6
JR20-25 配 CJ20-25	3T	17~21~25
	4T	21~25~29
JR20-63 配 CJ20-63	1U	16~20~24
	2U	24~30~36
	3U	32~40~47
	4U	40~47~55
	5U	47~55~62
	6U	55~62~71

JR20 系列型号含义：

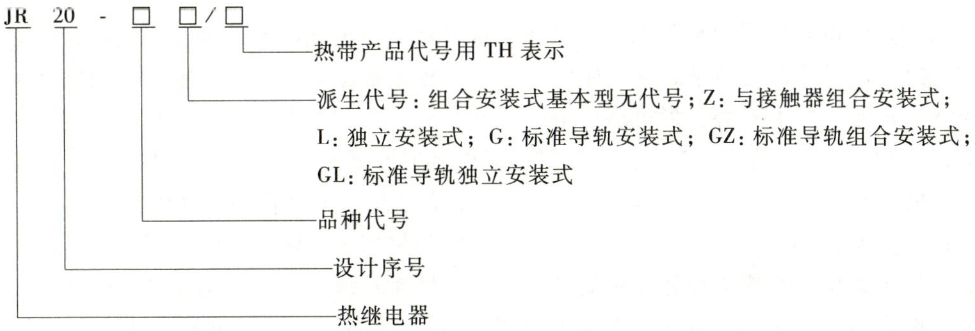

五、热继电器的选用

热继电器主要用于电动机的过载保护，选用热继电器时应根据使用条件、工作环境、电动机型式及其运行条件及要求，电动机起动情况及负荷情况综合考虑。

1）热继电器有三种安装方式，即独立安装式（通过螺钉固定）、导轨安装式（在标准安装轨上安装）和插接安装式（直接挂接在与其配套的接触器上）。应按实际安装情况选择其安装型式。

2）原则上热继电器的额定电流应按电动机的额定电流选择。但对于过载能力较差的电动机，其配用的热继电器的额定电流应适当小些，通常选取热继电器的额定电流（实际上是选取热元件的额定电流）为电动机额定电流的60%~80%。

3）在不频繁起动的场合，要保证热继电器在电动机起动过程中不产生误动作。当电动机起动电流为其额定电流6倍及以下，起动时间不超过5s时，若很少连续起动，可按电动机额定电流选用热继电器。当电动机起动时间较长，就不宜采用热继电器，而采用过电流继电器作保护。

4）一般情况下，可选用两相结构的热继电器，对于电网电压均衡性较差、无人看管的电动机或与大容量电动机共用一组熔断器时，应选用三相结构的热继电器。对于三角形接法的电动机，应选用带断相保护装置的热继电器。

5）双金属片式热继电器一般用于轻载、不频繁起动电动机的过载保护。对于重载、频繁起动的电动机，则可用过电流继电器作它的过载和短路保护。

6）当电动机工作于重复短时工作制时，要注意确定热继电器的允许操作频率。因为热继电器的允许操作频率是很有限的，操作频率较高时，热继电器的动作特性会变差，甚至不能正常工作。对于频繁正反转和频繁通断的电动机，不宜采用热继电器作保护，可选用埋入电动机绕组的温度继电器或热敏电阻来保护。

第六节 速度继电器

速度继电器是将电动机的转速信号经电磁感应原理来控制触头动作的电器，是当转速达到规定值时动作的继电器。其结构主要由定子、转子和触头系统三部分组成，定子是一个笼型空心圆环，由硅钢片叠成，并嵌有笼型导条，转子是一个圆柱形永久磁铁，触头系统有正向运转时动作的和反向运转时动作的触头各一组，每组又各有一对常闭触头和一对常开触头，如图5-30所示。

使用时，继电器转子的轴与电动机轴相连接，定子空套在转子外围。当电动机起动旋转时，继电器的转子2随着转动，永久磁铁的静止磁场就成了旋转磁场。定子8内的绕组9因切割磁场而产生感应电动势，形成感应电流，并在磁场作用下产生电磁转矩，使定子随转子旋转方向转动，但因有簧片11挡住，故定子只能随转子旋转方向作一偏转。当定子偏转到一定角度时，在簧片11的作用下使常闭触头断开而常开触头闭合。推动触头的同时也压缩相应的反力弹簧，其反作用力阻止定子偏转。当电动机转速下降时，继电器转子转速也随之下降，定子导条中的感应电动势、感应电流、电磁转矩均减小。当继电器转子转速下降到一定值时，电磁转矩小于反力弹簧的反作用力矩，定子返回原位，继电器触头恢复到原来状态。调节螺钉的松紧，可调节反力弹簧的反作用力大小，也就调节了触头动作所需的转子转速。一般速度继电器触头的动作转速为140r/min左右，触头的复位转速为100r/min。

当电动机正向运转时，定子偏转使正向常开触头闭合，常闭触头断开，同时接通、断开与它们相连的电路；当正向旋转速度接近零时，定子复位，使常开触头断开，常闭触头闭

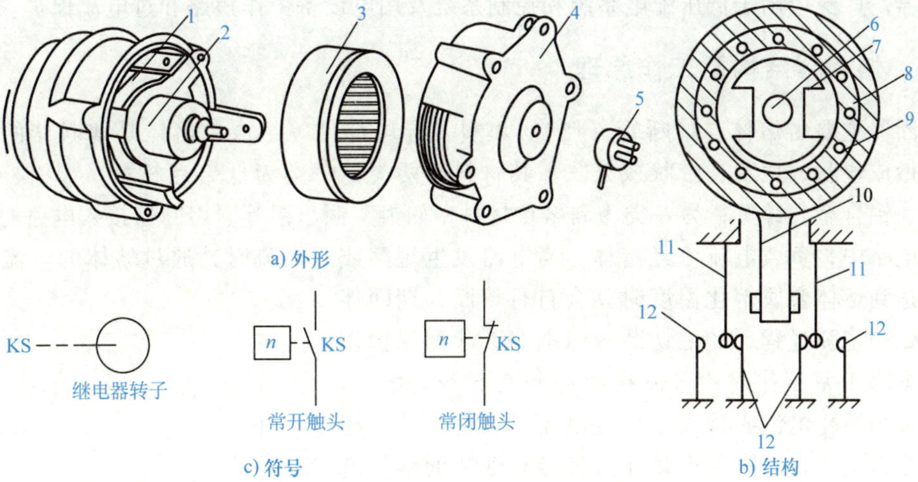

图 5-30 JY1 型速度继电器的外形、结构和符号

1—可动支架 2—转子 3—定子 4—端盖 5—连接头 6—电动机轴 7—转子（永久磁铁） 8—定子 9—定子绕组 10—胶木摆杆 11—簧片（动触头） 12—静触头

合，同时与其相连的电路也改变状态。当电动机反向运转时，定子向反方向偏转，使反向动作触头动作，情况与正向时相同。

常用的速度继电器有 JY1 和 JFZ0 系列。JY1 系列可在 700～3600r/min 范围内可靠地工作。JFZ0-1 型适用于 300～1000r/min；JFZ0-2 型适用于 1000～3600r/min。该两种系列均具有两对常开、常闭触头，触头额定电压为 380V，额定电流为 2A。

速度继电器型号含义：

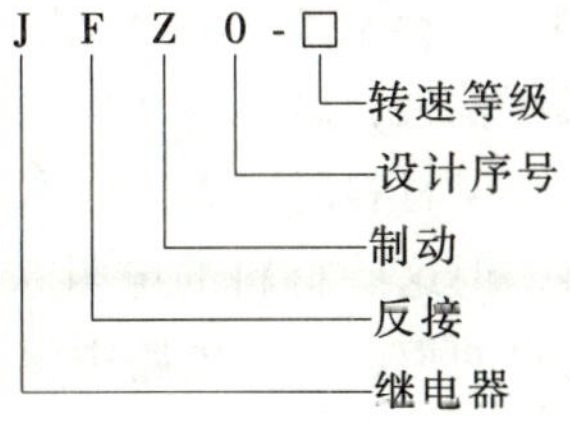

常用速度继电器的技术数据见表 5-17。

表 5-17 JY1、JFZ0 系列速度继电器技术数据

型号	触头额定电压/V	触头额定电流/A	触头数量		额定工作转速/(r/min)	允许操作频率/(次/h)
			正转时动作	反转时动作		
JY1	380	2	1 组转换触头	1 组转换触头	100～3600	<30
JFZ0					300～3600	

速度继电器的选择主要根据电动机的额定转速、控制要求来选择。

第七节 熔 断 器

熔断器是一种当电流超过规定值一定时间后，以它本身产生的热量使熔体熔化而分断电

路的电器。广泛应用于低压配电系统和控制系统及用电设备中作短路和过电流保护。

一、熔断器结构及工作原理

熔断器主要由熔体、熔断管（座）、填料及导电部件等组成。熔体是熔断器的主要部分，常做成丝状、片状、带状或笼状。其材料有两类：一类为低熔点材料，如铅、锡的合金，锑、铝合金，锌等；另一类为高熔点材料，如银、铜、铝等。熔断器接入电路时，熔体串接在电路中，负载电流流经熔体，当电路发生短路或过电流时，通过熔体的电流使其发热，当达到熔体金属熔化温度时就会自行熔断，期间伴随着燃弧和熄弧过程，随之切断故障电路，起到保护作用。当电路正常工作时，熔体在额定电流下不应熔断，所以其最小熔化电流必须大于额定电流。填料目前广泛应用的是石英砂，它既是灭弧介质又能起到帮助熔体散热的作用。

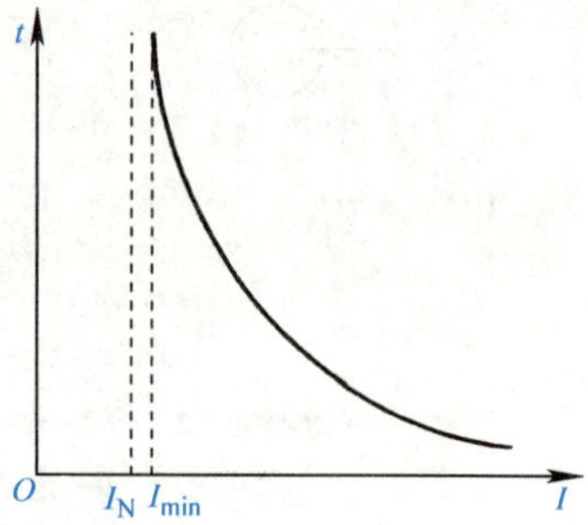

图 5-31 熔断器的保护特性

二、熔断器的保护特性

熔断器的保护特性是指流过熔体的电流与熔体熔断时间的关系曲线，称“时间—电流特性”曲线或称“安—秒特性”曲线，如图 5-31 所示。图中 I_{min} 为最小熔化电流或称临界电流，当熔体电流小于临界电流时，熔体不会熔断。最小熔化电流 I_{min} 与熔体额定电流 I_N 之比称为熔断器的熔化系数，即 $K=I_{min}/I_N$，当 K 小时对小倍数过载保护有利，但 K 也不宜接近于 1，当 K 为 1 时，不仅熔体在 I_N 下工作温度会过高，而且还有可能因保护特性本身的误差而发生熔体在 I_N 下也熔断的现象，影响熔断器工作的可靠性。

当熔体采用低熔点的金属材料时，熔化时所需热量少，故熔化系数小，有利于过载保护；但材料电阻系数较大，熔体截面积大，熔断时产生的金属蒸汽较多，不利于熄弧，故分断能力较低。当熔体采用高熔点的金属材料时，熔化时所需热量大，故熔化系数大，不利于过载保护，而且可能使熔断器过热；但这些材料的电阻系数低，熔体截面小，有利于熄弧，故分断能力高。因此，不同熔体材料的熔断器在电路中保护作用的侧重点是不同的。

三、熔断器的主要技术参数及典型产品

（一）熔断器的主要技术参数

1. 额定电压　这是从灭弧的角度出发，熔断器长期工作时和分断后能承受的电压。其值一般大于或等于所接电路的额定电压。

2. 额定电流　熔断器长期工作，各部件温升不超过允许温升的最大工作电流。熔断器的额定电流有两种，一种是熔管额定电流，也称为熔断器额定电流，另一种是熔体的额定电流。厂家为减少熔管额定电流的规格，熔管额定电流等级较少，而熔体额定电流等级较多，在一种电流规格的熔管内可分别安装几种电流规格的熔体，但熔体的额定电流最大不能超过熔管的额定电流。

3. 极限分断能力　熔断器在规定的额定电压和功率因数（或时间常数）条件下，能可靠分断的最大短路电流。

4. 熔断电流 通过熔体并使其熔化的最小电流。

（二）熔断器的典型产品

熔断器的种类很多，按结构来分有半封闭瓷插式、螺旋式、无填料密封管式和有填料密封管式。按用途分有一般工业用熔断器、半导体保护用快速熔断器和特殊熔断器。典型产品有 RL6、RL7、RL96、RLS2 系列螺旋式熔断器，RL1B 系列带断相保护螺旋式熔断器，RT18、RT18-□X 系列熔断器以及 RT14 系列有填料密封管式熔断器。此外，还有引进国外技术生产的 NT 系列有填料封闭式刀型触头熔断器与 NGT 系列半导体器件保护用熔断器等。

RL 系列型号含义：

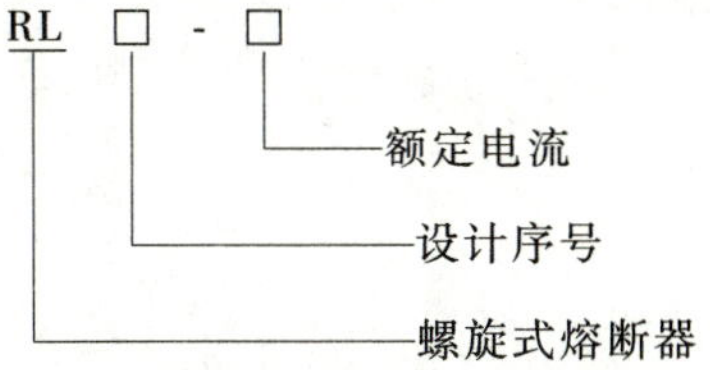

RL6、RL7、RL96、RLS2 系列熔断器技术数据见表 5-18。图 5-32 为 RL6、RL7 螺旋式熔断器外形、结构和熔断器符号。

表 5-18 RL6、RL7、RL96、RLS2 系列熔断器技术数据

型号	额定电压/V	额定电流/A		额定分断电流/kA	cosφ
		熔断器	熔体		
RL6-25，RL96-25 Ⅱ	500	25	2，4，6，10，16，20，25	50	0.1~0.2
RL6-63，RL96-63 Ⅱ		63	35，50，63		
RL6-100		100	80，100		
RL6-200		200	125，160，200		
RL7-25	660	25	2，4，6，10，16，20，25	25	
RL7-63		63	35，50，63		
RL7-100		100	80，100		
RLS2-30	500	(30)	16，20，25，(30)	50	
RLS2-63		63	35，(45)，50，63		
RLS2-100		100	(75)，80，(90)，100		

四、熔断器的选择

熔断器的选择主要包括选择熔断器的类型、额定电压、额定电流和熔体额定电流等。

（一）熔断器的选择原则

1）根据使用条件确定熔断器的类型。

2）选择熔断器的规格时，应先选定熔体的规格，然后再根据熔体去选择熔断器的规格。

3）熔断器的保护特性应与被保护对象的过载特性有良好的配合。

4）在配电系统中，各级熔断器应相互匹配，一般上一级熔体的额定电流要比下一级熔

体的额定电流大 2~3 倍。

5）对于保护电动机的熔断器，应注意电动机起动电流及起动时间的影响。熔断器一般只作为电动机的短路保护，过载保护应采用热继电器。

6）熔断器的额定电流应不小于熔体的额定电流；额定分断能力应大于电路中可能出现的最大短路电流。

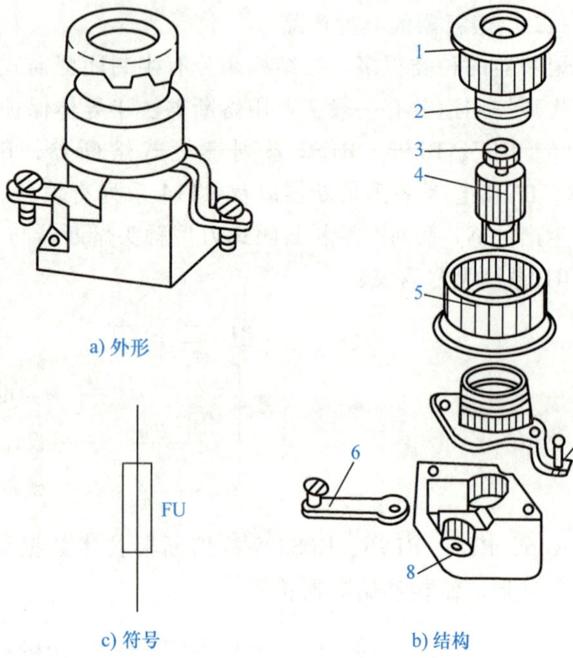

图 5-32 RL6、RL7 螺旋式熔断器的外形、结构和符号

1—瓷帽 2—金属螺管 3—指示器 4—熔管 5—瓷套 6—下接线端 7—上接线端 8—瓷座

（二）一般熔断器的选择

1. 熔断器类型的选择　在选择熔断器时，主要根据负载的情况和短路电流的大小来选择其类型。例如，对于容量较小的照明电路或电动机的保护，宜采用 RC1A 系列插入式熔断器或 RM10 系列无填料密封管式熔断器；对于短路电流较大的电路或有易燃气体的场合，宜采用具有高分断能力的 RL 系列螺旋式熔断器或 RT（包括 NT）系列有填料密封管式熔断器；对于保护硅整流器件及晶闸管的场合，应采用快速熔断器。

此外，也要考虑使用环境，例如，管式熔断器常用于大型设备及容量较大的变电所等场合；插入式熔断器常用于无振动的场合；螺旋式熔断器多用于机床配电；电子设备一般采用熔丝座。

2. 熔断器额定电压的选择　熔断器的额定电压应大于或等于所接电路的额定电压。

3. 熔体额定电流的选择　熔体额定电流大小与负载大小、负载性质有关。对于负载平稳无冲击电流的照明电路、电热电路等可按负载电流大小来确定熔体的额定电流；对于有冲击电流的电动机负载电路，为起到短路保护作用，又保证电动机的正常起动，其熔断器熔体额定电流的选择又分为以下三种情况：

1）对于单台长期工作电动机，有

$$I_{Np}=(1.5\sim2.5)I_{NM} \tag{5-10}$$

式中　I_{Np}——熔体额定电流（A）；

I_{NM}——电动机额定电流（A）。

2）对于单台频繁起动电动机，有

$$I_{Np}=(3\sim3.5)I_{NM} \tag{5-11}$$

3）对于多台电动机共用一熔断器保护时，有

$$I_{Np}=(1.5\sim2.5)I_{NMmax}+\sum I_{NM} \tag{5-12}$$

式中　I_{NMmax}——多台电动机中容量最大一台电动机的额定电流（A）；

$\sum I_{NM}$——其余各台电动机额定电流之和（A）。

在式（5-10）与式（5-12）中，对轻载起动或起动时间较短时，式中系数取 1.5；重载起动或起动时间较长时，系数取 2.5。

4. 熔断器额定电流的选择　当熔体额定电流确定后，根据熔断器额定电流大于或等于熔体额定电流来确定熔断器额定电流。每一种电流等级的熔断器可以选配多种不同电流的熔体。

第八节　低压断路器

低压断路器又称自动空气开关，是一种既有手动开关作用又能自动进行欠电压、失电压、过载和短路保护的开关电器。

低压断路器种类较多，按用途分有保护电动机用、保护配电线路用及保护照明线路用三种。按结构形式分有框架式和塑壳式两种。按极数分有单极、双极、三极和四极断路器四种。

一、低压断路器的结构和工作原理

各种低压断路器在结构上都有主触头及灭弧装置、各种脱扣器、自由脱扣机构和操作机构等部分组成。

1. 主触头及灭弧装置　主触头是断路器的执行元件，用来接通和分断主电路，为提高其分断能力，主触头上装有灭弧装置。

2. 脱扣器　脱扣器是断路器的感受元件，当电路出现故障时，脱扣器感测到故障信号后，经自由脱扣器使断路器主触头分断，从而起到保护作用。按接受故障不同，有如下几种脱扣器：

1）分励脱扣器。用于远距离使断路器断开电路的脱扣器，其实质是一个电磁铁，由控制电源供电，可以按照操作人员指令或继电保护信号使电磁铁线圈通电，衔铁动作，使断路器切断电路。一旦断路器断开电路，分励脱扣器电磁线圈也就断电了，所以分励脱扣器是短时工作的。

2）欠电压、失电压脱扣器。这是一个具有电压线圈的电磁机构，其线圈并接在主电路中。当主电路电压消失或降至一定值以下时，电磁吸力不足以继续吸持衔铁，在反力作用下，衔铁释放，衔铁顶板推动自由脱扣机构，将断路器主触头断开，实现欠电压与失电压保护。

3）过电流脱扣器。其实质是一个具有电流线圈的电磁机构，电磁线圈串接在主电路中，流过负载电流。当正常电流通过时，产生的电磁吸力不足以克服反力，衔铁不被吸合；当电路出现瞬时过电流或短路电流时，吸力大于反力，使衔铁吸合并带动自由脱扣机构使断路器主触头断开，实现过电流与短路电流保护。

4）热脱扣器。该脱扣器由热元件、双金属片组成，将双金属片热元件串接在主电路中，其工作原理与双金属片式热继电器相同。当过载到一定值时，由于温度升高，双金属片受热弯曲并带动自由脱扣机构，使断路器主触头断开，实现长期过载保护。

3. 自由脱扣机构和操作机构　自由脱扣机构是用来联系操作机构和主触头的机构，当操作机构处于闭合位置时，也可操作分励脱扣机构进行脱扣，将主触头断开。

操作机构是实现断路器闭合、断开的机构。通常电力拖动控制系统中的断路器采用手动操作机构，低压配电系统中的断路器有电磁铁操作机构和电动机操作机构两种。图 5-33 为 DZ5-20 型低压断路器的外形和结构。

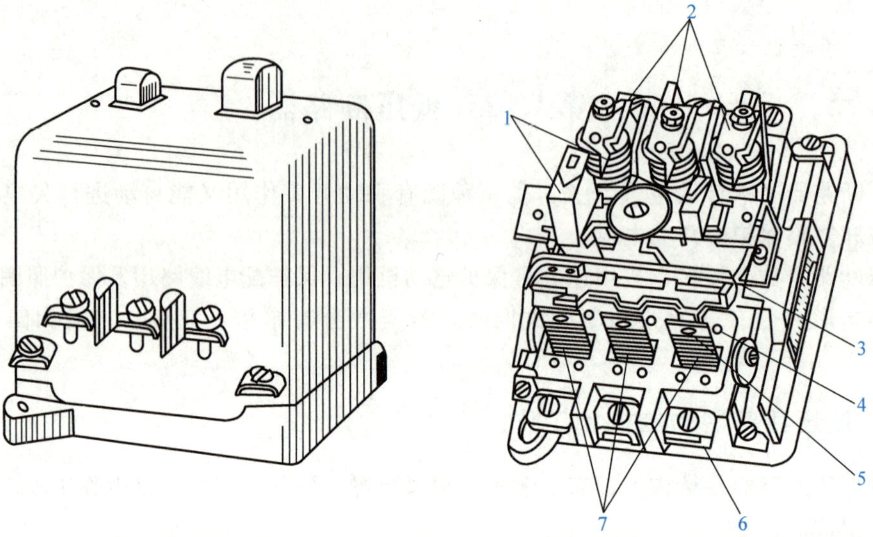

a) 外形　　b) 结构

图 5-33　DZ5-20 型低压断路器的外形和结构

1—按钮　2—电磁脱扣器　3—自由脱扣机构　4—动触头
5—静触头　6—接线柱　7—发热元件

低压断路器的工作原理如图 5-34 所示。图中是一个三极低压断路器，三个主触头 2 串接于三相电路中。经操作机构将其闭合，此时传动杆 3 由锁扣 4 钩住，保持主触头的闭合状态，同时分闸弹簧 1 已被拉伸。当主电路出现过电流故障且达到过电流脱扣器 6 的动作电流时，过电流脱扣器 6 的衔铁吸合，顶杆上移将锁扣 4 顶开，在分闸弹簧 1 的作用下使主触头断开。当主电路出现欠电压、失电压或过载时，则欠电压、失电压脱扣器 8 和热脱扣器 7 分别将锁扣 4 顶开，使主触头断开。分励脱扣器 9 可由主电路或其他控制电路供电，由操作人员发出指令或继电保护信号使分励线圈通电，其衔铁吸合，将锁扣顶开，在分闸弹簧作用下使主触头断开，同时也使分励线圈断电。

二、低压断路器的主要技术数据和保护特性

1. 低压断路器的主要技术数据

1）额定电压。断路器在电路中长期工作时的允许电压值。

2）断路器额定电流。指脱扣器允许长期通过的电流，即脱扣器额定电流。

3）断路器壳架等级额定电流。指每一件框架或塑壳中能安装的最大脱扣器额定电流。

4）断路器的通断能力。指在规定操作条件下，断路器能接通和分断短路电流的能力。

5）保护特性。指断路器的动作时间与动作电流的关系曲线。

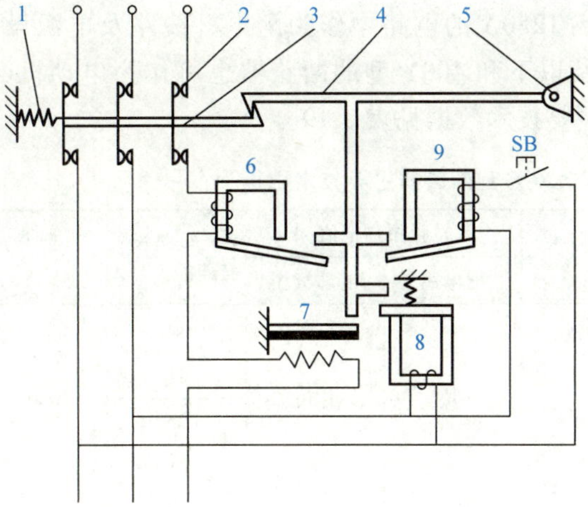

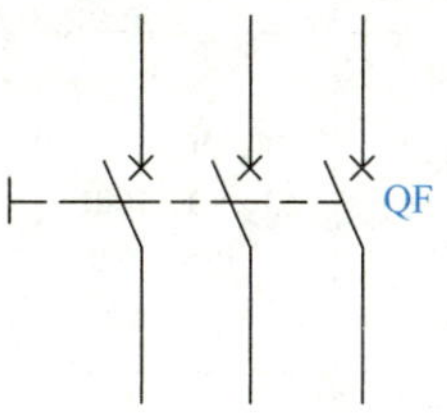

图 5-34 低压断路器工作原理与符号

1—分闸弹簧 2—主触头 3—传动杆 4—锁扣 5—轴 6—过电流脱扣器 7—热脱扣器 8—欠电压失电压脱扣器 9—分励脱扣器

6）动作时间。指从出现短路的瞬间开始，到触头分离、电弧熄灭、电路被完全断开所需的全部时间。一般断路器的动作时间为 30～60ms，限流式和快速断路器的动作时间通常小于 20ms。

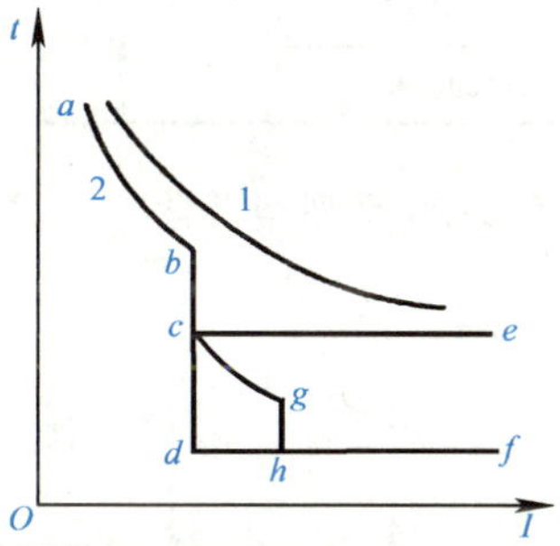

图 5-35 低压断路器的保护特性

1—被保护对象的发热特性
2—低压断路器保护特性

2. 保护特性 断路器的保护特性主要是指断路器长期过载和过电流保护特性，即断路器动作时间与热脱扣器和过电流脱扣器动作电流的关系曲线，如图 5-35 所示。图中 *ab* 段为过载保护特性，具有反时限。*df* 段为瞬时动作曲线，当故障电流超过 *d* 点对应电流时，过电流脱扣器便瞬时动作。*ce* 段为定时限延时动作曲线，当故障电流大于 *c* 点对应电流时，过电流脱扣器经短时延时后动作，延时长短由 *c* 点与 *d* 点对应的时间差决定。根据需要，断路器的保护特性可以是两段式，如 *abdf*，既有过载延时又有短路瞬动保护；而 *abce* 则为过载长延时和短路延时保护。另外，还可有三段式的保护特性，如 *abcghf* 曲线，既有过载长延时，短路短延时，又有特大短路的瞬动保护。为达到良好的保护作用，断路器的保护特性应与被保护对象的发热特性有合理的配合，即断路器的保护特性 2 应位于被保护对象发热特性 1 的下方，并以此来合理选择断路器的保护特性。

三、塑壳式低压断路器典型产品

塑壳式低压断路器根据用途分为配电用断路器、电动机保护用断路器和其他负载用断路器，用作配电线路、照明电路、电动机及电热器等设备的电源控制开关及保护。常用的有 DZ15、DZ20、H、T、3VE、S 等系列，后四种是引进国外技术生产的产品。

DZ20 系列断路器是全国统一设计的系列产品，适用于交流额定电压 500V 以下、直流额定电压 220V 及以下，额定电流 16~1250A 的电路中作为配电、线路及电源设备的过载、短路和欠电压保护；额定电流 200A 及以下和 400Y 型的断路器也可作为电动机的过载、短路和欠电压保护。DZ20 系列断路器主要技术数据见表 5-19。

表 5-19 DZ20 系列断路器主要技术数据

型号	脱扣器额定电流/A	壳架等级额定电流/A	瞬时脱扣整定值/A		交流短路极限通断能力/kA	电器寿命/次	机械寿命/次
			配电用	电动机用			
DZ20C-160	16, 20, 32, 50, 63, 80, 100(C: 125, 160)	160	$10I_N$	$12I_N$	12	4000	4000
DZ20Y-100		100			18		
DZ20J-100					35		
DZ20G-100					100		
DZ20C-250	100, 125, 160, 180, 200, 225, (C: 250)	250	$5I_N$, $10I_N$	$8I_N$, $12I_N$	15	2000	6000
DZ20Y-200		200			25		
DZ20J-200					42		
DZ20G-200					100		
DZ20C-400	200, 250, 315, 350, 400(C: 100, 125, 160, 180)	400	$10I_N$	$12I_N$	20	1000	4000
DZ20Y-400					30		
DZ20J-400			$5I_N$, $10I_N$	—	42		
DZ20G-400					100		

DZ20 系列型号含义：

DZ 20 □ - □ □ / □ □ □

- □（末位）——用途代号：配电用无代号；2 表示电动机保护用
- □——脱扣器方式及附件代号
- □——极数
- □——操作方式：手柄直接操作无代号；D—电动机操作；Z—转动手柄操作
- □——壳架等级额定电流
- □——额定短路通断能力代号：C—经济型；Y—一般型；J—较高型；G—最高型
- 20——设计代号
- DZ——塑壳式断路器

四、塑壳式低压断路器的选用

塑壳式低压断路器常用来作配电电路和电动机的过载与短路保护，其选择原则是：

1）断路器额定电压等于或大于线路额定电压。

2）断路器额定电流等于或大于线路或设备额定电流。

3）断路器通断能力等于或大于线路中可能出现的最大短路电流。

4）欠电压脱扣器额定电压等于线路额定电压。

5）分励脱扣器额定电压等于控制电源电压。

6）长延时电流整定值等于电动机额定电流。

7）瞬时整定电流：对保护笼型异步电动机的断路器，瞬时整定电流为 8~15 倍电动机额定电流；对于保护绕线转子异步电动机的断路器，瞬时整定电流为 3~6 倍电动机额定电流。

8）6 倍长延时电流整定值的可返回时间等于或大于电动机实际起动时间。

使用低压断路器来实现短路保护要比熔断器性能更加优越，因为当三相电路发生短路时，很可能只有一相的熔断器熔断，造成单相运行。对于低压断路器，只要造成短路都会使开关跳闸，将三相电源全部切断。何况低压断路器还有其他自动保护作用。但它结构复杂，操作频率低，价格较高，适用于要求较高场合。

第九节　主令电器

主令电器是一种在电气自动控制系统中用于发送或转换控制指令的电器。它一般用于控制接触器、继电器或其他电器线路，使电路接通或分断，从而实现对电力传输系统或生产过程的自动控制。

主令电器应用广泛，种类繁多，常用的有控制按钮、行程开关、接近开关、万能转换开关和主令控制器等。

主令电器的开关特性如图 5-36 所示。图中 X 为主令电器的输入量（电压、电流、作用力、作用距离），Y 为主令电器的输出量（光、电压、电流等）。X_1 为产生输出的最小输入量，称动作值；X_R 为输出截止的最大输入量，称为返回值或释放值；X_{max} 为允许最大输入值。

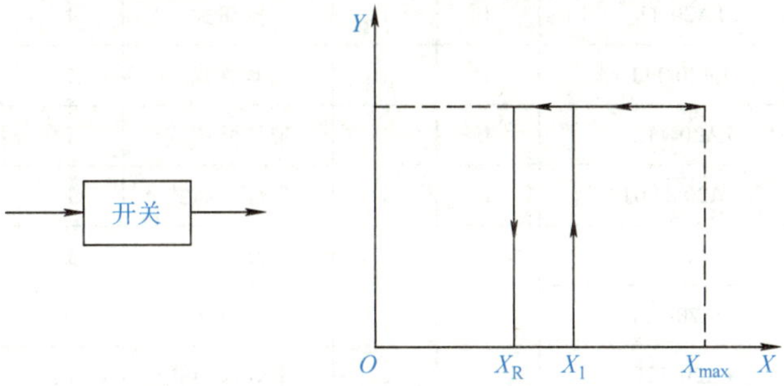

a) 主令电器框图　　b) 主令电器开关特性

图 5-36　主令电器的开关特性

主令电器的主要技术参数有：额定工作电压、额定发热电流、额定控制功率（或工作电流）、输入动作参数开关特性、工作精度、机械寿命及电器寿命、工作可靠性等。

一、控制按钮

控制按钮是一种结构简单、应用广泛的主令电器。主要用于远距离操作的控制，具有电磁线圈的电器，如接触器、继电器等，也用在控制电路中发布指令和执行电气联锁。

控制按钮一般由按钮、复位弹簧、触头和外壳等部分组成，其结构示意图与符号如图 5-37 所示。每个按钮中的触头形式和数量可根据需要装配成一常开一常闭到六常开六常闭等形式。按下按钮时，先断开常闭触头，后接通常开触头。当松开按钮时，在复位弹簧作用下，常开触头先断开，常闭触头后闭合。

控制按钮按保护形式分为开启式、保护式、防水式和防腐式等。按结构形式分为嵌压式、紧急式、钥匙式、带信号灯式、带灯揿钮式、带灯紧急式等。按钮颜色有红、黑、绿、黄、白、蓝等。

按钮的主要技术参数有额定电压、额定电流、结构形式、触头数及按钮颜色等。常用的控制按钮的额定电压为交流电压380V，额定工作电流为5A。

常用的控制按钮有LA18、LA19、LA20及LA25等系列。LA20系列控制按钮技术数据见表5-20。

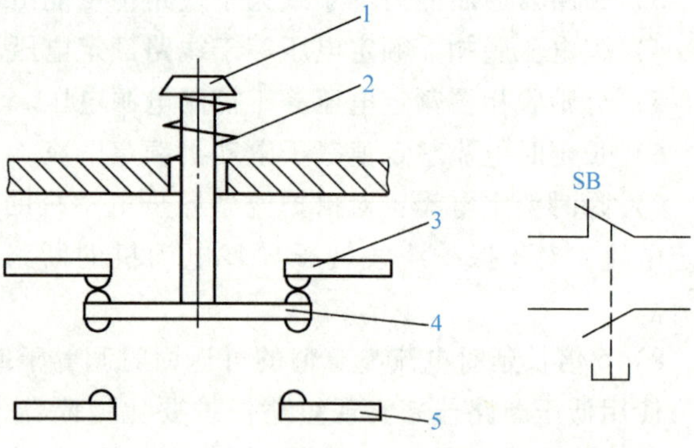

a) 结构　　b) 符号

图 5-37　控制按钮结构与符号

1—按钮　2—复位弹簧　3—常闭静触头

4—动触头　5—常开静触头

表 5-20　LA20 系列控制按钮技术数据

型号	触头数量		结构形式	按钮		指示灯	
	常开	常闭		钮数	颜色	电压/V	功率/W
LA20-11	1	1	揿钮式	1	红、绿、黄、蓝或白	—	—
LA20-11J	1	1	紧急式	1	红	—	—
LA20-11D	1	1	带灯揿钮式	1	红、绿、黄、蓝或白	6	<1
LA20-11DJ	1	1	带灯紧急式	1	红	6	<1
LA20-22	2	2	揿钮式	1	红、绿、黄、蓝或白	—	—
LA20-22J	2	2	紧急式	1	红	—	—
LA20-22D	2	2	带灯揿钮式	1	红、绿、黄、蓝或白	6	<1
LA20-22DJ	2	2	带灯紧急式	1	红	6	<1
LA20-2K	2	2	开启式	2	白红或绿红	—	—
LA20-3K	3	3	开启式	3	白、绿、红	—	—
LA20-2H	2	2	保护式	2	白红或绿红	—	—
LA20-3H	3	3	保护式	3	白、绿、红	—	—

LA20系列控制按钮型号含义：

LA 20-□ □

□——按钮型式：空白 — 揿钮式；J— 紧急式；D— 带灯式；DJ— 带灯紧急式

□——触头组合：左边数字为常开触头数；右边数字为常闭触头数

20——设计序号

LA——控制按钮

控制按钮选用原则:

1) 根据使用场合，选择控制按钮的种类，如开启式、防水式、防腐式等。

2) 根据用途，选择控制按钮的结构形式，如钥匙式、紧急式、带灯式等。

3) 根据控制回路的需求，确定按钮数，如单钮、双钮、三钮、多钮等。

4) 根据工作状态指示和工作情况的要求，选择按钮及指示灯的颜色。

二、行程开关

依据生产机械的行程发出命令，以控制其运动方向和行程长短的主令电器称为行程开关。若将行程开关安装于生产机械行程的终点处，用以限制其行程，则称为限位开关或终端开关。

行程开关按结构分为两类：一类是机械结构的接触式有触点行程开关；另一类是电气结构的非接触式接近开关。机械结构的接触式行程开关是依靠移动机械上的撞块碰撞其可动部件使常开触头闭合，常闭触头断开来实现对电路控制的。当工作机械上的撞块离开可动部件时，行程开关复位，触头恢复其原始状态。非接触式接近开关是利用传感器的感应头来实现动作的。

行程开关按其结构可分为直动式、滚轮式和微动式三种。

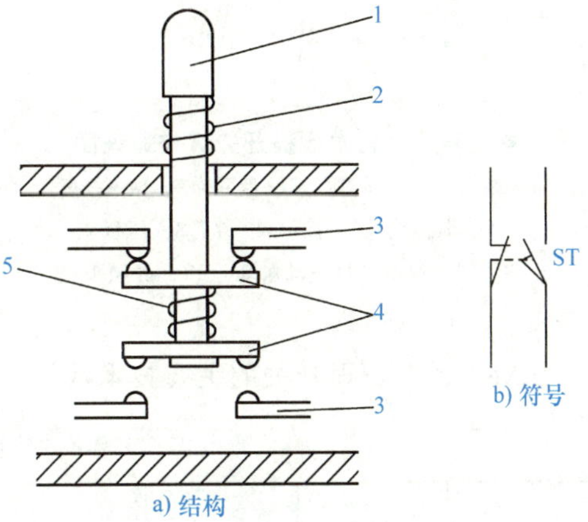

图 5-38 直动式行程开关结构与符号

1—顶杆 2—复位弹簧 3—静触头
4—动触头 5—触头弹簧

直动式行程开关结构原理与符号如图 5-38 所示，它的动作原理与控制按钮相同，但它的缺点是触头分合速度取决于生产机械的移动速度，当移动速度低于 0.4m/min 时，触头分断太慢，易受电弧烧蚀。为此，应采用盘形弹簧瞬时动作的滚轮式行程开关，其工作原理图如图 5-39 所示。

当滚轮 1 受到向左的外力作用时，上转臂 2 向左下方转动，推杆 4 向右转动，并压缩右边弹簧 10，同时下面的小滚轮 5 也很快沿着擒纵件 6 向右滚动，小滚轮滚动又压缩弹簧 9，当小滚轮 5 滚过擒纵件 6 的中点时，盘形弹簧 3 和弹簧 9 都使擒纵件迅速转动，从而使动触头迅速地与右边静触头分开，并与左边静触头闭合，减少了电弧对触头的烧蚀，适用于低速运行的机械。

微动式行程开关简称微动开关，它是具有瞬时动作和微小行程的灵敏开关。图 5-40 为 LX31 系列微动开关结构示意图，当推杆 5 受机械力作用被压下时，弓簧片 6 产生变形，储存能量并产生位移，当达到临界点时，弹簧片连同桥式动触头瞬时动作。当外力失去后，推杆在弓簧片作用下迅速复位，触头恢复原来状态。由于采用瞬动结构，触头换接速度不受推杆压下速度的影响。

常用的行程开关有 JLXK1、X2、LX3、LX5、LX12、LX19A、LX21、LX22、LX29、LX32 系列，微动开关有 LX31 系列和 JW 型。

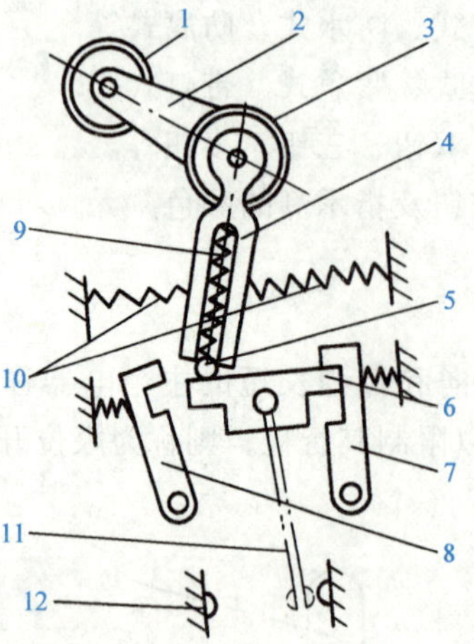

图 5-39 滚轮式行程开关工作原理图

1—滚轮 2—上转臂 3—盘形弹簧 4—推杆 5—小滚轮 6—擒纵件 7、8—压板 9、10—弹簧 11—动触头 12—静触头

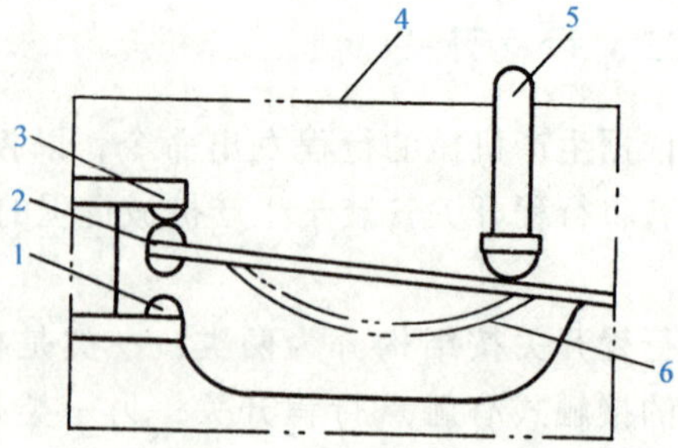

图 5-40 LX31 系列微动开关结构示意图

1—常开静触头 2—动触头 3—常闭静触头 4—壳体 5—推杆 6—弓簧片

JLXK1 系列行程开关的主要技术数据见表 5-21。

表 5-21 JLXK1 系列行程开关的主要技术数据

型号	额定电压/V	额定电流/A	结构形式	触头对数		动作行程距离及角度	超行程
				常开	常闭		
JLXK1-111	AC500	5	单轮防护式	1	1	12°~15°	≤30°
JLXK1-211			双轮防护式			~45°	≤45°
JLXK1-311			直动防护式			1~3mm	2~4mm
JLXK1-411			直动滚轮防护式			1~3mm	2~4mm

JLXK 系列行程开关型号含义：

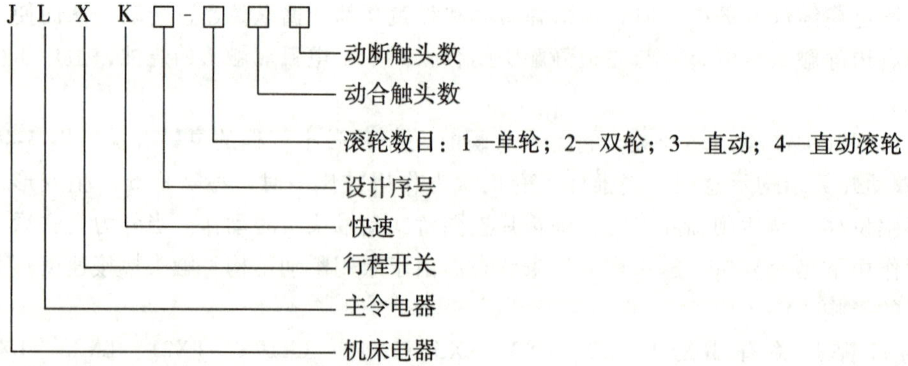

行程开关的选用原则：

1）根据应用场合及控制对象选择种类。

2）根据安装使用环境选择防护形式。

3）根据控制回路的电压和电流选择行程开关系列。

4）根据运动机械与行程开关的传力和位移关系选择行程开关的触头型式。

三、接近开关

（一）接近开关的作用

接近开关又称无触头行程开关，是一种传感器型开关，它既有行程开关、微动开关的特点，同时也具有传感性能。当机械运动部件运动到接近开关一定距离时就发出动作信号。它能准确反应出运动部件的位置和行程，其定位精度、操作频率、使用寿命、安装调整的方便性和对恶劣环境的适用能力，是一般机械式行程开关所不能相比的。

接近开关还可用于高速计数、检测金属体的存在、测速、液压控制、检测零件尺寸，以及用作无触头式按钮等。

（二）接近开关的结构和工作原理

接近开关由接近信号辨识机构、检波、鉴幅和输出电路等部分组成。接近开关按辨识机构工作原理不同分为高频振荡型、感应型、电容型、光电型、永磁及磁敏元件型、超声波型等，其中以高频振荡型最为常用。

高频振荡型接近开关由感辨头、振荡器、检波器、鉴幅器、输出电路、整流电源和稳压器等部分组成。当装在运动部件上的金属检测体接近感辨头时，由于感应作用，使处于高频振荡器线圈磁场中的物体内部产生涡流与磁滞损耗，以致振荡回路因电阻增大、损耗增加使振荡减弱，直至停止振荡。这时，晶体管开关就导通，并经输出器输出信号，从而起到控制作用。下面以晶体管停振型接近开关为例分析其工作原理。

晶体管停振型接近开关属于高频振荡型。高频振荡型接近信号的发生机构实际上是一个 LC 振荡器，其中 L 是电感式感辨头。当金属检测体接近感辨头时，在金属检测体中将产生涡流，由于涡流的去磁作用使感辨头的等效参数发生变化，改变振荡回路的谐振阻抗和谐振频率，使振荡停止，并以此发出接近信号。LC 振荡器由 LC 振荡回路、放大器和反馈电路构成。按反馈方式可分为电感分压反馈式、电容分压反馈式和变压器反馈式三种。图 5-41 为晶体管停振型接近开关的框图。

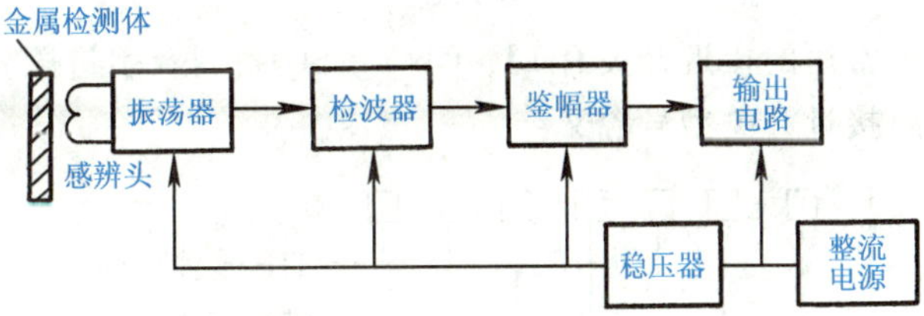

图 5-41 晶体管停振型接近开关的框图

晶体管停振型接近开关电路图与符号如图 5-42 所示。图中采用了电容三点式振荡器，感辨头 L 仅有两根引出线，因此也可做成分离式结构。由 C_2 取出的反馈电压经 R_2 和 RP 加到晶体管 VT_1 的基极和发射极两端，取分压比等于 1，即 $C_1=C_2$，其目的是为了能够通过改变 RP 来整定开关的动作距离。由 VT_2、VT_3 组成的射极耦合触发器不仅用作鉴幅，同时也起电压和功率放大作用。VT_2 的基射结还兼作检波器。为了减轻振荡器的负担，选用较小的

耦合电容 C_3（510pf）和较大的耦合电阻 R_4（10kΩ）。振荡器输出的正半周电压使 C_3 充电，负半周时 C_3 经 R_4 放电，选择较大的 R_4 可减小放电电流，由于每周期内的充电量等于放电量，所以较大的 R_4 也会减小充电电流，使振荡器在正半周的负担减轻。但是 R_4 也不应过大，以免 VT_2 基极信号过小而在正半周内不足以饱和导通。检波电容 C_4 不接在 VT_2 的基极而接在集电极上，其目的是为了减轻振荡器的负担。由于充电时间常数 R_5C_4 远大于放电时间常数（C_4 通过半波导通向 VT_2 和 VD_3 放电），因此当振荡器振荡时，VT_2 的集电极电位基本等于其发射极电位，并使 VT_3 可靠截止。当有金属检测体接近感辨头 L 使振荡器停振时，VT_3 导通，继电器 KA 通电吸合发出接近信号，同时 VT_3 的导通因 C_4 充电约有数百微秒的延迟。C_4 的另一作用是当电路接通电源时，振荡器虽不能立即起振，但由于 C_4 上的电压不能突变，使 VT_3 不致有瞬间的误导通。

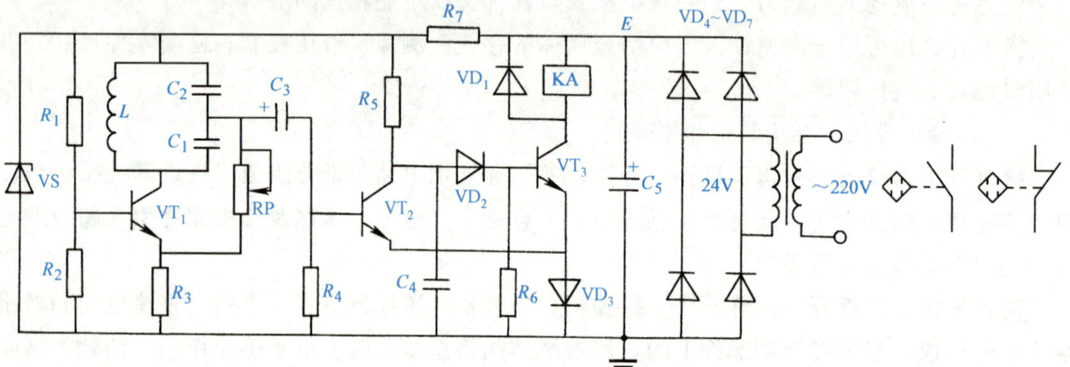

a) 电路图　　b) 符号

图 5-42 晶体管停振型接近开关电路图与符号

（三）接近开关的典型产品

常用的接近开关有 LJ、CWY、SQ 系列及引进国外技术生产的 3SG 系列。

接近开关型号含义：

L J □-□ □/□ □ □ □

- TH—热带产品
- 感应面方向：1—顶端；2—左端；3—右端；4—底面
- 输出接头方向：1—接插式；2—螺纹式
- 工作电压：1—DC12V；2—DC24V
- 无字母—普通型；G—高电位输出型；S—延时动作型；F—感应头分离型；FG—感应头分离式高电位输出型；FS—感应头分离式延时动作型
- 动作距离：5—5mm；10—10mm；15—15mm
- 设计序号
- 接近开关
- 主令电器

（四）接近开关主要技术参数及选用原则

接近开关的主要技术参数除了工作电压、输出电流或控制功率外，还有其特有的技术参数，包括：动作距离、重复精度、操作频率和复位行程等。

LJ5 系列接近开关主要技术参数见表 5-22。

表 5-22 LJ5 系列接近开关主要技术参数

接近开关类型		额定工作电压 U_N/V	输出电流/mA	开关压降/V	截止状态电流/mA	工作电压允许范围	操作频率/(次/s)	外螺纹直径/mm	外壳防护等级
直流	二线型	10~30	5~50	8	1.5	$85\%U_{Nmin}$~$110\%U_{Nmax}$	100~200	M18、M30	IP65
	三线型	6~30	5~300	3.5	0.5				
	四线型	10~30	2×(5~50)						
交流		30~220	20~30	10	2.5	$80\%U_{Nmin}$~$110\%U_{Nmax}$	5		

接近开关的选用原则：

1）接近开关仅用于工作频率高、可靠性及精度要求均较高的场合。

2）按应答距离要求选择型号、规格。

3）按输出要求的触头型式（有触头、无触头）及触头数量，选择合适的输出形式。

四、万能转换开关

万能转换开关简称转换开关，它是由多组相同结构的触头组件叠装而成的多档位多回路的主令电器。

（一）万能转换开关的用途和分类

万能转换开关主要用于各种控制电路的转换，电气测量仪表的转换，也可用于控制小容量电动机的起动、制动、正反转换向以及双速电动机的调速控制。由于它触头档位多、换接的电路多、且用途广泛，故称为“万能”转换开关。

万能转换开关按手柄形式分，有旋钮、普通手柄、带定位可取出钥匙的和带信号灯指示的等；按定位形式分，有复位式和定位式。定位角又分 30°、45°、60°、90°等数种；按接触系统档数分，对于 LW5 有 1、2、3、4、5、6、7、8、9、10、11、12、13、14、15、16 等 16 种单列转换开关。

（二）万能转换开关的结构和工作原理

万能转换开关是由多组相同结构的触头组件叠装而成。它由操作机构、定位装置和触头系统三部分组成。典型的万能转换开关结构与符号如图 5-43 所示。在每层触头底座上均可装三对触头，并由触头底座中的凸轮经转轴来控制这三对触头的通断。由于各层凸轮可做成不同的形状，这样用手柄将开关转至不同位置时，经凸轮的作用，可实现各层中的各触头按所规定的规律接通或断开，以适应不同的控制要求。

（三）万能转换开关常用型号及主要技术数据

常用的万能转换开关有 LW5、LW6、LW12-16 等系列。它用于低压系统中各种控制电路的转换、电气测量仪表的转换以及配电设备的遥控和转换，还可用于小容量电动机不频繁起动停止的控制。

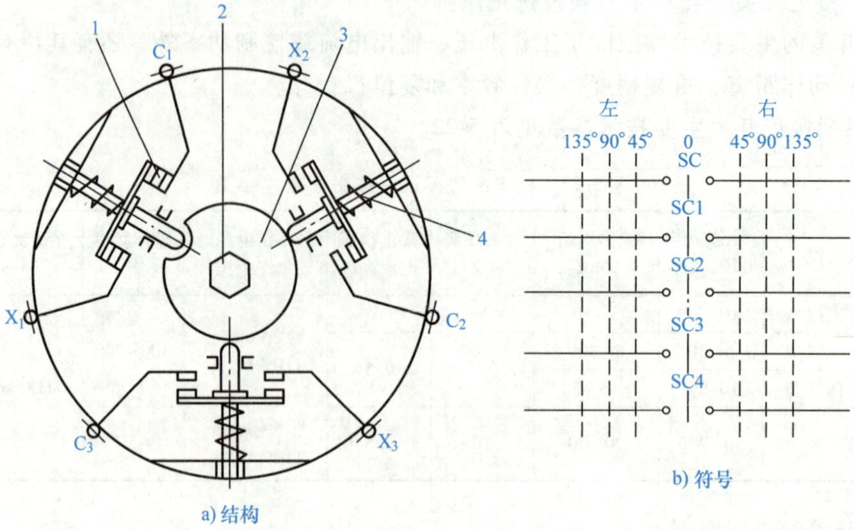

图 5-43　万能转换开关的结构与符号

1—触头　2—转轴　3—凸轮　4—触头弹簧

万能转换开关型号含义：

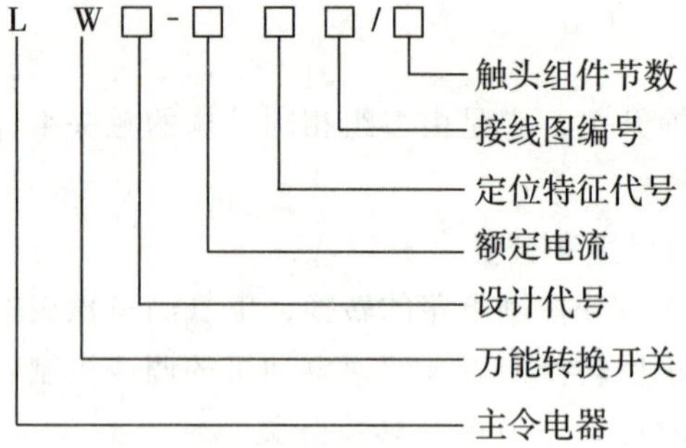

LW5 型 5. 5kW 手动转换开关用途见表 5-23。

表 5-23　LW5 型 5. 5kW 手动转换开关用途表

用　途	型　号	定位特性			接触装置档数
直接起动开关	LW5-15/5. 5Q		0°	45°	2
可逆转换开关	LW5-15/5. 5N	45°	0°	45°	3
双速电机变速开关	LW5-15/5. 5S	45°	0°	45°	5

LW5、LW6 系列万能转换开关的主要技术数据见表 5-24。

（四）万能转换开关的选用原则

万能转换开关的选用原则：

1）按额定电压和工作电流选用相应的万能转换开关系列。

2）按操作需要选定手柄型式和定位特征。

3）按控制要求参照转换开关产品样本，确定触头数量和接线图编号。

4）选择面板型式及标志。

表 5-24 LW5、LW6 系列万能转换开关的主要技术数据

型号	额定电压/V	额定电流/A	双断点触头技术数据												操作频率/(次/h)	触头档数
			AC						DC							
			接通			分断			接通			分断				
			电压/V	电流/A	cosφ	电压/V	电流/A	cosφ	电压/V	电流/A	t/ms	电压/V	电流/A	t/ms		
LW5	AC、DC：500	15	24 48 110 220 380 440 500	30 20 15 10	0.3~0.4	24 48 110 220 380 440 500	30 20 15 10	0.3~0.4	24 48 110 220 380 440 500	20 15 2.5 1.2 5 0.5 0.3 5	60~66	24 48 110 220 380 440 500	20 15 2.5 1.2 5 0.5 0.3 5	60~66	120	每一触头座内有二对触头，档数有1~16、18、21、24、27、30可取代LW1、LW4
LW6	AC：380 DC：220	5	380	5		380	0.5		220	0.2	50~100	220	0.2	50~100		每一触头座内有三对触头，档数有1~6、8、10、12、16、20

五、主令控制器

主令控制器是一种用于频繁切换复杂的多路控制电路的主令电器。用它在控制系统中发出命令，再通过接触器来实现电动机的起动、调速、制动和反转等控制目的。主要用作起重机、轧钢机的主令控制。

（一）主令控制器的结构和工作原理

图 5-44 为主令控制器的外形、结构与符号图，在方形转轴 1 上装有不同形状的凸轮块

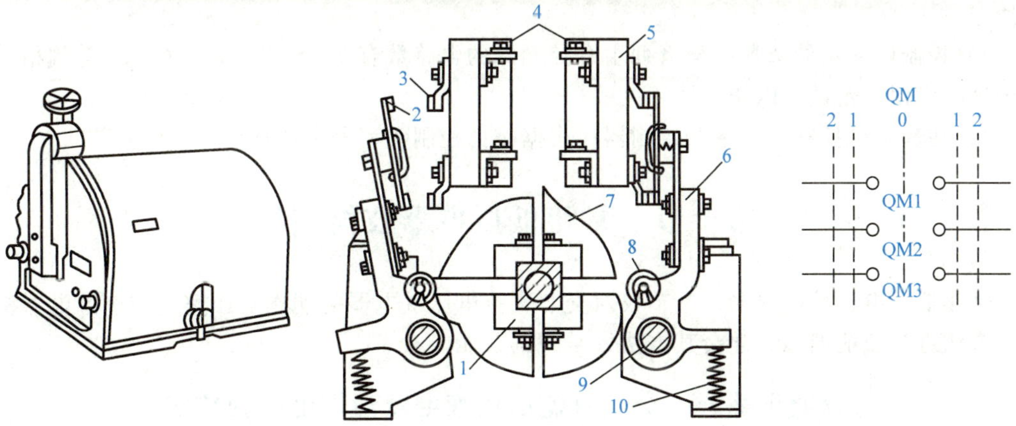

a) 外形　　b) 结构　　c) 符号

图 5-44 主令控制器的外形、结构与符号

1—方形转轴 2—动触头 3—静触头 4—接线柱 5—绝缘板 6—支架 7—凸轮块 8—小轮 9—转动轴 10—复位弹簧

7，转动方轴时，凸轮块随之转动，当凸轮块的凸起部分转到与小轮 8 接触时，则推动支架 6 向外张开，使动触头 2 与静触头 3 断开。当凸轮的凹陷部分与小轮 8 接触时，支架 6 在复位弹簧 10 作用下复位，使动、静触头闭合。这样在方形转轴上安装一串不同形状的凸轮块，便可使触头按一定顺序闭合与断开，即获得按一定顺序动作的触头，也就获得按一定顺序动作的电路了。

（二）主令控制器的常用型号和主要技术数据

常用的主令控制器有 LK5、LK6、LK14、LK15、LK16、LK17、LK18 系列，它们都属于有触头的主令控制器，对电路输出的是开关量主令信号。为实现对电路输出模拟量的主令信号，可采用无触头主令控制器，主要有 WLK 系列。

LK 系列主令控制器型号含义：

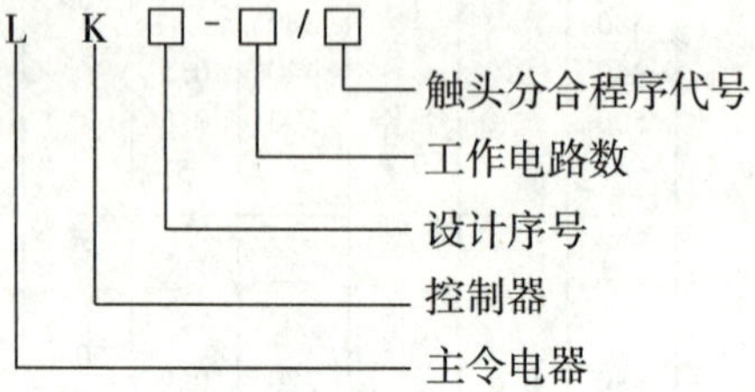

LK18 系列主令控制器主要技术数据见表 5-25。

表 5-25　LK18 系列主令控制器主要技术数据

防护等级	电压种类	额定绝缘电压/V	额定发热电流/A	额定工作电流/A			控制容量	额定操作频率/(次/h)	机械寿命/万次	使用类别	通断次数/次	电器寿命/万次
				380V	220V	110V						
IP30	AC	500	10	2.6	4.5	—	1000V·h	1200	300	AC-11	50	100
	DC			—	0.4	0.8	90W			DC-11	20	60

（三）主令控制器的选用原则

1）使用环境：室内选用防护式、室外选用防水式。

2）主要根据所需操作位置数、控制电路数、触头闭合顺序以及额定电压、额定电流来选择。

3）控制电路数的选择：全系列主令控制器的电路数有 2、5、6、8、16、24 等规格，一般选择时应留有裕量，以作备用。

4）在起重机控制中，主令控制器应根据磁力控制盘型号来选择。

第十节　常用低压电器技能训练

常用低压电器种类繁多，本节仅对交、直流电压继电器的动作电压整定与热继电器检验调整方法进行技能训练，学会其方法，掌握其技能。

技能训练一　交、直流电压继电器动作电压的整定

一、训练目的

1）熟悉电压继电器的结构、工作原理、型号规格及使用方法。

2）掌握交、直流电压继电器的吸合电压和释放电压的整定方法。

二、训练设备与器材

1）常用电工工具一套。

2）仪表：交流电压表1块，量程250V。直流电压表1块，量程150V。

3）电源：交流电源单相220V，50Hz。直流电源110V。

4）器材：JT4-P交流欠电压继电器1个，$U_N=220V$，吸合电压（60%~85%）U_N，释放电压（10%~35%）U_N；JT18系列直流电压继电器1个，$U_N=110V$，吸合电压（30%~50%）U_N，释放电压（7%~20%）U_N；指示灯1个（$U_N=220V$）；滑动变阻器1个，电源刀开关1个。

三、训练内容与步骤

1）记录所选交、直流电压继电器的型号与参数，选定其吸合电压与释放电压值。

2）观察所选交、直流电压继电器的结构，尤其是其调节装置，如释放弹簧的调节螺母，非磁性垫片填放位置等。

3）吸合电压的整定方法步骤：对于交、直流电压继电器均可采用滑动变阻器取分压的方法来获取继电器吸合电压 U_0，如图5-45所示。合上电源刀开关QS，接通电源，移动滑动变阻器的滑动触点A，将变阻器输出电压调节到电压继电器要求的吸合电压值，该值由并联在电压继电器电磁线圈两接线端上的电压表显示。吸合电压值调好后，不得再改变，也就是说滑动变阻器上的滑动端头A不再移动。这时，改变电压继电器KV释放弹簧的松紧程度，直至衔铁刚好产生吸合动作为止。由于KV衔铁的吸合，其串接在指示灯HL的常开触头闭合，指示灯HL亮，发出KV吸合动作信号，吸合电压整定完成。

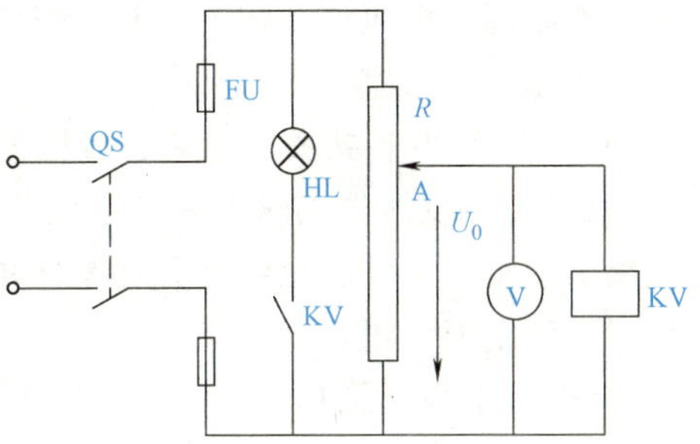

图5-45　电压继电器吸合电压、释放电压整定电路

4）释放电压的整定方法步骤：释放电压 U_r 的整定实验电路与图5-45相同，但整定方法不同。先将滑动变阻器滑动端点A置于吸合电压位置，然后合上电源开关QS，此时继电器衔铁吸合，常开触头闭合，指示灯亮。再移动滑动变阻器滑动端，使变阻器输出电压降低，当线圈电压减小到所要求的释放电压值时若衔铁不释放，则拉开电源开关，移动滑动端点返回吸合电压位置，在继电器衔铁内侧面加装非磁性垫片；重新合上QS使衔铁吸合，HL灯亮；再移动滑动变阻器滑动端点使变阻器输出电压即继电器线圈电压至所要求的释放电压值。若衔铁还不释放，则再断开QS，增加非磁性垫片厚度，重复上述实验，直至衔铁在所要求的释放电压值下刚好产生衔铁释放动作时为止。这时指示灯HL由亮转为熄灭，表示衔铁从吸合状态转为释放状态。

过电压继电器对释放电压无固定要求，故一般不需要整定；但对于欠电压继电器的释放电压必须按电路要求进行整定。

技能训练二　热继电器的校验与调整

一、训练目的

1）熟悉热继电器的结构和工作原理。

2）学会热继电器的使用和校验调整方法。

二、训练设备与器材

1）常用电工工具一套。

2）仪表、仪器：电流互感器一台，交流电流表一块、自耦变压器一台，单相降压变压器一台。

3）器材：热继电器 JR20 一只。

三、训练内容与步骤

1. 观察热继电器的结构　将热继电器的后绝缘盖板卸开，仔细观察热继电器的结构，弄清动作原理、电流整定装置、复位按钮及触头系统的位置及其作用。

2. 校验方法步骤

1）按图 5-46 连接校验电路，再根据 JR20 系列热继电器动作特性进行校验。

2）将自耦变压器的输出调到零位置，将热继电器置于手动复位状态并将整定值旋钮置于额定值位置。

3）合上电源开关 QS，指示灯 HL 亮。

4）将自耦变压器输出电压升高，使流过热元件的电流升至额定值。此时，2h 内热继电器应不动作，若 2h 内热继电器动作了，则应将整定值调节旋钮向额定值大的方向旋动。

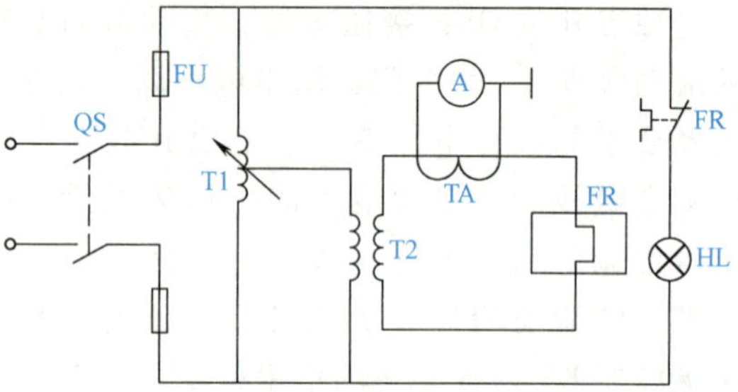

图 5-46　热继电器校验电路

5）将流过热元件的电流升至 1.2 倍额定电流，热继电器应在 2h 内动作，若 2h 内热继电器不动作，则应将整定值旋钮向额定值小的方向旋动。

6）再将流过热元件的电流升至 1.5 倍额定电流，热继电器应在 2min 内动作。

7）将流过热元件电流降至零，在冷态下，快速调升电流至 6 倍额定电流值，热继电器动作时间应大于 5s。

3. 复位方式的调整　热继电器出厂时，一般都调在手动复位，如果需要自动复位，可将复位调节螺钉顺时针旋进。自动复位时，热继电器在动作后，应在 5min 之内可靠地自动复位；选用手动复位时，热继电器动作后，可在 2min 后，按下手动复位按钮进行复位。

四、注意事项

1）检验时周围环境温度应接近工作温度。出厂试验周围空气温度为（20±5）℃。

2）校验时电流变化较大，应注意选择合适量程的电流互感器和电流表。

3）通电校验时，注意用电安全。

习　题

5-1　直流电磁机构有何特点？

5-2　交流电磁机构有何特点？

5-3　从外部结构特征上如何区分直流电磁机构与交流电磁机构？如何区分电压线圈与电流线圈？

5-4　三相交流电磁铁铁心上有无短路环，为什么？

5-5　交流电磁线圈误接入对应大小的直流电源，直流电磁线圈误接入对应数值的交流电源，将发生什么情况，为什么？

5-6　为什么交流电弧比直流电弧易熄灭？

5-7　常用灭弧装置有哪些？各应用于何种情况下？

5-8　交、直流接触器是以什么来定义的？交流接触器的额定参数中为何要规定操作频率？

5-9　接触器的主要技术参数有哪些？其含义是什么？

5-10　交流接触器与直流接触器有何不同？

5-11　如何选用接触器？

5-12　交流电磁式继电器与直流电磁式继电器是以什么来定义的？

5-13　电磁式继电器与电磁式接触器在结构上有何不同？

5-14　何谓电磁式继电器的吸力特性与反力特性？它们之间应如何配合？

5-15　电磁式继电器的主要技术参数有哪些？其含义是什么？

5-16　过电压、过电流继电器的作用是什么？

5-17　能否用过电流继电器来做电动机的过载保护，为什么？

5-18　欠电压、欠电流继电器的作用是什么？

5-19　中间继电器与接触器有何不同？

5-20　何谓通用电磁式继电器？

5-21　如何选用电磁式继电器？

5-22　空气阻尼式时间继电器由哪几部分组成？简述其工作原理。

5-23　分析图 5-23 JS20 系列通电延时型时间继电器电路图。

5-24　分析图 5-24 JS11 系列电动机式时间继电器结构原理图。

5-25　如何选用时间继电器？

5-26　星形联结的三相异步电动机能否采用两相热继电器来作断相与过载保护，为什么？

5-27　三角形联结的三相异步电动机为何必须采用三相带断相保护的热继电器来作断相过载保护？

5-28　什么是热继电器的整定电流？

5-29　如何选用电动机过载保护用的热继电器？

5-30 速度继电器的释放转速如何调整？

5-31 熔断器的额定电流、熔体的额定电流、熔体的极限分断电流三者有何区别？

5-32 热继电器、熔断器的保护功能有何不同？

5-33 如何选择熔体的额定电流？

5-34 低压断路器具有哪些脱扣装置？各有何保护功能？

5-35 电动机主电路中接有断路器，是否可以不接熔断器，为什么？

5-36 如何选用塑壳式断路器？

5-37 行程开关与接近开关工作原理有何不同？

第六章
电气控制电路基本环节

电力拖动自动控制设备在国民经济各行业的生产机械中得到广泛使用。它们是以各类电动机或其他执行电器为控制对象，采用电气控制的方法来实现对电动机或其他执行电器的起动、停止、正反转、调速、制动等运行方式的控制。并以此来实现生产过程自动化，满足生产加工工艺的要求。电气控制电路是用上一章讲述的开关电器按一定逻辑规律组合而成。

不同生产机械的控制要求是不同的，其相应的控制电路也是千变万化、各不相同的。但是，这些控制电路都是由一些具有基本功能的基本环节或基本单元，按一定的控制原则和逻辑规律组合而成。所以，深入地分析这些基本单元电路，掌握其逻辑关系是进一步学习和掌握电气控制电路的基础。

电气控制的方法有继电接触器控制法、可编程逻辑控制法和计算机（单片机、可编程序控制器等）控制法等，其中继电接触器控制法仍是最基本的、应用最广泛的方法，也是其他控制方法的基础。

继电接触器控制法是由各种开关电器经导线的连接来实现各种逻辑控制的一种方法。其优点是电路图直观形象、控制装置结构简单、价格便宜、抗干扰能力强，广泛应用于各类生产设备的控制中。其缺点是由于采用固定的接线方式，其通用性、灵活性较差，难以实现系列化生产；且由于采用的是有触头的开关电器，触头易发生故障，维修量大等。尽管如此，目前继电接触器控制仍是各类机械设备最基本的电气控制形式。具体要求如下。

知识目标

1）熟知电气控制原理图、电器元件布置图、电气安装接线图。

2）熟练掌握电气控制电路基本控制规律，特别是三相异步电动机起/停电路与三相异步电动机正、反转不同互锁的控制电路。

3）读懂三相异步电动机起动控制电路。

4）读懂三相异步电动机制动控制电路。

5）读懂三相异步电动机调速控制电路。

6）读懂直流电动机起动、制动、调速电气控制电路。

7）掌握电气控制电路常用保护环节。

技能目标

1）能够正确分析三相异步电动机电气控制原理图。
2）能够绘制三相异步电动机电气安装接线图。
3）能够制作三相异步电动机电气控制电路基本环节电路板。
4）能够正确选择和应用电器元件。
5）会用仪表和工具对电气控制电路故障进行诊断和维护修理。

素养目标

1）严格遵循国家标准，遵守操作规范。
2）工作认真细致，工艺规范到位。
3）发扬团队协作精神。

第一节 电气控制系统图

电气控制系统是由电气控制元器件按一定要求连接而成的。为了清晰地表达生产机械电气控制系统的工作原理，便于系统的安装、调整、使用和维修，将电气控制系统中的各电气元器件用一定的图形符号和文字符号表示，再将其连接情况用一定的图形表达出来，这种图形就是电气控制系统图。

常用的电气控制系统图有电气控制原理图、电器布置图与电气安装接线图等。

一、电气图常用的图形符号、文字符号和接线端子标记

电气控制系统图是工程技术的通用语言，它由电器元件的图形符号、文字符号等要素组成。为了便于交流与沟通，这些图形符号、文字符号必须采用最新国家标准来表示，如 GB/T 4728. 1～13—2018、2022《电气简图用图形符号》、GB/T 5465. 1—2009《电气设备用图形符号 第1部分：概述与分类》和 GB/T 5465. 2—2008《电气设备用图形符号 第2部分：图形符号》等标准。接线端子标记采用 GB/T 4026—2019《人机界面标志标识的基本和安全规则 设备端子和导体终端和导体的标识》，并按照 GB/T 6988 的要求来绘制电气控制系统图。

常用电气图形符号和文字符号见附录 B。

二、电气原理图

电气原理图是用来表示电路各电气元器件中导电部件的连接关系和工作原理的图。该图应根据简单、清晰的原则，采用电气元器件展开形式来绘制，它不按电气元器件的实际位置来画，也不反映电气元器件的大小、安装位置，只用电气元器件的导电部件及其接线端钮按国家标准规定的图形符号来表示电气元器件，再用导线将这些导电部件连接起来以反映其连接关系。所以电气原理图结构简单、层次分明，关系明确，适用于分析研究电路的工作原理，且为其他电气图的依据，在设计部门和生产现场获得广泛的应用。

现以图 6-1 CW6132 型普通车床电气原理图为例来阐明绘制电气原理图的原则和注意事项。

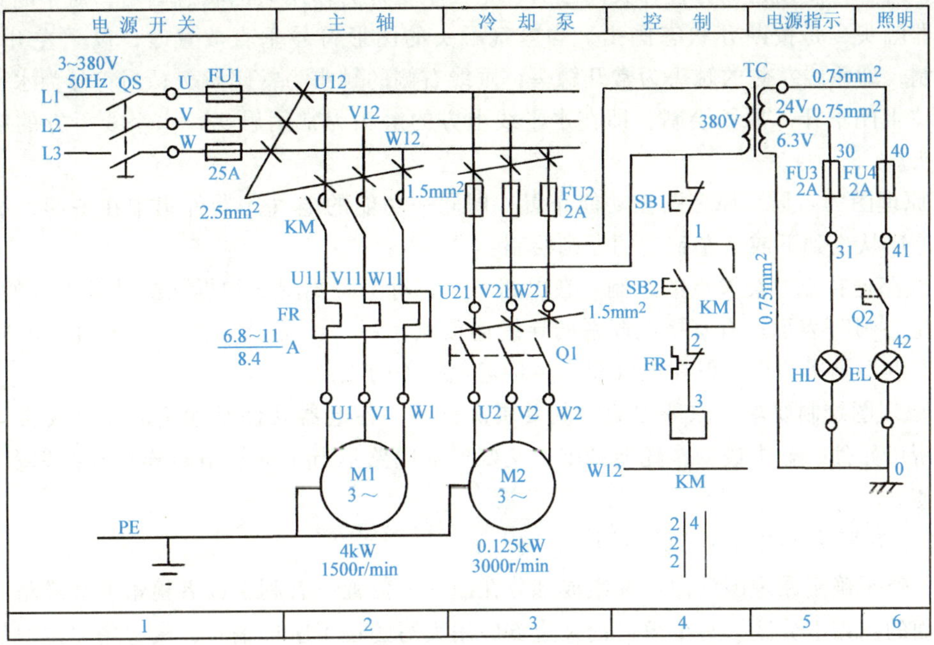

图 6-1　CW6132 型普通车床电气原理图

（一）绘制电气原理图的原则

1. 电气原理图的绘制标准　图 6-1 中所有的元器件都应采用国家统一规定的图形符号和文字符号。

2. 电气原理图的组成　电气原理图由主电路和辅助电路组成。主电路是从电源到电动机的电路，其中有刀开关、熔断器、接触器主触头、热继电器发热元件与电动机等。主电路用粗线绘制在图面的左侧或上方。辅助电路包括控制电路、照明电路、信号电路及保护电路等。它们由继电器、接触器的电磁线圈，继电器、接触器辅助触头，控制按钮，其他控制元件触头、控制变压器、熔断器、照明灯、信号灯及控制开关等组成，用细实线绘制在图面的右侧或下方。

3. 电源线的画法　原理图中直流电源用水平线画出，一般直流电源的正极画在图面上方，负极画在图面的下方。三相交流电源线集中水平画在图面上方，相序自上而下依 L1、L2、L3 排列，中性线（N 线）和保护接地线（PE 线）排在相线之下。主电路垂直于电源线画出，控制电路与信号电路垂直在两条水平电源线之间。耗电元器件（如接触器、继电器的线圈、电磁铁线圈、照明灯、信号灯等）直接与下方水平电源线相接，控制触头接在上方电源水平线与耗电元器件之间。

4. 原理图中电气元器件的画法　原理图中的各电气元器件均不画实际的外形图，原理图中只画出其带电部件，同一电气元器件上的不同带电部件是按电路中的连接关系画出，但必须按国家标准规定的图形符号画出，并且用同一文字符号标明。对于几个同类电器，在表示名称的文字符号之后加上数字序号，以示区别。

5. 电气原理图中电气触头的画法　原理图中各元器件触头状态均按没有外力作用时或未通电时触头的自然状态画出。对于接触器、电磁式继电器，是按电磁线圈未通电时触头状态画出；对于控制按钮、行程开关的触头，是按不受外力作用时的状态画出；对于断路器和开关电器触头，是按断开状态画出。当电气触头的图形符号垂直放置时，以“左开右闭”原则绘制，即垂线左侧的触头为常开触头，垂线右侧的触头为常闭触头；当符号为水平放置时，以“上闭下开”原则绘制，即在水平线上方的触头为常闭触头，水平线下方的触头为常开触头。

6. 原理图的布局　原理图按功能布置，即同一功能的电气元器件集中在一起，尽可能按动作顺序从上到下或从左到右的原则绘制。

7. 线路连接点、交叉点的绘制　在电路图中，对于需要测试和拆接的外部引线的端子，采用“空心圆”表示；有直接电联系的导线连接点，用“实心圆”表示；无直接电联系的导线交叉点不画黑圆点，但在电气图中尽量避免线条的交叉。

8. 原理图绘制要求　原理图的绘制要层次分明，各电器元件及触头的安排要合理，既要做到所用元件、触头最少，耗能最少，又要保证电路运行可靠，节省连接导线以及安装、维修方便。

（二）电气原理图图面区域的划分

为了便于确定原理图的内容和组成部分在图中的位置，有利于读者检索电气线路，常在各种幅面的图纸上分区。每个分区内竖边方向用大写的拉丁字母编号，横边用阿拉伯数字编号。编号的顺序应从与标题栏相对应的图幅的左上角开始，分区代号用该区的拉丁字母或阿拉伯数字表示，有时为了分析方便，也把数字区放在图的下面。为了方便读图，利于理解电路工作原理，还常在图面区域对应的原理图上方标明该区域的元件或电路的功能，以方便阅读分析电路。

（三）继电器、接触器触头位置的索引

电气原理图中，在继电器、接触器线圈的下方注有该继电器、接触器相应触头所在图中位置的索引代号，索引代号用图面区域号表示。其中左栏为常开触头所在图区号，右栏为常闭触头所在图区号。

（四）电气图中技术数据的标注

电气图中各电气元器件的相关数据和型号，常在电气原理图中电器元件文字符号下方标注出来。如图 6-1 中热继电器文字符号 FR 下方标有 6.8~11A，该数据为该热继电器的动作电流值范围，而 8.4A 为该继电器的整定电流值。

三、电器元件布置图

电器元件布置图是用来表明电气原理图中各元器件的实际安装位置，可视电气控制系统复杂程度采取集中绘制或单独绘制。常用的有电气控制箱中的电器元件布置图、控制面板图等。电器元件布置图是控制设备生产及维护的技术文件，电器元件的布置应注意以下几方面：

1）体积大和较重的电器元件应安装在电器安装板的下方，而发热元件应安装在电器安装板的上方。

2）强电、弱电应分开，弱电应屏蔽，防止外界干扰。

3）需要经常维护、检修、调整的电器元件安装位置不宜过高或过低。

4）电器元件的布置应考虑整齐、美观、对称。外形尺寸与结构类似的电器安装在一起，以利安装和配线。

5）电器元件布置不宜过密，应留有一定间距。如用走线槽，应加大各排电器间距，以利布线和维修。

电器布置图根据电器元件的外形尺寸绘出，并标明各元器件间距尺寸。控制盘内电器元件与盘外电器元件的连接应经接线端子进行，在电器布置图中应画出接线端子板并按一定顺序标出接线号。图 6-2 为 CW6132 型车床控制盘电器布置图，图 6-3 为 CW6132 型车床电气设备安装布置图。

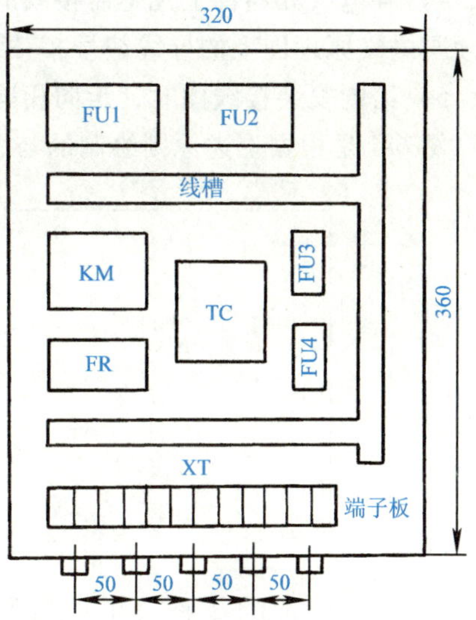

图 6-2 CW6132 型车床控制盘电器布置图

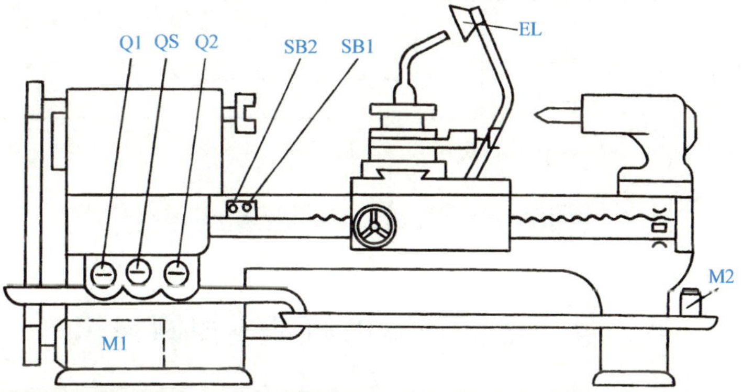

图 6-3 CW6132 型车床电气设备安装布置图

四、安装接线图

安装接线图主要用于电器的安装接线、线路检查、线路维修和故障处理，通常接线图与电气原理图和元器件布置图一起使用。接线图表示出项目的相对位置、项目代号、端子号、导线号、导线型号、导线截面等内容。接线图中的各个项目（如元件、器件、部件、组件、成套设备等）采用简化外形（如正方形、矩形、圆形）表示，简化外形旁应标注项目代号，并应与电气原理图中的标注一致。

电气接线图的绘制原则是：

1）各电气元器件均按实际安装位置绘出，元器件所占图面按实际尺寸以统一比例绘制。

2）一个元器件中所有的带电部件均画在一起，并用点画线框起来，即采用集中表示法。

3）各电气元器件的图形符号和文字符号必须与电气原理图一致，并符合国家标准。

4）各电气元器件上凡是需接线的部件端子都应绘出，并予以编号，各接线端子的编号必须与电气原理图上的导线编号相一致。

5）绘制安装接线图时，走向相同的相邻导线可以绘成一股线。

图 6-4 是根据上述原则绘制的与图 6-1 对应的电器箱外连部分电气安装接线图。

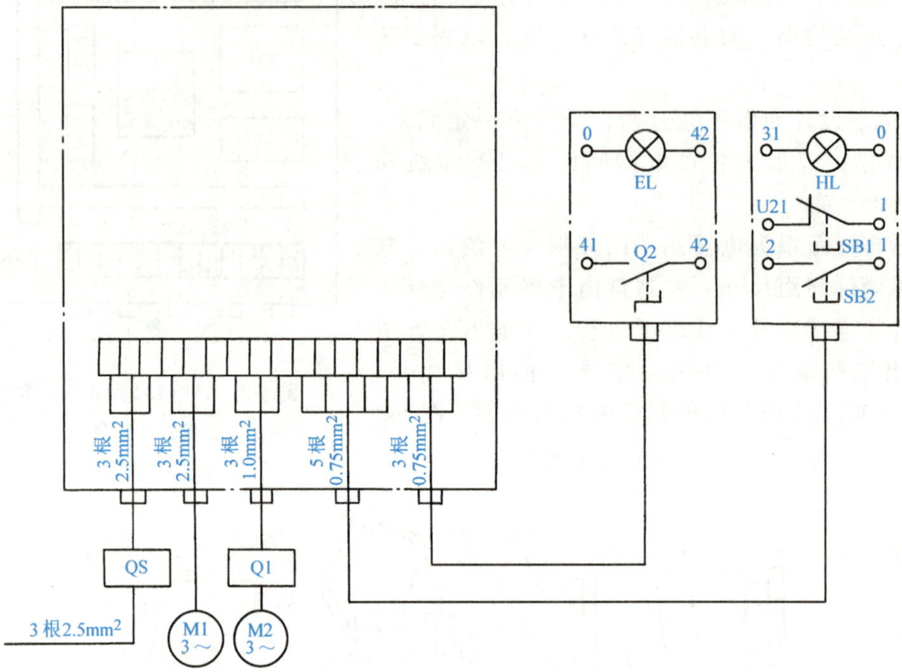

图 6-4　CW6132 型车床电气安装接线图

第二节　电气控制电路基本控制规律

由继电器、接触器所组成的电气控制电路，其基本控制规律有自锁与互锁的控制、点动与连续运转的控制、多地联锁控制、顺序控制与自动循环的控制等。

一、自锁与互锁的控制

自锁与互锁的控制统称为电气的联锁控制，在电气控制电路中应用十分广泛，是最基本的控制。

图 6-5 为三相笼型异步电动机全压起动单向运转控制电路。电动机起动时，合上电源开关 Q，接通控制电路电源，按下起动按钮 SB2，其常开触头闭合，接触器 KM 线圈通电吸合，KM 常开主触头与常开辅助触头同时闭合，前者使电动机接入三相交流电源起动旋转；后者并接在起动按钮 SB2 两端，从而使 KM 线圈经 SB2 常开触头与 KM 自身的常开辅助触头两路供电。松开起动按钮 SB2 后，虽然 SB2 这一路已断开，但 KM 线圈仍通过自身常开触头这一通路而保持通电，使电动机继续运转，**这种依靠接触器自身辅助触头而保持接触器线圈通电的现象称为自锁，这对起自锁作用的辅助触头称为自锁触头，这段电路称为自锁电路。**要使电动机停止运转，可按下停止按钮 SB1，KM 线圈断电释放，主电路及自锁电路均断开，

电动机断电停止转动。上述电路是一个典型的有自锁控制的单向运转电路，也是一个具有最基本的控制功能的电路。该电路由熔断器 FU1、FU2 实现主电路与控制电路的短路保护；由热继电器 FR 实现电动机的长期过载保护；由起动按钮 SB2 与接触器 KM 配合，实现电路的欠电压与失电压保护。

若在图 6-5 控制电路基础上，在主电路中加入转换开关 SC，SC 有四对触头，三个工作位置。当 SC 置于上、下方不同位置时，通过其触头来改变电动机定子接入三相交流电源的相序，进而改变电动机的旋转方向。在这里，接触器 KM 作为线路接触器使用，如图 6-6 转换开关控制电动机正反转电路所示。转换开关 SC 为电动机旋转方向预选开关，由按钮来控制接触器，再由接触器主触头来接通或断开电动机三相电源，实现电动机的起动和停止。电路保护环节与图 6-5 相同。

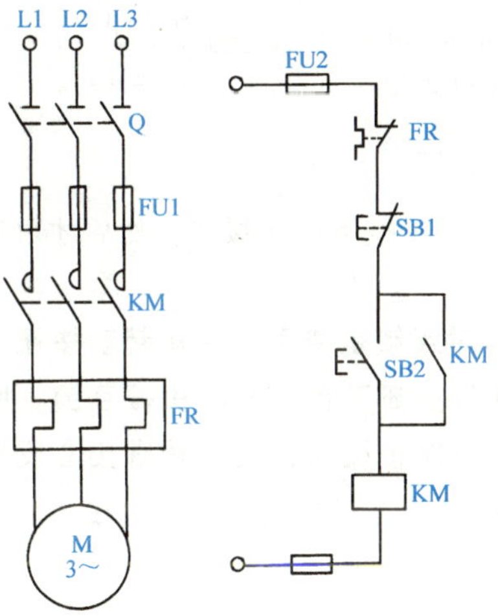

图 6-5　三相笼型异步电动机全压起动单向运转控制电路

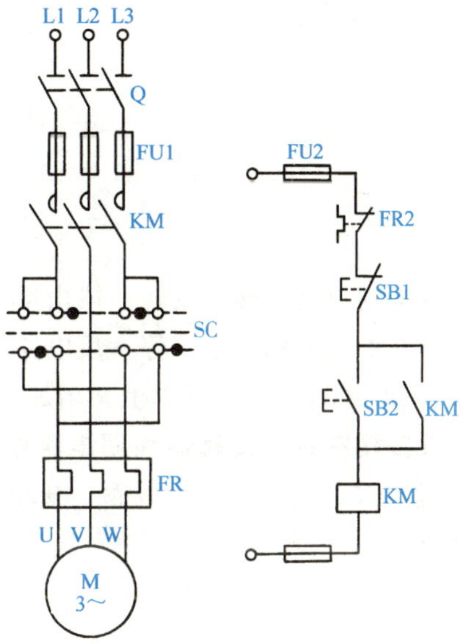

图 6-6　转换开关控制电动机正反转电路

图 6-7 为三相异步电动机正反转控制电路。图 6-7a 为主电路，图 6-7b 是由两个单向旋转控制电路组合而成。主电路由正、反转接触器 KM1、KM2 的主触头来实现电动机三相电源任意两相的换相，从而实现电动机正反转。当需要正转起动时，按下正转起动按钮 SB2，KM1 线圈通电吸合并自锁，电动机正向起动并运转；当需要反转起动时，按下反转起动按钮 SB3，KM2 线圈通电吸合并自锁，电动机便反向起动并运转。但若在按下正转起动按钮 SB2，电动机已进入正转运行后，发生又按下反转起动按钮 SB3 的误操作时，由于正反转接触器 KM1、KM2 线圈均通电吸合，其主触头均闭合，于是发生电源两相短路，致使熔断器 FU1 熔体熔断，电动机无法工作。因此，该电路在任何时候只能允许一个接触器通电工作。为此，**通常在控制电路中将 KM1、KM2 正反转接触器常闭辅助触头串接在对方线圈电路中，形成相互制约的控制，这种相互制约的控制关系称为互锁，这两对起互锁作用的常闭触头称为互锁触头。**

图 6-7c **是利用正反转接触器常闭辅助触头作互锁的，这种互锁称为电气互锁**。这种电

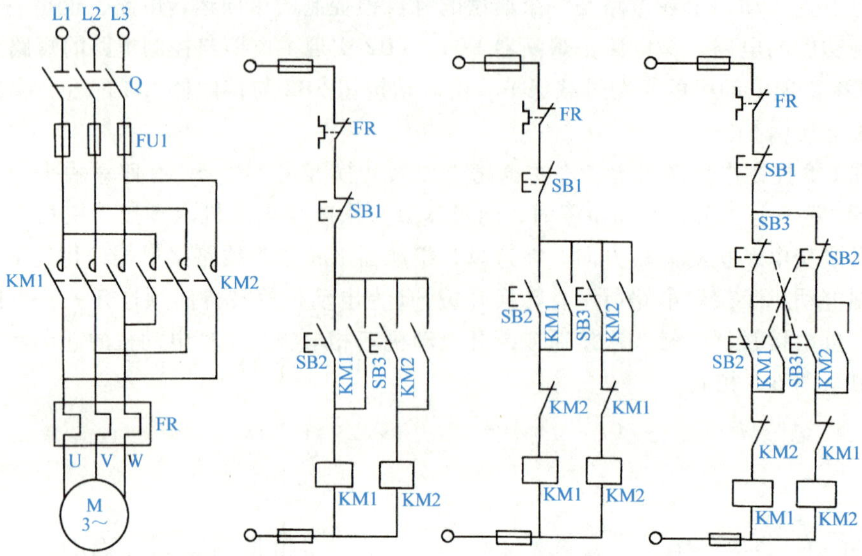

a) 主电路　b) 无互锁电路　c) 具有电气互锁电路　d) 具有双重互锁电路

图 6-7　三相异步电动机正反转控制电路

路要实现电动机由正转到反转，或由反转变正转，都必须先按下停止按钮，然后才可进行反向起动，这种电路称为正—停—反电路。

图 6-7d 是在图 6-7c 基础上又增加了一对互锁，**这对互锁是将正、反转起动按钮的常闭辅助触头串接在对方接触器线圈电路中，这种互锁称为按钮互锁，又称机械互锁**。所以图 6-7d 是具有双重互锁的控制电路，该电路可以实现不按停止按钮，由正转直接变反转，或由反转直接变正转。这是因为按钮互锁触头可实现先断开正在运行的电路，再接通反向运转电路，称为正—反—停电路。

二、点动与连续运转的控制

生产机械的运转状态有连续运转与短时间断运转，所以对其拖动电动机的控制也有点动与连续运转两种控制方式，对应的有点动控制与连续运转控制电路，如图 6-8 所示。

图 6-8a 是主电路，图 6-8b 是基本的点动控制电路。按下点动按钮 SB，KM 线圈通电，电动机起动旋转；松开 SB 按钮，KM 线圈断电释放，电动机停转。所以该电路为单纯的点动控制电路。图 6-8c 是用开关 SA 断开或接通自锁电路，可实现点动也可实现连续运转的电路。合上开关 SA 时，可实现连续运转；SA 断开时，可实现点动控制。图 6-8d 是用复合按钮 SB3 实现点动控制，按钮 SB2 实现连续运转控制的电路。

三、多地联锁控制

在一些大型生产机械和设备上，要求操作人员在不同方位能进行操作与控制，即实现多地控制。多地控制是用多组起动按钮、停止按钮来进行的，这些按钮连接的原则是：起动按钮常开触头要并联，即逻辑或的关系；停止按钮常闭触头要串联，即逻辑与的关系。图 6-9 为三地联锁控制电路图。

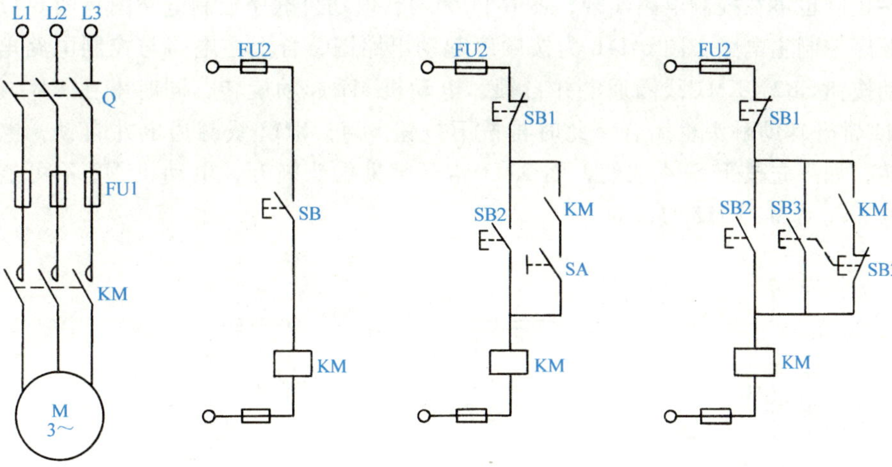

a) 主电路　b) 基本点动控制电路　c) 开关选择运行状态的电路　d) 两个按钮控制的电路

图 6-8　电动机点动与连续运转控制电路

四、顺序控制

在生产实际中，有些设备往往要求其上的多台电动机的起动与停止必须按一定的先后顺序进行，这种控制方式称为电动机的顺序控制。顺序控制可在主电路中实现，也可在控制电路中实现。

主电路中实现顺序起动的电路如图 6-10 所示。图中电动机 M1、M2 分别由接触器 KM1 和 KM2 控制，但电动机 M2 的主电路接在接触器 KM1 主触头的下方，这样就保证了起动时必须先起动 M1 电动机，只有当接触器 KM1 主触头闭合，M1 起动后才可起动 M2 电动机，实现了 M1 先起动 M2 后起动的控制。

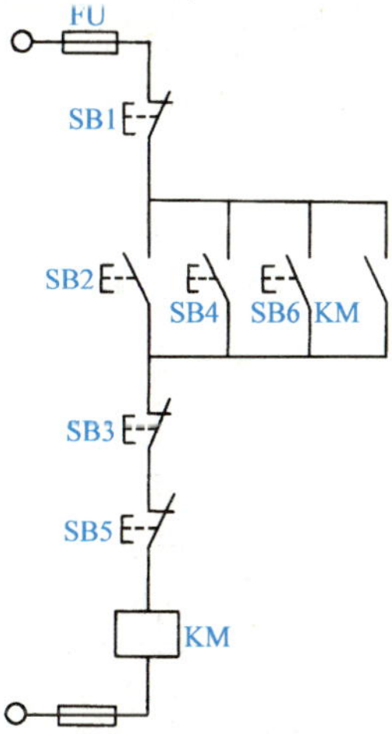

图 6-9　三地联锁控制电路图

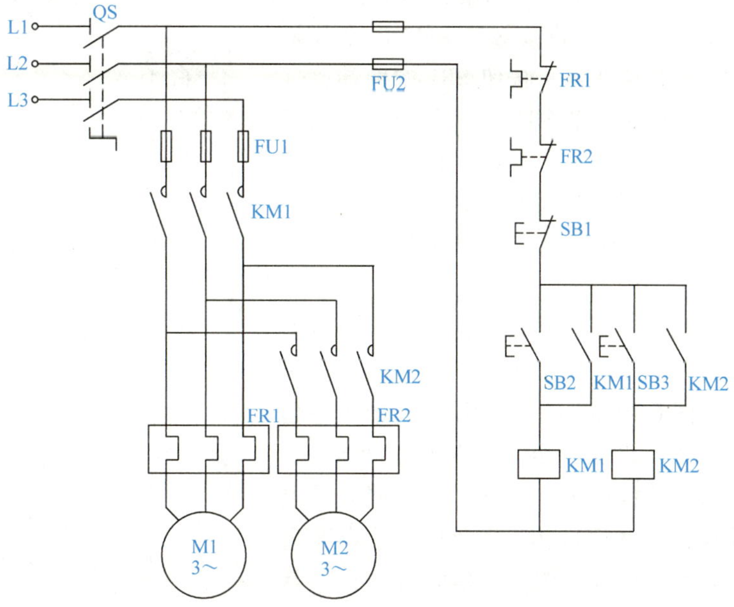

图 6-10　主电路中实现两台电动机顺序起动的电路图

顺序控制也可在控制电路实现，图 6-11 为两台电动机顺序控制电路图，图 6-11a 为两台电动机顺序控制主电路，图 6-11b 为按顺序起动电路图，合上主电路与控制电路电源开关，按下起动按钮 SB2，KM1 线圈通电并自锁，电动机 M1 起动旋转，同时串在 KM2 线圈电路中的 KM1 常开辅助触头也闭合，此时再按下按钮 SB4，KM2 线圈通电并自锁，电动机 M2 起动旋转，如果先按下 SB4 按钮，因 KM1 常开辅助触头断开，电动机 M2 不可能先起动，达到按顺序起动 M1、M2 的目的。

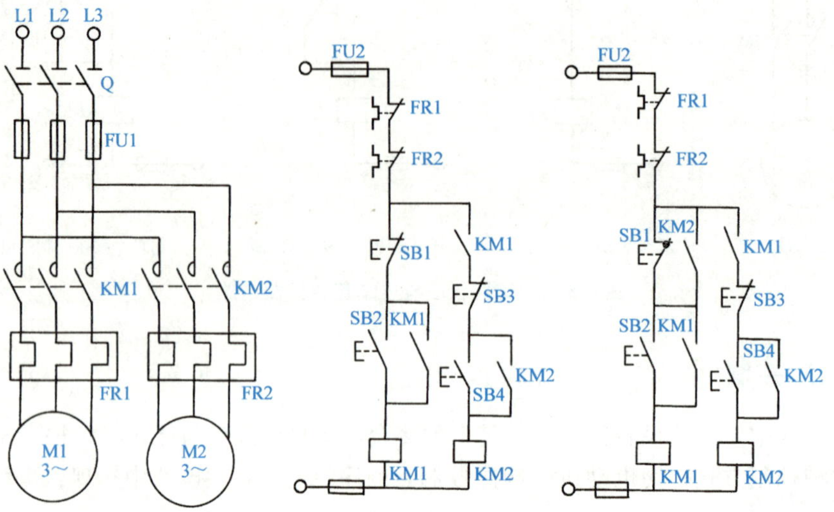

a）主电路　　b）按顺序起动电路　　c）按顺序起动、停止的控制电路

图 6-11　两台电动机顺序控制电路图

生产机械除要求按顺序起动外，有时还要求按一定顺序停止，如带式输送机，前面的第一台运输机先起动，再起动后面的第二台；停车时应先停第二台，再停第一台，这样才不会造成物料在传送带上的堆积和滞留。图 6-11c 为按顺序起动与停止的控制电路，为此在图 6-11b 基础上，将接触器 KM2 的常开辅助触头并接在停止按钮 SB1 的两端，这样，即使先按下 SB1，由于 KM2 线圈仍通电，电动机 M1 不会停转，只有按下 SB3，电动机 M2 先停后，再按下 SB1 才能使 M1 停转，达到先停 M2，后停 M1 的要求。

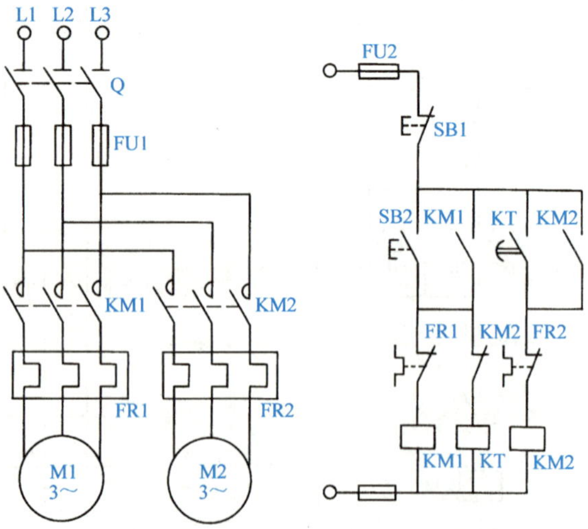

图 6-12　时间继电器控制的顺序起动电路

在许多顺序控制中，要求有一定的时间间隔，此时往往用时间继电器来实现。图 6-12 为时间继电器控制的顺序起动电路，接通主电路与控制电路电源，按下起动按钮 SB2、KM1、KT 同时通电并自锁，电动机 M1 起动运转，当通电延时型时间继电器 KT 延时时间到，其延时闭合的常开触头闭合，接通 KM2 线圈电路并自锁，电动机 M2 起动旋转，同时 KM2 常

闭辅助触头断开将时间继电器 KT 线圈电路切断，KT 不再工作，使 KT 仅在起动时起作用，尽量减少运行时电器使用数量。

五、自动往复循环控制

在生产中，某些机床的工作台需要进行自动往复运行，通常是利用行程开关来控制自动往复运动的行程，并由此来控制电动机的正反转或电磁阀的通断电，从而实现生产机械的自动往复。图 6-13a 为机床工作台自动往复运动示意图，在床身两端固定有行程开关 ST1、ST2，用来表明加工的起点与终点。在工作台上安有撞块 A 和 B，其随运动部件工作台一起移动，分别压下 ST2、ST1，来改变控制电路状态，实现电动机的正反向运转，拖动工作台实现工作台的自动往复运动。图 6-13b 为自动往复循环控制电路，图中 ST1 为反向转正向行程开关，ST2 为正向转反向行程开关，SQ1 为正向限位开关，SQ2 为反向限位开关。电路工作原理：合上主电路与控制电路电源开关，按下正转起动按钮 SB2，KM1 线圈通电并自锁，电动机正转起动旋转，拖动工作台前进向右移动，当移动到位时，撞块 A 压下 ST2，其常闭触头断开，常开触头闭合，前者使 KM1 线圈断电，后者使 KM2 线圈通电并自锁，电动机由正转变为反转，拖动工作台由前进变为后退，工作台向左移动。当后退到位时，撞块 B 压下 ST1，使 KM2 断电，KM1 通电，电动机由反转变为正转，拖动工作台变后退为前进，如此周而复始实现自动往返工作。当按下停止按钮 SB1 时，电动机停止，工作台停下。当行程开关 ST1、ST2 失灵时，电动机换向无法实现，工作台继续沿原方向移动，撞块将压下 SQ1 或 SQ2 限位开关，使相应接触器线圈断电释放，电动机停止，工作台停止移动，从而避免运动部件因超出极限位置而发生事故，实现限位保护。

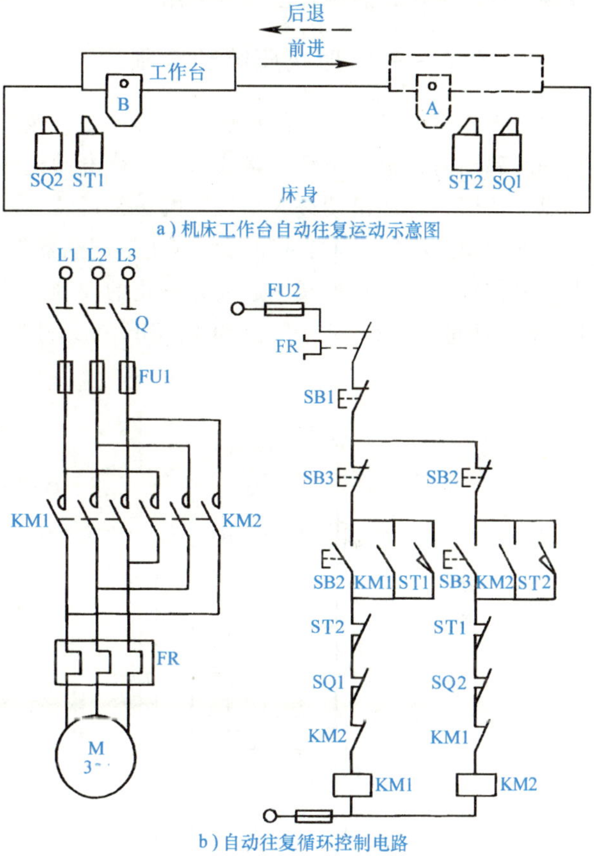

图 6-13 自动往复循环控制

第三节 三相异步电动机的起动控制

10kW 及其以下容量的三相异步电动机，通常采用全压起动，即起动时电动机的定子绕组直接接在额定电压的交流电源上，如图 6-5、图 6-6、图 6-7 等电路皆为全压起动电路。但当电动机容量超过10kW时，因起动电流较大，线路压降大，负载端电压降低，影响起动电动机附近电气设备的正常运行，所以一般采用减压起动。所谓减压起动，是指起动时降低加在电动机定子绕组上的电压，待电动机起动起来后再将电压恢复到额定值，使之运行在额定电压下。减压起动可以减少起动电流，减小线路电压降，也就减小了起动时对线路的影响。但电动机的电磁转矩与定子端电压平方成正比，所以使得电动机的起动转矩相应减小，故减压起动适用于空载或轻载下起动。减压起动方式有星形—三角形减压起动、自耦变压器减压起动、软起动（固态减压起动器）、延边三角形减压起动、定子串电阻减压起动等。常用的有星形—三角形减压起动与自耦变压器减压起动，软起动是一种当代电动机控制技术，正在一些场合推广使用，后两种已很少采用。

一、星形—三角形减压起动控制

对于正常运行时定子绕组接成三角形的三相笼型异步电动机，均可采用星形—三角形减压起动。起动时，定子绕组先接成星形，待电动机转速上升到接近额定转速时，将定子绕组换接成三角形，电动机便进入全压下的正常运转。

图6-14为QX4系列自动星形—三角形起动器电路，适用于125kW及以下的三相笼型异步电动机作星形—三角形减压起动和停止的控制。该电路由接触器KM1、KM2、KM3，热继电器FR，时间继电器KT，按钮SB1、SB2等元件组成，具有短路保护、过载保护和失压保护等功能。

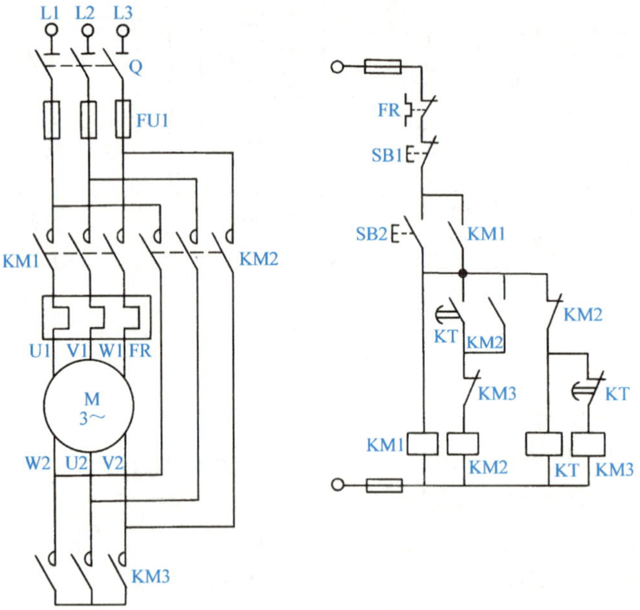

图6-14 QX4系列自动星形—三角形起动器电路

QX4系列自动星形—三角形起动器技术数据见表6-1。

电路工作原理：合上电源开关Q，按下起动按钮SB2，KM1、KT、KM3线圈同时通电并实现KM1的自锁，电动机三相定子绕组接成星形接入三相交流电源进行减压起动，当电动机转速接近额定转速时，通电延时型时间继电器动作，KT常闭触头断开，KM3线圈断电释

表 6-1 QX4 系列自动星形—三角形起动器技术数据

型号	控制电动机功率/kW	额定电流/A	热继电器额定电流/A	时间继电器整定值/s
QX4-17	13 17	26 33	15 19	11 13
QX4-30	22 30	42.5 58	25 34	15 17
QX4-55	40 55	77 105	45 61	20 24
QX4-75	75	142	85	30
QX4-125	125	260	100～160	14～60

放；同时 KT 常开触头闭合，KM2 线圈通电吸合并自锁，电动机绕组接成三角形全压运行。当 KM2 通电吸合后，KM2 常闭触头断开，使 KT 线圈断电，避免时间继电器长期工作。KM2、KM3 常闭触头为互锁触头，以防同时接成星形和三角形造成电源短路。

二、自耦变压器减压起动控制

电动机自耦变压器减压起动是将自耦变压器一次侧接在电网上，起动时定子绕组接在自耦变压器二次侧上。这样，起动时电动机获得的电压为自耦变压器的二次电压。待电动机转速接近电动机额定转速时，再将电动机定子绕组接在电网上即电动机额定电压上进入正常运转。这种减压起动适用于较大容量电动机的空载或轻载起动，自耦变压器二次绕组一般有三个抽头，用户可根据电网允许的起动电流和机械负载所需的起动转矩来选择。

图 6-15 为 XJ01 系列自耦减压起动电路图。图中 KM1 为减压起动接触器，KM2 为全压运行接触器，KA 为中间继电器，KT 为减压起动时间继电器，HL1 为电源指示灯，HL2 为减压起动指示灯，HL3 为正常运行指示灯。表 6-2 列出了部分 XJ01 系列自耦减压起动器技术数据。

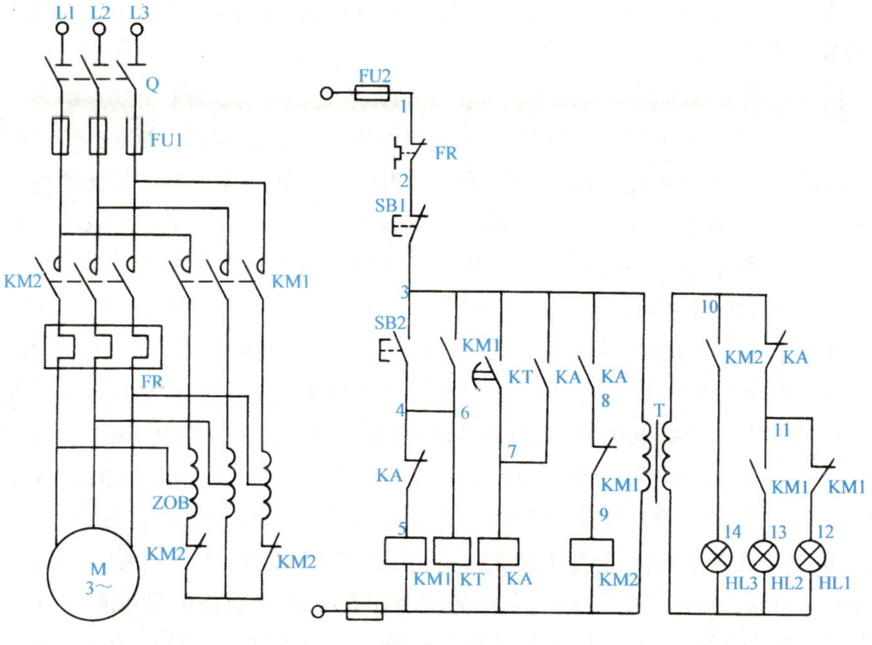

图 6-15 XJ01 系列自耦减压起动电路图

表 6-2 XJ01 系列自耦减压起动器技术数据

型号	被控制电动机功率/kW	最大工作电流/A	自耦变压器功率/kW	电流互感器电流比	热继电器整定电流/A
XJ01—14	14	28	14	—	32
XJ01—20	20	40	20	—	40
XJ01—28	28	58	28	—	63
XJ01—40	40	77	40	—	85
XJ01—55	55	110	55	—	120
XJ01—75	75	142	75	—	142
XJ01—80	80	152	115	300/5	2.8
XJ01—95	95	180	115	300/5	3.2
XJ01—100	100	190	115	300/5	3.5

电路工作原理：合上主电路与控制电路电源开关，HL1 灯亮，表明电源电压正常。按下起动按钮 SB2，KM1、KT 线圈同时通电并自锁，将自耦变压器接入，电动机由自耦变压器二次电压供电作减压起动，同时指示灯 HL1 灭，HL2 亮，显示电动机正进行减压起动。当电动机转速接近额定转速时，时间继电器 KT 通电延时闭合触头闭合，使 KA 线圈通电并自锁，其常闭触头断开 KM1 线圈电路，KM1 线圈断电释放，将自耦变压器从电路切除；KA 的另一对常闭触头断开，HL2 指示灯灭；KA 的常开触头闭合，使 KM2 线圈通电吸合，电源电压全部加在电动机定子上，电动机在额定电压下进入正常运转，同时 HL3 指示灯亮，表明电动机减压起动结束。由于自耦变压器星形联结部分的电流为自耦变压器一、二次电流之差，故用 KM2 辅助触头来连接。

三、三相绕线转子电动机的起动控制

三相绕线转子异步电动机转子绕组可通过铜环和电刷与外电路电阻相接，以减小起动电流，提高转子电路功率因数和起动转矩，适用于重载起动的场合。

按绕线转子异步电动机转子在起动过程串接装置不同，起动方式可分为串接电阻起动和串接频敏变阻器起动。

(一) 转子绕组串接电阻起动控制

串接在三相转子绕组中的起动电阻，一般都连成星形。起动时，将全部起动电阻接入，随着起动的进行，电动机转速的提高，转子起动电阻依次被短接，在起动结束时，转子电阻全部被短接。短接电阻的方式有三相电阻不平衡短接法和三相电阻平衡短接法两种。所谓不平衡短接是依次轮流短接各相电阻，而平衡短接是依次同时短接三相的电阻。当采用凸轮控制器对各触头的闭合顺序进行控制从而顺序短接转子起动电阻时，因控制器触头数量有限，一般都采用不平衡短接法。这种短接法将在起重机电气控制中讲述。而对于采用接触器触头来短接转子电阻时，均采用平衡短接法。本节仅介绍用接触器控制平衡短接转子起动电阻的电路。

图 6-16 为转子串三级电阻按时间原则控制的起动电路。图中 KM1 为线路接触器，KM2、KM3、KM4 为短接电阻起动接触器，KT1、KT2、KT3 为短接电阻时间继电器。电路工作原理：合上电源开关 Q，接通控制电路电源，按下起动按钮 SB2，接触器 KM1 线圈通电并自锁，电动机在转子串入全部电阻的情况下起动。KM1 线圈通电后，时间继电器 KT1 线圈经 KM1 自锁触头通电吸合，经过一段延时后，KT1 延时闭合的常开触头闭合，使接触器 KM2 线圈通电并自锁，KM2 主触头闭合，切除起动电阻 R_1；KM2 一对常闭辅助触头断

开，切除时间继电器 KT1；KM2 一对常开辅助触头闭合，接通时间继电器 KT2 线圈电路，KT2 通电吸合，经过一段延时后，KT2 延时闭合的常开触头闭合，使接触器 KM3 线圈通电并自锁。KM3 主触头闭合，切除起动电阻 R_2；KM3 的一对常闭辅助触头断开，使 KM2、KT2、KT1 线圈电路断开；KM3 的一对常开辅助触头闭合，接通时间继电器 KT3 线圈电路，KT3 线圈通电吸合，经过一段延时后，KT3 延时闭合的常开触头闭合，使接触器 KM4 线圈通电并自锁。KM4 主触头闭合，切除全部起动电阻；KM4 一对常闭辅助触头断开，使 KT1、KM2、KT2、KM3、KT3 线圈电路断开。

值得注意的是，电动机起动后进入正常运行时，只有 KM1、KM4 两个接触器处于长期通电状态，而 KT1、KT2、KT3 与 KM2、KM3 线圈的通电时间，均压缩到最低限度。一方面从电路工作要求出发，没必要让这些电器都处于通电状态，另一方面也为节省电能，延长电器使用寿命，更为重要的是减少电路故障，保证电路安全可靠地工作。但电路也存在下列问题：一旦时间继电器损坏，电路将无法实现电动机的正常起动和运行；在电动机的起动过程中，由于逐级短接转子电阻，将使电动机电流与电磁转矩突然增大，产生机械冲击。

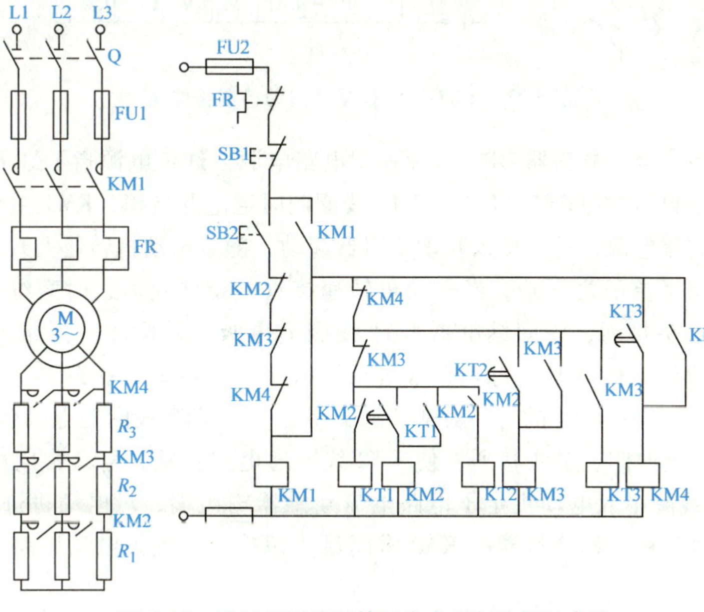

图 6-16 时间原则控制转子串电阻起动控制电路

（二）转子回路串接频敏变阻器起动控制

频敏变阻器工作原理在第二章第八节作了详细介绍，在此不再重述。而频敏起动控制箱（柜）是由断路器、接触器、频敏变阻器、电流互感器、时间继电器、电流继电器与中间继电器等元器件组合而成。常用的有 XQP 系列频敏起动控制箱、CTT6121 系列频敏起动控制柜、TG1 系列控制柜等。其中 TG1 系列控制柜广泛应用于冶金、矿山、轧钢、造纸、纺织等厂矿企业。图 6-17 为 TG1-K21 型频敏起动控制柜电路图，可用来控制低压、45 ~ 280kW 绕线转子型三相异步电动机的起动。图中 RF 为频敏变阻器，KM1 为线路接触器，KM2 为短接频敏变阻器接触器，KT1 为起动时间继电器，KT2 为防止 KA3 在起动时误动作的时间继电器，KA1 为起动中间继电器，KA2 为短接 KA3 线圈的中间继电器，KA3 为过电流继电器，HL1 为红色电源指示灯，HL2 为绿色起动结束，进入正常运行指示灯，QF 为断路器。

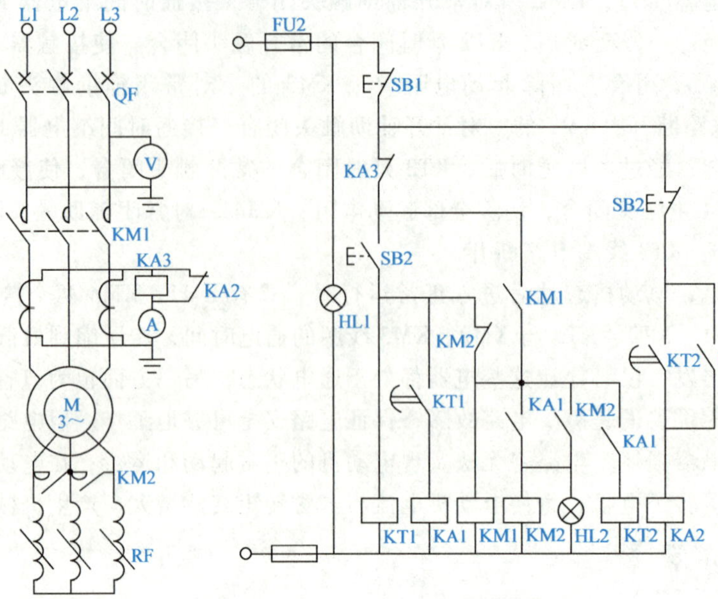

图 6-17 TG1-K21 型频敏起动控制柜电路

电路工作原理：合上断路器 QF、接通控制电路电源，红色电源指示灯 HL1 亮，表示电路电压正常。按下起动按钮 SB2，KM1、KT1 线圈同时通电并自锁，KM1 主触头闭合，电动机定子接通三相交流电源，转子接入频敏变阻器起动，随着电动机转速上升，转子电流频率减小，频敏变阻器阻抗随之下降。当电动机转速接近额定转速时，时间继电器 KT1 动作，其常开延时闭合触头接通，中间继电器 KA1 线圈通电吸合。KA1 一对常开触头闭合，使 KM2 线圈通电并自锁，同时 HL2 绿色正常运行指示灯亮，KM2 主触头闭合，将频敏变阻器短接，电动机起动结束；KA1 的另一对常开触头闭合，使 KT2 线圈通电吸合，经一段延时，KT2 动作，其常开延时闭合触头接通，使 KA2 线圈通电并自锁，KA2 常闭触头断开，将过电流继电器 KA3 线圈串入电动机定子电路电流互感器输出端，对电动机进行过电流保护。所以电动机起动过程中，KA3 线圈被 KA2 常闭触头短接，不致因电动机起动电流大而致使 KA3 发生误动作。

时间继电器 KT1 延时时间要略大于电动机实际起动时间，一般大于电动机起动时间 2~3s 为最佳。过电流继电器 KA3 出厂时按线路接触器 KM1 的额定电流来整定，在使用时应根据电动机实际负载大小来调整，以便起到过电流速断保护的作用。

第四节　三相异步电动机的制动控制

三相异步电动机从切除电源到完全停止旋转，由于机械惯性，总需经过一定的时间，这往往不能满足生产机械要求迅速停车的要求，也影响生产率的提高。因此应对电动机进行制动控制，制动控制方法有机械制动和电气制动。所谓的机械制动是用机械装置产生机械力来强迫电动机迅速停车；电气制动是使电动机的电磁转矩方向与电动机旋转方向相反，起制动作用。电气制动有反接制动、能耗制动、再生制动，以及派生的电容制动等。这些制动方法各有特点，适用不同场合，本节介绍几种典型的制动控制电路。

一、电动机单向反接制动控制

反接制动是利用改变电动机电源的相序，使定子绕组产生相反方向的旋转磁场，因而产生制动转矩的一种制动方法。电源反接制动时，转子与定子旋转磁场的相对转速接近两倍的电动机同步转速，所以定子绕组中流过的反接制动电流相当于全压起动时起动电流的两倍，因此反接制动制动转矩大，制动迅速，冲击大，通常适用于10kW及以下的小容量电动机。为了减小冲击电流，通常在笼型异步电动机定子电路中串入反接制动电阻。定子反接制动电阻接法有三相电阻对称接法和在两相中接入电阻的不对称接法两种。显然，采用三相电阻对称接法既限制了反接制动电流又限制了制动转矩，而采用不对称电阻接法只限制了制动转矩，但对未串制动电阻的那一相，仍具有较大的电流。另外，当电动机转速接近零时，要及时切断反相序电源，以防电动机反向再起动，通常用速度继电器来检测电动机转速并控制电动机反相序电源的断开。

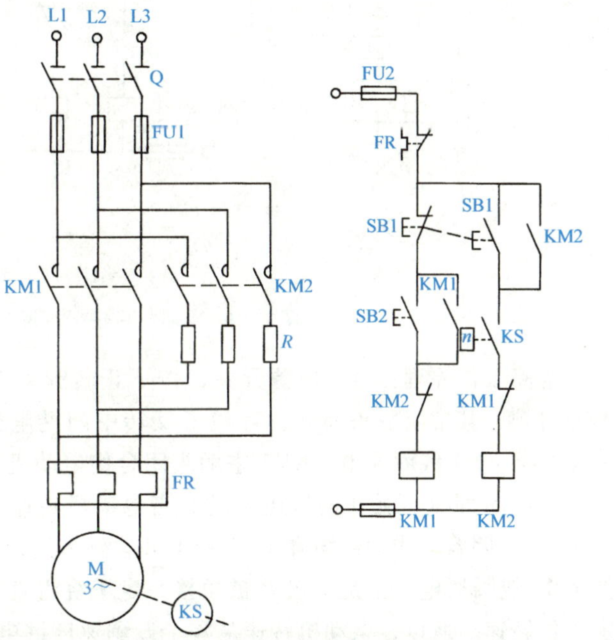

图 6-18 电动机单向反接制动控制电路

图6-18为电动机单向反接制动控制电路。图中KM1为电动机单向运行接触器，KM2为反接制动接触器，KS为速度继电器，*R*为反接制动电阻。起动电动机时，合上电源开关，按下SB2，KM1线圈通电并自锁，主触头闭合，电动机全压起动，当与电动机有机械连接的速度继电器KS转速超过其动作值140r/min时，其相应触头闭合，为反接制动作准备。停止时，按下停止按钮SB1，SB1常闭触头断开，使KM1线圈断电释放，KM1主触头断开，切断电动机原相序三相交流电源，电动机仍以惯性高速旋转。当将停止按钮SB1按到底时，其常开触头闭合，使KM2线圈通电并自锁，电动机定子串入三相对称电阻接入反相序三相交流电源进行反接制动，电动机转速迅速下降。当转速下降到KS释放转速即100r/min时，KS释放，KS常开触头复位，断开KM2线圈电路，KM2断电释放，主触头断开电动机反相序交流电源，反接制动结束，电动机自然停车至零。

二、电动机可逆运行反接制动控制

图6-19为电动机可逆运行反接制动控制电路。图中KM1、KM2为电动机正、反转接触器，KM3为短接制动电阻接触器，KA1、KA2、KA3、KA4为中间继电器，KS为速度继电器，其中KS-1为正转闭合触头，KS-2为反转闭合触头。*R*电阻起动时起定子串电阻减压起动用，停车时，*R*电阻又作为反接制动电阻。

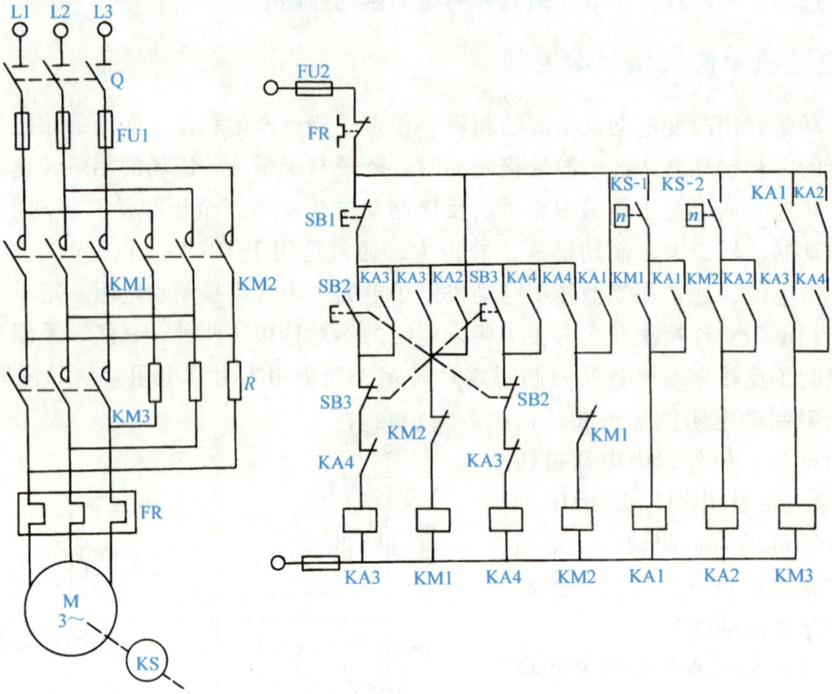

图 6-19 电动机可逆运行反接制动控制电路

电路工作原理：合上电源开关，按下正转起动按钮 SB2，正转中间继电器 KA3 线圈通电并自锁，其常闭触头断开，互锁了反转中间继电器 KA4 线圈电路，KA3 常开触头闭合，使接触器 KM1 线圈通电，KM1 主触头闭合使电动机定子绕组经电阻 R 接通正相序三相交流电源，电动机 M 开始正转减压起动。当电动机转速上升到一定值时，速度继电器正转常开触头 KS-1 闭合，中间继电器 KA1 通电并自锁。这时由于 KA1、KA3 的常开触头闭合，接触器 KM3 线圈通电，于是电阻 R 被短接，定子绕组直接加以额定电压，电动机转速上升到稳定工作转速。所以，电动机转速从零上升到速度继电器 KS 常开触头闭合这一区间是定子串电阻减压起动。

在电动机正转运行状态须停车时，可按下停止按钮 SB1，则 KA3、KM1、KM3 线圈相继断电释放，但此时电动机转子仍以惯性高速旋转，使 KS-1 仍维持闭合状态，中间继电器 KA1 仍处于吸合状态，所以在接触器 KM1 常闭触头复位后，接触器 KM2 线圈便通电吸合，其常开主触头闭合，使电动机定子绕组经电阻 R 获得反相序三相交流电源，对电动机进行反接制动，电动机转速迅速下降，当电动机转速低于速度继电器释放值时，速度继电器常开触头 KS-1 复位，KA1 线圈断电，接触器 KM2 线圈断电释放，反接制动过程结束。

电动机反向起动和反接制动停车控制电路工作情况与上述相似，不同的是速度继电器起作用的是反向触头 KS-2，中间继电器 KA2 替代了 KA1，其余情况相同，在此不再复述。

三、电动机单向运行能耗制动控制

能耗制动是在电动机脱离三相交流电源后，向定子绕组内通入直流电流，建立静止磁场，转子以惯性旋转，转子导体切割定子恒定磁场产生转子感应电动势，从而产生转子感应电流，利用转子感应电流与静止磁场的作用产生制动的电磁转矩，达到制动的目的。在制动过程中，电流、转速和时间三个参量都在变化，可任取一个作为控制信号。按时间作为变化参量，控制电路简单，实际应用较多，图 6-20 为电动机单向运行时间原则控制能耗制动控制电路图。

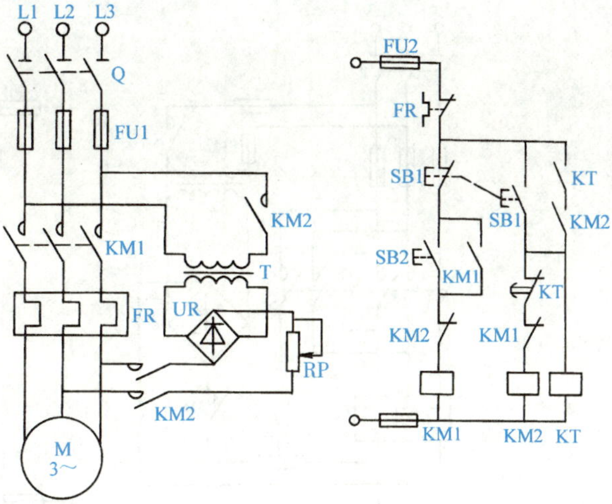

图 6-20 电动机单向运行时间原则能耗制动控制电路

电路工作原理：电动机现已处于单向运行状态，所以 KM1 通电并自锁。若要使电动机停转，只要按下停止按钮 SB1，KM1 线圈断电释放，其主触头断开，电动机断开三相交流电源。同时，KM2、KT 线圈同时通电并自锁，KM2 主触头将电动机定子绕组接入直流电源进行能耗制动，电动机转速迅速降低，当转速接近零时，通电延时型时间继电器 KT 延时时间到，KT 常闭延时断开触头动作，使 KM2、KT 线圈相继断电释放，能耗制动结束。

图中 KT 的瞬动常开触头与 KM2 自锁触头串接，其作用是：当发生 KT 线圈断线或机械卡住故障，致使 KT 常闭通电延时断开触头断不开，常开瞬动触头也合不上时，只要按下停止按钮 SB1，即可成为点动能耗制动。若无 KT 的常开瞬动触头串接 KM2 常开触头，在发生上述故障时，按下停止按钮 SB1 后，将使 KM2 线圈长期通电吸合，使电动机两相定子绕组长期接入直流电源。

四、电动机可逆运行能耗制动控制

图 6-21 为速度原则控制电动机可逆运行能耗制动电路。图中 KM1、KM2 为电动机正、反转接触器，KM3 为能耗制动接触器，KS 为速度继电器。

电路工作原理：合上电源开关 Q，根据需要按下正转或反转起动按钮 SB2 或 SB3，相应接触器 KM1 或 KM2 线圈通电吸合并自锁，电动机起动旋转。此时速度继电器相应的正向或反向触头 KS-1 或 KS-2 闭合，为停车接通 KM3 实现能耗制动作准备。

停车时，按下停止按钮 SB1，电动机定子三相交流电源切除。当按到底时，KM3 线圈通电并自锁，电动机定子接入直流电源进行能耗制动，电动机转速迅速降低，当转速下降到低于 100r/min 时，速度继电器释放，其触头在反力弹簧作用下复位断开，使 KM3 线圈断电释放，切除直流电源，能耗制动结束，以后电动机依惯性自然停车至零。

对于负载转矩较为稳定的电动机，能耗制动时采用时间原则控制为宜，因为此时对时间继电器的延时整定较为固定。而对于那些能够通过传动机构来反映电动机转速时，采用速度原则控制较为合适，视具体情况而定。

五、无变压器单管能耗制动控制

对于 10kW 以下电动机，在制动要求不高时，可采用无变压器单管能耗制动。图 6-22

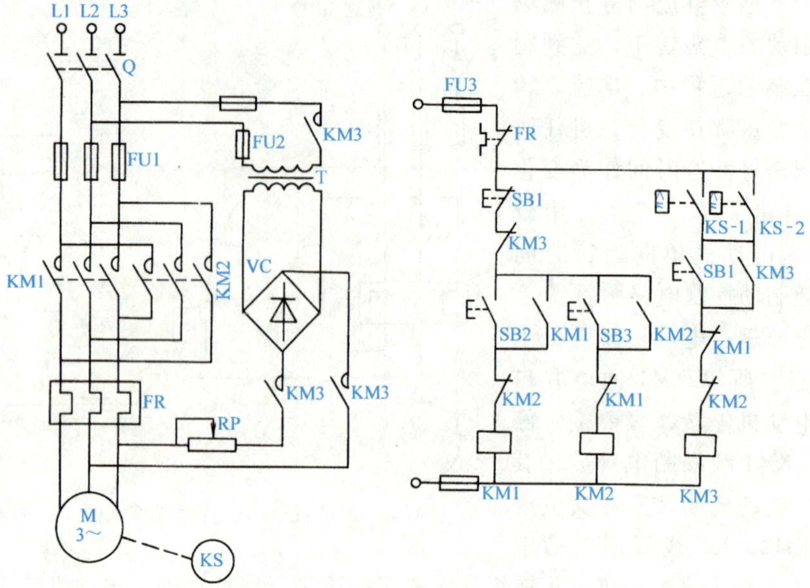

图 6-21 速度原则控制电动机可逆运行能耗制动电路

为无变压器单管能耗制动电路。图中 KM1 为线路接触器，KM2 为制动接触器，KT 为能耗制动时间继电器。该电路整流电源电压为220V，由 KM2 主触头接至电动机定子绕组，经整流二极管 VD 接至电源中性线 N 构成闭合电路。制动时电动机 U、V 相由 KM2 主触头短接，因此只有单方向制动转矩。电路工作原理与图 6-19 所示电路相似，读者可自行分析。

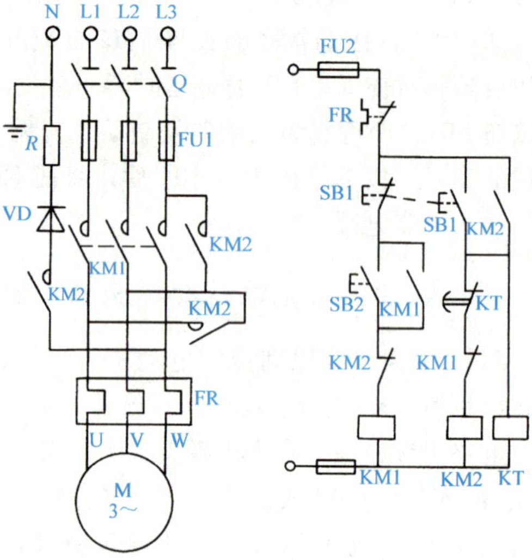

图 6-22 电动机无变压器单管能耗制动电路

六、机械制动控制电路

机械制动是利用机械装置使电动机迅速停转。常用的机械制动装置有电磁抱闸和电磁离合器。下面仅介绍电磁抱闸制动的控制。

电磁抱闸由电磁铁和闸瓦制动器两部分组成。图 6-23a 为电磁抱闸制动原理图。在电动机起动旋转时，电磁铁线圈同时通电，在电磁吸力作用下，克服弹簧力将制动轮上的制动闸瓦张开，脱离与电动机同轴的制动轮，实现电动机的自由旋转。当电动机要停转时，在断开电动机三相交流电源的同时也断开电磁铁线圈电源，电磁吸力消失，在弹簧力作用下将制动闸瓦紧紧压在制动轮上，使电动机迅速停转。

图 6-23b 为电磁抱闸断电制动控制电路。电路工作原理：合上电源开关 Q，接通控制电路电源，起动电动机时，按下起动按钮 SB2，接触器 KM1 线圈通电，其常开主触头闭合，使电磁铁线圈 YB 通电，制动闸松开制动轮。与此同时，接触器 KM2 线圈通电并自锁，电

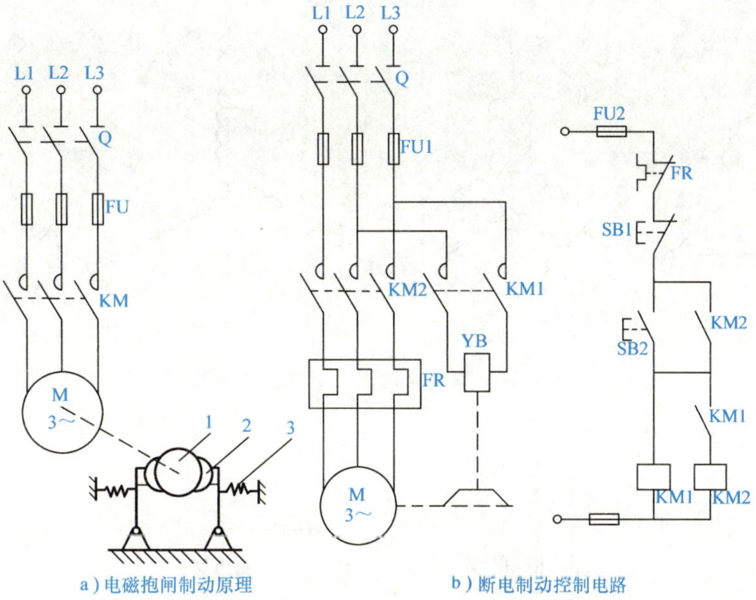

图 6-23 电磁抱闸制动控制

1—制动轮 2—制动闸 3—弹簧

动机起动运行。停车时，按下停止按钮 SB1，接触器 KM1、KM2 线圈同时断电释放，接着 YB 线圈断电，电动机脱离三相交流电源，同时电磁抱闸在弹簧作用下，制动闸瓦将制动轮紧紧抱住，电动机迅速停转。

电磁抱闸制动比较安全可靠，能实现准确停车，被广泛应用在起重设备上。

第五节 三相异步电动机的调速控制

由三相异步电动机转速 $n=60f_1(1-s)/p_1$ 可知，三相异步电动机调速方法有变极对数、变转差率和变频调速三种。而变极对数调速一般仅适用于笼型异步电动机，变转差率调速可通过调节定子电压、改变转子电路中的电阻以及采用串级调速来实现。变频调速是现代电力传动的一个主要发展方向，已广泛应用于工业自动控制中。本节介绍三相笼型异步电动机变极调速电路和三相绕线转子电动机转子串电阻调速电路，三相异步电动机变频调速的控制。

一、三相笼型异步电动机变极调速控制

变极调速是通过接触器触头来改变电动机绕组的接线方式，以获得不同的极对数来达到调速目的的。变极电动机一般有双速、三速、四速之分，双速电动机定子装有一套绕组，而三速、四速电动机则为两套绕组。图 6-24 为双速电动机三相绕组接线图，图 6-24a 为三角形（四极，低速）与双星形（二极，高速）联结；图 6-24b 为星形（四极，低速）与双星形（二极，高速）联结。

图 6-25 为双速电动机变极调速控制电路。图中 KM1 为电动机三角形联结接触器，

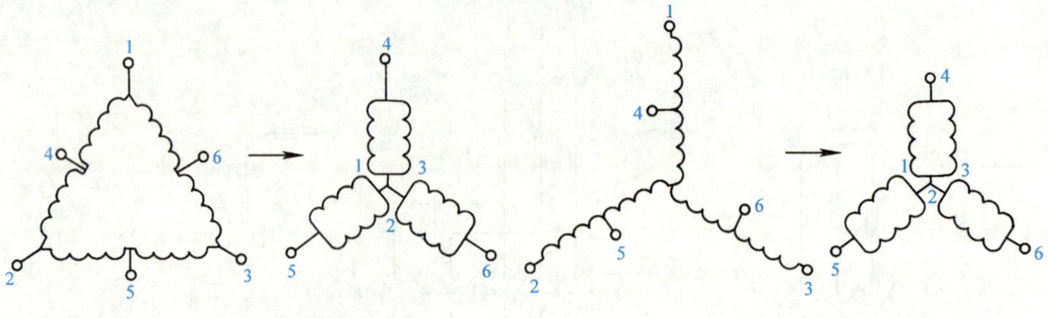

图 6-24　双速电动机三相绕组接线图

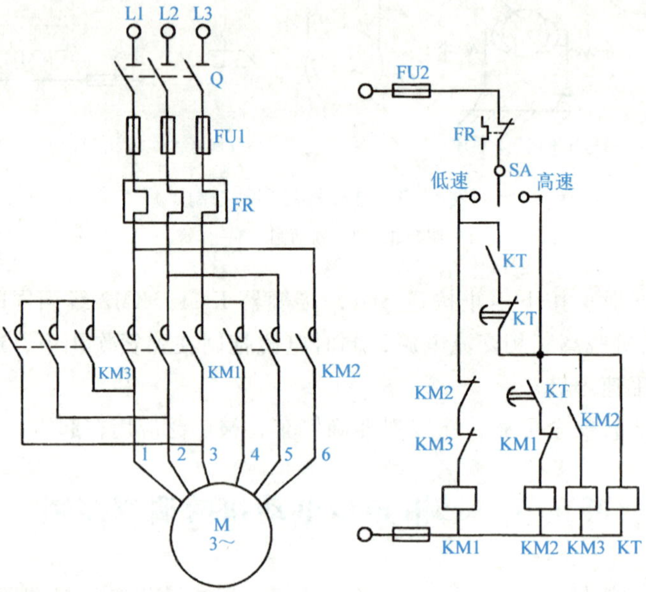

图 6-25　双速电动机变极调速控制电路

KM2、KM3 为电动机双星形联结接触器，KT 为电动机低速换高速时间继电器，SA 为高、低速选择开关，其有三个位置，“左”位为低速，“右”位为高速，“中间”位为停止。电路工作原理由读者自行分析。

二、三相绕线转子电动机转子串电阻调速控制

为满足起重运输机械要求拖动电机起动转矩大，速度可以调节等要求，常使用三相绕线转子电动机，并应用转子串电阻，用控制器来接通接触器线圈，再用相应接触器的主触头来实现电动机的正反转与短接转子电阻来实现电动机调速的目的，图 6-26 为用凸轮控制器来控制电动机正反转与调速的电路。图中 KM 为线路接触器，KOC 为过电流继电器，SQ1、SQ2 分别为向前、向后限位开关，QCC 为凸轮控制器。控制器左右各有 5 个工作位置，中间为零位，其上共有 9 对常开主触头，3 对常闭触头，其中 4 对常开主触头接于电动机定子电路进行换相控制，用以实现电动机正反转；另 5 对常开主触头接于电动机转子电路，实现转

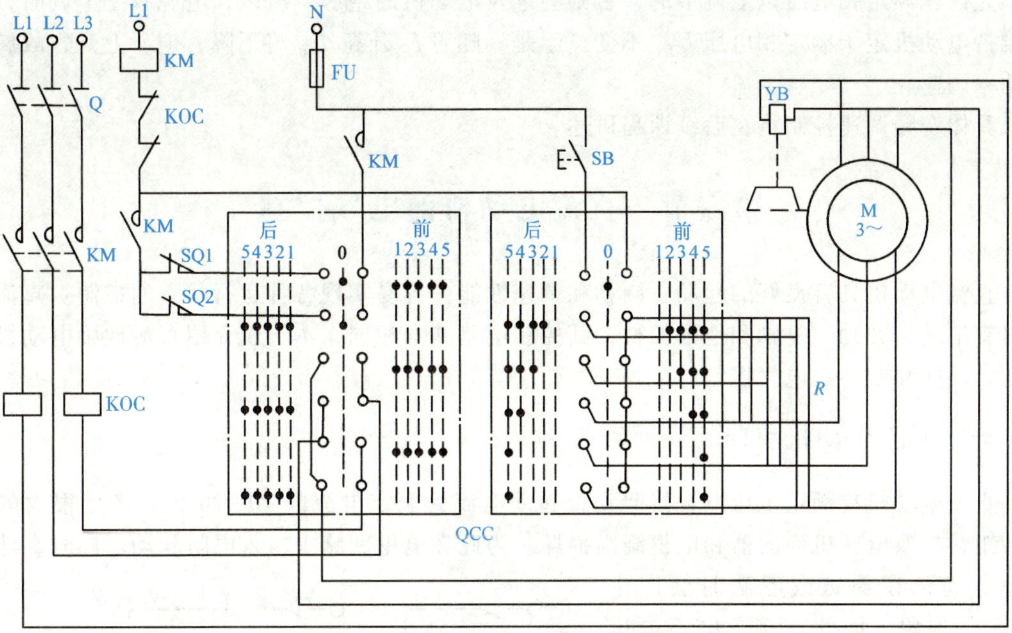

图 6-26　凸轮控制器控制电动机调速电路

子电阻的接入和切除获得不同的转速，转子电阻采用不对称接法。其余 3 对常闭触头，其中 1 对用以实现零位保护，即控制器手柄必须置于“0”位，才可起动电动机。另 2 对常闭触头与 SQ1 和 SQ2 限位开关串联实现限位保护。电路工作原理读者可自行分析。

三、三相异步电动机的变频调速控制

交流电动机变频调速是近 20 年来发展起来的新技术，随着电力电子技术和微电子技术的迅速发展，交流调速系统已进入实用化、系列化，采用变频器的变频装置已获得广泛应用。

由三相异步电动机转速公式 $n=(1-s)60f_1/p_1$ 可知，只要连续改变电动机交流电源的频率 f_1，就可实现连续调速。由于交流电源的额定频率 $f_{1N}=50\text{Hz}$，所以变频调速有额定频率以下调速和额定频率以上调速两种。

1. 额定频率以下的调速　当电源频率 f_1 在额定频率以下调速时，电动机转速下降，但在调节电源频率的同时，必须同时调节电动机的定子电压 U_1，且始终保持 $U_1/f_1=$常数，否则电动机无法正常工作。这是因为三相异步电动机定子绕组相电压 $U_1\approx E_1=4.44f_1N_1K_1\Phi_m$，当 f_1 下降时，若 U_1 不变，则必使电动机每极磁通 Φ_m 增加，在电动机设计时，Φ_m 处于磁路磁化曲线的膝部，Φ_m 的增加将进入磁化曲线饱和段，使磁路饱和，电动机空载电流剧增，使电动机负载能力变小，而无法正常工作。为此，电动机在额定频率以下调节时，应使 Φ_m 恒定不变。所以，在频率下调的同时应使电动机定子相电压随之下调，并使 $U_1'/f_1'=U_{1N}/f_{1N}=$常数。可见，电动机额定频率以下的调速为恒磁通调速，由于 Φ_m 不变，调速过程中电磁转矩 $T=C_t\Phi_mI_{2s}\cos\varphi_2$ 不变，属于恒转矩调速。

2. 额定频率以上的调速　当电源频率 f_1 在额定频率以上调节时，电动机的定子相电压是不允许在额定相电压以上调节的，否则会危及电动机的绝缘。所以，电源频率上调时，只能维持电动机定子额定相电压 U_{1N} 不变。于是，随着 f_1 升高 Φ_m 将下降，但 n 上升，故属于恒功率调速。

具体变频调速控制将在后续课程讲述。

第六节 直流电动机的电气控制

直流电动机具有良好的起动、制动和调速性能，容易实现各种运行状态的控制。直流电动机有串励、并励、复励和他励四种，其控制电路基本相同，本节仅介绍直流他励电动机的起动、反向和制动的电气控制。

一、直流电动机单向旋转起动控制

直流电动机在额定电压下直接起动，起动电流为额定电流的 10~20 倍，产生很大的起动转矩，导致电动机换向器和电枢绕组损坏。为此在电枢回路中串入电阻起动。同时，他励直流电动机在弱磁或零磁时会产生“飞车”现象，因此在接入电枢电压前，应先接入额定励磁电压，而且在励磁回路中应有弱磁保护。图 6-27 为直流电动机电枢串两级电阻，按时间原则起动控制电路。图中 KM1 为线路接触器，KM2、KM3 为短接起动电阻接触器，KOC 为过电流继电器，KUC 为欠电流继电器，KT1、KT2 为时间继电器，R_3 为放电电阻。

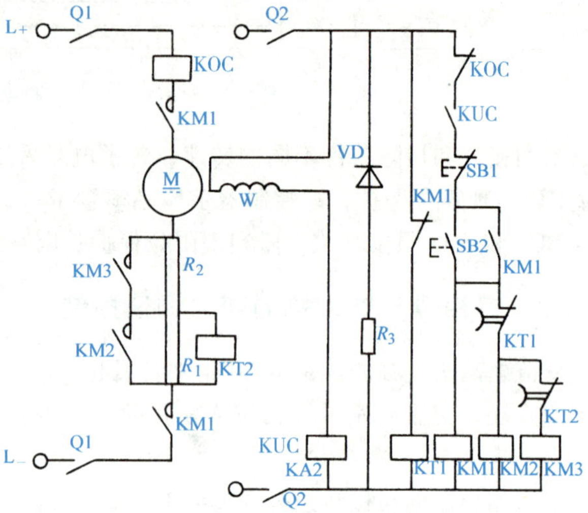

图 6-27 直流电动机电枢串电阻单向旋转起动电路

1. 电路工作原理　合上电枢电源开关 Q1 和励磁与控制电路电源开关 Q2，励磁回路通电，KA2 线圈通电吸合，其常开触头闭合，为起动做好准备；同时，KT1 线圈通电，其常闭触头断开，切断 KM2、KM3 线圈电路。保证串入 R_1、R_2 起动。按下起动按钮 SB2，KM1 线圈通电并自锁，主触头闭合，接通电动机电枢回路，电枢串入两级起动电阻起动；同时 KM1 常闭辅助触头断开，KT1 线圈断电，为延时使 KM2、KM3 线圈通电，短接 R_1、R_2 做准备。在串入 R_1、R_2 起动同时，并接在 R_1 电阻两端的 KT2 线圈通电，其常开触头断开，使 KM3 不能通电，确保 R_2 电阻串入起动。

经一段时间延时后，KT1 延时闭合触头闭合，KM2 线圈通电吸合，主触头短接电阻 R_1，电动机转速升高，电枢电流减小。就在 R_1 被短接的同时，KT2 线圈断电释放，再经一定时间的延时，KT2 延时闭合触头闭合，KM3 线圈通电吸合，KM3 主触头闭合短接电阻 R_2，电动机在额定电枢电压下运转，起动过程结束。

2. 电路保护环节　过电流继电器 KOC 实现电动机过载和短路保护；欠电流继电器 KUC

实现电动机弱磁保护；电阻 R_3 与二极管 VD 构成励磁绕组的放电回路，实现过电压保护。

二、直流电动机可逆运转起动控制

图 6-28 为改变直流电动机电枢电压极性实现电动机正反转控制电路。图中 KM1、KM2 为正、反转接触器，KM3、KM4 为短接电枢电阻接触器，KT1、KT2 为时间继电器，R_1、R_2 为起动电阻，R_3 为放电电阻，ST1 为反向转正向行程开关，ST2 为正向转反向行程开关。起动时电路工作情况与图 6-27 电路相同，但起动后，电动机将按行程原则实现电动机的正、反转，拖动运动部件实现自动往返运动。电路工作原理由读者自行分析。

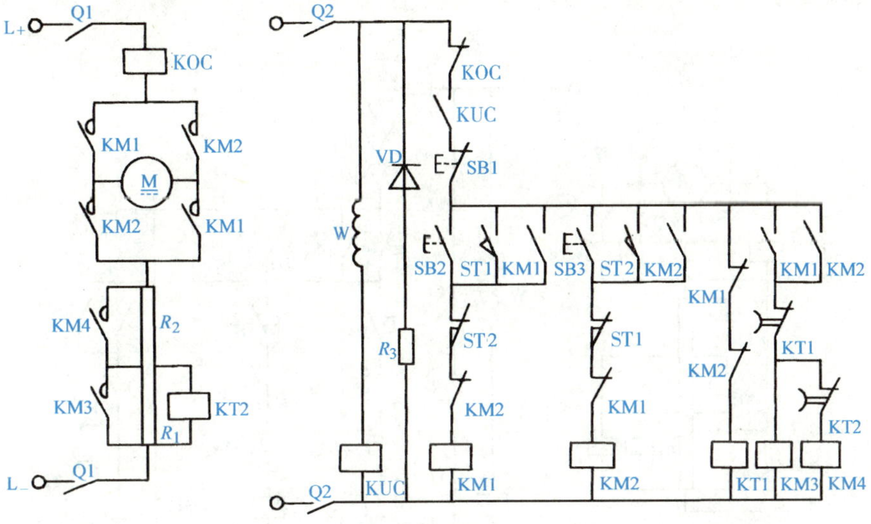

图 6-28　直流电动机正反转控制电路

三、直流电动机单向运转能耗制动控制

图 6-29 为直流电动机单向运转能耗制动电路。图中 KM1、KM2、KM3、KA1、KA2、KT1、KT2 作用与图 6-27 相同，KM4 为制动接触器，KV 为电压继电器。

电路工作原理：电动机起动时电路工作情况与图 6-27 相同，不再重复。停车时，按下停止按钮 SB1，KM1 线圈断电释放，其主触头断开电动机电枢电源，电动机以惯性旋转。由于此时电动机转速较高，电枢两端仍建立足够大的感应电动势，使并联在电枢两端的电压继电器 KV 经自锁触头仍保持通电吸合状态，KV 常开触头仍闭合，使 KM4 线圈通电吸合，其常开主触头将电阻 R_4 并联在电枢两端，电动

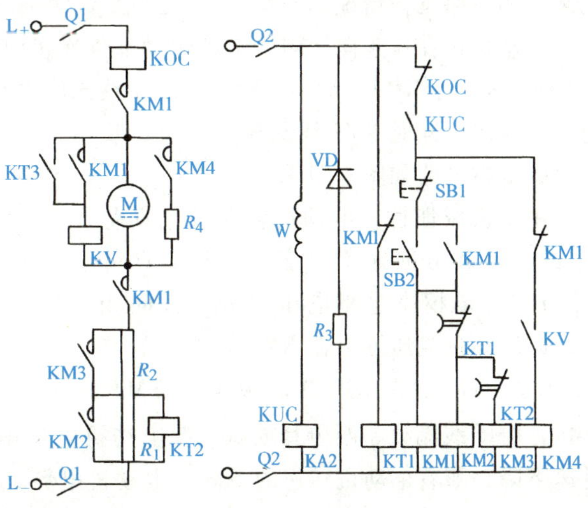

图 6-29　直流电动机单向运转能耗制动电路

机实现能耗制动，使转速迅速下降，电枢感应电动势也随之下降，当降至一定值时电压继电器 KV 释放，KM4 线圈断电，电动机能耗制动结束，电动机自然停车至零。

四、直流电动机可逆旋转反接制动控制

图 6-30 为直流电动机可逆旋转反接制动控制电路。图中 KM1、KM2 为电动机正反转接触器，KM3、KM4 为短接起动电阻接触器，KM5 为反接制动接触器，KOC 为过电流继电器，KUC 为欠电流继电器，KV1、KV2 为反接制动电压继电器，R_1、R_2 为起动电阻，R_3 为放电电阻，R_4 为反接制动电阻，KT1、KT2 为时间继电器、ST1 为正转变反转行程开关，ST2 为反转变正转行程开关。

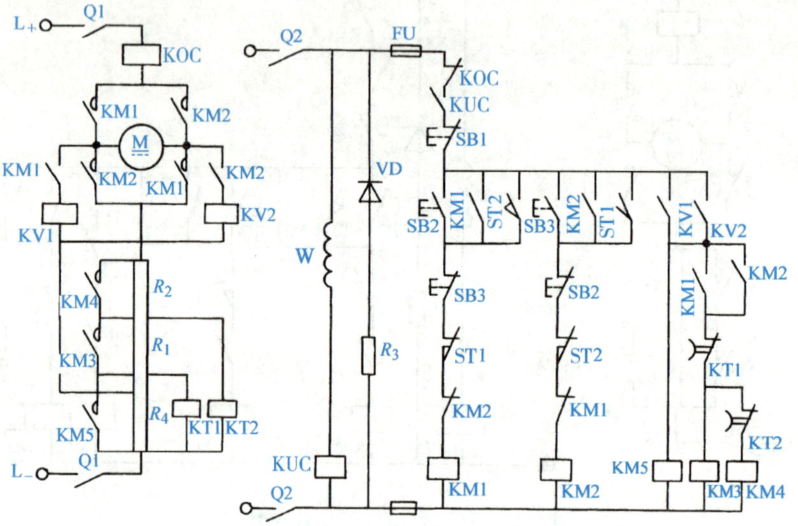

图 6-30 直流电动机可逆旋转反接制动控制电路

该电路为按时间原则两级起动，能实现正反转并通过 ST1、ST2 行程开关实现自动换向，在换向过程中能实现反接制动，以加快换向过程。下面以电动机正转运行变反转运行为例来说明电路工作情况。

电动机正在作正向运转并拖动运动部件作正向移动，当运动部件上的撞块压下行程开关 ST1 时，KM1、KM3、KM4、KM5、KV1 线圈断电释放，KM2 线圈通电吸合。电动机电枢接通反向电源，同时 KV2 线圈通电吸合，反接时的电枢电路如图 6-31 所示。

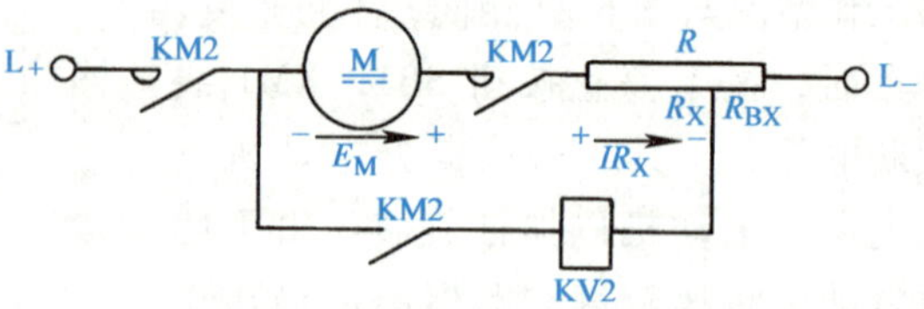

图 6-31 反接时的电枢电路

由于机械惯性，电动机转速及电动势 E_M 的大小和方向来不及变化，且电动势 E_M 方向与电枢串电阻电压降 IR_X 方向相反，此时加在电压继电器 KV2 线圈上的电压很小，不足以使 KV2 吸合，KM3、KM4、KM5 线圈处于断电释放状态，电动机电枢串入全部电阻进行反接制动，电动机转速迅速下降，随着电动机转速的下降，电动机电势 E_M 迅速减小，电压继电器 KV2 线圈上的电压逐渐增加，当 $n\approx0$ 时，$E_M\approx0$，加至 KV2 线圈电压加大并使其吸合动作，常开触头闭合，

KM5 线圈通电吸合。KM5 主触头短接反接制动电阻 R_4，同时 KT1 线圈断电释放，电动机串入 R_1、R_2 电阻反向起动，经 KT1 断电延时触头闭合，KM3 线圈通电，KM3 主触头短接起动电阻 R_1，同时 KT2 线圈断电释放，经 KT2 断电延时触头闭合，KM4 线圈通电吸合，KM4 主触头短接起动电阻 R_2，进入反向正常运转，拖动运动部件反向移动。

当运动部件反向移动撞块压下行程开关 ST2 时，则由电压继电器 KV1 来控制电动机实现反转时的反接制动和正向起动过程，不再复述。

五、直流电动机调速控制

直流电动机可改变电枢电压或改变励磁电流来调速，前者常由晶闸管构成单相或三相全波可控整流电路，经改变其导通角来实现降低电枢电压的控制；后者常改变励磁绕组中的串联电阻来实现弱磁调速。下面以改变电动机励磁电流为例来分析其调速控制原理。

图 6-32 为直流电动机改变励磁电流的调速控制电路。电动机的直流电源采用两相零式整流电路，电阻 R 兼有起动限流和制动限流的作用，电阻 RP 为调速电阻，电阻 R_2 用于吸收励磁绕组的自感电动势，起过电压保护作用。KM1 为能耗制动接触器，KM2 为运行接触器，KM3 为切除起动电阻接触器。

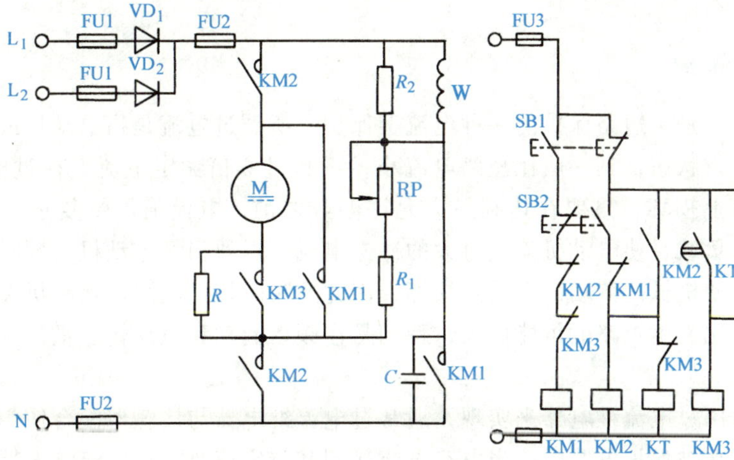

图 6-32 直流电动机改变励磁电流的调速控制电路

电路工作原理：

1）起动。按下起动按钮 SB2，KM2 和 KT 线圈同时通电并自锁，电动机 M 电枢串入电阻 R 起动。经一段延时后，KT 通电延时闭合触头闭合，使 KM3 线圈通电并自锁，KM3 主触头闭合，短接起动电阻 R，电动机在全压下起动运行。

2）调速。在正常运行状态下，调节电阻 RP，改变电动机励磁电流大小，从而改变电动机励磁磁通，实现电动机转速的改变。

3）停车及制动。在正常运行状态下，按下停止按钮 SB1，接触器 KM2 和 KM3 线圈同时断电释放，其主触头断开，切断电动机电枢电路；同时 KM1 线圈通电吸合，其主触头闭合，通过电阻 R 接通能耗制动电路，而 KM1 另一对常开触头闭合，短接电容器 C，使电源电压全部加在励磁线圈两端，实现能耗制动过程中的强励磁作用，加强制动效果。松开停止按钮 SB1，制动结束。

第七节 电气控制系统常用的保护环节

电气控制系统必须在安全可靠的前提下来满足生产工艺要求，为此，在电气控制系统的设计与运行中，必须考虑系统发生各种故障和不正常工作情况的可能性，在控制系统中设置有各种保护装置以实现各种保护。所以，保护环节是所有电气控制系统不可缺少的组成部分。常用的保护环节有过电流、过载、短路、过电压、失电压、欠电压、断相、弱磁与超速保护等。本节主要介绍低压电动机常用的保护环节。

一、短路保护

当电器或线路绝缘遭到损坏、负载短路、接线错误时将产生短路现象。短路时产生的瞬时故障电流可达到额定电流的十几倍到几十倍，使电气设备或配电线路因过电流而产生电动力损坏，甚至因电弧而引起火灾。短路保护要求具有瞬动特性，即要求在很短时间内切断电源。短路保护的常用方法有熔断器保护和低压断路器保护。熔断器熔体的选择见第一章有关内容。低压断路器动作电流按电动机起动电流的 1.2 倍来整定，相应低压断路器切断短路电流的触头容量应加大。

二、过电流保护

过电流保护是区别于短路保护的一种电流型保护。所谓过电流是指电动机或电器元件超过其额定电流的运行状态，其一般比短路电流小，不超过 6 倍额定电流。在过电流情况下，电器元件并不是马上损坏，只要在达到最大允许温升之前，电流值能恢复正常，还是允许的。但过大的冲击负载，使电动机流过过大的冲击电流，以致损坏电动机。同时，过大的电动机电磁转矩也会使机械的传动部件受到损坏，因此要瞬时切断电源。电动机在运行中产生过电流的可能性要比发生短路的可能性大，特别是在频繁起动和正反转、重复短时工作电动机中更是如此。

过电流保护常用过电流继电器来实现，通常过电流继电器与接触器配合使用，即将过电流继电器线圈串接在被保护电路中，当电路电流达到其整定值时，过电流继电器动作，而过电流继电器常闭触头串接在接触器线圈电路中，使接触器线圈断电释放，接触器主触头断开来切断电动机电源。这种过电流保护环节常用于直流电动机和三相绕线转子电动机的控制电路中。若过流继电器动作电流为 1.2 倍电动机起动电流，则过流继电器亦可实现短路保护作用。

三、过载保护

过载保护是过电流保护中的一种。过载是指电动机的运行电流大于其额定电流，但在 1.5 倍额定电流以内。引起电动机过载的原因很多，如负载的突然增加，缺相运行或电源电压降低等。若电动机长期过载运行，其绕组的温升将超过允许值而使绝缘老化、损坏。过载保护装置要求具有反时限特性，且不会受电动机短时过载冲击电流或短路电流的影响而瞬时动作，所以通常用热继电器作过载保护。当有 6 倍以上额定电流通过热继电器时，需经 5s 后才动作，这样在热继电器未动作前，可能使热继电器的发热元件先烧坏，所以在使用热继电器作过载保护时，还必须装有熔断器或低压断路器等短路保护装置。由于过载保护特性与过电流保护不同，故不能用过电流保护方法来进行过载保护。

对于电动机进行缺相保护，可选用带断相保护的热继电器来实现过载保护。

四、失电压保护

电动机应在一定的额定电压下才能正常工作，电压过高、过低或者工作过程中非人为因素的突然断电，都可能造成生产机械损坏或人身事故，因此在电气控制电路中，应根据要求设置失压保护、过电压保护和欠电压保护。

电动机正常工作时，如果因为电源电压消失而停转，一旦电源电压恢复时，有可能自行起动，电动机的自行起动将造成人身事故或机械设备损坏。为防止电压恢复时电动机自行起动或电器元件自行投入工作而设置的保护称为失电压保护。采用接触器和按钮控制的起动、停止，就具有失压保护作用。这是因为当电源电压消失时，接触器就会自动释放而切断电动机电源，当电源电压恢复时，由于接触器自锁触头已断开，不会自行起动。如果不是采用按钮而是用不能自动复位的手动开关、行程开关来控制接触器，必须采用专门的零电压继电器。工作过程中一旦失电，零压继电器释放，具自锁电路断开，电源电压恢复时，不会自行起动。

五、欠电压保护

电动机运转时，电源电压过分降低引起电磁转矩下降，在负载转矩不变情况下，转速下降，电动机电流增大。此外，由于电压的降低引起控制电器释放，造成电路不正常工作。因此，当电源电压降到60%~80%额定电压时，将电动机电源切除而停止工作，这种保护称欠电压保护。

除上述采用接触器及按钮控制方式，利用接触器本身的欠电压保护作用外，还可采用欠电压继电器来进行欠电压保护，吸合电压通常整定为（0.8~0.85）U_N，释放电压通常整定为0.5~0.7U_N。其方法是将电压继电器线圈跨接在电源上，其常开触头串接在接触器线圈电路中，当电源电压低于释放值时，电压继电器动作使接触器释放，接触器主触头断开电动机电源实现欠电压保护。

六、过电压保护

电磁铁、电磁吸盘等大电感负载及直流电磁机构、直流继电器等，在通断时会产生较高的感应电动势，将使电磁线圈绝缘击穿而损坏。因此，必须采用过电压保护措施。通常过电压保护是在线圈两端并联一个电阻，电阻串电容或二极管串电阻，以形成一个放电回路，实现过电压的保护。

七、直流电动机的弱磁保护

直流电动机磁场的过度减少会引起电动机超速，需设置弱磁保护，这种保护是通过在电动机励磁线圈回路中串入欠电流继电器来实现的。在电动机运行时，若励磁电流过小，欠电流继电器释放，其触头断开电动机电枢回路线路接触器线圈电路，接触器线圈断电释放，接触器主触头断开电动机电枢回路，电动机断开电源，实现保护电动机之目的。

八、其他保护

除上述保护外，还有超速保护、行程保护、油压（水压）保护等，这些都是在控制电路中串接一个受这些参量控制的常开触头或常闭触头来实现对控制电路的电源控制来实现的。这些装置有离心开关、测速发电机、行程开关、压力继电器等。

第八节 电气控制电路故障诊断与维修技能训练

电气控制电路的维护包括电动机、控制电器、保护电器及电气线路的日常维护和保养，以及电气控制电路运行中的故障分析、检查和排除。

一、电气设备的日常维护与保养

1. 电动机的检查 定期检查电动机相绕组之间、绕组对地之间的绝缘电阻；电动机自身转动是否灵活；电动机空载电流与负载电流大小是否正常，三相电流是否平衡；电动机运行中的温升和响声是否在允许范围内；电动机轴承是否磨损、缺油；电动机外壳是否清洁等。

2. 控制电器和保护电器的检查 检查触头系统吸合是否良好，触头接触是否紧密，触头有无烧蚀；各种弹簧是否疲劳、卡住；活动衔铁是否运动自如；电磁线圈是否过热；灭弧装置是否完整；电器的有关整定值是否正确。

3. 电气线路的检查 检查电气线路接头与端子板、电器的接线柱接触是否牢靠，有无断落、松动、虚接、腐蚀、严重氧化；线路绝缘是否良好；线路上有无油污或脏物。

4. 行程开关的检查 检查限位保护用行程开关是否能起到限位保护作用，尤其是滚轮传动机构和触头工作是否正常。

二、电气控制电路的故障分析与检修

电气控制电路发生故障后，轻者电气设备不能工作，影响生产，重者会造成人身伤害。因此，在发生故障后，应及时查明原因并迅速排除。在生产实际中，电气控制往往与机械、液压系统相互联系，电气故障往往与机械、液压交织在一起，难以分辨。这就要求我们首先要弄清工作原理、了解电气、机械、液压的配合情况，掌握正确的排除方法。

故障检修时，一般按以下步骤进行：查询故障现象、分析故障确定故障部位、仪表测量检查确定故障点、修理或更新损坏器件排除故障。这些并非固定程序，它们之间存在相互联系，有时还要交替进行。在进行上述检修步骤时，也都有一些具体的检修方法相配合。

1. 查询故障现象 在处理故障前，首先应通过“问、看、听、摸”来了解故障发生前后的详细情况，以便判断故障部位，利于准确排除故障。

问：向操作者询问故障发生前、后的情况，故障是经常发生还是偶尔发生；故障发生时有哪些现象，如是否冒烟、跳火、有无异常声音和气味发出；故障发生前是否频繁起、制动，是否过载运行；电气电路是否经历过维修或改动等。

看：看熔断器熔体是否熔断；接线是否松动、脱落、断线；电器元件有无发热、烧毁、触头接触是否良好，有无熔焊；继电器是否动作，行程开关是否被撞块碰压等。

听： 倾听电动机、变压器、电器元件运行声音是否正常。但应注意，倾听电气设备运行声音时应以不损坏设备和不扩大故障范围为前提。

摸： 当电动机、变压器、电器元件电磁线圈发生故障时，用手感知其温度是否升高，有无发生局部过热现象。但应注意，在触摸靠近传动装置的电器元件和容易发生触电事故的故障部位时，应切断电源后再进行。

2. 分析故障确定故障部位　故障分析的基础和必备条件是要弄清设备的基本结构、电器控制元件的安装位置，特别是要熟习电气控制电路的工作原理。发生故障后，根据故障现象结合电路原理分析并检查，逐个排查故障发生原因，逐步缩小故障范围。

先采用断电检查的方法，断电检查时，一般先从主电路入手，看主电路中的几台电动机是否正常，然后检查主电路的触头、热元件、熔断器、隔离开关及线路本身是否有故障；接着检查控制电路的线路接头、自锁或联锁触头、电磁线圈是否正常；检查电路中所用行程开关触头是否处于正常工作位置；检查制动装置工作是否正常等，找出故障部位。如能通过直观检查发现故障点，那么检修速度更快。

当直观检查无法找到故障点时，可对电气控制电路作通电检查。通电检查时，应尽量使电动机与传动机构脱开，调节器和相应的转换开关置于零位，行程开关还原到正常工作位置。若电动机和传动机构不易脱开时，可将主电路熔体或开关断开，先检查控制电路，待其正常后，再恢复接通电源检查主电路。

通电试验检查时，应先用万用表交流电压挡检测电源电压是否正常，有无缺相或严重不平衡情况，若有应解决之。

通电试验检查，应先易后难、分步进行。其检查顺序是先控制电路后主电路，先辅助系统后主传动系统，先开关电路后调整电路，先重点怀疑部位后一般怀疑部位。

通电试验检查也可采用分步试送法：即先断开所有熔体，然后顺序逐一插入要检查部位的熔体。合上开关，观察有无冒烟、冒火及熔体熔断现象。若有，则故障部位就在该处；若无异常现象，便可操作该部分电路上的按钮或开关，发出动作指令，观察与其相关的接触器、继电器等是否正常动作，且动作顺序是否与控制电路工作原理相符，也可发现故障。

有些电气设备的故障是由于机械部分的联锁机构或传动装置发生问题导致的，这时应请相关人员共同检查并排除。

3. 仪表测量检查确定故障点　利用电工仪表来测量电路中的电阻、电压等参数，来判断故障点的方法。常用的有在电路断电情况下的电阻测量法与电路通电情况下的电压测量法。

（1）电阻测量法　以图 6-5 三相笼型异步电动机全压起动单向运转控制电路为例，当按下起动按钮 SB2，接触器 KM 不吸合，电动机无法起动，则说明电气控制电路出现了故障。为此，将控制电路单独画出，见图 6-33 为断电时的电阻检测法。

检查时，先断开电路电源，断开该控制电路与其他电路并联的接线，将万用表选在电阻挡的适当量程上，其操作与检查步骤如下。

1）测量接线端点 1、3 之间的电阻值，若电阻测量数值为零，则说明热继电器 FR 未动作，其常闭触头接触良好，处于导通状态，同时也表明接线牢固，联接导线导通完好；若电阻测量数值为无穷大，则说明热继电器已动作或是接线松脱或联接导线已断。

2）测量接线端点 3、4 之间的电阻值，若数值为无穷大，则说明停止按钮 SB1 常闭触头接触不上或 SB1 接线松脱，或连接导线断线。

3）测量接线端点 4、5 之间的电阻值，当按下起动铵钮 SB2 时，万用表显示应为零；松开 SB2 时阻值应为无究大。若按下 SB2 时，万用表显示为无穷大，则说明 SB2 常开触头闭合不上或连接 SB2 常开触头的导线断线或 SB2 接线松脱。另外还应检查当接触器 KM 在外力下使衔铁吸合时 4、5 端点电阻值应为零，松开 KM 衔铁时，电阻值为无穷大。若 KM 衔铁在外力下使其处于吸合位置而 4、5 端点之间电阻值为无穷大，则说明连接 KM 常开自锁线头导线断线或接线松脱，也可能是因外力太小，KM 衔铁吸合不到位，KM 常开触头未闭合好所致，应加大力度再测量。

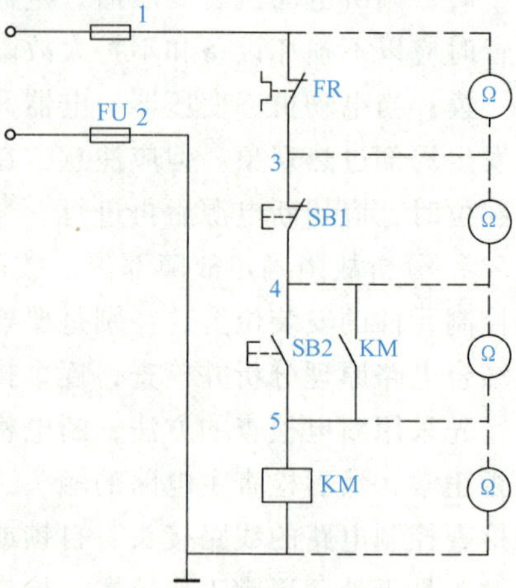

图 6-33　断电时的电阻检测法

4）测量接线端点 5、2 之间的电阻值，这也是接触器 KM 线圈的电阻值，该值应与接触器线圈铭牌上所标注的电阻值相符。若阻值偏大，则说明内部接触不良；若为无穷大，则说明线圈内部断线或线圈出线端脱开，或联接导线断线。若阻值偏小或为零，则说明内部绝缘损坏或已被击穿。

（2）电压测量法　电压测量法是在电路通电情况下，用电压表检测相应电路电压来判断电器元件和电路故障的一种方法。测量时，应合上电路电源开关，将万用表旋到交流电压 500V 挡位上，对机床电气控制电路接在 220V 电压且零线直接接在机床床身上，此时采用对地电压测量法来检查电路故障，如图 6-34 所示。

对地电压测量法的操作步骤如下：

1）断开主电路电源，接通控制电路电源。

2）将万用表黑表笔接到接线端点 2 上，即接地，用红表笔测量接线端点 1，若电压表读数为零，则说明控制电路电源有问题，可检查控制电源变压器和控制电路熔断器 FU；若电压显示正常，则继续下面步骤。

3）按下起动按钮 SB2，若 KM 线圈通电吸合并自锁，则说明控制电路正常，可以检查主电路；若按下 SB2，KM 不能正常工作，则继续下一步检查。

4）用红表笔测量接线端点 3，若电压表显示为零，则可以检查热继电器 FR 是否动作，其 FR 常闭触头是否断开；若电压表显示值与正常电压不相符，则有可能 FR 常闭触头接触不良或连接导线接触不良。

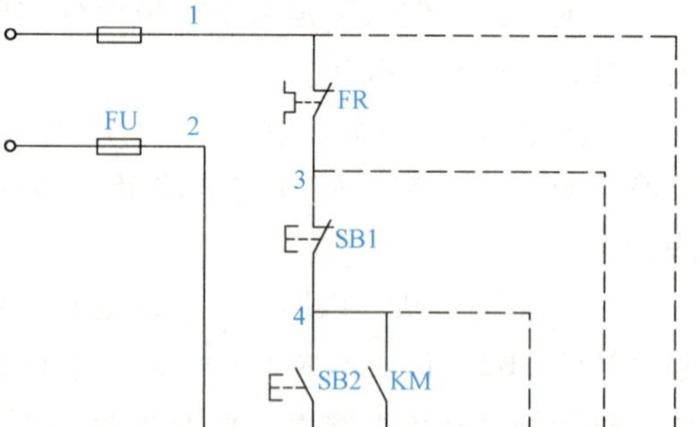

图 6-34　通电时的对地电压检测法

5）用红表笔测量接线端点 4，若电压表显示为零，则应检查停止按钮 SB1 是否接触不良或 SB1 常闭触头是否复位，或检查 SB1

的连接导线是否接触不良或断线。若电压表显示为正常电压值，则说明线端 3 与 4 之间正常。

6）按下起动按钮 SB2，用红表笔测量接线端点 5，若电压表显示为零，则有可能是 SB2 常开触头在外力按下后是否接触不良或 SB2 常开触头连接导线接触不良或断线；若电压表显示值为正常电压值，按下起动按钮 SB2 后 KM 仍不吸合，则有可能 KM 内部线圈断线，出现开路故障。

在生产实际中，往往将上述方法结合起来运用（**注意，一种为断电状态，另一种为通电状态，在使用时切不可弄混**），再结合故障分析，迅速查明故障原因并加以维修，排除故障。

习 题

6-1 常用的电气控制系统有哪三种？

6-2 何为电气原理图？绘制电气原理图的原则是什么？

6-3 何为电器布置图？电器元件的布置应注意哪几方面？

6-4 何为电气接线图？电气接线图的绘制原则是什么？

6-5 电气控制电路的基本控制规律主要有哪些控制？

6-6 电动机点动控制与连续运转控制的关键控制环节是什么？其主电路又有何区别（从电动机保护环节设置上分析）？

6-7 何为电动机的欠电压与失电压保护？接触器与按钮控制电路是如何实现欠电压与失电压保护的？

6-8 何为互锁控制？实现电动机正反转互锁控制的方法有哪两种？它们有何不同？

6-9 试画出用按钮选择控制电动机既可点动又可连续运转的控制电路。

6-10 分析图 6-11 两种顺序联锁控制电路工作原理，试总结其控制规律。

6-11 试画出两台电动机 M1、M2 起动时，M2 先起动，M1 后起动，停止时 M1 先停止，M2 后停止的电气控制电路。

6-12 试分析图 6-13 所示自动循环控制电路工作原理。

6-13 电动机正反转控制电路中最关键的控制环节在哪里？

6-14 电动机正反转电路中，要实现直接由正转变反转，反转直接变正转，其控制要点在何处？

6-15 试找出图 6-35 中各控制电路的错误，这些错误会出现何现象？应如何改正？

6-16 试分析图 6-14 电路工作原理，并指出各电器及其各电气触头的作用。

6-17 分析图 6-18 电路工作原理。是否有不足之处？如果有，应如何改进。

6-18 分析图 6-16 电路工作原理。

6-19 分析图 6-18 电路中各触头的作用。若将速度继电器 KS 触头接成另一对常开触头，会产生什么后果？为什么？

6-20 分析图 6-19 电路工作原理。指出该电路中各电器触头的作用。

6-21 在按速度原则控制电动机反接制动的过程中，若制动效果差，是何原因？如何调整？

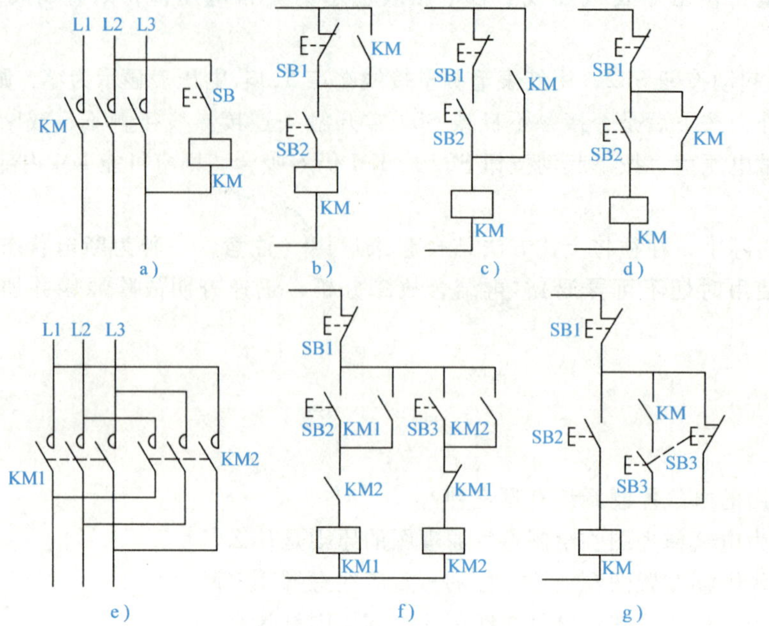

图 6-35　题 6-15 图

6-22　分析图 6-20 电路各电器触头的作用，并分析电路工作原理。

6-23　分析图 6-21 电路工作原理。

6-24　分析图 6-23 电路工作原理。

6-25　分析图 6-25 电路工作原理。

6-26　分析图 6-26 电路调速原理。

6-27　分析图 6-27 电路工作原理。

6-28　分析图 6-28 电路工作原理。

6-29　分析图 6-29 电路工作原理。

6-30　分析图 6-30 电路工作原理。

6-31　分析图 6-32 电路工作原理。

6-32　电动机常用的保护环节有哪些？它们各由哪些电器来实现保护？

6-33　电动机短路保护、过载保护、过电流保护各有何相同与不同？

6-34　为何已采用热继电器作过载保护后，还必须设置短路保护？

6-35　对于笼型三相异步电动机，为何不采用过电流保护而采用短路保护？

6-36　失电压保护与欠电压保护有何不同？

第七章 典型设备的电气控制

电气控制设备种类繁多，拖动控制方式各异，控制电路也各不相同，在阅读电气图时，重要的是要学会电气控制分析的基本方法。本章通过对一些典型设备电气控制电路的分析，使读者掌握其分析方法，提高阅读电气图的能力；加深对电气控制设备中机械、液压与电气综合控制的理解；培养分析与解决电气控制设备电气故障的能力；为进一步学习电气控制电路的设计、安装、调试和维护等技术打下基础。具体要求如下。

知识目标

1）熟知典型设备的基本结构、运动形式与控制要求。

2）理解并掌握典型设备电气控制电路的工作原理。

3）熟知控制电路在典型设备上的安装位置与安装方法。

4）了解典型设备电气控制常见故障。

技能目标

1）能够正确安装控制电器。

2）能够准确调试电气控制电路。

3）能够制作典型设备电气控制电路电路板。

4）能够根据电气原理图，结合现场电气故障情况，用仪表和工具检修电路，排除故障，使其恢复正常工作。

素养目标

1）培养自学能力，养成阅读资料习惯，不断扩充知识。

2）安全生产，操作规范，工艺到位。

3）遵守规章制度，养成积极向上的工作态度。

4）虚心向别人学习。

5）发扬团队协作精神。

6）培养交流和表达能力。

第一节　电气控制电路分析基础

一、电气控制分析的依据

分析设备电气控制的依据是设备本身的基本结构、运动情况、加工工艺要求和对电力拖动的要求，以及对电气控制的要求。也就是要熟悉控制对象，掌握控制要求，这样分析起来才有针对性。这些依据主要来自设备的有关技术资料，如设备说明书、电气原理图、电气安装接线图及电气元件一览表等。

二、电气控制分析的内容

通过对各种技术资料的分析，掌握电气控制电路的工作原理、操作方法、维护要求等。

1. 设备说明书　设备说明书由机械、液压部分与电气两部分组成，阅读这两部分说明书，重点掌握以下内容：

1）设备的构造，主要技术指标，机械、液压、气动部分的传动方式与工作原理。

2）电气传动方式，电动机及执行电器的数目，规格型号、安装位置、用途与控制要求。

3）了解设备的使用方法，操作手柄、开关、按钮、指示信号装置以及在控制电路中的作用。

4）必须清楚地了解与机械、液压部分直接关联的电器，如行程开关、电磁阀、电磁离合器、传感器、压力继电器、微动开关等的位置，工作状态以及与机械、液压部分的关系，在控制中的作用。特别应了解机械操作手柄与电器开关元件之间的关系，液压系统与电气控制的关系。

2. 电气控制原理图　这是电气控制电路分析的中心内容。电气控制原理图由主电路、控制电路、辅助电路、保护与联锁环节以及特殊控制电路等部分组成。

在分析电气原理图时，必须与阅读其他技术资料结合起来，根据电动机及执行元件的控制方式、位置及作用，各种与机械有关的行程开关、主令电器的状态来理解电气工作原理。

在分析电气原理图时，还可通过设备说明书提供的电器元件一览表来查阅电器元件的技术参数，进而分析出电气控制电路的主要参数，估计出各部分的电流、电压值，以使在调试或检修中合理使用仪表进行检测。

3. 电气设备的总装接线图　阅读分析电气设备的总装接线图，可以了解系统的组成分布情况，各部分的连接方式，主要电气部件的布置、安装要求，导线和导线管的规格型号等，以期对设备的电气安装有个清晰的了解，这是电气安装必不可少的资料。

阅读分析总装接线图应与电气原理图、设备说明书结合起来。

4. 电器元件布置图与接线图　这是制造、安装、调试和维护电气设备必需的技术资料。在测试、检修中可通过布置图和接线图迅速方便地找到各电器元件的测试点，进行必要的检测、调试和维修。

三、电气原理图的阅读分析方法

电气原理图阅读分析基本原则是“先机后电、先主后辅、化整为零、集零为整、统观全局、总结特点”。最常用的方法是查线分析法。即以某一电动机或电器元件线圈为对象，从电源开始，由上而下，自左至右，逐一分析其接通断开关系，并区分出主令信号、联锁条件、保护环节等。根据图区坐标标注的检索和控制流程的方法分析出各种控制条件与输出结果之间的因果关系。

1. 先机后电　首先了解设备的基本结构、运行情况、工艺要求，操作方法，以期对设备有个总体的了解，进而明确设备对电力拖动自动控制的要求，为阅读和分析电路做好前期准备。

2. 先主后辅　先阅读主电路，看设备由几台电动机拖动，各台电动机的作用，结合工艺要求弄清各台电动机的起动、转向、调速、制动等的控制要求及其保护环节。而主电路各控制要求是由控制电路来实现的，此时要运用化整为零去阅读分析控制电路。最后再分析辅助电路。

3. 化整为零　在分析控制电路时，将控制电路功能分为若干个局部控制电路，从电源和主令信号开始，经过逻辑判断，写出控制流程，用简便明了的方式表达出电路的自动工作过程。

然后分析辅助电路，辅助电路包括信号电路、检测电路与照明电路等。这部分电路具有相对独立性，起辅助作用而不影响主要功能，这部分电路大多是由控制电路中的元件来控制，可结合控制电路一并分析。

在某些控制电路中，还设置了一些与主电路、控制电路关系不密切，相对独立的某些特殊环节。如计数装置、自动检测系统、晶闸管触发电路与自动测温装置等。可参照上述分析过程，运用所学过的电子技术、变流技术、检测与转换等知识逐一分析。

4. 集零为整、统观全局　经过“化整为零”逐步分析每一局部电路的工作原理之后，必须用“集零为整”的办法来“统观全局”，看清各局部电路之间的控制关系、联锁关系，机电之间的配合情况，各种保护环节的设置等。以期对整个电路有清晰的理解，对电路中的每个电器，电器中的每一对触头的作用了如指掌。

5. 总结特点　各种设备的电气控制虽然都是由各种基本控制环节组合而成，但其整机的电气控制都有各自的特点，这也是各种设备电气控制的区别所在，应给予总结，这样才能加深对电气设备电气控制的理解。

四、普通卧式车床的电气控制电路分析

普通卧式车床是一种应用极为广泛的金属切削机床，主要用来车削外圆、内圆、端面、螺纹和定型表面，并可通过尾架进行钻孔、铰孔和攻螺纹等加工。

现以 CA6140 型普通卧式车床为例，说明分析电气控制原理图的方法。

（一）卧式车床的主要结构和运动情况

1. 卧式车床的主要结构　卧式车床的外形结构如图 7-1 所示。它主要由床身、主轴箱、交换齿轮箱、进给箱、溜板箱、溜板与刀架、尾座、丝杠和光杠等部分组成。

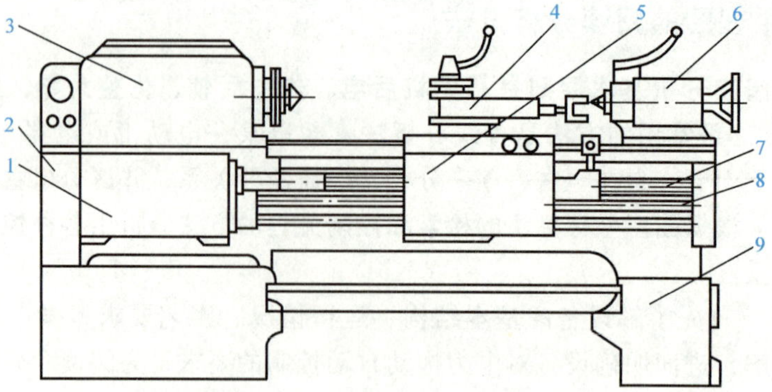

图 7-1 普通卧式车床的结构示意图

1—进给箱 2—交换齿轮箱 3—主轴箱 4—溜板与刀架 5—溜板箱 6—尾座 7—丝杠 8—光杠 9—床身

2. 卧式车床的运动情况 车床为了完成对各种旋转表面的加工，应有主运动和进给运动，以及除此以外的辅助运动。

（1）主运动。车床的主运动为工件的旋转运动，是由主轴通过卡盘或尾座上的顶尖带动工件旋转，主轴是由主轴电动机经传动机构施动旋转的。车削加工时，应根据工件材料、刀具、工件加工工艺要求选择不同的切削速度，要求主轴能够变速，普通卧式车床一般采用机械变速。车削加工时，一般不要求主轴反转，但在加工螺纹时，为避免乱牙，在正向加工到头后采用反转退刀，然后再以正向进刀继续加工，所以要求主轴能够正、反转。

（2）进给运动。车床的进给运动是指刀架的纵向或横向直线运动，其运动方式有手动和机动两种。机动时，刀架的进给运动是由主轴电动机拖动的。加工螺纹时，要求工件的旋转速度与刀架横向进给速度之间应有严格的比例关系，所以，车床刀架的进给运动是由主轴箱输出轴依次经交换齿轮箱、进给箱、光杠传入溜板箱而获得的。

（3）辅助运动。车床的辅助运动有刀架的快速移动，尾座的移动以及工件的夹紧与放松等。

（二）卧式车床对电气控制的要求

从车床加工工艺出发，中、小型卧式车床对电气控制提出如下要求：

1）主轴电动机一般采用三相笼型异步电动机。为确保主轴旋转与进给运动之间的严格比例关系，由一台电动机来拖动主运动与进给运动。为满足调速要求，通常采用机械变速。

2）为车削螺纹，要求主轴能够正、反转。对于小型车床，主轴正、反转由主轴电动机正反转来实现；当主轴电动机容量较大时，主轴正反转由摩擦离合器来实现，电动机只做单向旋转。

3）主轴电动机的起动，一般采用直接起动，当电动机容量较大时，通常采用Y-△减压起动。为实现快速停车，一般采用机械制动或电气制动停车。

4）车削加工时，为防止刀具与工件温度过高而变形，需用切削液对其冷却，为此设置一台冷却泵电动机，拖动冷却泵输出切削液。冷却泵电动机只做单向旋转，且与主轴电动机有联锁关系，即起动在主轴电动机起动之后，停车时同时停车。

5）为实现溜板箱的快速移动，应由单独的快速移动电动机来拖动，且采用点动控制方式。

6）电路具有完善的保护，并有安全可靠的照明和指示电路。

（三）CA6140 型卧式车床电气控制电路分析

CA6140 型卧式车床电气控制原理图如图 7-2 所示。

1. 主电路分析 三相交流电源由安装于交换齿轮保护罩前侧面开关板上的低压断路器 QF0 引入，QF0 是一个带有开关锁 SA2 的断路器，操作者将钥匙插入 SA2 锁眼中并右旋至“I”位，再合上 QF0 开关。主轴与进给电动机 M1 用来拖动主轴旋转和刀架的纵向和横向进给直线运动，主轴由主轴箱实现机械变速，主轴正、反转由机械换向机构实现。因此，主轴与进给电动机 M1 是由接触器 KM1 控制的单向旋转直接起动的三相笼型异步电动机，由低压断路器 QF1 实现短路和过载保护。M1 安装于机床床身左侧。

M2 为冷却泵电动机，由接触器 KM2 控制实现单向旋转直接起动，用于拖动冷却泵，在车削加工时供给切削液，对工件与刀具进行冷却，由低压断路器 QF2 实现短路与过载保护。M2 安装于机床右侧。

M3 为刀架快速移动电动机，由接触器 KM3 控制实现单向旋转点动运行，与主轴及进给电动机 M1 共用 QF1 断路器实现短路保护。M3 安装于溜板箱内。

2. 控制电路分析 合上 QF0，将电源引入控制、照明、信号变压器 TC 原方，TC 副方输出交流 110V 控制电源、交流 24V 照明电源、交流 6V 信号电源，并由低压断路器 QF5、QF6、QF7 分别作控制电路、照明电路、信号电路的短路与过载保护。合上 QF1、QF2 为主电路引入三相交流电源，在电气壁龛门关好，门开关 ST1 不受压，常闭触头 ST1（2-3）闭合，交换齿轮箱罩盖好，压下行程开关 ST2，其常闭触头 ST2（13-1）断开情况下，便可操作电路。

（1）主轴与进给电动机 M1 的控制。由床鞍按钮板上安装的带自锁的蘑菇形停止按钮 SB1、起动按钮 SB2 与控制板内的接触器 KM1 构成电动机单向直接起动旋转的起动—停止控制电路。按下 SB2，KM1 线圈通电吸合并自锁，KM1 主触头闭合，M1 直接起动并旋转。

停车时，按下带自锁的停止按钮 SB1，常闭触头 SB1（3-4）断开并保持断开状态，KM1 线圈断电释放，KM1 主触头断开，M1 定子三相交流电源切除，M1 自然停车至零。M1 停止转动后，需再次按下 SB1 并按蘑菇形盘上标示的箭头方向转动，使处于自锁状态的停止按钮解锁，使触头 SB1（3-4）恢复常闭状态，为下次起动 M1 电动机做准备。

（2）冷却泵电动机 M2 的控制。由安装在挂轮保护罩前侧面开关面板上的旋钮开关 SA1、控制板内的接触器 KM2 组成电动机 M2 单向旋转直接起动控制电路。起动时，将 SA1 由左边“0”位扳至右边“I”位，SA1（4-8）触头闭合，KM2 线圈通电吸合，KM2 主触头将 M2 定子接入三相交流电源，M2 直接起动旋转，拖动冷却泵供给切削液。

停车时，将 SA1 由“I”位扳至“0”位，触头 SA1（4-8）断开，KM2 线圈断电释放，KM2 主触头断开，M2 定子三相交流电源切除，M2 自然停车至零。

（3）刀架快速移动电动机 M3 的控制。由安装于进给操作手柄内的快速移动按钮 SB3，控制板内接触器 KM3 构成 M3 单向旋转、点动控制电路。刀架横向、纵向移动及方向的改

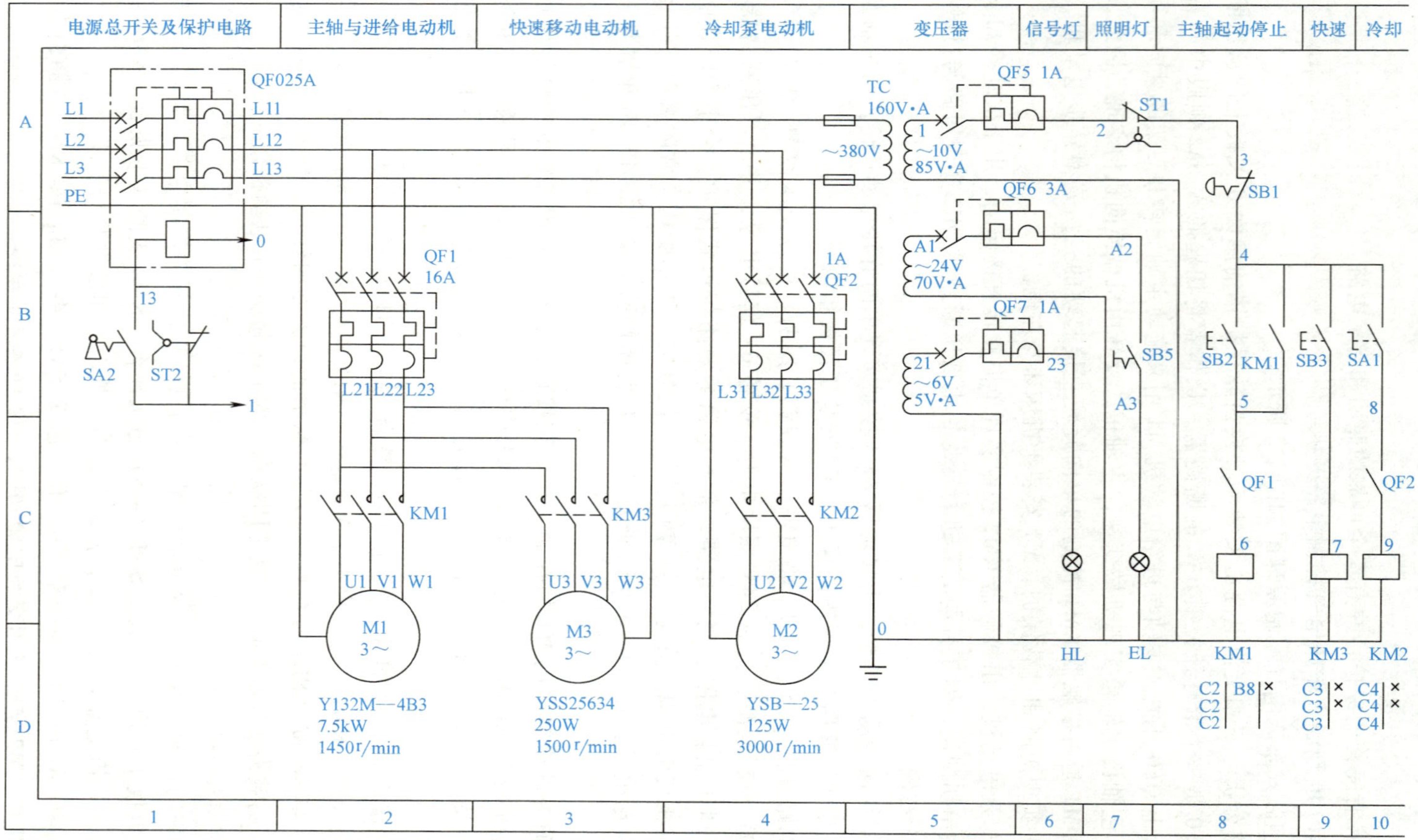

图 7-2 CA6140 型卧式车床电气控制原理图

变是由进给手柄“十字”操作经机械传动实现。

刀架快速移动时，先扳动刀架进给手柄选好快速移动方向，然后再按下 SB3，SB3（4-7）触头闭合，KM3 线圈通电吸合，KM3 主触头闭合，M3 定子接通交流三相电源，M3 直接起动旋转，经进给传动机构拖动刀架按预选方向快速移动；移动到位，松开按钮 SB3，触头 SB3（4-7）断开，KM3 线圈断电释放，其主触头断开，M3 定子三相交流电源切除，M3 自然停车至零。

（4）照明与信号电路。由照明灯 EL 与安装在挂轮保护罩前侧面开关面板上的照明灯按钮 SB5 构成车床照明电路。SB5 为非自动复位按钮，按下 SB5，触头 SB5（A3-A5）闭合，EL 亮，再按 SB5，触头 SB5（A3-A5）断开，EL 灭。

机床变压器 TC 输出交流 6V 信号电压供信号灯 HL。当电路总低压断路器 QF0 合上后，HL 亮表明电路电压正常。

（5）电路具有完善的保护环节。为保证电路安全可靠地工作，设有完善的保护环节，其主要有：

1）电路电源总开关采用设有开关锁 SA2 的低压断路器 QF0。当需合上电源开关时，先将钥匙插入锁眼，并将 SA2 右旋，再扳动 QF0 将其合上，三相交流电源送入，再拔出钥匙。当要断开三相交流电源时，插入钥匙，将开关锁 SA2 左旋，触头 SA2（13-1）闭合，QF0 分励脱扣器线圈通电吸合，QF0 主触头断开，切断三相交流电源。由于钥匙由机床操作者掌握，增加了安全性。

2）在机床控制板的壁龛门处装有开门断电安全开关 ST2，当打开壁龛门时，ST2 不再受压，其常闭触头 ST2（13-1）闭合，QF0 分励脱扣器线圈通电吸合，QF0 主触头断开三相交流电源，实现开门断电保护。

3）在车床交换齿轮保护罩内设有安全开关 ST1，当打开交换齿轮保护罩时压下 ST1，其常闭触头 ST1（2-3）断开，断开交流 110V 控制电源，控制电源断电，KM1、KM2、KM3 线圈均断电释放，电动机 M1、M2、M3 全部停止旋转，确保人身安全。

4）电路由低压断路器 QF0、QF1、QF2、QF5、QF6、QF7 对所接电路实现短路与过载保护。

（四）CA6140 型卧式车床电气控制特点与常见故障分析

1. CA6140 型卧式车床电气控制特点

1）三台电动机 M1、M2、M3 均为单向旋转。主轴旋转方向改变及进给方向改变皆由机械传动获得，M3 为点动控制。

2）具有完善的人身安全保护环节：带开关锁的电源低压断路器 QF0，交换齿轮保护罩安全开关 ST1，壁龛门开门断电开关 ST2 等。

2. CA6140 型卧式车床电气控制常见故障：

1）CA6140 型卧式车床电气控制常见故障往往出现在 ST1、ST2 安全开关上，首先应先调整这两个开关动作的正确性，使其可靠工作。由于长期使用，可能出现开关固定螺丝松动移位，致使交换齿轮保护罩罩好后将 ST1 压住，使触头 ST1（2-3）断开，电路无法工作，或打开交换齿轮保护罩 ST1 压不到，失去控制电路断电保护作用。或者打开壁龛门时，ST2 仍受压，触头 ST2（13-1）仍断开，失去开门后电路低压断路器 QF0 跳闸的开门断电保护作用。

2）开关锁 SA2 失灵。应定时检验 SA2 开关锁，为此先将 SA2 左旋看 QF0 断路器是否自动跳闸。若能跳闸，再将 QF0 合上，看在 0.1s 内 QF0 是否再次自动跳闸，若还能自动跳闸，表明开关锁作用正常。若在 0.1s 内 QF0 不能自动跳闸，表明开关锁失灵，应予更换。

其他故障属于电动机单向旋转电路的故障，情况比较简单，在此不再复述。

第二节 Z3040 型摇臂钻床的电气控制

钻床是一种用途较广的万能机床，可以完成钻孔、扩孔、铰孔、攻螺纹及修刮端面等多种形式的加工。钻床按结构形式可分为立式钻床、台式钻床、摇臂钻床、多轴钻床、深孔钻床和卧式钻床等。在各类钻床中，摇臂钻床操作方便、灵活，适用范围广，特别适用于带有多孔的大型工件的孔加工，是机械加工中常用的机床设备，具有典型性。下面以 Z3040 型摇臂钻床为例，分析其电气控制原理图。

一、摇臂钻床主要结构与运动情况

摇臂钻床如图 7-3 所示，主要由底座、内立柱、外立柱、摇臂、主轴箱及工作台等部分组成。内立柱固定在底座的一端，在它的外面套着外立柱，外立柱可绕内立柱回转 360°，摇臂的一端为套筒，它套在外立柱上。借助丝杆的正反转可使摇臂沿外立柱作上下移动。由于丝杆与外立柱连为一体，而升降螺母固定在摇臂套筒上，所以摇臂只能与外立柱一起绕内立柱回转。主轴箱是一个复合部件，它由主电动机、主轴传动机构、主轴，进给和变速机构以及钻床的操作机构等部分组成。主轴箱安装在摇臂的水平导轨上，可以通过手轮操作使其在摇臂水平导轨上移动。

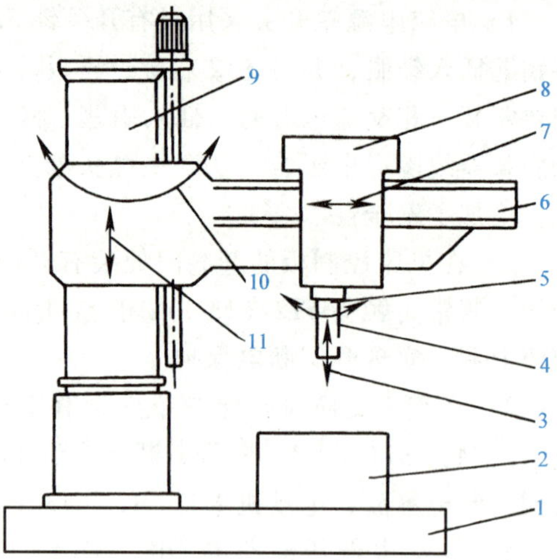

图 7-3 摇臂钻床结构及运动情况示意图

1—底座 2—工作台 3—主轴纵向进给
4—主轴旋转主运动 5—主轴 6—摇臂
7—主轴箱沿摇臂径向运动 8—主轴箱
9—内外立柱 10—摇臂回转运动
11—摇臂上下垂直运动

钻削加工时，主运动为主轴带动钻头的旋转运动；进给运动为主轴带动钻头做上下的纵向运动。此时要求主轴箱由夹紧装置紧固在摇臂的水平导轨上，外立柱紧固在内立柱上，摇臂紧固在外立柱上，摇臂钻床的辅助运动有摇臂沿外立柱的上下移动；主轴箱沿摇臂水平导轨的水平移动；摇臂与外立柱一起绕内立柱的回转运动。

二、摇臂钻床的电力拖动特点与控制要求

（一）电力拖动特点

1）摇臂钻床运动部件较多，为简化传动装置，采用多电动机拖动。由主轴电动机拖动主轴的旋转主运动和主轴的进给运动；由摇臂升降电动机拖动摇臂的升降；由液压泵电动机拖动液压泵供出压力油完成主轴箱、内外立柱和摇臂的夹紧与松开；由冷却泵电动机拖动冷

却泵，供给切削液进行刀具加工过程中的冷却。

2）摇臂钻床的主运动与进给运动皆为主轴的运动，为此这两种运动由一台主轴电动机拖动，分别经主轴传动机构、进给传动机构来实现主轴的旋转和进给。所以主轴变速机构与进给变速机构均装在主轴箱内。

3）摇臂钻床有两套液压控制系统，一套是操作机构液压系统，另一套是夹紧机构液压系统。前者由主轴电动机拖动齿轮泵送出压力油，通过操纵机构实现主轴正、反转，停车制动，空档、变速的操作。后者由液压泵电动机拖动液压泵送出压力油，推动活塞带动菱形块来实现主轴箱、内外立柱和摇臂的夹紧与松开。

（二）控制要求

1）4台电动机容量较小，均采用全压直接起动。主轴旋转与进给要求有较大的调速范围，钻削加工要求主轴正、反转，这些皆由液压和机械系统完成，主轴电动机是作单向旋转。

2）摇臂升降由升降电动机拖动，故升降电动机要求正反转。

3）液压泵电动机用来拖动液压泵送出不同流向的压力油，推动活塞，带动菱形块动作，以此来实现主轴箱、内外立柱和摇臂的夹紧与松开。故液压泵电动机要求正反转。

4）摇臂的移动需严格按照摇臂松开→摇臂移动→摇臂移动到位自动夹紧的程序进行。这就要求摇臂夹紧放松与摇臂升降应按上述程序自动进行，也就是说对液压泵电动机和升降电动机的控制要按上述要求进行。

5）钻削加工时应由冷却泵电动机拖动冷却泵，供给切削液对钻头进行冷却，冷却泵电动机为单向旋转。

6）要求有必要的联锁与保护环节。

7）具有机床完全照明和信号指示电路。

三、摇臂钻床液压系统简介

摇臂钻床具有两套液压控制系统，一套是由主轴电动机拖动齿轮泵供出压力油，由主轴操作手柄来改变两个操纵阀的相互位置，使压力油做不同的分配，进而实现主轴正转、反转、空档、变速与停车等运动。另一套是由液压泵电动机拖动液压泵送出压力油来实现摇臂、主轴箱和立柱的夹紧与放松的夹紧机构液压系统。图7-4为摇臂钻床操纵图。

1. 操作机构液压系统　该系统由主轴电动机拖动齿轮泵送出压力油，由主轴操作手柄来操作。主轴操作手柄有五个空间位置：上、下、里、外和中间位置。其中上为“空档”，下为“变速”，外为“正转”，里为“反转”，中间位置为“停车”。主轴的转速与主轴进给量各由一个旋钮控制，如图7-4中的3与4，用其进行预选，然后再操作主轴手柄。

由上可知，要使主轴旋转，首先是起动主轴电动机做单向旋转，拖动齿轮泵，送出压力油。然后操纵主轴手柄扳向外或里位置，使压力油作用于正转或反转摩擦离合器，接通主轴电动机到主轴的传动链，从而驱动主轴正转或反转。

在主轴正转或反转的过程中，通过转动变速旋钮3或4，就可改变主轴转速或主轴进给量。

若要使主轴停车，需将主轴操作手柄扳向中间位置，这时主轴电动机仍在旋转，只是此时整个液压系统为低压力油，无法松开制动摩擦离合器，而在制动弹簧作用下使主轴电动机

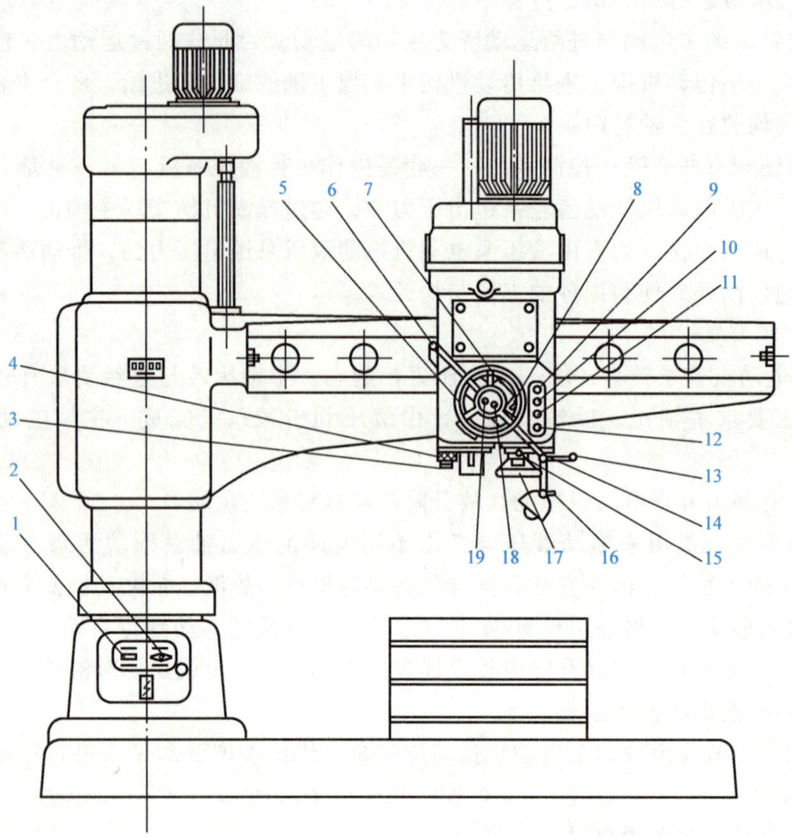

图 7-4 摇臂钻床操纵图

1—冷却泵开关 SA1 2—总电源开关 QS 3—主轴转速预选旋钮 4—主轴进给量预选旋钮 5—主轴箱移动手轮 6—主轴移动手柄 7—定程切削限位手柄 8—刻度盘微调手柄 9—SB2 按钮 10—SB1 按钮 11—SB3 按钮 12—SB4 按钮 13—主轴操作手柄 14—主轴平衡调整轴 15—接通、断开机动手柄 16—SA2 开关 17—微动进给手轮 18—SB5 按钮 19—SB6 按钮

的动力无法传到主轴，从而使主轴停车。

当主轴操作手柄扳在“下”的位置时，即“变速”档位时，主轴电动机仍继续单向旋转，用变速旋钮 3 或 4 选好主轴转速或主轴进给量，油路将推动拨叉慢慢移动，逐渐压紧主轴正转摩擦离合器，接通主轴电动机到主轴的传动链，带动主轴缓慢旋转，此过程称为缓速过程，以利于齿轮的顺利啮合。当变速完成，松开主轴操作手柄时，手柄将在弹簧作用下由“变速”位置自动复位到“停车”的中间位置。然后再操纵主轴手柄于正转与反转位置，主轴将在新的转速或进给量下工作。

当主轴操纵手柄置于“空档”位置，这时压力油使主轴传动中的滑移齿轮处于中间脱开位置，这时可用手轻便地转动主轴。

2. 夹紧机构液压系统　主轴箱、内外立柱和摇臂的夹紧与松开，是由液压泵电动机拖动液压泵送出压力油，推动活塞，带动菱形块来实现的。其中主轴箱和内外立柱的夹紧松开由一个油路控制，而摇臂的夹紧松开因要与摇臂的升降运动构成自动循环，故由另一油路来控制。这两个油路均由电磁阀 YV 来操纵。

四、电气控制电路分析

图 7-5 所示为 Z3040 型摇臂钻床电气原理图。图中 M1 为主轴电动机，M2 为摇臂升降电动机，M3 为液压泵电动机，M4 为冷却泵电动机。

主轴箱上装有 4 个按钮，由上至下为 SB2、SB1、SB3 与 SB4，它们分别是主轴电动机起动、停止按钮，摇臂上升、下降按钮。主轴箱移动手轮上装有 2 个按钮 SB5、SB6，分别为主轴箱、立柱松开按钮和夹紧按钮。扳动主轴箱移动手轮，可使主轴箱做左右水平移动；主轴移动手柄则用来操纵主轴作上下垂直移动，它们均为手动进给。主轴也可采用机动进给。

（一）主电路分析

三相交流电源由低压隔离开关 Q 控制。主轴电动机 M1 仅做单向旋转，由接触器 KM1 控制。主轴的正反转由主轴操作手柄选择。热继电器 FR1 为电动机 M1 做过载保护。

摇臂升降电动机 M2 的正反转由接触器 KM2、KM3 控制实现。而摇臂移动是短时的，故不设过载保护。但其与摇臂的放松与夹紧之间有一定的配合关系，这由控制电路去保证。

液压泵电动机 M3 由接触器 KM4、KM5 控制实现正反转，由热继电器 FR2 做过载保护。

冷却泵电动机 M4 容量为 0.125kW，由开关 SA1 根据需求控制其起动与停止。

（二）控制电路分析

1. 主轴电动机 M1 的控制　由按钮 SB2、SB1 与接触器 KM1 构成主轴电动机单向起动停止控制电路。起动时，按下起动按钮 SB2，KM1 线圈通电并自锁，KM1 常开主触头闭合，M1 全压起动旋转。同时 KM1 常开辅助触头闭合，指示灯 HL3 亮，表明主轴电动机 M1 已起动，并拖动齿轮泵送出压力油，此时可操作主轴操作手柄进行主轴变速、正转、反转等的控制。

2. 摇臂升降及摇臂放松与夹紧的控制　摇臂不移动时，被夹紧在外立柱上，当发出摇臂移动信号后，须先松开夹紧装置，当发出松开信号后，摇臂方可移动。当摇臂移动到所需位置，夹紧装置在收到夹紧信号后再次自动将摇臂夹紧。本电路能自动完成上述过程。

摇臂升降电动机 M2 的控制电路是由摇臂上升按钮 SB3、下降按钮 SB4 及正反转接触器 KM2、KM3 组成具有双重互锁功能的正反转点动控制电路。由于摇臂的升降控制须与夹紧机构液压系统密切配合，所以摇臂的升降控制与液压泵电动机的控制密切相关。

液压泵电动机 M3 的正反转由正反转接触器 KM4、KM5 控制，M3 拖动双向液压泵，供出压力油，经 2 位六通阀送至摇臂夹紧机构实现夹紧与放松。下面以要求摇臂上升为例来分析摇臂升降及夹紧、放松的控制原理。

按下摇臂上升点动按钮 SB3，时间继电器 KT 线圈通电吸合，瞬动常开触头 KT（13-14）与延时断开的动合触头 KT（1-17）闭合，前者使接触器 KM4 线圈通电吸合，后者使电磁阀 YV 线圈通电。于是液压泵电动机 M3 正转起动旋转，拖动液压泵送出压力油，经 2 位六通阀进入摇臂松开油腔，推动活塞和菱形块，使摇臂松开。松开到位时，活塞杆通过弹簧片去压动行程开关 ST1，其常闭触头 ST1（6-13）断开，使接触器 KM4 线圈断电释放，液压泵电动机停止旋转，摇臂处于松开状态；同时 ST1 常开触头 ST1（6-7）闭合，使 KM2 线圈通电

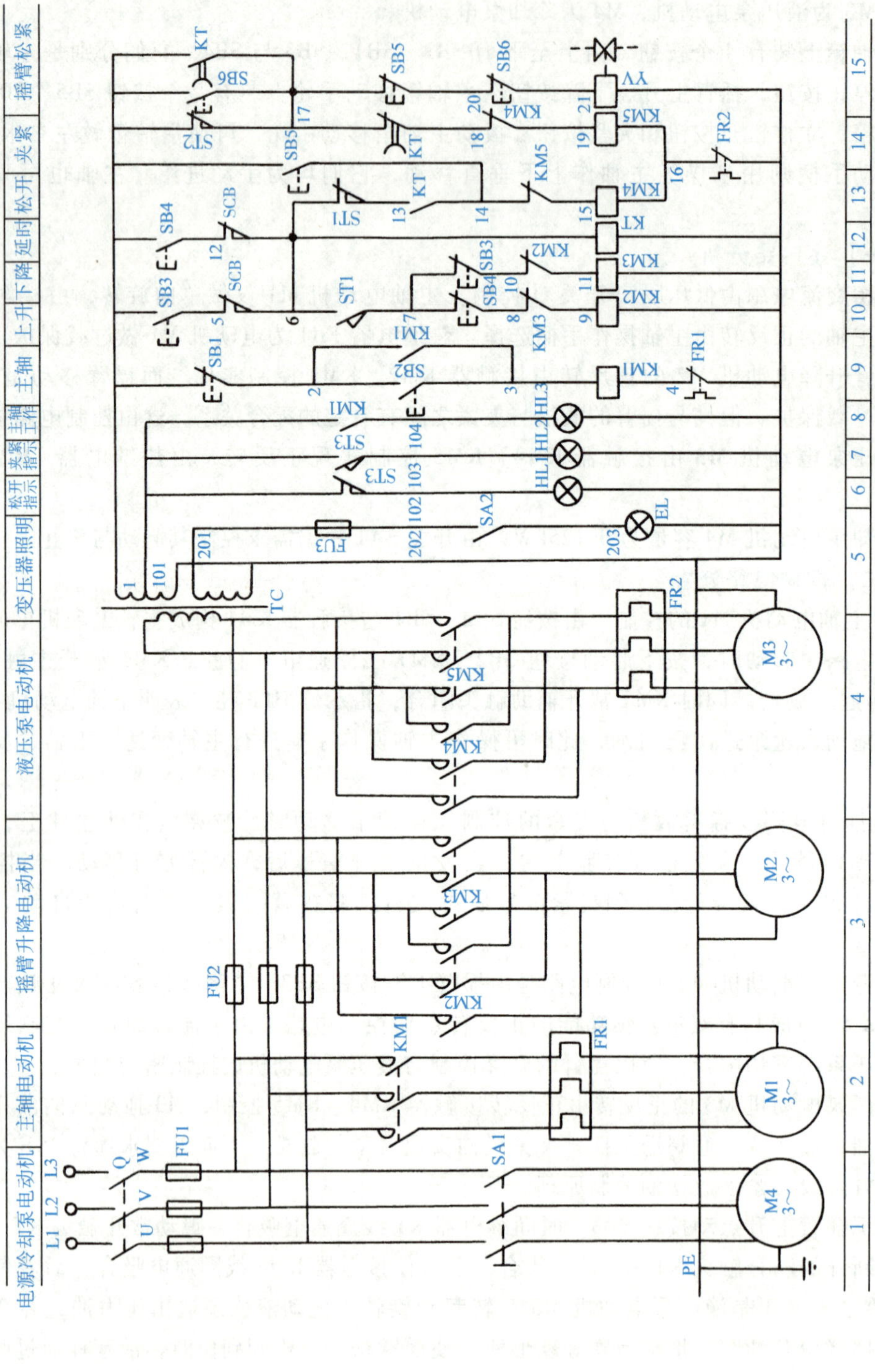

图 7-5 Z3040 型摇臂钻床电气原理图

吸合，摇臂升降电动机 M2 起动旋转，拖动摇臂上升。所以 ST1 是用来反映摇臂是否松开且发出松开信号的元件。

当摇臂上升到预定位置，松开上升按钮 SB3，KM2、KT 线圈断电释放，M2 依惯性旋转至自然停止，摇臂停止上升。断电延时继电器 KT 的延时闭合触头 KT（17-18）延时时间到而闭合，它的闭合使 KM5 线圈通电吸合，液压泵电动机 M3 反向起动旋转，同时 KT 的延时断开触头 KT（1-17）断开，使电磁阀 YV 线圈断电。液压泵送出的压力油经另一条油路流入 2 位六通阀，再进入摇臂夹紧油腔，反向推动活塞和菱形块，使摇臂夹紧。值得注意的是，在时间继电器 KT 断电延时的 3s 内，KM5 线圈仍处于断电状态，而 YV 线圈仍处于通电状态，这段几秒钟的延时就确保了横梁升降电动机 M2 在断开电源依惯性旋转已经完全停止旋转后，才开始摇臂的夹紧动作。所以 KT 延时长短应按大于 M2 电动机断开电源到完全停止所需时间来整定。

当摇臂夹紧后，活塞杆通过弹簧片压动行程开关 ST2，使触头 ST2（1-17）断开，KM5 线圈断电释放，M3 停止旋转，摇臂夹紧结束。所以 ST2 为摇臂夹紧信号开关。

由上可知，行程开关 ST1，为摇臂松开开关，ST1 压下发出摇臂松开信号；行程开关 ST2 为摇臂夹紧开关，ST2 压下发出摇臂已夹紧信号。ST2 应调整到摇臂夹紧后就动作的状态，若调整不当，摇臂夹紧后仍不能动作，将使液压泵电动机 M3 长期工作而过载。为防止这种情况发生，电动机 M3 虽为短时运行，但仍采用热继电器 FR2 作过载保护。

摇臂升降的极限保护由组合开关 SCB 来实现。SCB 有两对常闭触头，当摇臂上升或下降到极限位置时，使相应常闭触头断开，切断对应的上升或下降接触器 KM2 与 KM3 线圈电路，使 M2 电动机停止，摇臂停止移动，实现上升、下降的极限保护。若出现摇臂移动过位时可按下反方向移动起动按钮，使 M2 按与原方向相反的方向旋转，拖动摇臂按原移动的反方向移动。

3. 主轴箱与立柱的夹紧、放松控制　主轴箱在摇臂上的夹紧放松与内外立柱之间的夹紧与放松，均采用液压操纵，且由同一油路控制，所以它们是同时进行的。工作时要求 2 位六通电磁阀线圈 YV 处于断电状态，松开由松开按钮 SB5 控制，夹紧由夹紧按钮 SB6 控制，并有松开指示灯 HL1、夹紧指示灯 HL2 指示其状态。

当按下松开按钮 SB5 时，KM4 线圈通电吸合，液压泵电动机 M3 正转起动旋转，拖动液压泵送出压力油，由于电磁阀线圈 YV 不通电，其送出的压力油经 2 位六通阀进入另一油路，即进入立柱与主轴箱松开油腔，推动活塞和菱形块使立柱和主轴箱同时松开。当立柱与主轴箱松开后，行程开关 ST3 不再受压，其触头 ST3（101-102）复位闭合，松开指示灯 HL1 亮，表明立柱与主轴箱已松开，此时松开 SB5 按钮，便可转动主轴箱移动手轮，使主轴箱在摇臂水平导轨上移动；同时也可推动摇臂，使摇臂连同外立柱绕内立柱作回转运动。当移动到位时，按下夹紧按钮 SB6，接触器 KM5 线圈通电吸合，液压泵电动机 M3 反向起动旋转，拖动液压泵送出压力油至夹紧油腔，使立柱与主轴箱同时夹紧。当确已夹紧，压下夹紧行程开关 ST3，触头 ST3（101-102）断开，HL1 灯灭，触头 ST3（101-103）闭合，HL2 灯亮，指示立柱与主轴箱均已夹紧，可以进行钻削加工。

4. 冷却泵电动机 M4 的控制　冷却泵电动机 M4 由开关 SA1 手动控制，单向旋转，可视加工需求操作 SA1，使其起动或停止。

5. 具有完善的联锁与保护环节　组合开关 SCB 实现摇臂上升与下降的限位保护。行程开关 ST1 实现摇臂确已松开，开始升降的联锁。行程开关 ST2 实现摇臂确已夹紧，液压泵电动机 M3 停止运转的联锁。时间继电器 KT 实现升降电动机 M2 断开电源，待完全停止后才开始夹紧的联锁。升降电动机 M2 正反转具有双重互锁，液压泵电动机 M3 正反转具有电气互锁。

立柱与主轴箱松开、夹紧按钮 SB5、SB6 的常闭触头串接在电磁阀线圈 YV 电路中，实现进行立柱与主轴箱松开、夹紧操作时，确保压力油只进入立柱与主轴箱夹紧松开油腔而不进入摇臂松开夹紧油腔的联锁。

熔断器 FU1~FU3 作短路保护，热继电器 FR1、FR2 作电动机 M1、M3 的过载保护。

(三) 照明与信号指示电路分析

HL1 为主轴箱与立柱松开指示灯，HL1 亮表示已松开，可以手动操作主轴箱移动手轮，使主轴箱沿摇臂水平导轨移动或推动摇臂连同外立柱绕内立柱回转。

HL2 为主轴箱与立柱夹紧指示灯，HL2 亮表示主轴箱已夹紧在摇臂上，摇臂连同外立柱夹紧在内立柱上，可以进行钻削加工。

HL3 为主轴电动机起动旋转指示灯，HL3 亮表示可以操作主轴手柄进行对主轴的控制。

EL 为机床局部照明灯，由控制变压器 TC 供给 24V 安全电压，由手动开关 SA2 控制。

(四) 电气控制特点

1）Z3040 型摇臂钻床采用的是机、电、液联合控制。主轴电动机 M1 虽只作单向旋转，拖动齿轮泵送出压力油，但主轴经主轴操作手柄来改变两个操纵阀的相互位置，使压力油作不同的分配，从面使主轴获得正转、反转、变速、停止、空挡等工作状态。这一部分构成操纵机构液压系统。

另一套是摇臂、立柱和主轴箱的夹紧放松机构液压系统，该系统又分为摇臂夹紧放松油路与立柱、主轴箱夹紧放松油路。经推动油腔中的活塞和菱形块来实现夹紧与放松。

2）摇臂升降与摇臂夹紧放松之间有严格的程序要求，电气控制与液压、机械协调配合自动实现先松开摇臂、再移动，移动到位后再自动夹紧。

3）电路有完善的联锁与保护，有明显的信号指示，便于操作机床。

(五) 电气控制常见故障分析

Z3040 型摇臂钻床的控制是机电液联合控制，而立柱与主轴箱的移动是在其松开后靠手动实现，摇臂的移动则是机电液综合控制。为此主要对摇臂移动中的常见故障作一分析。

1. 摇臂不能上升移动　由摇臂上升的电气动作过程可知：摇臂移动的前提是摇臂确实松开，活塞杆通过弹簧片压下行程开关 ST1，使接触器 KM4 线圈断电释放，液压泵电动机 M3 停止旋转，而接触器 KM2 线圈通电吸合，摇臂升降电动机 M2 正向起动旋转，拖动摇臂上升。下面通过 ST1 的开关有无动作来分析摇臂不能上升的原因。

开关 ST1 不动作，常见故障为 ST1 安装位置不当或紧固螺丝发生松动，使 ST1 位置发生移动。这样，摇臂虽已松开，但活塞杆通过弹簧片仍压不上 ST1，致使摇臂不能移动。有时也会出现因液压系统故障，使摇臂没有完全松开，致使活塞杆通过弹簧片压不上 ST1。为此，应配合机械、液压系统调整好 ST1 位置并切实安装牢固。

有时电动机 M3 在机床大修后电源相序接反，此时按下摇臂上升按钮 SB3 后，电动机 M3 反转，反而使摇臂夹紧，更压不上 ST1，摇臂也不会上升，所以应认真检查电源相序及电动机 M3 正反转是否正确。

2. 摇臂移动后出现摇臂夹不紧　根据电气控制电路可知，当摇臂移动到所需位置后，松开上升按钮 SB3 或下降按钮 SB4 后，摇臂应自动夹紧，而夹紧动作的结束是由行程开关 ST2 发出已夹紧信号来控制的。若摇臂发生夹不紧，则说明摇臂夹紧控制电路正常，只是夹紧力不够，这是由于 ST2 动作过早，使液压泵电动机 M3 在摇臂还未充分夹紧时就过早停止旋转。这往往是由于 ST2 安装位置不当，过早被活塞杆压上而将弹簧片压下所致，若不是此因，则应建议机修人员检查菱形块的夹紧装置是否有问题。

3. 液压系统的故障　有时电气控制电路工作正常，而出现电磁阀芯卡住不动作或油路发生堵塞，造成液压控制系统失灵，也会造成摇臂无法移动或夹不紧等故障。因此，在维修工作中应分析判断是电气控制系统还是液压机械系统的故障，然而这两者之间又相互联系，所以应相互配合，协同排除故障。

第三节　XA6132 型卧式万能铣床的电气控制

铣床可用来加工平面、斜面、沟槽，装上分度头可以铣切直齿齿轮和螺旋面，装上圆工作台还可铣切凸轮和弧形槽，所以铣床在机械行业的机床设备中占有相当大的比重。铣床按结构形式和加工性能的不同，可分为卧式铣床、立式铣床、龙门铣床和仿形铣床等，其中又以卧式和立式万能铣床应用最广泛。下面以 XA6132 型卧式万能铣床为例，分析中小型铣床的电气控制原理及特点。

XA6132 型卧式万能铣床可用各种圆柱铣刀、圆片铣刀、角度铣刀、成型铣刀和端面铣刀，可加工各种平面、斜面、沟槽、齿轮等，如果使用万能铣头、圆工作台、分度头等铣床附件，还可以扩大机床加工范围，因此说 XA6132 型铣床是一种通用机床。

一、XA6132 型卧式万能铣床主要结构与运动情况

（一）卧式万能铣床的主要结构

卧式万能铣床主要由底座、床身、悬梁、刀杆支架、升降台、床鞍和工作台等部分组成，其外形结构示意图如图 7-6 所示。底座是整个机床的支承件，上面有冷却泵，内部是冷却剂储存箱。箱形床身固定在底座上，它是悬梁、升降台的支撑部件，床身内装有主轴传动系统，床身中部左边装有主传动变速操纵机构，床身下部左、右两侧为安装机床电气设备的壁龛，在床身顶部有水平导轨，导轨上装有悬梁，悬梁经手动操作可使其在导轨上调整位置。悬梁上装有刀杆支架，用来安装与主轴相连的刀杆，

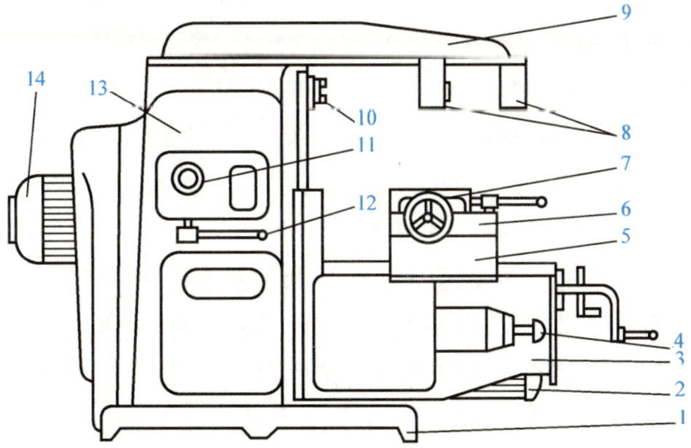

图 7-6　卧式万能铣床外形图

1—底座　2—进给电动机　3—升降台　4—进给变速手柄和变速盘
5—床鞍　6—回转盘　7—工作台　8—刀杆支架　9—悬梁
10—主轴　11—主轴变速盘　12—主轴变速手柄
13—床身　14—主轴电动机

刀杆上用来安装铣刀。铣刀有顺铣刀与逆铣刀两种，经主轴带动铣刀旋转，实现铣削加工。

在床身前方有垂直燕尾导轨，导轨上装有升降台，升降台可沿垂直导轨作上下（垂直）方向运动。升降台左侧装有进给传动系统和进给变速机构，升降台上部有平行主轴轴线方向的矩形水平导轨，导轨上装有床鞍，床鞍可在导轨上作前后（横向）方向运动。床鞍上装有回转盘，回转盘可在床鞍上回转调整，调整范围为±45°。回转盘上方有垂直主轴轴线方向的水平燕尾导轨，在水平燕尾导轨上装有工作台，工作台可在水平燕尾导轨上作左右（纵向）方向运动。工作台上有T形槽来固定加工工件。这样固定在工作台的工件可以在三个互相垂直方向调整位置或铣削加工。

另外，由于回转盘可在床鞍上回转一个角度。因此，工作台在水平面上除能平行于或垂直于主轴轴线方向铣削加工外，还能在倾斜方向加工，可以加工螺旋槽，故称万能铣床。

此外，工作台上还可安装圆工作台，圆工作台可作单方向旋转，用来扩大机床加工能力。

（二）卧式万能铣床运动形式

1）主运动。铣床的主运动是主轴带动铣刀的旋转运动，由主轴电动机拖动。

2）进给运动。铣床的进给运动是指工件夹持在工作台上，做平行或垂直于铣刀轴线方向的直线运动。包括工作台带动工件在上、下、前、后、左、右6个方向上的直线运动或圆形工作台的旋转运动。进给运动由进给电动机拖动。

3）辅助运动。调整工件与铣刀相对位置的运动为辅助运动。铣床的辅助运动是指工作台带动工件在上、下、前、后、左、右6个方向上的快速移动，由进给电动机拖动。

二、XA6132型卧式万能铣床电力拖动特点与控制要求

（一）XA6132型卧式万能铣床电力拖动特点

XA6132型卧式万能铣床主轴传动机构在床身内，进给传动机构在升降台内，由于主轴旋转运动与工作台进给运动之间不存在速度比例关系，为此采用单独拖动方式。主轴由一台功率为7.5kW的法兰盘式三相异步电动机拖动；进给传动由一台功率为1.5kW的法兰盘式三相异步电动机拖动；铣削加工时所需的冷却剂由一台0.125kW的冷却泵电动机拖动柱塞式油泵供给。

（二）主轴拖动对电气控制的要求

1）为适应铣削加工需要，要求主轴调速。XA6132型卧式万能铣床采用机械变速，它是由主变速机构中的拨叉来移动主轴传动系统中的两个三联齿轮和一个双联齿轮，使主轴获得30~1500r/min的18种转速。

2）为使主轴变速时齿轮的顺利啮合，减少齿轮端面的撞击，主轴变速时应有主轴变速冲动环节，即要求主轴变速时，主轴电动机作瞬时点动。

3）为满足铣床顺铣与逆铣两种加工方式，要求主轴电动机正、反转。由于加工方式为加工前选定，加工时不再改变，为此采用转向选择开关来选择主轴电动机的旋转方向。

4）铣削加工为多刀多刃切削加工，是不连续切削，故切削时负载波动，将影响加工质量，为此在主传动系统中加入飞轮，以加大转动惯量。但同时又将影响主轴准确停车，所以要求主轴电动机停车时设有制动停车环节。

5）为了保证安全，要求主轴上刀时应有主轴制动环节。

6）为使操作者能在铣床的正面和侧面都能方便地操作，要求对主轴电动机的起动、停

止等控制采用两地操作方式。

（三）进给拖动对电气控制的要求

1）XA6132 型卧式万能铣床工作台有手动与机动两种工作方式，而机动又有工作进给和快速移动两种运行方式。手动是转动工作台垂向操作手轮、横向操作手轮或纵向操作手轮来获得的。机动是由进给电动机拖动，工作进给与快速移动是通过进给变速箱里两个电磁离合器分别吸合来实现的。

2）为减少按钮数量，避免误操作，对进给电动机的控制不采用按钮操作，而采用机械、电气联动的手柄操作。如扳动工作台纵向操纵手柄时，压合相应电气开关，使进给电动机正转或反转，同时在机械上使纵向离合器啮合，驱动纵向丝杠转动，实现工作台的纵向移动。

3）进给电动机拖动工作台上下、前后、左右运动，故要求进给电动机正、反转。

4）工作台机动工作进给与快速移动也应两地操作，故工作台纵向操作手柄与垂直、横向操作手柄各有两套，可在铣床的正向和侧面进行操作，且这两套操作手柄是联动的，快速移动的控制也为两地操作。

5）工作台工作进给的 18 级速度是采用机械变速获得的，为使变速时齿轮的顺利啮合，减少齿轮端面的撞击，进给电动机应在变速后作瞬时点动。

6）只有在主轴起动后，进给运动才能起动，未起动主轴时，可进行工作台快速运动。

7）具有完善的保护和联锁，其中有工作台上、下、前、后、左、右 6 个方向只可取一的联锁，长工作台、圆工作台只可取一的联锁，机床进给的安全互锁，工作台上、下、前、后、左、右 6 个方向移动的限位保护等。

（四）其他控制要求

1）冷却泵电动机用来拖动冷却泵，要求冷却泵电动机单方向旋转，视铣削加工需要选择。

2）整个机床电气控制具有完善的保护，如短路保护、过载保护、开门断电保护和紧急保护等。

三、电磁离合器

XA6132 万能铣床主轴电动机停车制动、主轴上刀制动以及进给系统的工作进给和快速移动皆由电磁离合器来实现。

电磁离合器又称电磁联轴节。它是利用表面摩擦和电磁感应原理，在两个做旋转运动的物体间传递转矩的执行电器。由于它便于远距离控制，能耗小，动作迅速、可靠，结构简单，故广泛应用于机床的电气控制。铣床上采用的是摩擦片式电磁离合器。

摩擦片式电磁离合器按摩擦片的数量可分为单片式与多片式两种，机床上普遍采用多片式电磁离合器，其结构如图 7-7 所示。在主动轴 1 的花键轴端，装有主动摩擦片 6，它可以沿轴向自由移动，但因为是花键联接，故将随同主动轴一起转动。从动摩擦片 5 与主动摩擦片交替叠装，其外缘凸起部分卡在与动齿轮 2 固定在一起的套筒 3 内，因而可以随从动齿轮转动，并在主动轴转动时它可以不转。当线圈 8 通电后产生磁场，将摩擦片吸向铁心 9，衔铁 4 也被吸住，紧紧压住各摩擦片。于是，依靠主动摩擦片与从动摩擦片之间的摩擦力，使从动齿轮随主动轴转动，实现转矩的传递。当电磁离合器线圈电压达到额定值的 85%～105%时，离合器就能可靠地工作。当线圈断电时，装在内外摩擦片之间的圈状弹簧使衔铁和摩擦片复原，离合器便失去传递转矩的作用。

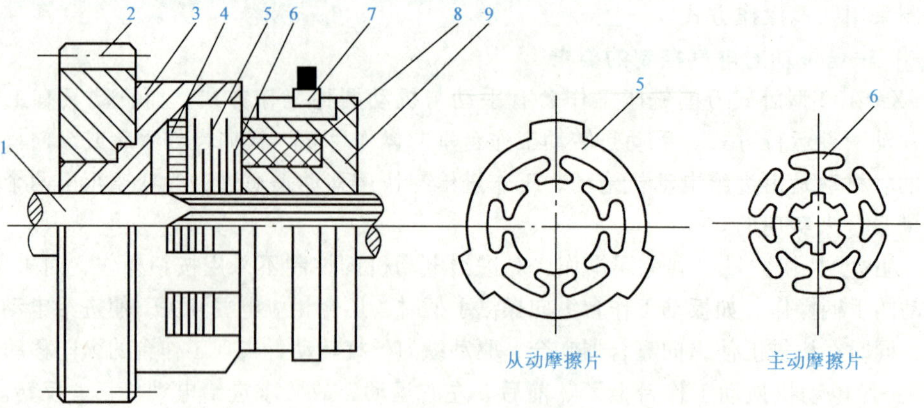

图 7-7　摩擦片式电磁离合器结构简图

1—主动轴　2—从动齿轮　3—套筒　4—衔铁　5—从动摩擦片
6—主动摩擦片　7—电刷与滑环　8—线圈　9—铁心

四、XA6132 型卧式万能铣床电气控制电路分析

图 7-8 为 XA6132 型卧式万能铣床电气控制原理图。该电路的突出特点是电气控制与机械操作紧密配合，是典型的机械—电气联合动作的控制机床；此外采用了电磁离合器实现主轴停车制动与主轴上刀制动、工作台工作进给与快速移动的控制。因此，分析电气控制原理图时，应弄清机械操作手柄扳动时相应的机械动作和电气开关动作情况，弄清各电器开关的作用和相应触点的通断状态。表 7-1 为 XA6132 型卧式万能铣床电器元件一览表。

表 7-1　XA6132 型卧式万能铣床电器元件一览表

符号	名　称	安装位置	符号	名　称	安装位置
M1	主轴电动机	床身	QF7	控制变压器原边断路器	右壁盘
M2	工作台进给电动机	升降台	QF8	照明变压器原边断路器	左壁盘
M3	冷却泵电动机	床身	QF9	控制变压器副边断路器	右壁盘
KM1、KM2	主轴电动机正、反转接触器	左壁盘	QF10	整流变压器副边断路器	右壁盘
KM3、KM4	进给电动机正、反转接触器	右壁盘	QF11	直流电路断路器	右壁盘
KA1	主轴起动继电器	左壁盘	QF12	照明变压器副边断路器	左壁盘
KA2	工作台快速移动继电器	右壁盘	SB1	主轴停止按钮	工作台
KA3	冷却泵起动继电器	左壁盘	SB2		床身
KT1	紧急停车时间继电器	右壁盘	SB3	主轴起动按钮	工作台
SA1	冷却泵转换开关	左壁盘	SB4		床身
SA2	主轴上刀制动开关	床身	SB5	工作台快速移动按钮	工作台
SA3	长、圆工作台选择开关	左壁盘	SB6		床身
SA4	主轴换向开关	左壁盘	SB7	紧急停车按钮	工作台
SA5	照明灯开关	床身	SB8		床身
TC1	控制变压器	右壁盘	ST1、ST2	工作台向左、向右行程开关	工作台
TC2	整流变压器	右壁盘	ST3	工作台向前及向下行程开关	升降台
TC3	照明变压器	左壁盘	ST4	工作台向后及向上行程开关	升降台
VC1	硅整流桥	右壁盘	ST5	主轴变速冲动行程开关	床身
EL1	照明灯	床身	ST6	进给变速冲动行程开关	升降台
QF1	总电源空气开关	左壁盘	ST7	右门防护联锁行程开关	右壁龛
QF2	主轴电动机断路器	左壁盘	ST8	工作台机动进给安全互锁开关	升降台
QF3	冷却泵电动机断路器	左壁盘	YC1	主轴制动电磁离合器	床身
QF4	进给电动机断路器	右壁盘	YC2	进给电磁离合器	升降台
QF6	整流变压器原边断路器	右壁盘	YC3	快速移动电磁离合器	升降台

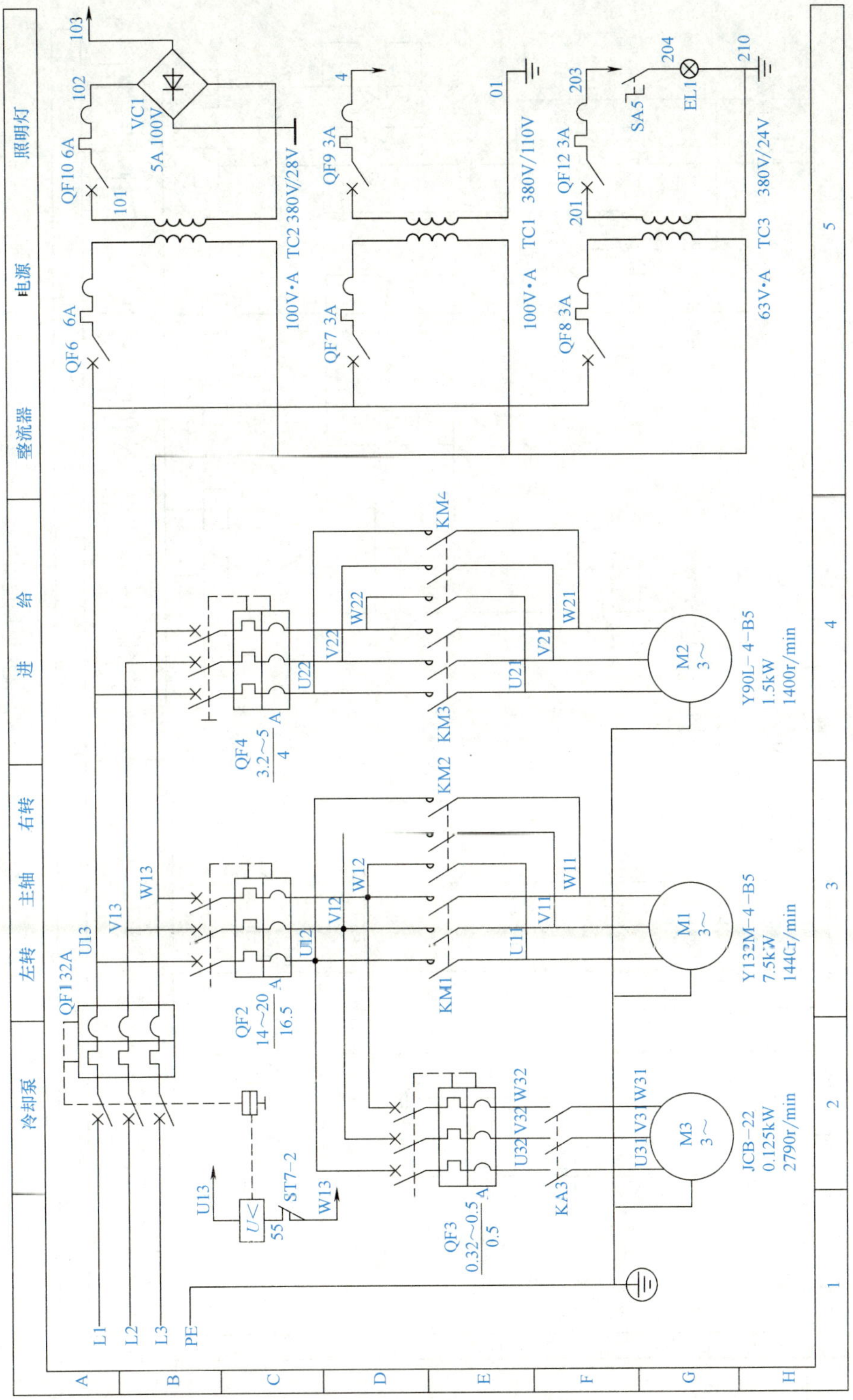

图 7-8　XA6132 型卧式万能铣床电气控制原理图

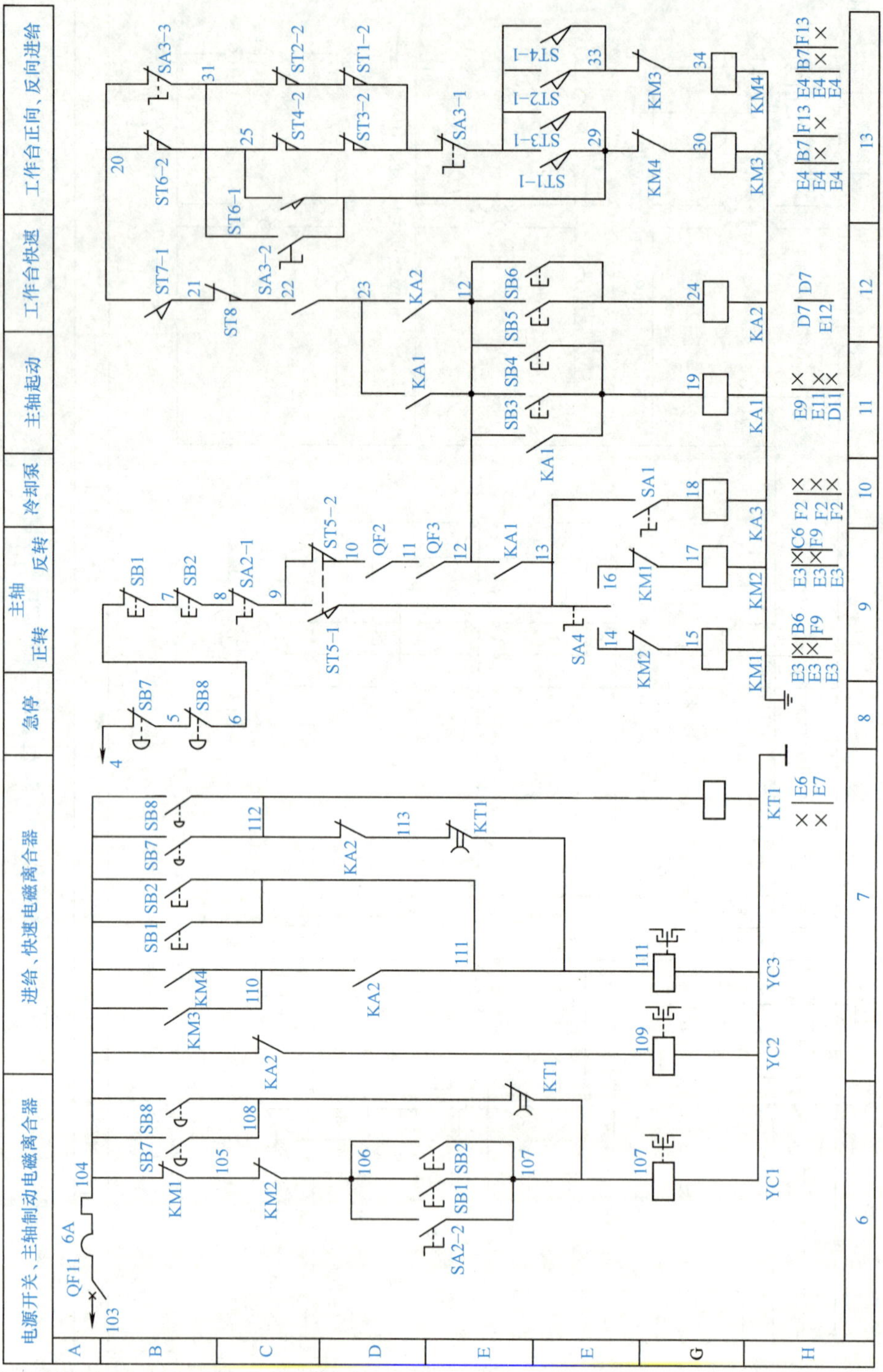

图 7-8　XA6132 型卧式万能铣床电气控制原理图（续）

上述电器元件中，控制按钮 SB2、SB4、SB6、SB8 及主令开关 SA2、SA5 安装在床身中部左侧控制操作板上，图 7-9 为床身左侧控制操作板电器分布图。控制按钮 SB1、SB3、SB5、SB7 安装在工作台前方，图 7-10 为工作台前方控制操作板电器分布图。电源总开关为钥匙开关，只有在用钥匙打开后方可操作开关手柄，当将开关手柄上扳时，便将低压断路器 QF1 合上接通三相交流电源，当将开关手柄下扳时，QF1 便断开三相交流电源。电源总开关 QF1 钥匙孔及开关手柄与主令开关 SA1、SA3、SA4 安装在床身下部左侧壁龛箱的箱盖上部，图 7-11 为床身左壁龛箱盖控制操作板电器分布图。

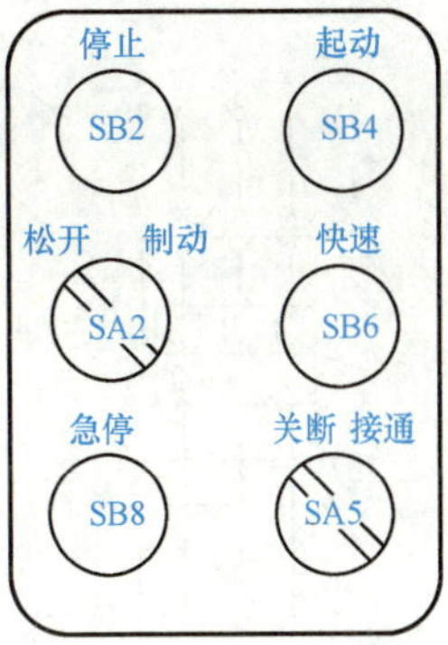

图 7-9 床身左侧控制操作板电器分布图

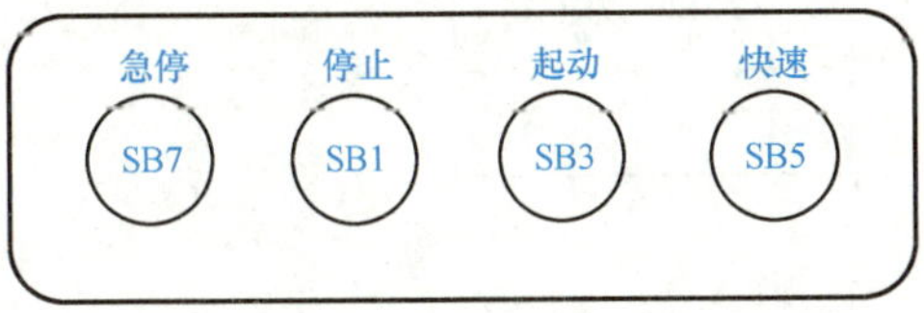

图 7-10 工作台前方控制操作板电器分布图

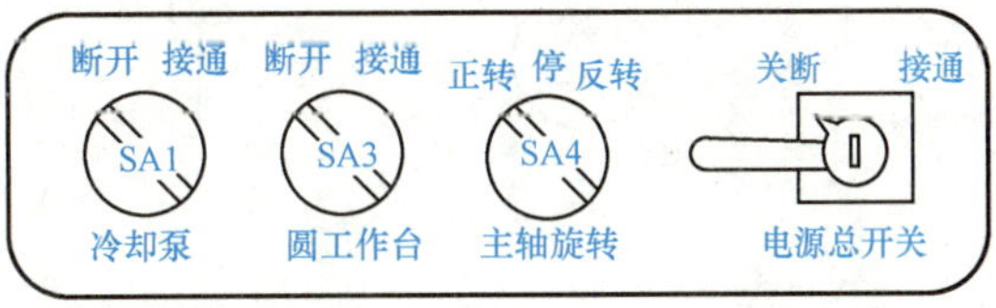

图 7-11 床身左壁龛箱盖控制操作板电器分布图

（一）主电路分析

三相交流电源由低压断路器 QF1 引入，对整个电路起过电流、过载保护。主轴电动机 M1、冷却泵电动机 M3、进给电动机 M2 分别由低压断路器 QF2、QF3、QF4 作为电动机的过载和短路保护。主轴电动机 M1 由正、反转接触器 KM1、KM2 控制正、反转；进给电动机 M2 由正、反转接触器 KM3、KM4 控制正、反转；冷却泵电动机 M3 容量只有 0.125kW，由中间继电器 KA3 控制实现单向旋转。

（二）控制电路分析

由控制变压器 TC1 将交流 380V 降为交流 110V，作为交流控制电路电源；由整流变压器 TC2 将交流 380V 降为交流 28V，再经桥式全波整流输出直流 24V 电压，作为电磁离合器直流电源；由照明变压器 TC3 将交流 380V 降为交流 24V，供照明灯使用。低压断路器 QF6～QF12 作为各变压器原、副绕组过载保护和直流电路过载保护。

1. 主拖动电动机 M1 的控制　图 7-12 为主轴电动机 M1 的电气控制原理图。

（1）主轴电动机 M1 的起动控制。由主轴转向开关 SA4、主轴电动机起动按钮 SB3 或 SB4、停止按钮 SB1 或 SB2、急停按钮 SB7 或 SB8、起动中间继电器 KA1、正、反转接触器 KM1、KM2 构成预先选定电动机旋转方向、两地按钮操作，经由中间继电器、接触器实现主轴电动机起动—停止控制电路。

起动前的准备：

1）将电源总开关钥匙插入锁孔并转动开锁，扳动开关手柄至“接通”位，低压断路器 QF1 合上，三相交流电源接入。

2）合上主轴电动机断路器 QF2 与冷却泵电动机断路器 QF3，控制电路中触头 QF2

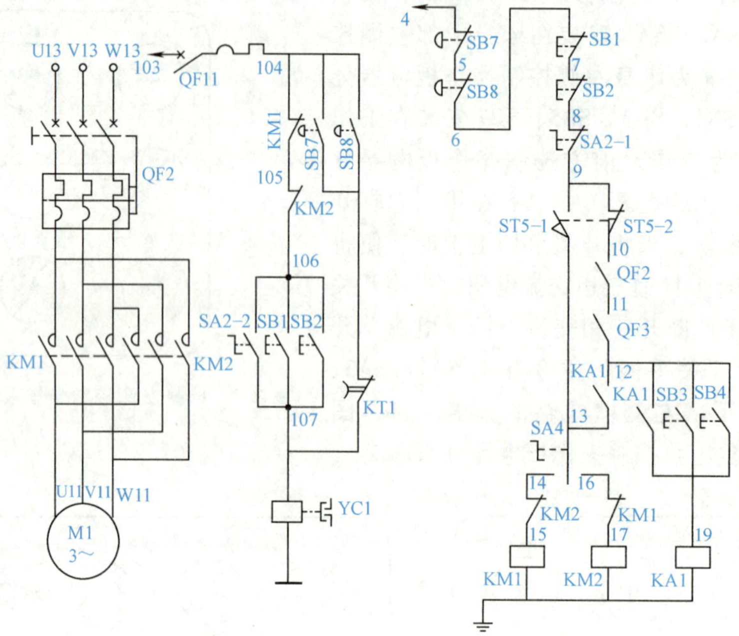

图 7-12 主轴电动机 M1 的电气控制原理图

(10-11)、QF3（11-12）闭合。

3）将主轴上刀制动开关 SA2 置于“松开”位置，控制电路中触头 SA2-2（106-107）断开，切断主轴制动离合器的一条通路，触头 SA2-1（8-9）闭合；

4）根据加工需要，预先选择好主轴转向，即将主轴转向开关 SA4 置于“正转”或“反转”位置，相应触头 SA4（13-14）或 SA4（13-16）闭合。

起动时的操作与电路工作情况：

按下起动按钮 SB3 或 SB4，中间继电器 KA1 线圈通电并自锁，触头 KA1（12-13）闭合，使 KM1 或 KM2 线圈通电吸合，其主触头闭合接通主轴电动机，M1 实现全压正向或反向起动。KM1 或 KM2 的一对常闭触头 KM1（104-105）或 KM2（105-106）断开，切断了主轴制动电磁离合器 YC1 线圈电路，确保主轴在松开状态下起动旋转。KA1 的另一对常开触头 KA1（12-13）闭合，为工作台的移动控制作准备。

（2）主轴电动机 M1 的停车制动控制。由主轴停止按钮 SB1 或 SB2、正、反转接触器 KM1 或 KM2、主轴制动电磁离合器 YC1 构成主轴制动停车控制环节。

停车时，按下 SB1 或 SB2，其常闭触头 SB1（6-7）或 SB2（7-8）断开；常开触头 SB1（106-107）或 SB2（106-107）闭合。前者使 KM1 或 KM2 线圈断电释放，主触头断开主轴电动机 M1 三相交流电源，使 M1 停止旋转，同时 KM1 或 KM2 常闭触头复位，经 SB1 或 SB2 常开触头闭合来接通电磁离合器 YC1 线圈直流电源，产生磁场，在电磁吸力作用下将摩擦片压紧，使主轴迅速制动停车。在停车操作时，应注意将停止按钮 SB1 或 SB2 按到底，否则电磁离合器 YC1 线圈无法通电，主轴电动机 M1 只实现自然停车。这种制动方式迅速、平稳，制动时间不超过 0.5s。当松开停止按钮 SB1 或 SB2 时，YC1 线圈断电，摩擦片松开，制动结束。

（3）主轴上刀、换刀时的停车制动控制。在主轴上刀、换刀时，为确保人身安全，要求主轴电动机 M1 处于停车制动状态，由主轴制动开关 SA2 控制。主轴上刀时，将 SA2 扳至“制动”位置，此时触头 SA2-1（8-9）断开，使接触器 KM1 或 KM2 线圈断电释放，使主轴电动机 M1 不能起动旋转；同时另一对触头 SA2-2（106-107）闭合，使主轴制动电磁离合器 YC1 线圈通电，使主轴处于停车制动状态，确保上刀、换刀的安全。

当上刀、换刀结束后，再将主轴制动开关 SA2 由“制动”扳回到“松开”位置，触头 SA2-2（106-107）断开，解除主轴制动状态；同时，触头 SA2-1（8-9）闭合，为主轴电动机 M1 起动作准备。

（4）主轴变速冲动的控制。主轴变速采用的是机械变速，变速后改变了主轴变速箱中齿轮的啮合情况，所谓主轴变速冲动是变速时，主轴电动机作瞬时点动，以调整齿轮，使变速后齿轮顺利进入正常啮合状态。该铣床主轴变速操纵机构装在床身左侧，采用孔盘式结构集中操纵。图 7-13 为主轴变速操纵机构简图。

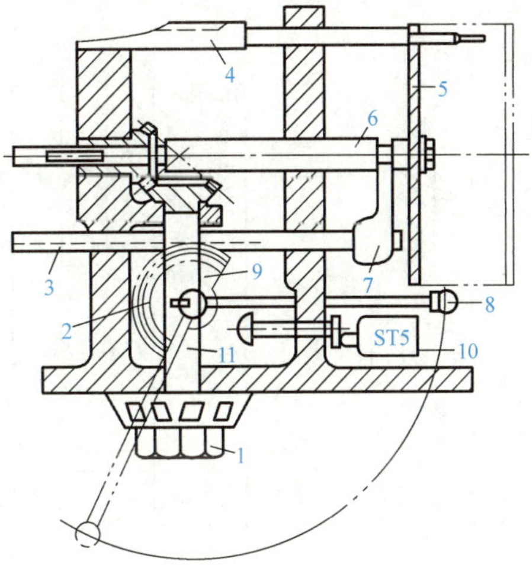

图 7-13 主轴变速操纵机构简图

1—变速数字盘 2—扇形齿轮 3、4—齿条 5—变速孔盘 6、11—轴 7—拨叉 8—变速手柄 9—凸轮 10—限位开关

主轴变速操作过程：

1）将主轴变速手柄 8 压下，使手柄的榫块从内槽中滑出，拉出变速手柄，使榫块落入第 2 道槽中为止。在拉出变速手柄时，由扇形齿轮带动齿条 4 和拨叉 7，使变速孔盘 5 向右移出，并由与扇形齿轮同轴的凸轮 9 瞬时压合主轴变速冲动开关 ST5。

2）转动变速数字盘 1，把所需转速对准指针，即选好主轴转速。

3）迅速将变速手柄推回原位，使手柄的榫块落回内槽中。在手柄快接近终位时，应降低推回速度，以利齿轮的啮合，使孔盘顺利插入。此时，凸轮 9 又瞬时压合 ST5，当孔盘完全推入时，ST5 不再受压，当手柄推不回原位，即孔盘推不上时，可将手柄扳回，重复上述动作，直至变速手柄推回原位，变速完成。

由上操作过程可知，在变速手柄拉出、推回过程中，都将瞬时压合 ST5，使触头 ST5-2 短时断开，ST5-1 短时闭合。所以 XA6132 型卧式万能铣床能在主轴运转中直接进行变速操纵。其控制过程是：扳动变速手柄时，ST5 短时受压，触头 ST5-2（9-10）断开，KM1 或 KM2 线圈断电释放，主轴电动机 M1 自然停车。当转速选好后，将手柄推回时，再次瞬时压下 ST5，触头 ST5-1（9-13）闭合，KM1 或 KM2 线圈瞬时通电吸合，电动机 M1 瞬时通电点动旋转，利于主轴箱齿轮啮合。当变速手柄推回原位后，ST5 不再受压，触头 ST5-1（9-13）断开，断开了主轴电动机点动电路，主轴变速冲动结束。所以，拉出变速手柄，压下 ST5 的作用是使主轴旋转情况下也能变速，它使主轴电动机断电而停止转动；转速选好后，将手柄推回时再压下 ST5 的作用是为变速齿轮顺利啮合，让主轴电动机做瞬间起动旋转，完成主轴变速冲动的控制。

2. 进给拖动电动机 M2 的控制 工作台进给运动是由进给电动机 M2 拖动的。进给电动机 M2 的起动是在按下主轴电动机起动按钮 SB3 或 SB4，中间继电器 KA1 线圈通电吸合之后，左、右壁龛门关好，ST7 压下，触头 ST7（20-21）闭合，工作台进给手动手柄拉出，ST8 不受压，触头 ST8（21-22）闭合情况下进行的，图 7-14 为进给电动机 M2 的电气控制原理图。合上进给电动机 M2 的低压断路器 QF4，触头 QF4（22-23）闭合，为起动进给电动机 M2 做好准备。

XA6132 型卧式万能铣床的进给运动有长工作台的左右纵向运动、前后横向运动、上下垂向运动以及圆工作台的单方向回转运动，由长、圆工作台选择开关 SA3 选择，当 SA3 置于“断开”圆工作台位时，触头 SA3-1（27-28）闭合，SA3-2（31-29）断开，SA3-3（20-31）闭合，为长工作台工作做好准备。

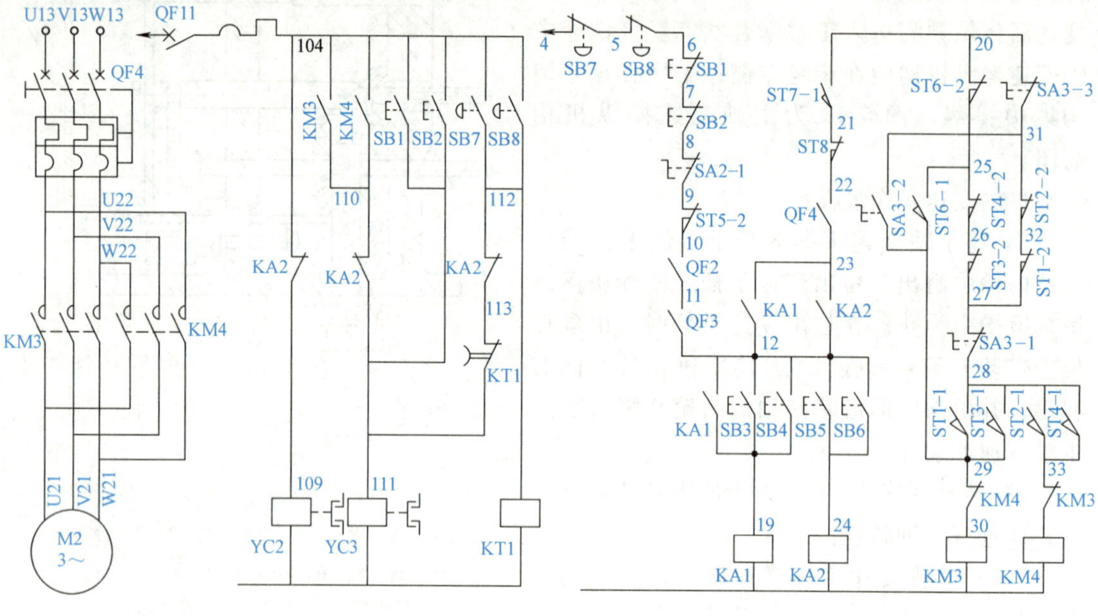

图 7-14 进给电动机 M2 的电气控制原理图

长工作台的左右、前后、上下运动都是由 M2 正反转接触器 KM3、KM4 控制 M2 正反转拖动实现的，而 KM3、KM4 又是由行程开关 ST1、ST3 与 ST2、ST4 来控制的，行程开关 ST1~ST4 是由两个机械操作手柄来压合的。这两个机械操作手柄，一个是纵向操作手柄，另一个是垂向与横向操作手柄。扳动机械操作手柄时，一方面压下相应的行程开关，从而接通正转接触器或反转接触器线圈电路，进而控制进给电动机正、反转；另一方面，在机械上使进给箱内的纵向或垂直或横向离合器啮合，从而在进给电动机 M2 拖动下使纵向丝杆或垂直丝杆或横向丝杆转动，实现长工作台纵向或垂直或横向进给运动。这两个机械操作手柄各有两套，分别安装在工作台前方和侧面，同一功能的机械操作手柄是联动的，这样便实现了进给电动机的两地操作与控制。

纵向机械操作手柄有左、中、右三个位置，扳向“左”位时，手柄内的联动机构压下 ST2 行程开关，扳向“右”位时压下 ST1，同时实现纵向机械挂档。手柄处于“中”位时，既不压合行程开关，也不机械挂档，称为空档。ST1、ST2 安装在长工作台前方纵向操作手柄两侧。

垂直与横向机械操作手柄有上、下、前、后、中五个位置。当手柄扳向“后”或扳向“上”位时压下 ST4，当手柄扳向“前”或扳向“下”位时压下 ST3，同时实现横向或垂直机械挂挡。当手柄处于“中”位时，不压行程开关也不机械挂挡。ST3、ST4 安装于升降台的左侧，后面一个是 ST3，前面一个是 ST4。

这两个机械操作手柄扳动的方向与长工作台运动方向一致，具有直观性。

长工作台的工作进给与快速移动是由电磁离合器 YC2、YC3 通电吸合改变进给传动链来获得的，当 YC2 通电吸合时，长工作台为工作进给，当 YC3 通电吸合时，长工作台获得快速移动。

(1) 长工作台纵向进给运动的控制。若需工作台向右工作进给，将纵向操作手柄扳向“右”位，机械上接通纵向进给离合器；电气上压下行程开关 ST1，触头 ST1-1（28-29）闭合，ST1-2（32-27）断开，后者断开了接通 KM3、KM4 线圈的另一条通路，前者使正转接触器 KM3 线圈通电吸合，进给电动机 M2 正向起动旋转，经纵向丝杆拖动长工作台向右工作进给。

向右工作进给结束，将纵向进给操作手柄由“右”位扳回至“中”位，这时进给离合器脱开，行程开关 ST1 不再受压，触头 ST1-1（28-29）断开，KM3 线圈断电释放，M2 停转，工作台向右进给停止。

工作台向左进给的电路与向右进给时相仿。此时是将纵向进给操作手柄扳向“左”位，在机械挂挡的同时，电气上压下的是行程开关 ST2，M2 的反转接触器 KM4 线圈通电吸合，进给电动机 M2 反转，拖动长工作台向左工作进给，当将纵向进给操作手柄由“左”位扳回“中”位时，进给离合器脱开，ST2 不再受压，KM4 线圈断电释放，M2 停止转动，长工作台向左工作进给结束。

当长工作台左、右移动到限定位置时，通过安装在工作台前方的左、右两块挡铁来撞动纵向进给操作手柄，使其从“左”位或“右”位撞回“中”位，使工作台停止，实现工作台左、右方向运动的限位保护。

(2) 长工作台向前与向下进给运动的控制。将垂直与横向进给操作手柄由“中”位扳到“前”位时，在机械上使横向进给离合器啮合，电气上压下行程开关 ST3，触头 ST3-1（28-29）闭合，ST3-2（26-27）断开，后者断开了 KM3、KM4 线圈电路的一条通道。前者使 M2 正转接触器 KM3 线圈通电吸合，M2 正向起动旋转，传动给横向丝杆正转，拖动长工作台向前工作进给。进给到位，将垂直与横向进给操作手柄由“前”位扳回“中”位，进给离合器脱开，ST3 不再受压，KM3 线圈断电释放，M2 停止旋转，工作台向前进给结束。

长工作台向下进给电路工作情况与向前进给时完全相同，只是将垂直与横向进给操作手柄由“中”位扳向“下”位，机械上垂直进给离合器啮合，电气上仍压下行程开关 ST3，KM3 线圈通电吸合，M2 正向起动旋转，传动给垂直丝杆正转，拖动长工作台向下工作进给。当进给到位，将垂直与横向操作手柄由“下”位扳回“中”位，工作台向下进给结束。

(3) 长工作台向后与向上进给运动的控制。电路工作情况与工作台向前与向下进给的控制相似，只是将垂直与横向进给操作手柄由“中”位扳到“后”或“上”位，在机械上使横向进给离合器或垂直进给离合器啮合，电气上压下的是行程开关 ST4，触头 ST4-1

(28-33) 闭合，ST4-2 (25-26) 断开，后者断开 KM3、KM4 线圈电路的一条通道，前者使 M2 反转接触器 KM4 线圈通电吸合，M2 反向起动旋转，拖动长工作台实现向后或向上的进给运动。当操作手柄由“后”或“上”位扳回“中”位时，进给离合器脱开，ST4 不再受压，KM4 线圈断电释放，M2 停止旋转，工作台进给停止。

在铣床床身导轨旁安装了上、下两块挡铁，当升降台上、下运动到一定位置时，挡铁撞动垂直与横向进给操作手柄并使其由“上”位或“下”位返回“中”位，实现工作台垂直上、下运动的限位保护。

在铣床工作台左侧底部前、后位置安装了两块挡铁，当床鞍前、后运动到一定位置时，挡铁撞动垂直与横向进给操作手柄，并使其由“前”或“后”位返回“中”位，实现工作台横向前、后运动的限位保护。

(4) 工作台进给变速时的冲动控制。为了便于进给变速时齿轮的啮合，电气控制上设有进给变速冲动环节，它是由进给变速手柄配合进给变速冲动开关 ST6 来实现的。

1) 进给变速的条件。进给变速是在按下主轴起动按钮 SB3 或 SB4，KA1 线圈通电吸合并自锁；长、圆工作台选择开关 SA3 处于“断开”位置；纵向进给操作手柄、垂直与横向进给操作手柄都置于“中”位。

2) 进给变速的操作顺序。进给变速箱位于升降台的左边，变速操纵箱在其前方，在变速操纵箱上装有蘑菇形变速手柄，上面有变速盘，其操作顺序是：

① 将蘑菇形变速手柄拉出，使齿轮脱离啮合。

② 转动手柄即转动变速盘，选好进给速度。

③ 将变速手柄向前拉出到极限位置，经连杆机构瞬时压下变速行程开关 ST6。

④ 将变速手柄推回原位。若能推回原位，则表明齿轮已啮合，变速已完成；若手柄推不回原位，则表明齿轮啮合不上，需再次将手柄拉出至极限位置，再次瞬时压下 ST6，直至将变速手柄推回原位为止。

就在变速手柄拉至极限位置时，由于瞬时压下 ST6，触头 ST6-1 (25-29) 闭合，ST6-2 (20-25) 断开。此时，M2 正向接触器 KM3 线圈通电吸合，进给电动机 M2 瞬时正向旋转获得变速冲动。如果一次变速冲动齿轮仍未进入啮合状态，变速手柄不能推回原位，可再次拉出手柄至极限位置，再次瞬间压下 ST6，KM3 线圈再次瞬间通电吸合，M2 再次瞬间起动旋转，实现变速冲动，直至变速手柄推回原位，进给变速方才完成。

(5) 长工作台进给方向快速移动的控制。长工作台除能实现纵向、垂直和横向的工作进给运动外，还可通过快速电磁离合器通电吸合，接通快速机械传动链，实现长工作台的纵向、垂直和横向的快速移动。但长工作台的快速移动是在长工作台已进行某个方向工作进给的基础上，或在工作台操作手柄已选所需移动方向后进行的，再按下快速移动点动按钮 SB5 或 SB6，快速移动中间继电器 KA2 线圈通电吸合，触头 KA2 (104-109) 断开，使工作进给电磁离合器 YC2 线圈断电；触头 KA2 (110-111) 闭合，接通快速移动电磁离合器 YC3 线圈电路，工作台便按原工作进给方向作快速移动；触头 KA2 (112-113) 断开，使长工作台快速移动时，按下急停按钮 SB7 或 SB8 对 YC3 不起作用。当松开快速移动点动按钮 SB5 或 SB6 后，KA2 线圈断电释放，快速移动结束，工作台仍按原方向依原进给速度进行工作进给。对于后者，由于工作台处于静止状态，当按下快速按钮即可进行操作手柄选择方向的快速移动，松开按钮快速移动结束。

由于触头 KA1（12-23）与 KA2（12-23）并联，故长工作台快速移动可在起动主轴电动机或不起动主轴电动机下进行，至于 M1 电动机转不转，则由 SA4 选择决定。

（6）圆工作台回转运动的控制。圆工作台的回转运动是由进给电动机经传动机构拖动的。此时要求：圆工作台选择开关 SA3 置于“接通”位置，此时触头 SA3-1（27-28）断开，SA3-2（31-29）闭合，SA3-3（20-31）断开；工作台纵向进给操作手柄和垂向、横向进给操作手柄全都置于“中”位，即行程开关 ST1～ST4 均不受压，处于原始状态。

电路工作情况：按下主轴起动按钮 SB3 或 SB4，KA1 线圈通电吸合并自锁，KM1 或 KM2 线圈通电吸合，主轴电动机 M1 起动旋转，同时进给电动机正转接触器 KM3 线圈经路径 ST6-2→ST4-2→ST3-2→ST1-2→ST2-2→SA3-2→KM4(29-30)→KM3 线圈，通电吸合，进给电动机 M2 正向旋转，拖动圆工作台单向回转。

若要圆工作台停止，可按下主轴停止按钮 SB1 或 SB2，此时 KA1、KM1 或 KM2、KM3 线圈相继断电释放，主轴电动机 M1、进给电动机 M2 停转，圆工作台停止回转。

3. 冷却泵电动机 M3 和机床照明的控制　冷却泵电动机 M3 容量为 0.125kW，采用主令开关 SA1 控制中间继电器 KA3，再用 KA3 触头来接通或断开冷却泵电动机 M3。但它是在按下主轴起动按钮 SB3 或 SB4，KA1 线圈通电吸合并自锁前提下，由主令开关 SA1 来操作的。

机床照明由照明变压器 TC3 供出交流 24V 安全电压，由主令开关 SA5 来控制照明灯 EL1 实现机床局部照明。

4. 机床电气控制电路的联锁与保护　XA6132 型卧式万能铣床运动部件多，既有按钮控制又有手柄操作控制，既有手动又有机动，有长工作台又有圆工作台，长工作台有工作进给又有快速移动，长工作台还有纵向运动、垂直运动还有横向运动，为确保安全可靠地工作，其电气控制具有完善的联锁与保护。

（1）机床主运动与进给运动的顺序联锁。进给电气控制电路接在主轴起动中间继电器 KA1 常开触头 KA1(12-23) 之后，这就保证了只有在按下主轴起动按钮 SB3 或 SB4，KA1 线圈通电吸合并自锁后才可起动进给电动机；而当停车时，按下停止按钮 SB1 或 SB2，主轴电动机 M1 与进给电动机 M2 同时断电停止。

（2）长工作台 6 个运动方向的联锁。铣削加工时，工作台只允许一个方向的运动，为此长工作台上、下、左、右、前、后 6 个方向之间都有联锁。其中工作台纵向进给操作手柄实现工作台左、右两个方向的联锁，垂直与横向进给操作手柄实现上、下、前、后 4 个方向的联锁。关键在于如何实现这两个操作手柄之间的联锁，为此在进给电动机控制电路中串入了电气联锁控制环节。该环节由两条支路并联而成，由纵向操作手柄控制的 ST1、ST2 的常闭触头 ST1-2 与 ST2-2 串联组成一条支路，由垂直与横向操作手柄控制的 ST3、ST4 的常闭触头 ST3-2 与 ST4-2 串联组成另一条支路。当扳动任一操作手柄时，便切断了其中的一条支路，而经另一条支路仍可接通 KM3 或 KM4 线圈电路；进给电动机 M2 仍可起动旋转；若同时扳动两个操作手柄，则两条支路均被切断，使 KM3 或 KM4 线圈断电释放，进给电动机 M2 立即停止或无法起动，实现了左、右、上、下、前、后 6 个运动方向只可取一的联锁保护。

（3）工作台机动运行的安全互锁。在工作台垂直手动操纵手柄联动机构中装有工作台机动安全行程开关 ST8，当工作台要进行机动工作时，先将工作台垂直手动操纵手柄往外拉出至极限位置，通过联动机构 ST8 将不再受压，使常闭触头 ST8（21-22）闭合，为进给电动机控制电路通电做好准备，然后再扳动工作台纵向操作手柄或垂直与横向操作手柄，实现工作台的机动运行。所以工作台的机动运行是在操作垂直手动操纵手柄之后才可进行的，确保操作者的安全。

(4) 长工作台与圆工作台的联锁。由工作台选择开关SA3来实现其联锁，当使用圆工作台时，将SA3置于“接通”位置，此时触头SA3-1 (27-28)、SA3-3 (20-31) 断开，SA3-2 (31-29) 闭合。进给电动机M2的起动接触器KM3线圈经由ST1-2~ST4-2常闭触头通电吸合，此时若扳动任一个工作台进给操作手柄，将压下ST1~ST4中的某一个，使该行程开关的常闭触头断开，切断KM3线圈电路，进给电动机M2停转，圆工作台也停转。

若长工作台正在运动，误将SA3从“断开”位扳向“接通”位，此时触头SA3-1 (27-28) 断开，于是断开了KM3或KM4线圈电路，M2停转，长工作台也停止了进给运动。

(5) 长工作台工作进给与快速移动之间的联锁。长工作台工作进给与快速移动分别由电磁离合器YC2与YC3控制，而YC2与YC3分别由KA2中间继电器的常闭触头与常开触头接通其线圈电路，这就实现了长工作台工作进给与快速移动只可取一的联锁。

(6) XA6132型卧式万能铣床具有完善的保护，这些保护有：

1) 低压断路器QF1~QF4，QF6~QF12实现相应电路的过载与短路保护。

2) 长工作台上、下、左、右、前、后6个方向的限位保护。

3) 打开左、右壁龛门的开门断电保护：打开左壁龛门前，先要用钥匙插入门锁中并旋转门锁，此时经联动机构将低压断路器QF1关断，然后才能将左壁龛门打开，实现先断电后开门的断电保护。

右壁门内设有行程开关ST7，ST7的常闭触头ST7 (55-W13) 串接于QF1分励线圈电路中，当打开右壁门时，ST7不再受压，ST7 (55-W13) 闭合，接通QF1分励线圈电路，在分励脱扣器作用下使QF1主触头断开，切除机床三相交流电源，实现打开右壁龛门的断电保护。

4) 当机床出现紧急故障时，可按下紧急停止按钮SB7或SB8。这是两个具有自锁功能的蘑菇形按钮，一旦按下便保持按下状态，待故障排除后，再旋转一个角度实现人工解锁，恢复其松开状态，才可转入正常工作。

按下SB7或SB8后常闭触头SB7 (4-5) 或SB8 (5-6) 断开，切断了机床交流控制电路，接触器、继电器线圈断电释放，电动机M1、M2、M3立即停止旋转，主轴与工作台全部停止实现紧急故障保护。

(三) XA6132型卧式万能铣床电气控制特点及常见故障分析

1. 电气控制特点

1) 采用电磁离合器的传动装置，实现主轴电动机的停车制动和主轴上刀制动控制，以及实现长工作台工作进给和快速移动的控制。

2) 主轴变速和进给变速时均设有变速冲动环节，以利变速齿轮的顺利啮合。

3) 进给电动机M2采用机械挂挡—电气开关联动的手柄操作，且具有手柄扳动方向与运动方向相一致的直观性。

4) 电气控制采用两地控制，操作方便灵活。

5) 具有完善的联锁与保护，工作安全可靠。

2. 常见故障分析

1）主轴停车制动效果不明显或无制动。从工作原理分析，当主轴电动机 M1 起动时，因 KM1 或 KM2 接触器通电吸合，使电磁离合器的 YC1 线圈处于断电状态，当主轴停车时，KM1 或 KM2 线圈断电释放，主轴电动机断开电源，同时 YC1 线圈经停止按钮 SB1 或 SB2 常开触头接通而接通直流电源，产生磁场，在电磁吸力作用下将摩擦片压紧产生制动效果。若主轴制动效果不明显通常是按下停止按钮时间太短，松手过早之故。若主轴无制动，则有可能是没将停止按钮按到底，致使 YC1 线圈无法通电，而无制动。若并非此原因，则可能是整流后直流输出电压偏低，磁场弱，制动力小引起制动效果差，若主轴无制动也可能是 YC1 线圈断线而造成。

2）主轴变速与进给变速时无变速冲动。出现此种故障，多因操作变速手柄压合不上主轴变速开关 ST5 或压合不上进给变速开关 ST6 之故，造成的原因主要是开关松动或开关移位所致，作相应的处理即可。

3）工作台控制电路的故障。这部分电路故障较多，如工作台能向左、向右运动，但无垂直与横向运动。这表明进给电动机 M2 与 KM3、KM4 接触器运行正常。但操作垂直与横向手柄却无运动，这可能是手柄扳动后压合不上行程开关 ST3 或 ST4；也可能是 ST1 或 ST2 在纵向操作手柄扳回中间位置时不能复原。有时，进给变速冲动开关 ST6 损坏，其常闭触头 ST6（20-25）闭合不上，也会出现上述故障。

至于其他故障，在此不一一列举。只要电路工作原理清晰，操作手柄与开关相互关系清楚，各电器元件安装位置明确，分析思路正确，根据故障现象不难分析出故障原因，借助有关仪表及测试手段不难找出故障点并排除之。

第四节　交流桥式起重机的电气控制

起重机是用来在空间垂直升降和水平运移重物的起重设备，广泛用于工厂企业、港口车站、仓库料场、建筑安装、电站等国民经济各部门。

一、桥式起重机概述

（一）桥式起重机的结构及运动情况

桥式起重机由桥架（又称大车）、大车移行机构、小车及小车移行机构、提升机构及驾驶室等部分组成，其结构如图 7-15 所示。

1. 桥架　桥架由主梁、端梁、走台等部分组成，主梁跨架在跨间的上空，其两端联有端梁，而主梁外侧设有走台，并附有安全栏杆。在主梁一端的下方安有驾驶室，在驾驶室一侧的走台上装有大车移行机构，在另一侧走台上装有辅助滑线，以便向小车电气设备供电，在主梁上方铺有导轨供小车在其上移动。整个桥式起重机在大车移动机构拖动下，沿车间长度方向的导轨移动。

2. 大车移行机构　大车移动机构由大车拖动电动机、制动器、传动轴、减速器及车轮等部分组成，采用两台电动机分别拖动两个主动轮，驱动整个起重机沿车间长度方向移动。

3. 小车　小车安装在桥架导轨上，可沿车间宽度方向移动。主要由小车架、小车移行机构、提升机构等组成。图 7-16 为小车机构传动系统图。

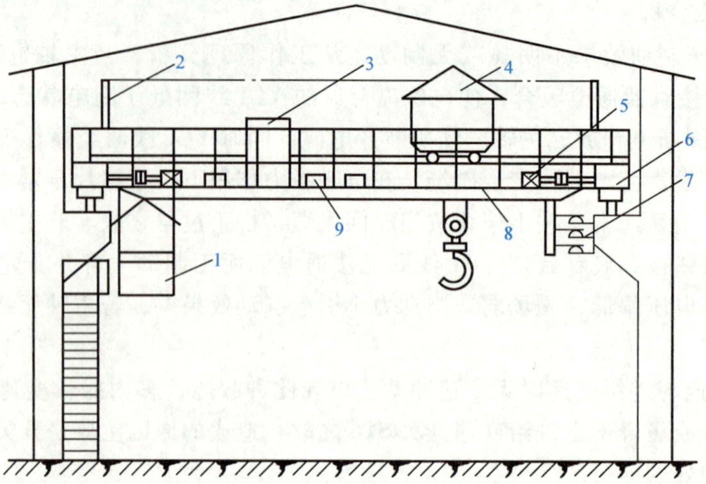

图 7-15 桥式起重机结构示意图

1—驾驶室 2—辅助滑线架 3—控制盘 4—小车 5—大车电动机 6—大车端梁 7—主滑线 8—大车主梁 9—电阻箱

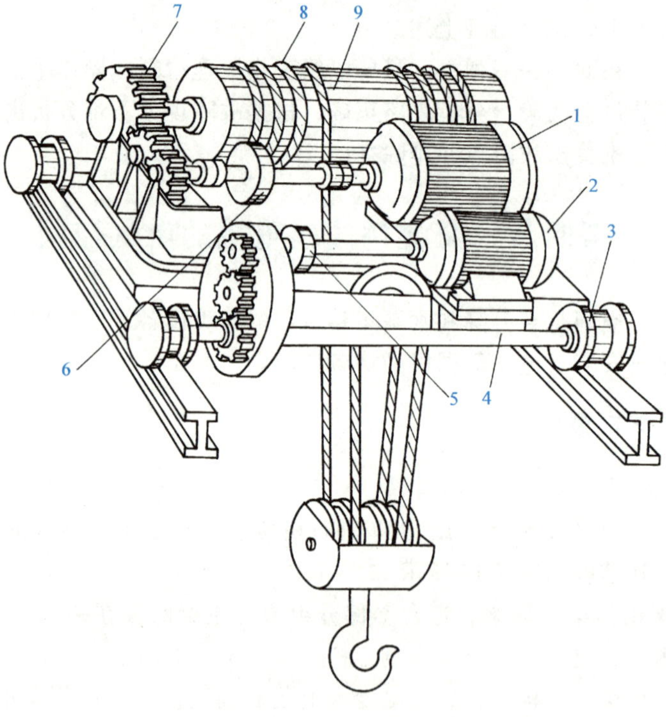

图 7-16 小车机构传动系统图

1—提升电动机 2—小车电动机 3—小车车轮 4—小车车轮轴 5—小车制动轮 6—提升机构制动轮 7—提升机构减速器 8—钢丝绳 9—卷筒

小车架由钢板焊成，其上装有小车移行机构、提升机构、护栏及提升限位开关。小车移行机构由小车电动机、制动器、减速器、车轮等组成，小车主动轮相距较近，由一台小车电动机拖动。提升机构由提升电动机、减速器、卷筒、制动器等组成，提升电动机经联轴节、制动轮与减速器联接，减速器的输出轴与缠绕钢丝绳的卷筒相连接，钢丝绳的另一端装有吊钩，当卷筒转动时，吊钩就随钢丝绳在卷筒上的缠绕或放开而提升或下放。

由上分析可知：重物在吊钩上随着卷筒的旋转获得上下运动；随着小车移动在车间宽度方向获得左右运动；随着大车在车间长度方向的移动获得前后运动。这样可将重物移至车间任一位置，完成起重运输任务。

4. 驾驶室　驾驶室是控制起重机的吊舱，其内装有大小车移行机构的控制装置、提升机构的控制装置和起重机的保护装置等。驾驶室固定在主梁一端的下方，也有安装在小车下方随小车移动的。驾驶室上方开有通向走台的窗口，供检修人员上下用。

（二）桥式起重机对电力拖动和电气控制的要求

桥式起重机工作性质为重复短时工作制，拖动电动机经常处于起动、制动、调速、反转工作状态；起重机负载很不规律，经常承受大的过载和机械冲击；起重机工作环境差，往往粉尘大、温度高、湿度大。为此，专门设计制造了 YZR 系列起重及冶金用三相异步电动机。

为提高起重机的生产效率与安全性能，对起重机提升机构的电力拖动自动控制提出了较高要求，而对大车与小车移行机构的要求则比较低，要求有一定的调速范围，分几档控制及适当的保护等。起重机对提升机构电力拖动自动控制的主要要求是：

1）具有合理的升降速度，空钩能实现快速下降，轻载时的提升速度大于重载时的提升速度。

2）具有一定的调速范围，普通起重机的调速范围为 2~3。

3）提升的第 1 档作为预备档，用以消除传动系统中的齿轮间隙，将钢丝绳张紧，避免过大的机械冲击，该级起动转矩一般限制在额定转矩的一半以下。

4）下放重物时，依据负载大小，提升电动机可运行在电动状态（强力下放）、倒拉反接制动状态，再生发电制动状态，以满足不同下降速度的要求。

5）为确保安全，提升电动机应设有机械抱闸并配有电气制动。

由于起重机使用广泛，所以其控制设备都已标准化。根据拖动电动机容量大小，常用的控制方式有采用凸轮控制器直接去控制电动机的起动、停止、正反转、调速和制动。这种控制方式受控制器触头容量的限制，只适用于小容量起重电动机的控制。另一种是采用主令控制器与控制盘配合的控制方式，适用于容量较大、调速要求较高的起重机和工作十分繁重的起重机。对于 15t 以上的桥式起重机，一般同时采用两种控制方式，主提升机构采用主令控制器配合控制屏控制方式，而大、小车移行机构和副提升机构则采用凸轮控制器控制方式。

（三）起重机电动机工作状态的分析

对于移行机构拖动电动机，其负载为摩擦转矩，它始终为反抗转矩，移行机构来回移动时，拖动电动机工作在正向电动状态或反向电动状态。提升机构电动机则不然，其负载转矩除摩擦转矩外，主要是由重物产生的重力转矩。当提升重物时，重力转矩为阻转矩，而下放重物时，重力转矩成为原动转矩。在空钩或轻载下放时，还可能出现重力转矩小于摩擦转矩，需要强迫下放。所以，提升机构电动机将视重物负载大小不同，提升与下放的不同，电动机将运行在不同的运行状态。

1. 提升重物时电动机的工作状态　提升重物时，电动机负载转矩 T_L 由重力转矩 T_W 及提升机构摩擦阻转矩 T_f 两部分组成。当电动机电磁转矩 T 克服这两个阻转矩时，重物将被提升；当 $T=T_L+T_f$ 时，电动机稳定工作在机械特性的 a 点，以 n_a 转速提升重物，如图 7-17 所示。电动机工作在正向电动状态，在起动时，为获得较大的起动转矩，减小起动电流，往往在绕线转子异步电动机的转子电路中串入电阻，然后依次切除，使提升速度逐渐提高，最后达到预定提升速度。

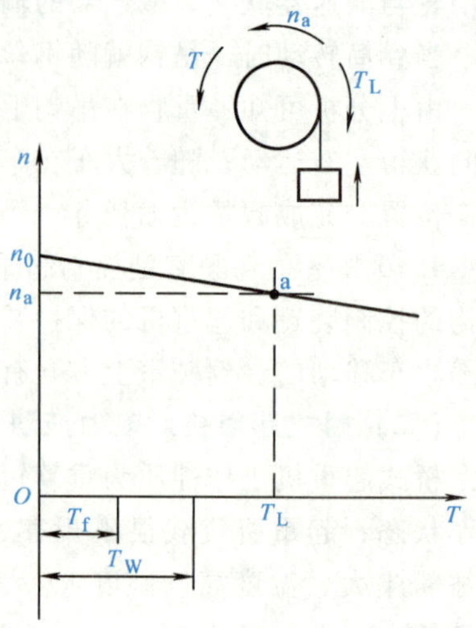

图 7-17　提升重物时电动工作状态

2. 下放重物时电动机的工作状态

（1）反转电动状态：当空钩或轻载下放时，由于重力转矩 T_W 小于提升机构摩擦阻转矩 T_f，此时依靠重物自身重量不能下降。为此电动机必须向着重物下降方向产生电磁转矩 T，并与重力转矩 T_W 一起共同克服摩擦阻转矩 T_f，强迫空钩或轻载下放，这在起重机中称为强迫下放。如图 7-18a 所示，电动机工作在反转电动状态，以 n_a 转速强迫下放。

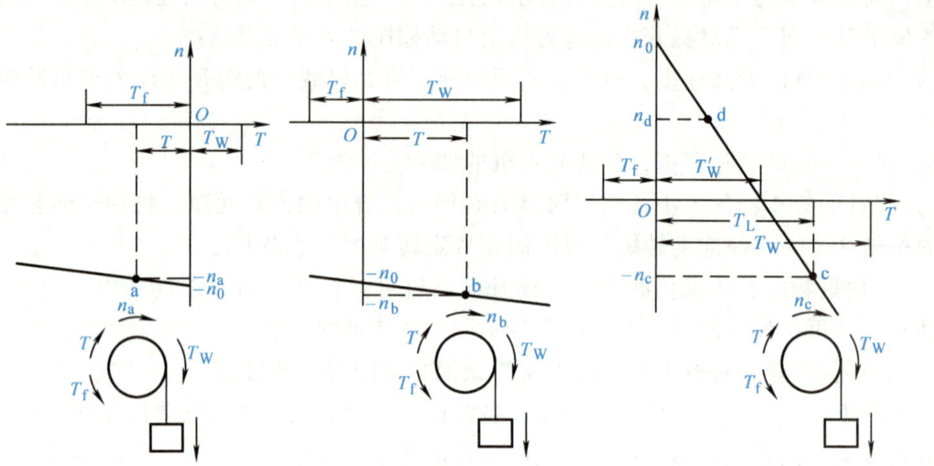

a）反转电动状态　　b）再生发电制动状态　　c）倒拉反接制动状态

图 7-18　下放重物时电动机的三种工作状态

（2）再生发电制动状态：在中载或重载长距离下放重物时，可将提升电动机的电源按反转相序接电源，产生下降方向的电磁转矩 T，其方向与重力转矩 T_W 方向一致，使电动机很快加速并超过电动机的同步转速。此时，电动机转子绕组内感应电动势与电流均改变方向，产生阻止重物下降的电磁转矩。当 $T=T_W-T_f$ 时，电动机以高于同步转速的转速稳定运行，如图 7-18b 所示，电动机工作在再生发电制动状态，以高于同步转速的 n_b 下放重物。

（3）倒拉反接制动状态：在下放重载时，为获得低速下降，常采用倒拉反接制动。此时电动机定子按正转提升相序接电源，但在电动机转子电路中串接较大电阻，这时电动机起动转矩 T 小于负载转矩 T_L，电动机在重力负荷作用下，迫使电动机反转。反转以后电动机转差率 s 加大，转子电势和电流加大，电磁转矩加大，直至 $T=T_L$，其机械特性如图 7-18c 所示。在 c 点稳定运行，以 n_c 转速低速下放重物。这时如用于轻载下放，且重力转矩小于

T'_W 时，将会出现不但不下降反而会上升之后果，如图 7-18c 中在 d 点稳定运动，以转速 n_d 上升。

二、主提升机构主令控制器控制电路分析

交流桥式起重机上的电动机一般都采用控制器控制，对于大车、小车移行机构的电力拖动自动控制的要求较低的情况，采用凸轮控制器控制，其电气控制电路如图 6-26 所示。对于主提升机构则采用主令控制器控制。

由凸轮控制器控制的起重机电路具有电路简单，操作维护方便、经济等优点，但由于触头容量限制和触头数的限制，其调速性能不够好。因此，在下列情况下采用主令控制器发出指令，再控制相应的接触器动作，来换接电路，进而控制提升电动机的控制方式。

1）电动机容量大，凸轮控制器触头容量不够。

2）操作频繁，每小时通断次数接近或超过 600 次。

3）起重机工作繁重，要求电气设备具有较高寿命。

4）要求有较好的调速性能。

图 7-19 为提升机构 PQR10B 主令控制器电路图。主令控制器 QM 有 12 对触头，在提升与下放时各有 6 个工作位置，通过控制器手柄置于不同工作位置，使 12 对触头相应闭合与断开，进而控制电动机定子电路与转子电路接触器，实现电动机工作状态的改变，使重物获得上升与下降的不同速度。由于主令控制器为手动操作，所以电动机工作状态的变换由操作者掌握。

图中 KM1、KM2 为电动机正反转接触器，用以变换电动机相序，实现电动机正反转。KM3 为制动接触器，用以控制电动机三相制动器 YB 线圈。在电动机转子电路中接有 7 段对称接法的转子电阻，其中前两段 R_1、R_2 为反接制动电阻，分别由反接制动接触器 KM4、KM5 控制；后四段 R_3 ~ R_6 为起动加速调速电阻，由加速接触器 KM6 ~ KM9 控制；最后一段 R_7 为固定接入的软化特性电阻。当主令控制器手柄置于不同控制挡位时，可获得如图 7-20 所示的机械特性。

电路的工作过程是：合上电源开关，当主令控制器手柄置于“0”位时，QM1 闭合，电压继电器 KV 线圈通电并自锁，为起动作准备。当控制器手柄离开零位，处于其他工作位置时，虽然触头 QM1 断开，不影响 KV 的吸合状态。但当电源断电后，却必须将控制器手柄返回零位后才能再次起动，这就是零电压和零位保护作用。

1. 提升重物的控制　控制器提升控制共有 6 个档位，在提升各挡位上，控制器触头 QM3、QM4、QM6 与 QM7 都闭合，于是将上升行程开关 ST1 接入，起提升限位保护作用，接触器 KM3、KM1、KM4 始终通电吸合，电磁抱闸松开，短接 R_1 电阻，电动机按提升相序接通电源，产生提升方向电磁转矩，在提升“1”位时，由于起动转矩小，一般吊不起重物，只作张紧钢丝绳和消除齿轮间隙的预备起动级。

当主令控制器手柄依次扳到上升“2”至上升“6”位时，控制器触头 QM8 ~ QM12 依次闭合，接触器 KM5 ~ KM9 线圈依次通电吸合，将 R_2 ~ R_6 各段转子电阻逐级短接。于是获得图 7-20 中第 1 至第 6 条机械特性，可根据负载大小选择适当档位进行提升操作，以获得 5 种提升速度。

2. 下放重物的控制　主令控制器在下放重物时也有 6 个档位，但在前 3 个档位，正转

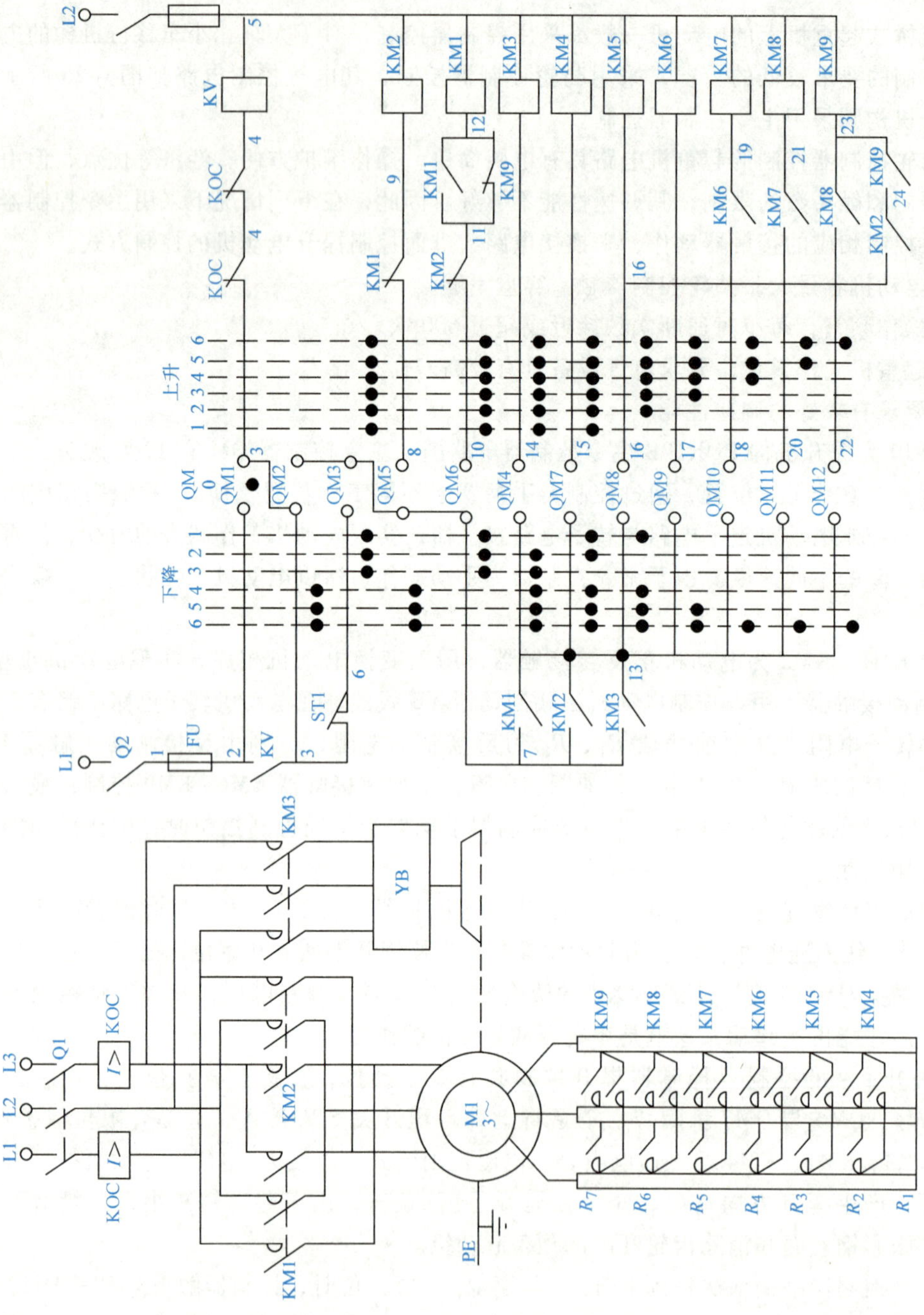

图 7-19　提升机构 PQR10B 主令控制器电路

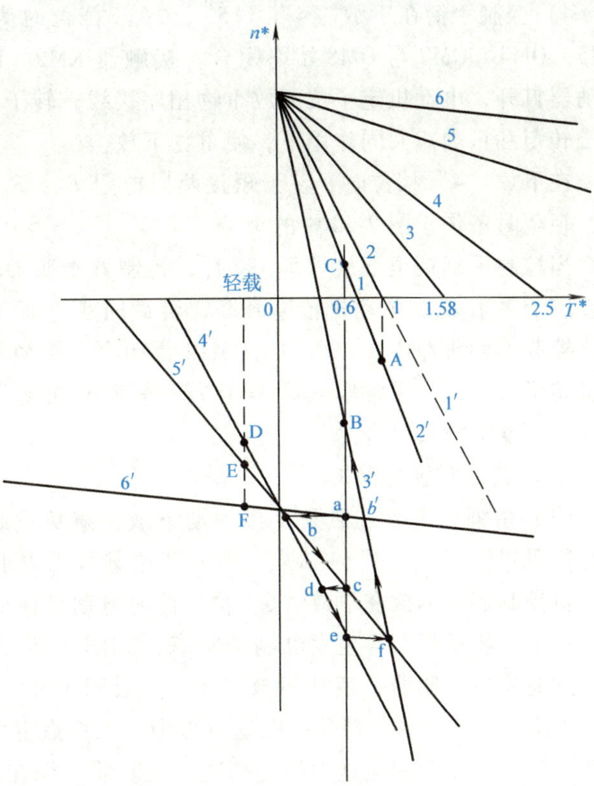

图 7-20　PQR10B 主令控制器控制电动机机械特性

接触器 KM1 通电吸合，电动机仍以提升相序接线，产生向上的电磁转矩，只有在下降的后 3 个档位，反转接触器 KM2 才通电吸合，电动机产生向下的电磁转矩，所以，前 3 个档位为倒拉反接制动下放，而后 3 个档位为强力下放。

1）下放“1”档为预备档。此时控制器触头 QM4 断开，KM3 断电释放，制动器未松开；触头 QM6、QM7、QM8 闭合，接触器 KM4、KM5、KM1 通电吸合，电动机转子电阻 R_1、R_2 被短接，定子按提升相序接通三相交流电源，但此时由于制动器未打开，故电动机并不旋转。该档位是为适应提升机构由提升变换到下放重物，消除因机械传动间隙产生冲击而设的。所以此档不能停留，必须迅速通过该档扳向下放其他档位，以防电动机在堵转状态下时间过长而烧毁电动机。该档位转子电阻与提升“2”位相同，故该档位机械特性为上升特性 2 在第 4 象限的延伸。

2）下放“2”档是为重载低速下放而设的。此时控制器触头 QM6、QM4、QM7 闭合，接触器 KM1、KM3、KM4、YB 线圈通电吸合，制动器打开，电动机转子串入 R_2 ~ R_7 电阻，定子按提升相序接线，在重载时获得倒拉反接制动低速下放。如图 7-20 中，当 $T_L^* = 1$ 时，电动机起动转矩 $T_{st}^* = 0.67$。所以，控制器手柄在该档位时，将稳定运行在 A 点上低速下放重物。

3）下放“3”档是为中型载荷低速下放而设的。在该档位时，控制器触头 QM6、QM4 闭合，接触器 KM1、KM3、YB 线圈通电吸合，制动器打开，电动机转子串入全部电阻，定子按提升相序接通三相交流电源，但由于电动机起动转矩 $T_{st}^* = 0.33$，当 $T_L^* = 0.6$ 时，在中型载荷作用下电动机按下放重物方向运转，获得倒拉反接制动下降，如图 7-20 中，电动机稳定工作在 B 点。

在上述制动下降的 3 个档位，控制器触头 QM3 始终闭合，将提升限位开关 ST1 接入，其目的在于当对吊物重量估计不准，如将中型载荷误估为重型载荷而将控制器手柄置于下放“2”位时，将会发生重物不但不下降反而上升，并运行在图 7-20 中的 C 点，以 n_c^* 速度提升，此时 ST1 起上升限位作用。

另外，在下放“2”与“3”位还应注意，对于负载转矩 $T_L^* \leqslant 0.3$ 时，不得将控制器手柄在这两档位停留，因为此时电动机起动转矩 $T_{st}^* > T_L^*$，同样会出现轻载不但不下降反而提升的现象。

4）控制手柄在下放“4”、“5”、“6”档位时为强力下放。此时，控制器触头 QM2、QM5、QM4、QM7 与 QM8 始终闭合，接触器 KM2、KM3、KM4、KM5、YB 线圈通电吸合，制动器打开，电动机定子按下放重物相序接线，转子电阻逐级短接，提升机构在电动机下放电磁转矩和重力矩共同作用下，使重物下放。

在下放“4”档位时，转子短接两段电阻 R_1、R_2 起动旋转，电动机工作在反转电动状态，轻载时工作于图 7-20 中的 D 点。

当控制手柄扳至下放“5”位时，控制器触头 QM9 闭合，接触器 KM6 线圈通电吸合，短接转子电阻 R_3，电动机转速升高，轻载时工作于 E 点；当控制器手柄扳至下放“6”位时，控制器触头 QM10、QM11、QM12 都闭合，接触器 KM7、KM8、KM9 线圈通电吸合，电动机转子只串入一段常串电阻 R_7 运行，轻载时在图 7-20 中的 F 点工作，获得低于同步转速的下放速度下放重物。

3. 电路的联锁与保护

（1）由强力下放过渡到反接制动下放，避免重载时高速下放的保护：对于轻型载荷，控制器可置于下放“4”、“5”、“6”档位进行强力下放。若此时重物并非轻载，因判断错误，将控制器手柄扳在下放“6”位，此时电动机在重物重力转矩和电动机下放电磁转矩共同作用下，将运行在再生发电制动状态，如图 7-20 所示，当 $T_L^* = 0.6$ 时，电动机工作在 a 点。这时应将控制器手柄从下放“6”位扳回下放“3”位。在这过程中势必要经过下放“5”档位与下放“4”档位，在这过程中，工作点将由 a→b→c→d→e→f→，最终在 B 点以低速稳定下放。为避免这中间的高速，控制器手柄在由下放“6”档位扳回至下放“3”位时，应避开下放“5”与下放“4”档位对应的下放 5、下放 4 两条机械特性。为此，在控制电路中的触头 KM2（16—24）、KM9（24—23）串联后接在控制器 QM8 与接触器 KM9 线圈之间。这样，当控制器手柄由下放“6”位扳回至下放“3”或“2”档位时，接触器 KM9 仍保持通电吸合状态，转子始终串入常串电阻 R_7，使电动机仍运行在下放 6 机械特性上，由 a 点经 b′点平稳过渡到 B 点，不致发生高速下放。

在该环节中串入触头 KM2（16—24）是为了当提升电动机正转接线时，该触头断开，使 KM9 不能构成自锁电路，从而使该保护环节在提升重物时不起作用。

（2）确保反接制动电阻串入情况下进行制动下放的环节：当控制器手柄由下放“4”扳到下放“3”时，控制器触头 QM5 断开，QM6 闭合。接触器 KM2 断电释放，而 KM1 通电吸合，电动机处于反接制动状态。为避免反接时产生过大的冲击电流，应使接触器 KM9 断电释放，接入反接电阻，且只有在 KM9 断电释放后才允许 KM1 通电吸合。为此，一方面在控制器触头闭合顺序上保证在 QM8 断开后，QM6 才闭合；另一方面增设了 KM1（11—12）与 KM9（11—12）常闭触头相并联的联锁触头。这就保证了在 KM9 断电释放后，KM1 才能通电并自锁。此环节还可防止由于 KM9 主触头因电流过大而发生熔焊使触头分不开，将转子电阻 $R_1 \sim R_6$ 短接，只剩下常串电阻 R_7，此时若将控制器手柄扳于提升档位，将造成转子只串入 R_7 发生直接起动事故。

（3）制动下放档位与强力下放档位相互转换时切断机械制动的保护环节：在控制器手柄下放“3”位与下放“4”位转换时，接触器 KM1、KM2 之间设有电气互锁，这样，在换接过程中必有一瞬间这两个接触器均处于断电状态，这将使制动接触器 KM3 断电释放，造成电动机在高速下进行机械制动引起强烈振动而损坏设备甚至发生人身事故。为此，在

KM3 线圈电路中设有 KM1、KM2、KM3 的三对常开触头并联电路。这样，由 KM3 实现自锁，确保 KM1、KM2 换接过程中 KM3 线圈始终通电吸合，避免上述情况发生。

（4）顺序联锁保护环节：在加速接触器 KM6、KM7、KM8、KM9 线圈电路中串接了前一级加速接触器的常开辅助触头，确保转子电阻 $R_3 \sim R_6$ 按顺序依次短接，实现机械特性平滑过渡，电动机转速逐级提高。

（5）完善的保护：由过电流继电器 KOC 实现过电流保护；电压继电器 KV 与主令控制器 QM 实现零电压保护与零位保护；行程开关 ST1 实现上升的限位保护等。

三、起重机电气控制中的保护设备

起重机在使用中应安全、可靠，因此，各种起重机电气控制系统中设置了自动保护和联锁环节，主要有电动机过电流保护，短路保护、零电压保护、控制器的零位保护，各运动方向的行程限位保护、舱盖、栏杆安全开关及紧急断电保护，必要的警报及指示信号等。由于起重机使用广泛，所以其控制设备，包括保护装置均已标准化，并有系列产品，常用的保护配电柜有 GQX6100 系列和 XQB1 系列等，可根据被控电动机台数及电动机容量来选择。

（一）保护箱

采用凸轮控制器或凸轮、主令两种控制器操作的交流桥式起重机，广泛使用保护箱。保护箱由刀开关、接触器、过电流继电器等组成，实现电动机过电流保护、零电压、零位、限位等保护。起重机上用的标准保护箱为 XQB1 系列。

图 7-21～图 7-23 为 XQB1-250-4F/□型保护箱电气原理图。依次为保护箱主电路图，保护箱控制电路图与保护箱照明与信号电路。该保护箱用来保护 4 台绕线型感应电动机，大车采用分别驱动。图中 QS 为三相刀开关，KM 为电路接触器，KA 为总过电流继电器，KA1～KA4 为各机构电动机过电流继电器，SA1、SA2、SA3 分别为提升、小车、大车控制器的零位保护触头，SQ1～SQ5 分别为小车、大车和提升机构的限位开关，QS4 为紧急事故开关，SQ7、SQ8、SQ9 为舱口门和轿架门安全开关，HL 为电源信号灯，HA 为电铃，XS1～XS3 为电源插座，EL1～EL4 为照明灯。

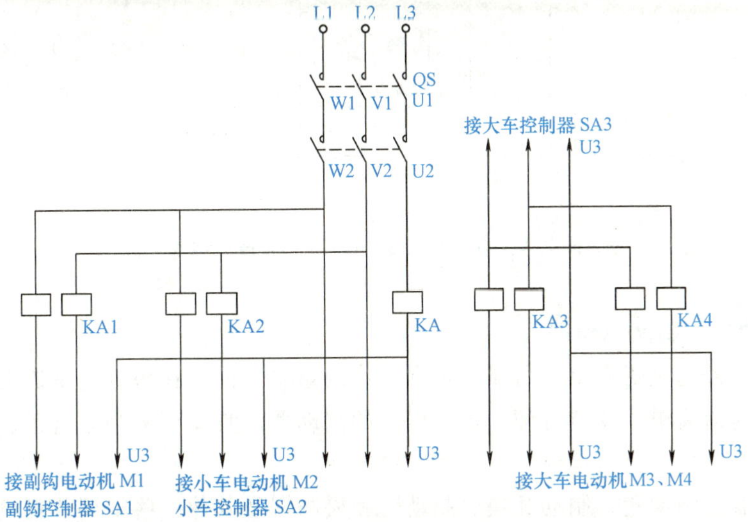

图 7-21　XQB1 型保护箱主电路图

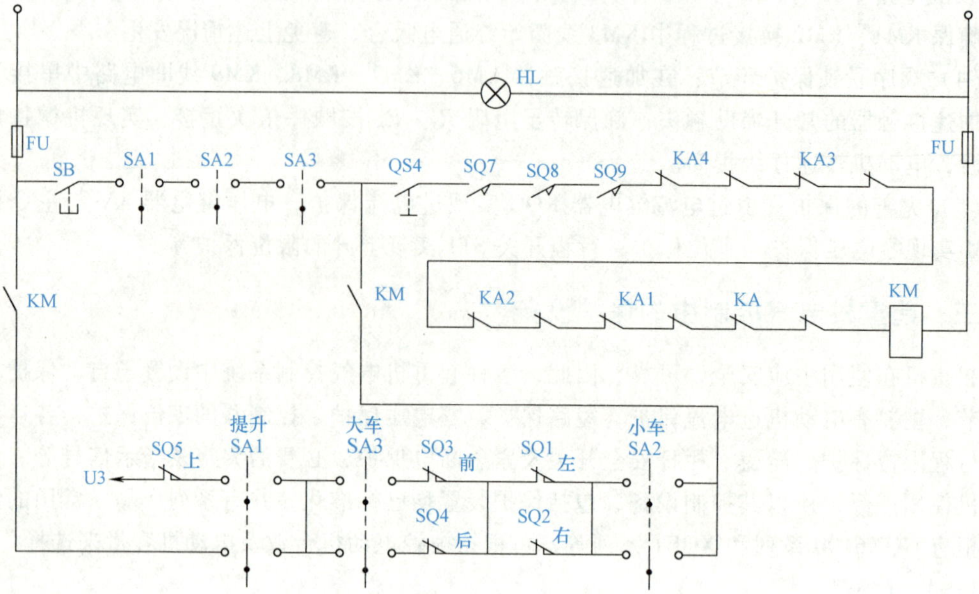

图 7-22 XQB1 型保护箱控制电路图

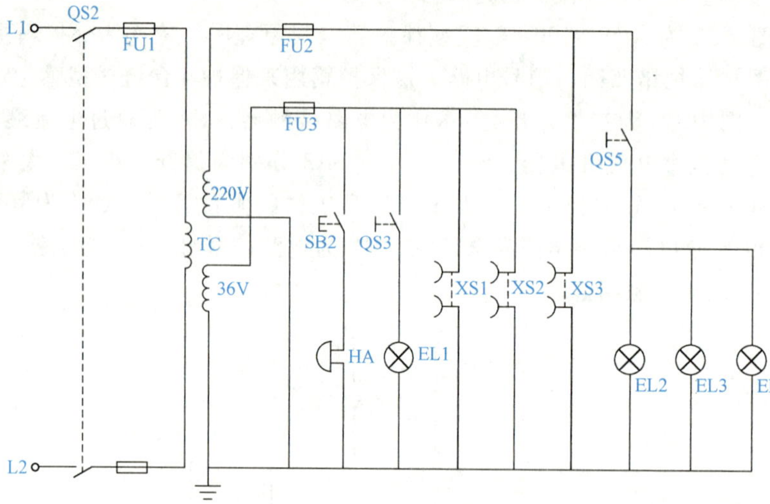

图 7-23 XQB1 型保护箱照明与信号电路

（二）制动器与制动电磁铁

制动器是保证起重机安全、可靠、正常工作的重要部件。在桥式起重机上常用块式制动器，它是一种构造简单、安装方便、工作可靠的制动器。其又可分为短行程、长行程和液压推杆块式制动器。

块式制动器由制动轮、制动瓦块、制动臂和松闸器及其他一些附属装置组成。制动器性能好坏很大程度上由松闸器性能决定，松闸器有制动电磁铁和液压推杆等。起重机上多使用

MZS1 系列三相交流长行程制动电磁铁。

起重机上常用的有 TJ2 系列制动器，交流长行程电磁制动器 JCZ 系列等。短行程块式制动器具有松闸、上闸动作迅速；结构简单、自重轻、外形尺寸小；制动瓦块与制动轮接触良好，磨损均匀的优点；但制动力矩较小，一般应用在制动力矩较小及制动轮直径在 100～300mm 范围内的机构中。长行程块式制动器具有制动力矩大，工作平稳，制动轮直径可达 800mm 的优点，但电磁铁冲击大，机构振动大，需经常检修。

为了克服电磁铁块式制动器冲击大的缺点，可采用液压推杆块式制动器，其工作平稳，无噪声；允许每小时接电次数可达 720 次，使用寿命长，但合闸较慢，易漏油。

（三）其他安全装置

1. 缓冲器

缓冲器是用来吸收大车或小车运行至终点与导轨两端挡板相撞时的动能，从而达到减缓冲击的目的。在桥式起重机上常用的有橡胶缓冲器、弹簧缓冲器、液压缓冲器和聚氨酯发泡塑料缓冲器等。其中，弹簧缓冲器使用最多，聚氨酯发泡塑料和液压缓冲器因缓冲效果好，应用越来越广泛。

2. 提升高度限位器

提升高度限位器用来防止司机操作失误或其他原因引起吊钩碰卷筒，造成起吊钢丝绳拉断，钢丝绳固定端板开裂脱落或挤碎滑轮等重大事故发生，当吊钩提升到一定高度时自动切断电动机电源而停止提升。常用的有压绳式限位器、螺杆式限位器与重锤式限位器。

压绳式限位器是将提升钢丝绳通过小滑轮槽卷绕到卷筒上，小滑轮套在光杆上，随着卷筒上钢丝绳卷上与放下，带动小滑轮在光杆上左右移动，在光杆两端装有行程开关。当提升（或下放）到极限位置时，小滑轮碰压提升（或下放）限位行程开关，使电动机断开电源停止工作。

螺杆式限位器由固定光杆、螺杆、移动螺母和限位开关等组成。安装时，限位器左端的方头套装在提升卷筒的轴端方孔内，卷筒转动时使移动螺母在固定光杆上左右移动，当提升到一定高度时，调整螺栓碰压限位开关的推杆，使限位开关动作，切断电动机电源，电动机停止转动。

重锤式限位器是一个具有带平衡锤的杠杆活动臂的限位开关，当吊钩升至最高位置时，吊钩上的碰杆将平衡锤托起，杠杆式活动臂转过一个角度，使限位开关动作，切断电动机电源，使电动机停止工作。

3. 载荷限制器及称量装置

载荷限制器是控制起重机起吊极限载荷的安全装置。称量装置是用来显示起重机起吊物品具体重量的装置，简称电子秤。

电子秤主要由载荷传感器、电子放大器和数字显示装置等组成。载荷传感器将物品的重量直接转换为电量，经放大后由数字显示装置显示出来。

载荷传感器的安装位置根据不同场合而定，可安装在起重小车的定滑轮支架上、起重小车提升卷筒轴支承座上或起重小车的吊钩与钢丝绳之间。

四、20/5t 交流桥式起重机电气控制分析

图 7-24 为 20/5t 交流桥式起重机电气控制电路图。

（一）桥式起重机的供电特点

交流起重机电源为 380V 三相交流电源，由公共的交流电网供电。由于起重机工作要经常移动，同时，大车与小车之间、大车与厂房之间都存在相对运动，所以起重机与电源之间不能采用固定的联接方式。对于小型起重机，其供电方式采用软电缆供电，软电缆可随大、

SA1

	向下						向上				
	5	4	3	2	1	0	1	2	3	4	5
V3-1M3							×	×	×	×	×
V3-1M1	×	×	×	×	×						
W3-1M1							×	×	×	×	×
W3-1M3	×	×	×	×	×						
1R5	×	×	×	×				×	×	×	×
1R4	×	×	×						×	×	×
1R3	×	×								×	×
1R2	×										×
1R1	×										×
SA1-5						×	×	×	×	×	×
SA1-6	×	×	×	×	×	×					
SA1-7						×					

a)

SA2

	向左						向右				
	5	4	3	2	1	0	1	2	3	4	5
V4-2M3							×	×	×	×	×
V4-2M1	×	×	×	×	×						
W4-2M1							×	×	×	×	×
W4-2M3	×	×	×	×	×						
2R5	×	×	×	×				×	×	×	×
2R4	×	×	×						×	×	×
2R3	×	×								×	×
2R2	×										×
2R1	×										×
SA2-5						×	×	×	×	×	×
SA2-6	×	×	×	×	×	×					
SA2-7						×					

b)

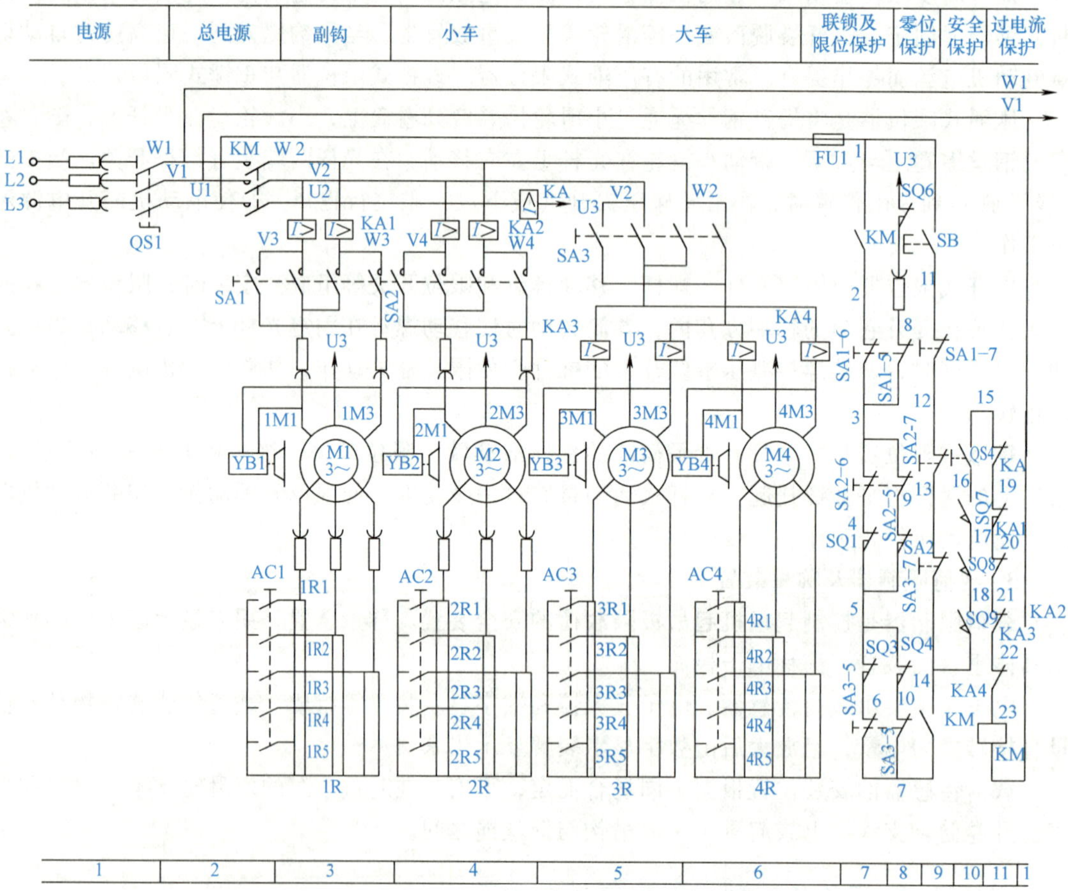

图 7-24 20/5t 交流桥式起重机电气控制电路图

SA3	向后						向前				
	5	4	3	2	1	0	1	2	3	4	5
V2−3M3、4M1							×	×	×	×	×
V2−3M1、4M3	×	×	×	×	×						
W2−3M1、4M3							×	×	×	×	×
W2−3M3、4M1	×	×	×	×	×						
3R5	×	×	×	×				×	×	×	×
3R4	×	×	×						×	×	×
3R3	×	×								×	×
3R2	×										×
3R1	×										×
4R5	×	×	×	×				×	×	×	×
4R4	×	×	×						×	×	×
4R3	×	×								×	×
4R2	×										×
4R1	×										×
SA3−5						×	×	×	×	×	×
SA3−6	×	×	×	×	×	×					
SA3−7						×					

c)

QM		下降							上升					
		强力			制动									
		5	4	3	2	1	J	0	1	2	3	4	5	6
	QM−1							×						
	QM−2	×	×	×										
	QM−3				×	×	×		×	×	×	×	×	×
KM3	QM−4	×	×	×	×	×			×	×	×	×	×	×
KM1	QM−5	×	×	×										
KM2	QM−6				×	×	×		×	×	×	×	×	×
KM4	QM−7	×	×	×		×	×		×	×	×	×	×	×
KM5	QM−8	×	×	×			×			×	×	×	×	×
KM6	QM−9	×	×								×	×	×	×
KM7	QM−10	×										×	×	×
KM8	QM−11	×											×	×
KM9	QM−12	×												×

d)

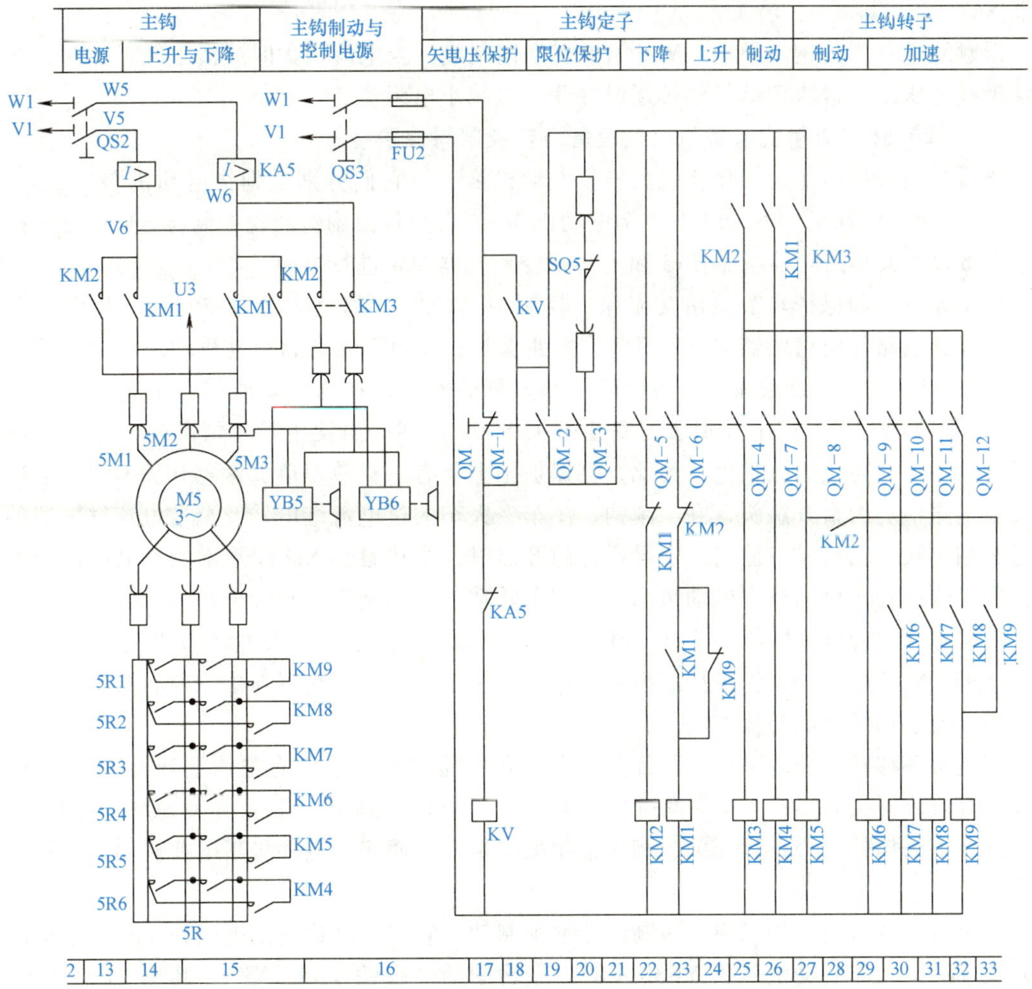

图 7-24 20/5t 交流桥式起重机电气控制电路图（续）

小车的移动而伸展和叠卷。对于一般桥式起重机，其供电方式采用滑触线和集电刷供电。三根主滑触线沿平行于大车轨道的方向敷设在车间厂房的一侧，三相交流电源经由三根主滑触线与在其上滑动的集电刷，引进起重机驾驶室内的保护控制柜上，再从保护控制柜引出两相电源至各凸轮控制器与主令控制器，另一相为电源的公共相，它直接从控制柜中引出接至各台电动机的定子接线端。

为了对小车及其上的提升机构电动机供电及各电气设备之间的连接，在桥架的另一侧装设了辅助滑线。图 7-24 所示 20/5t 交流桥式起重机共有 21 条辅助滑线。主钩部分 10 根：其中 3 根连接主钩电动机 M5 的定子绕组（5M1、5M2、5M3）接线端；3 根连接转子绕组与转子附加电阻 5R；主钩制动电磁铁 YB5、YB6 接交流磁力控制盘 2 根；主钩上升限位开关 SQ5 接交流磁力控制盘与主令控制器 2 根。副钩部分 6 根：其中 3 根连接副钩电动机 M1 的转子绕组与转子附加电阻 1R；2 根连接定子绕组接线端（1M1、1M3）与凸轮控制器 SA1；1 根为副钩上升限位开关 SQ6 接交流保护控制柜。小车部分 5 根：其中 3 根连接小车电动机 M2 的转子绕组与转子附加电阻 2R；2 根连接 M2 定子绕组接线端（2M1、2M3）与凸轮控制器 SA2。

滑触线通常用角钢、圆钢、V 形钢或工字钢制成。当电流很大时或滑触线过长时，为减少滑触线电压降，常将角钢与铝排逐段并联，以减小电阻值。

（二）20/5t 交流桥式起重机电气设备及其控制与保护装置

该桥式起重机由 5 台三相绕线型异步电动机拖动，它们分别是副钩电动机 M1、小车电动机 M2、大车电动机 M3、M4 及主钩电动机 M5，它们各由副钩凸轮控制器 SA1、小车凸轮控制器 SA2、大车凸轮控制器 SA3 和主钩主令控制器 QM 进行控制。

整个起重机的保护环节是由交流保护控制柜（GQR）和交流磁力控制盘（PQR）来实现。各控制电路均由熔断器 FU1、FU2 作短路保护；总电源及各台电动机均采用过电流继电器 KA、KA1～KA5 作过载保护；为保障维修人员的安全，在驾驶室舱门盖上装有安全开关 SQ9；在横梁两侧栏杆门上分别装有安全开关 SQ7、SQ8；当发生紧急情况时，操作人员能立即切断电源，防止事故扩大，为此，在保护柜上装有一只单刀单掷紧急开关 QS4。上述各开关在电路中均为常开触头，并与副钩、小车、大车的过电流继电器及总过电流继电器的常闭触头相串联，当驾驶室舱门或横梁栏杆门开启时，主接触器 KM 线圈不能通电或运行中断电释放，这样起重机的所有电动机均不能起动转动，从而确保人身安全。

电源总开关 QS1，熔断器 FU1、FU2，主接触器 KM，紧急开关 QS4 以及过电流继电器 KA、KA1～KA5 均安装在保护控制柜上。保护控制柜、凸轮控制器与主令控制器则安装在驾驶室中，便于司机控制与操作。

起重机各移动部分均采用行程开关作为行程限位保护。它们有主钩上升行程开关 SQ5；副钩上升限位开关 SQ6；小车横向行程开关 SQ1、SQ2；大车纵向行程开关 SQ3、SQ4。利用移动部件上的挡铁压合行程开关，相应常闭触头断开，使相应电动机断电并制动，确保行车安全。

起重机上各电动机均采用电磁制动器抱闸制动，它们是副钩制动电磁铁 YB1，小车制动电磁铁 YB2，大车制动电磁铁 YB3、YB4，主钩制动电磁铁 YB5、YB6。其中 YB1～YB4 为两相电磁铁，YB5、YB6 为三相电磁铁。

起重机导轨及金属桥架都具有可靠的接地保护。

（三）20/5t 交流桥式起重机电气线路分析

1. 主接触器 KM 的控制

（1）准备工作　在起重机投入运行前应将所有凸轮控制器手柄置于“零位”，零位联锁触头 SA1-7、SA2-7、SA3-7（9 区）处于闭合状态，合上紧急开关 SQ4，关好舱门和横梁栏杆门，使开关 SQ7、SQ8、SQ9 均处于闭合状态（10 区）。合上电源总开关 QS1。

（2）起动运行　操作人员按下保护控制柜上的起动按钮 SB（9 区），主接触器 KM 线圈通电吸合（11 区），三对常开主触头 KM 闭合（2 区），使两相电源进入各凸轮控制器，一相电源直接引入各电动机定子接线端。此时，由于各凸轮控制器手柄尚在零位，故电动机不会起动。同时，KM 的两对常开辅助触头闭合自锁（7 区与 9 区），当松开起动按钮 SB 后，主接触器 KM 线圈从另一条通路得电，通电路径为电源 1—KM(1—2)—SA1—6(2—3)—SA2—6(3—4)—SQ1(4—5)—SQ3(6—7)—KM(7—14)—SQ9(14—18)—SQ8(18—17)—SQ7(17—16)—SQ4(16—15)—KA(15—19)—KA1(19—20)—KA2(20—21)—KA3(21—22)—KA4(22—23)—KM 线圈—电源 V1。

2. 凸轮控制器的控制

桥式起重机的大车、小车和副钩电动机容量较小，一般采用凸轮控制器控制。凸轮控制器控制电路工作情况如图 6-26 凸轮控制器控制电动机调速电路。

3. 主令控制器的控制

主钩电动机是桥式起重机中容量最大的一台电动机，且对“提升”与“下降”重物有各种不同的要求，为此采用主令控制器配合磁力控制盘控制，即由主令控制器控制接触器，再由接触器来控制电动机，且主钩电动机转子采用三相平衡电阻。电路工作情况见图 7-19 及说明。

（四）电气线路常见故障分析

桥式起重机工作环境比较恶劣，同时，这些电气设备和元器件工作频繁，结构复杂，维修不方便。现将常见故障现象及原因作如下分析。

（1）合上电源开关 QS1，按下起动按钮 SB 后，KM 不吸合　原因有：熔断器 FU1 熔断；紧急开关 SQ4 或安全开关 SQ7、SQ8、SQ9 未合上；KM 线圈断路；各凸轮控制器手柄未置于“零位”；过电流继电器 KA、KA1～KA4 动作后未复位等。

（2）主接触器 KM 吸合后，过电流继电器立即动作　原因有：凸轮控制器 SA1～SA3 电路接地；电动机 M1～M4 绕组接地；电磁铁 YB1～YB4 线圈接地。

（3）电源接通，扳动凸轮控制器手柄后，电动机不转动　原因有：凸轮控制器主触头接触不良；滑触线与集电电刷接触不良；电动机定子绕组或转子绕组断路；电磁铁线圈断路或制动器未松开。

（4）扳动凸轮控制器后，电动机起动旋转，但不能输出额定功率且转速明显减慢　原因有：线路压降太大；制动器未完全松开；转子中的附加电阻未全部切除。

（5）凸轮控制器扳动过程中火花过大　原因有：动、静触头接触不良；控制容量过载。

（6）制动电磁铁线圈过热　原因有：电磁铁线圈电压与电路电压不符；电磁铁的牵引力过载；电磁铁吸合后，动、静铁心间的间隙过大；制动器的工作条件与电磁铁线圈特性不符；电磁铁铁心歪斜或卡阻。

（7）电磁铁噪声大 原因有：交流电磁铁短路环开路；电磁铁过载；动、静铁心端面有油污；磁路弯曲。

（8）主钩既不能上升，也不能下降 原因有：如欠电压继电器 KV 不吸合，可能是 KV 线圈断路，过电流继电器 KA5 未复位，主令控制器 QM 零位联锁触头未闭合，熔断器 FU2 熔断；如欠电压继电器 KV 吸合，则可能是自锁触头未闭合；主令控制器的触头 QM-2、QM-3、QM-4、QM-5 或 QM-6 接触不良，电磁铁线圈开路未松开闸。

阅读与应用一 M7120 型平面磨床的电气控制

磨床是用砂轮的周边或端面对工件的外圆、内孔、端面、平面、螺纹、球面及齿轮进行磨削加工的精密机床。磨床的种类有平面磨床、外圆磨床、内圆磨床、无心磨床以及一些专用磨床，如螺纹磨床、球面磨床、齿轮磨床和导轨磨床等。其中尤以平面磨床应用最为普遍。本节以 M7120 型平面磨床为例进行分析。

一、平面磨床主要结构与运动情况

（一）平面磨床的结构

卧轴矩台平面磨床外形结构如图 7-25 所示。主要由床身、工作台、电磁吸盘、砂轮箱、滑座和立柱等部分组成。

在箱形床身导轨上安有矩形工作台，在箱形床身中装有液压传动装置，工作台通过压力油推动活塞杆实现在床身导轨上的往复运动（纵向运动）。而工作台往复运动的换向是通过工作台换向撞块碰撞床身上的液压手柄进而改变油路来实现的。工作台往返运动的行程长度可通过调节安装在工作台正面槽中撞块的位置来改变。工作台表面有 T 形槽，用以安装电磁吸盘吸持工件或直接安装大型工件。

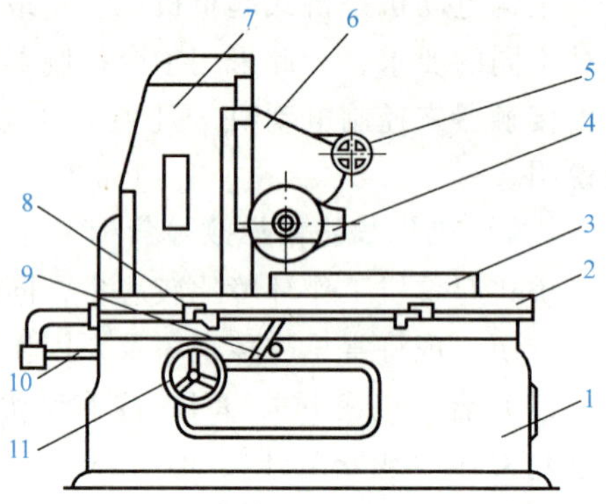

图 7-25 卧轴矩台平面磨床外形结构

1—床身 2—工作台 3—电磁吸盘 4—砂轮箱 5—砂轮箱横向移动手柄 6—滑座 7—立柱 8—工作台换向撞块 9—工作台往复运动换向手柄 10—活塞杆 11—砂轮箱垂直进刀手轮

在床身上固定有立柱，在立柱右侧有导轨，沿立柱导轨上装有滑座，滑座可在其上作上下移动，由垂直进刀手轮操纵。滑座下方有导轨，其上安有砂轮箱，砂轮箱可沿滑座水平导轨作横向移动。砂轮箱有砂轮轴，其上安装砂轮，并由装入式砂轮电动机驱动，实现砂轮的旋转运动。砂轮箱横向移动可由横向移动手轮操纵，也可由滑座内部的液压传动机构操纵作连续或间断移动。连续移动用于调节砂轮位置或整修砂轮，间断移动则用于进给。

（二）平面磨床的运动形式

矩形工作台平面磨床工作图如图 7-26 所示。砂轮的旋转运动是主运动。

进给运动有垂直进给、横向进给、纵向进给 3 种方式。垂直进给是滑座在立柱上的上下运动；横向进给是砂轮箱在滑座上的水平运动；纵向进给是工作台沿床身的往复运动。工作台每完成一次往复运动时，砂轮箱便做一次间断性的横向进给，当加工完整个平面后，砂轮箱做一次间断性的垂直进给。

平面磨床的辅助运动有砂轮箱在滑座水平导轨上的快速横向移动、滑座沿立柱上的垂直导轨做快速垂直移动，以及工作台往复运动速度的调整等。

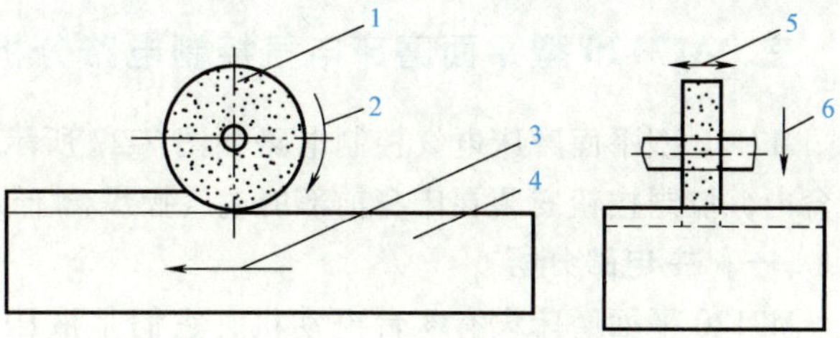

图 7-26 矩形工作台平面磨床工作图

1—砂轮 2—主运动 3—纵向进给运动 4—工作台 5—横向进给运动 6—垂直进给运动

二、M7120 型平面磨床电力拖动特点与控制要求

（一）电力拖动特点

1）M7120 平面磨床采用多电动机拖动。其中砂轮电动机拖动砂轮旋转；液压电动机驱动液压泵，供出压力油，经液压传动机构实现工作台往复运动与砂轮箱的横向自动进给，还承担工作台导轨的润滑；冷却泵电动机拖动冷却泵，供给磨削加工时需要的冷却液；砂轮升降电动机用来调整砂轮与工件之间的位置。

2）平面磨床为精密加工机床，为保证加工精度，保持机床运行平稳，工作台往复运动换向惯性小、无冲击，采用液压传动。

3）为保证磨削加工精度，要求砂轮有较高转速，因此一般采用两极笼型异步电动机拖动；为提高砂轮主轴的刚度，采用装入式电动机直接拖动，电动机与砂轮轴同轴。

4）为减小工件在磨削加工中的热变形，并在磨削加工时及时冲走磨屑和砂粒以保证磨削精度，需使用冷却液。

5）平面磨床常用电磁吸盘来吸持小工件，并使工件在磨削加工中因受热变形可以自由伸展从而保证加工精度。

（二）电气控制要求

1）砂轮电动机、液压泵电动机、冷却泵电动机都只要求单方向旋转，砂轮升降电动机需正、反向旋转。

2）冷却泵电动机应随砂轮电动机起动而起动，当不需要切削液时，可单独关断冷却泵电动机。

3）在正常磨削加工中，若电磁吸盘吸力不足或吸力消失时，砂轮电动机与液压泵电动机应立即停止工作，以防工件被砂轮切向力打飞而发生人身和设备事故。当不加工时，即电磁吸盘不工作时，应允许砂轮电动机与液压泵电动机起动，以便机床作调整运动。

4）电磁吸盘励磁线圈具有吸牢工件的正向励磁、松开工件的断开励磁以及抵消剩磁便于取下工件的反向励磁控制环节。

5）具有完善的保护环节。各电路的短路保护，各电动机的长期过载保护，零电压、欠电压保护，电磁吸盘吸力不足的欠电流保护，以及电磁吸盘线圈断开直流电流时产生高电压而危及电路中其他电器元件的过电压保护等。

6）具有机床安全照明与工件去磁控制环节。

三、M7120型平面磨床电气控制电路分析

M7120型平面磨床电气控制电路如图7-27所示。其电气设备主要安装在床身后部的壁龛盒内，控制按钮安装在床身前部的电气操纵盒上。

（一）主电路分析

M7120平面磨床设有4台电动机，它们是液压泵电动机M1，由接触器KM1主触头控制，实现单向旋转。砂轮电动机M2、冷却泵电动机M3，它们都由接触器KM2主触头控制，实现单向旋转，而且冷却泵电动机M3只有在砂轮电动机M2起动后才能运转。由于冷却泵电动机与机床床身分开，故通过插头插座X2和电源接通。砂轮升降电动机M4由接触器KM3、KM4主触头控制正反向旋转。

4台电动机共用一组熔断器FU1作短路保护。M1、M2、M3三台电动机是长期工作的，故设有FR1、FR2、FR3热继电器分别对其进行长期过载保护。

（二）电磁吸盘控制电路分析

电磁吸盘又称电磁工作台，是用来吸牢加工工件的，具有夹紧速度快，操作方便，不伤工件等优点，但只能吸住铁磁性材料的工件。

1. 电磁吸盘结构与工作原理　电磁吸盘有长方形和圆形两种。M7120型平面磨床采用长方形电磁吸盘，图7-28为电磁吸盘结构与原理示意图。在钢制吸盘体的中部凸起的芯体A上套有线圈，钢制盖板由长方形方铁构成，方铁之间用隔磁层隔开。在线圈中通以直流电时，芯体A被磁化，磁力线从芯体经过盖板→工件→盖板→吸盘体→芯体而闭合（如图7-28中虚线所示），使工件被磁化而吸住。盖板中的隔磁层作用是使磁力线通过工件再回到吸盘体，而不致通过盖板直接闭合。

2. 电磁吸盘控制电路分析　电磁吸盘控制电路由整流电路、控制电路和保护电路三部分组成。图7-29为M7120平面磨床电磁吸盘控制电路。

（1）整流电路。电磁吸盘整流电路由整流变压器T1与桥式全波整流电路UR组成，输出110V直流电压对电磁吸盘供电。

（2）控制电路。电磁吸盘控制电路由正向充磁按钮SB8、反向去磁按钮SB9、断电按钮SB7与正向充磁接触器KM5、反向去磁接触器KM6组成。

当要使电磁吸盘充磁时，可按下SB8，KM5线圈通电并自锁，KM5常开主触头闭合，接通电磁吸盘直流电源，对YH正向通电充磁；同时KM5常闭触头断开，对KM6线圈互锁。

当工件加工完成需取下时，可按断电按钮SB7，KM5线圈断电释放，常开主触头复位，断开YH的直流电源。但工作台与工件留有剩磁，需进行去磁，可再按下SB9按钮，KM6线圈通电吸合，KM6常开主触头闭合，使YH线圈通入反向电流，产生反磁场，对电磁吸盘去磁。去磁时间不能太长，否则电磁吸盘与工件会反向磁化，故SB9为点动控制。同时KM6常闭辅助触头断开，切断KM5线圈电路，实现互锁。

（3）保护电路。电磁吸盘保护电路包括*RC*放电电路构成的吸盘线圈过电压保护与电磁吸盘欠电压保护电路。

由于电磁吸盘是一个大电感，在通电工作时，吸盘线圈中储存着大量的磁场能量。当线圈断电时，由于电磁感应，在线圈两端产生很大的感应电动势，出现高电压，将使线圈绝缘及其他电器损坏，为此，在吸盘线圈两端并联了*RC*放电电路，吸收吸盘线圈在断电瞬间释

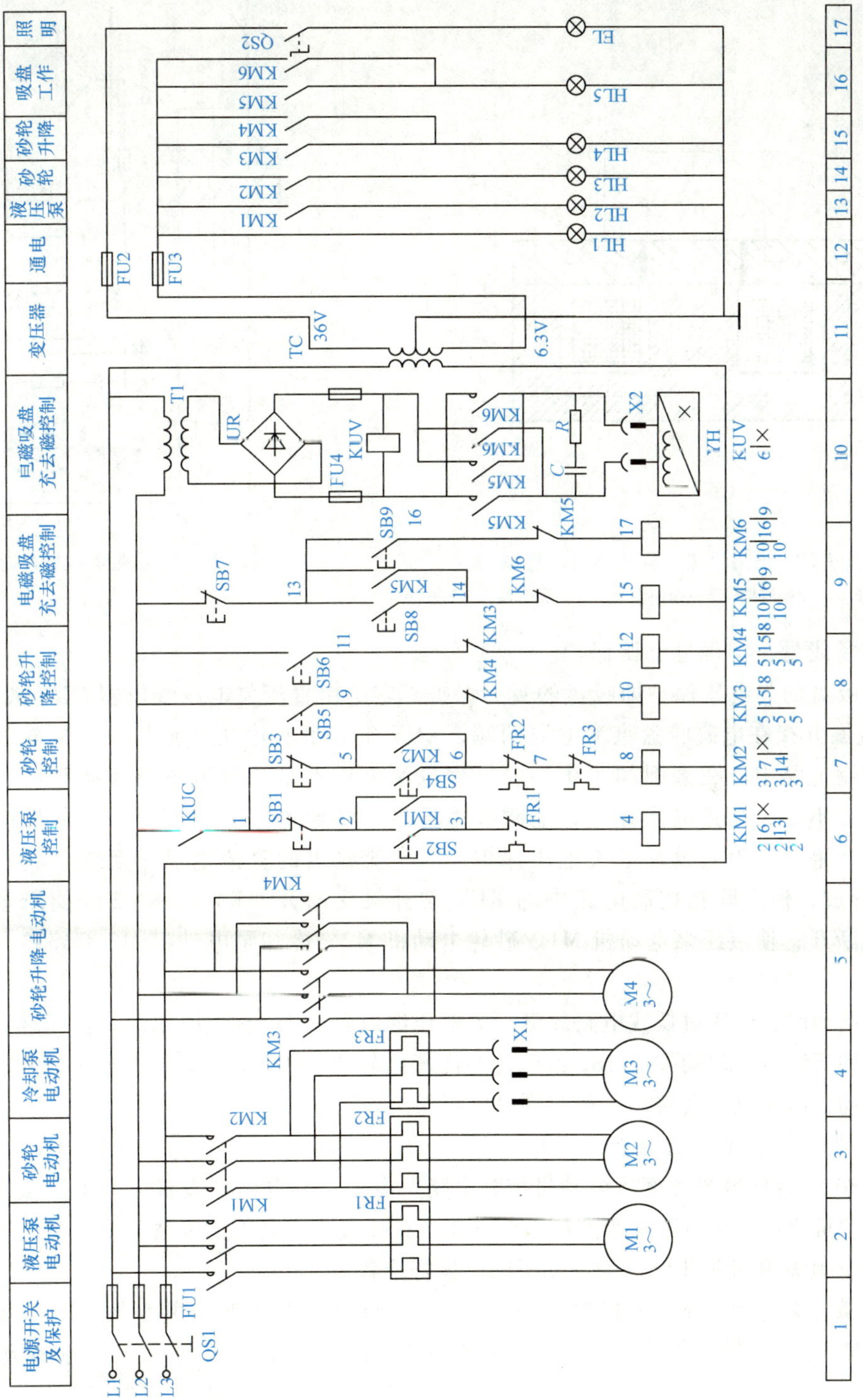

图 7-27　M7120 型平面磨床电气控制电路图

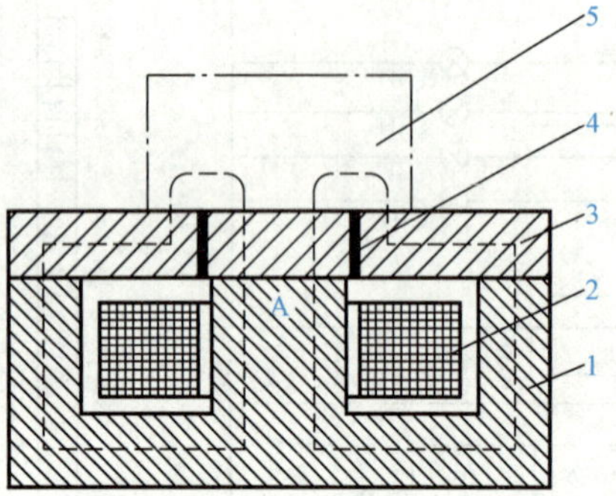

图 7-28　电磁吸盘结构与原理示意图

1—钢制吸盘体　2—线圈　3—钢制盖板　4—隔磁层　5—工件

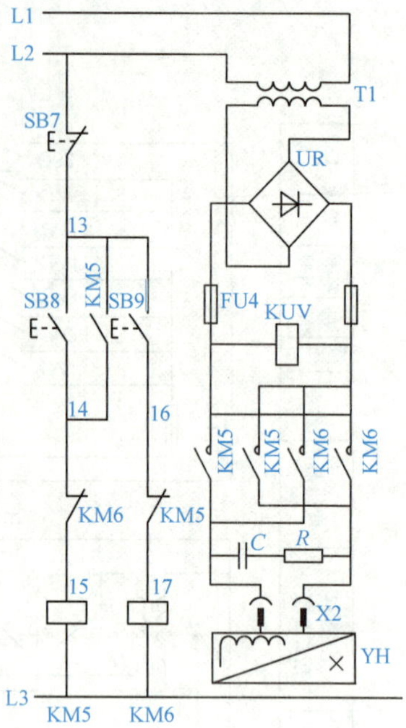

图 7-29　电磁吸盘控制电路

放出的磁场能量，实现过电压保护。

电磁吸盘的欠电压保护即吸盘的吸力保护，它是由直流欠电压继电器 KUV 来实现的，KUV 的线圈并接在电磁吸盘直流电源两端，KUV 常开触头串接在液压泵、砂轮、冷却泵电动机控制电路中。在磨削加工中，若发生电源电压不足或整流电路发生故障，将使吸盘线圈电压不足，励磁电流减小，电磁吸力不足，将导致工件被高速旋转砂轮碰击高速飞出，造成事故。为此设置了欠电压保护，当整流输出的直流电压不足时，欠电压继电器 KUV 释放，使串联在控制电路中的 KUV 常开触头断开，KM1、KM2 线圈断电，其常开主触头断开，使液压泵电动机 M1、砂轮电动机 M2、冷却泵电动机 M3 都停转，实现吸力保护。

若在起动时，电压过低或电路故障，欠电压继电器 KUV 不会动作，其常开触头不会闭合，此时按下液压泵起动按钮 SB2 或砂轮与冷却泵起动按钮 SB4，电动机也不会起动，工作台不会移动，砂轮也不会转动，也起到欠电压保护作用。

（三）电动机控制电路分析

图 7-30 为 M7120 平面磨床电动机控制电路。由于控制电路中设置了欠电压保护，因此在起动电动机之前，应按下吸盘充磁按钮 SB8，在吸盘工作电压正常情况下，欠电压继电器 KUV 动作，其常开触头闭合，为电动机起动做好准备。

（1）液压泵电动机 M1 的控制。按下 SB2，KM1 线圈通电吸合并自锁，KM1 常开主触头闭合，M1 起动旋转。停止时按下 SB1，KM1 线圈断电释放，KM1 常开主触头复原，M1 停转。

（2）砂轮电动机 M2 和冷却泵电动机 M3 的控制。由停止按钮 SB3、起动按钮 SB4 与线路接触器 KM2 构成电动机单向连续运转起动—停止电路，使 M2 与 M3 同时起动与停止。

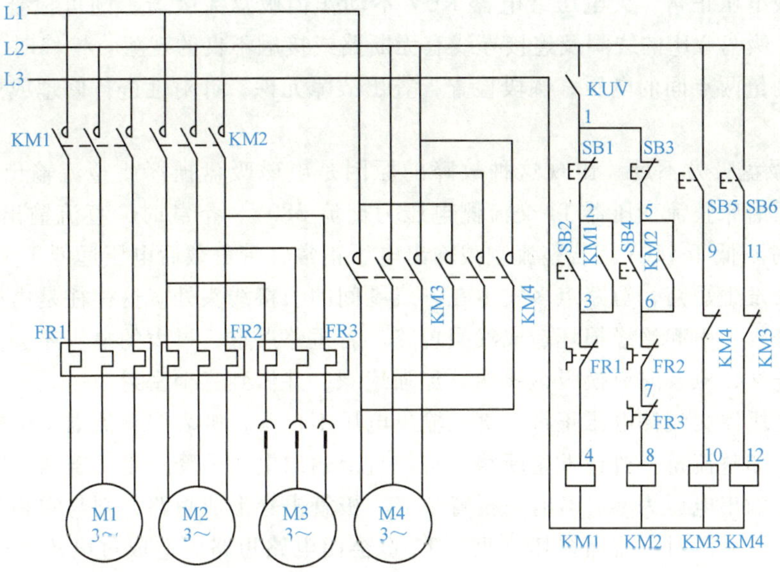

图 7-30　M7120 平面磨床电动机控制电路

(3) 砂轮升降电动机 M4 的控制。由上升点动按钮 SB5、下降点动按钮 SB6 与正反转接触器 KM3、KM4 构成 M4 电动机点动正、反转电路，实现滑座即砂轮箱的点动上升、下降。

(四) 辅助电路分析

M7120 平面磨床辅助电路包括信号电路与照明电路，如图 7-31 所示。

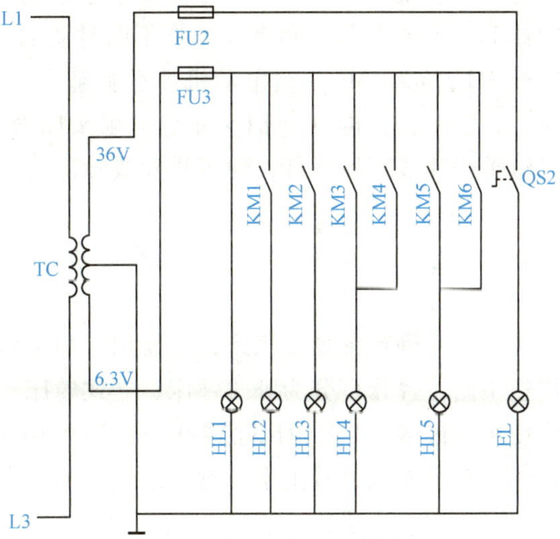

图 7-31　M7120 平面磨床辅助电路

由照明与信号变压器 T2 将交流 380V 降成 36V 与 6.3V，36V 供局部照明灯 EL 并由开关 QS2 控制。6.3V 供信号指示灯，其中 HL1 为电源指示灯、HL2 为液压泵 M1 运转指示灯、HL3 为砂轮电动机 M2 运转指示灯、HL4 为砂轮升降电动机 M4 运转指示灯，HL5 为电磁吸盘工作指示灯。在照明与信号变压器二次侧设有熔断器 FU2、FU3 作短路保护。

四、M7120 平面磨床电气控制电路常见故障分析

M7120 平面磨床电气控制电路的控制特点，一是采用欠电压继电器作欠电压保护；二是采用电磁吸盘来吸持工件，下面仅对此常见故障进行分析。

1. 电磁吸盘无吸力　首先应检查三相交流电源电压是否正常。若正常，再检查熔断器 FU1、FU4 有无熔断现象，接触是否正常。常见故障是熔断器 FU4 熔断，造成无直流电压输出，使吸盘无吸力。FU4 熔断可能是直流回路短路或直流回路中元器件损坏造成。若检查整

流器输出空载电压正常，欠电压继电器 KUV 不动作但吸盘无吸力，则可检查接插器 X2 接触是否良好，吸盘 YH 的线圈及连接导线有无断路或接触不良的现象。检修时，可用万用表直流电压挡测量两点间的电压，逐段检查，查出故障元件，针对性进行修理或更换，便可排除故障。

2. 电磁吸盘吸力不足　出现这种故障的原因是电磁吸盘损坏或整流输出电压不正常。M7120 型平面磨床整流变压器 T1 交流侧电压为交流 380V，空载时，直流输出电压为 130~140V，负载时不低于 110V。若整流空载输出电压正常，带负载后电压远低于 110V，则表明电磁吸盘线圈发生短路，短路点多发生在各线圈间的引接线头处。这往往是由于吸盘密封不好，冷却液进入，引起绝缘损坏造成线圈短路。若短路严重，过大的电流还会使整流元件和整流变压器烧坏，应及时更换吸盘线圈，加强绝缘，并做到完全密封。

若整流变压器交流侧电压正常，直流输出电压不正常，则表明整流器 UR 整流元件发生短路或断路。如整流桥一桥臂发生断路，将使直流输出电压下降一半；若两个相邻的桥臂都断路，则直流输出电压为零。若有一桥臂整流二极管击穿形成短路，则与它相邻的另一桥臂的整流二极管也会因过电流而损坏，此时 T2 也会因电路短路而造成过电流，而使吸盘吸力很小，甚至无吸力。

3. 电磁吸盘退磁效果差，工件取下困难　其故障原因一是退磁电路断路，无法退磁；二是退磁时间太长或太短。前者应检查退磁接触器 KM6 的两对主触头闭合时接触是否良好，熔断器 FU4 是否损坏，后者应根据不同材质的工件，掌握好退磁时间便可解决。

4. M1、M2、M3 三台电动机都不能起动　首先应检查欠电压继电器 KUV 线圈是否通电吸合，若已吸合，再检查 KUV 的常开触头闭合后接触是否良好，接线是否松脱。根据故障情况给予修理或更换元件，便可排除故障。

阅读与应用二　T68 型卧式镗床电气控制电路分析

镗床是一种精密加工机床，主要用于加工精确的孔和各孔间相互位置要求较高的零件。按用途不同，镗床可分为卧式镗床、立式镗床、坐标镗床、金刚镗床和专门化镗床，以卧式镗床使用为最多。T68 镗床除镗孔外，还可用于钻孔、铰孔及加工端面，加上车螺纹附件后，还可车削螺纹；装上平旋盘刀架还可加工大的孔径、端面和外圆。

一、机床主要结构和运动形式

T68 卧式镗床的结构如图 7-32 所示，主要由床身、前立柱、镗头架、后立柱、尾座、下溜板、上溜板和工作台等部分组成。

床身是一个整体的铸件，在它的一端固定有前立柱，在前立柱的垂直导轨上装有镗头架，镗头架可沿导轨垂直移动。镗头架上装有主轴、主轴变速箱、进给箱与操纵机构等部件。切削刀具固定在镗轴前端的锥形孔里，或装在平旋盘的刀具溜板上。在镗削加工时，镗轴一面旋转，一面沿轴向做进给运动。平旋盘只能旋转，装在其上的刀具溜板做径向进给运动。镗轴和平旋盘轴经由各自的传动链传动，因此可以独自旋转，也可以不同转速同时旋转。

在床身的另一端装有后立柱，后立柱可沿床身导轨在镗轴轴线方向调整位置。在后立柱

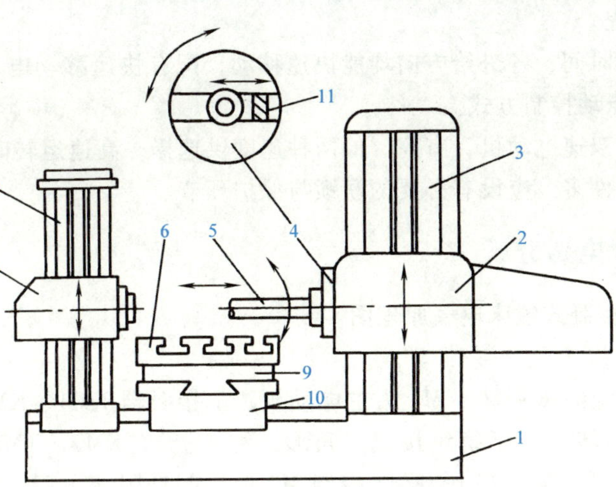

图 7-32　T68 卧式镗床结构示意图

1—床身　2—镗头架　3—前立柱　4—平旋盘　5—镗轴　6—工作台　7—后立柱
8—尾座　9—上溜板　10—下溜板　11—刀具溜板

导轨上安装有尾座，用来支撑镗轴的末端，尾座与镗头架同时升降，保证两者的轴心在同一水平线上。

安装工件的工作台安放在床身中部的导轨上，它由下溜板、上溜板与可转动的工作台组成。下溜板可沿床身导轨做纵向运动，上溜板可沿下溜板的导轨做横向运动，工作台相对于上溜板可做回转运动。

由上可知，T68 卧式镗床的运动形式有三种：

1）主运动为镗轴和平旋盘的旋转运动。

2）进给运动为镗轴的轴向进给、平旋盘刀具溜板的径向进给、镗头架的垂直进给、工作台的纵向进给和横向进给。

3）辅助运动为工作台的回转、后立柱的轴向移动、尾座的垂直移动及各部分的快速移动等。

二、电力拖动方式和控制要求

镗床加工范围广，运动部件多，调速范围宽。而进给运动决定了切削量，切削量又与主轴转速、刀具、工件材料、加工精度等有关。所以一般卧式镗床主运动与进给运动由一台主轴电动机拖动，由各自传动链传动。为缩短辅助时间，镗头架上、下，工作台前、后、左、右及镗轴的进、出运动除工作进给外，还应有快速移动，由快速移动电动机拖动。

T68 卧式镗床控制要求主要是：

1）主轴旋转与进给量都有较宽的调速范围，主运动与进给运动由一台电动机拖动，为简化传动机构采用双速笼型异步电动机。

2）由于各种进给运动都有正反不同方向的运转，故主电动机要求正、反转。

3）为满足调整工作需要，主电动机应能实现正、反转的点动控制。

4）保证主轴停车迅速、准确，主电动机应有制动停车环节。

5）主轴变速与进给变速可在主电动机停车或运转时进行。为便于变速时齿轮啮合，应有变速低速冲动过程。

6）为缩短辅助时间，各进给方向均能快速移动，配有快速移动电动机拖动，采用快速电动机正、反转的点动控制方式。

7）主电动机为双速电动机，有高、低两种速度供选择，高速运转时应先经低速起动。

8）由于运动部件多，应设有必要的联锁与保护环节。

三、电气控制电路分析

图 7-33 为 T68 型卧式镗床电气原理图。

（一）主电路分析

电源经低压断路器 QF 引入，M1 为主电动机，由接触器 KM1、KM2 控制其正、反转；KM6 控制 M1 低速运转（定子绕组接成三角形，为 4 极），KM7、KM8 控制 M1 高速运转（定子绕组接成双星形，为 2 极）；KM3 控制 M1 反接制动限流电阻。M2 为快速移动电动机，由 KM4、KM5 控制其正反转。热继电器 FR 作 M1 过载保护，M2 为短时运行不需过载保护。

（二）控制电路分析

由控制变压器 TC 供给 110V 控制电路电压，36V 局部照明电压及 6.3V 指示电路电压。

1. M1 主电动机的点动控制　由主电动机正反转接触器 KM1、KM2、正反转点动按钮 SB3、SB4 组成 M1 电动机正反转控制电路。点动时，M1 三相绕组接成三角形且串入电阻 R 实现低速点动。

以正向点动为例，合上电源开关 QF，按下 SB3 按钮，KM1 线圈通电，主触头接通三相正相序电源，KM1（4-14）闭合，KM6 线圈通电，电动机 M1 三相绕组接成三角形，串入电阻 R 低速起动。由于 KM1、KM6 此时都不能自锁故为点动，当松开 SB3 按钮时，KM1、KM6 相继断电，M1 断电而停车。

反向点动，由 SB4、KM2 和 KM6 控制。

2. M1 电动机正反转控制　M1 电动机正反转由正反转起动按钮 SB1、SB2 操作，由中间继电器 KA1、KA2 及正反转接触器 KM1、KM2，并配合接触器 KM3、KM6、KM7、KM8 来完成 M1 电动机的可逆运行控制。

M1 电动机起动前，主轴变速、进给变速均已完成，即主轴变速与进给变速手柄置于推合位置，此时行程开关 ST1、ST3 被压下，触头 ST1（10-11）、ST3（5-10）闭合。当选择 M1 低速运转时，将主轴速度选择手柄置于“低速”档位，此时经速度选择手柄联动机构使高低速行程开关 ST 处于释放状态，其触头 ST（12-13）断开。

按下 SB1，KA1 通电并自锁，触头 KA1（11-12）闭合，使 KM3 通电吸合；触头 KM3（5-18）闭合与 KA1（15-18）闭合，使 KM1 线圈通电吸合，触头 KM1（4-14）闭合又使 KM6 线圈通电。于是，M1 电动机定子绕组接成三角形，接入正相序三相交流电源全电压起动低速正向运行。

反向低速起动运行是由 SB2、KA2、KM3、KM2 和 KM6 控制的，其控制过程与正向低速运行相类似，此处不再复述。

3. M1 电动机高低速的转换控制　行程开关 ST 是高低速的转换开关，即 ST 的状态决定 M1 是在三角形接线下运行还是在双星形接线下运行。ST 的状态是由主轴孔盘变速机构机械

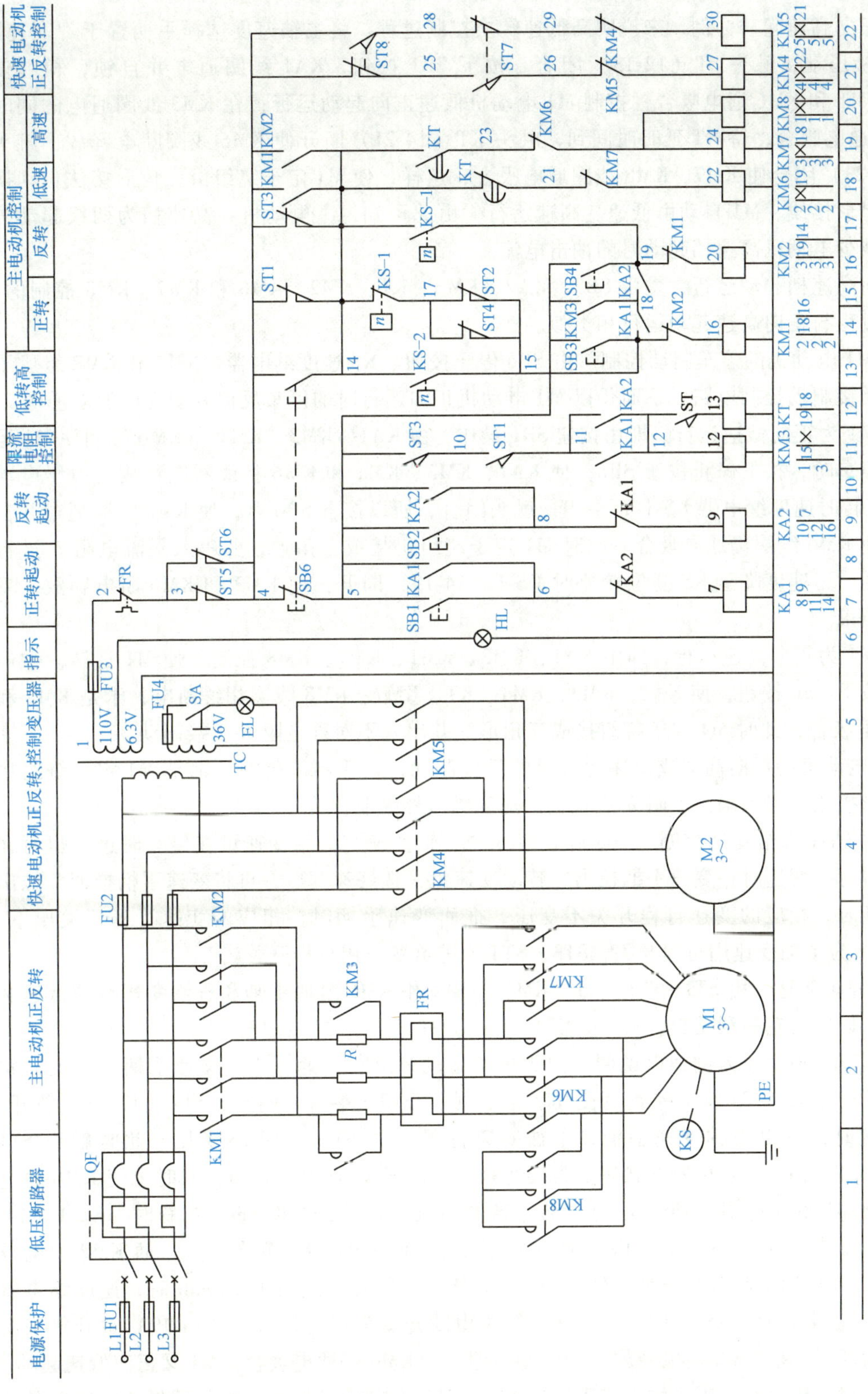

图 7-33　T68 型卧式镗床电气原理图

控制，高速时 ST 被压动，低速时 ST 不被压动。

以正向高速起动为例，来说明高低速转换控制过程。将主轴速度选择手柄置于“高速”挡，ST 被压动，触头 ST（12-13）闭合。按下 SB1 按钮，KA1 线圈通电并自锁，相继使 KM3、KM1 和 KM6 通电吸合，控制 M1 电动机低速正向起动运行；在 KM3 线圈通电的同时 KT 线圈通电吸合，待 KT 延时时间到，触头 KT（14-21）断开使 KM6 线圈断电释放，触头 KT（14-23）闭合使 KM7、KM8 线圈通电吸合，这样，使 M1 定子绕组由三角形接法自动换接成双星形接线，M1 自动由低速变高速运行。由此可知，主电动机在高速档为两级起动控制，以减少电动机高速档起动时的冲击电流。

反向高速档起动运行，是由 SB2、KA2、KM3、KT、KM2、KM6 和 KM7、KM8 控制的，其控制过程与正向高速起动运行相类似。

4. M1 电动机的停车制动控制　由 SB6 停止按钮、KS 速度继电器、KM1 和 KM2 组成了正反向反接制动控制电路。下面仍以 M1 电动机正向运行时的停车反接制动为例加以说明。

若 M1 为正向低速运行，即由按钮 SB1 操作，由 KA1、KM3、KM1 和 KM6 控制使 M1 运转。欲停车时，按下停止按钮 SB6，使 KA1、KM3、KM1 和 KM6 相继断电释放。由于电动机 M1 正转时速度继电器 KS-1（14-19）触头闭合，所以按下 SB6 后，使 KM2 线圈通电并自锁，并使 KM6 线圈仍通电吸合。此时 M1 定子绕组仍接成三角形，并串入限流电阻 R 进行反接制动，当速度降至 KS 复位转速时 KS-1（14-19）断开，使 KM2 和 KM6 断电释放，反接制动结束。

若 M1 为正向高速运行，即由 KA1、KM3、KM1、KM7、KM8 控制下使 M1 运转。欲停车时，按下 SB6 按钮，使 KA1、KM3、KM1、KT、KM7、KM8 线圈相继断电，于是 KM2 和 KM6 通电吸合，此时 M1 定子绕组接成三角形，并串入不对称电阻 R 反接制动。

M1 电动机的反向高速或低速运行时的反接制动，与正向的类似。都是 M1 定子绕组接成三角形接法，串入限流电阻 R 进行，由速度继电器控制。

5. 主轴及进给变速控制　T68 卧式镗床的主轴变速与进给变速可在停车时进行也可在运行中进行。变速时将变速手柄拉出，转动变速盘，选好速度后，再将变速手柄推回。拉出变速手柄时，相应的变速行程开关不受压；推回变速手柄时，相应的变速行程开关压下，ST1、ST2 为主轴变速用行程开关，ST3、ST4 为进给变速用行程开关。

1）停车变速。由 ST1 ~ ST4、KT、KM1、KM2 和 KM6 组成主轴和进给变速时的低速脉动控制，以便齿轮顺利啮合。

下面以主轴变速为例加以说明。因为进给运动未进行变速，进给变速手柄处于推回状态，进给变速开关 ST3、ST4 均为受压状态，触头 ST3（4-14）断开，ST4（17-15）断开。主轴变速时，拉出主轴变速手柄，主轴变速行程开关 ST1、ST2 不受压，此时触头 ST1（4-14）、ST2（17-15）由断开状态变为接通状态，使 KM1 通电并自锁，同时也使 KM6 通电吸合，则 M1 串入电阻 R 低速正向起动。当电动机转速达到 140r/min 左右时，KS-1（14-17）常闭触头断开，KS-1（14-19）常开触头闭合，使 KM1 线圈断电释放，而 KM2 通电吸合，且 KM6 仍通电吸合。于是，M1 进行反接制动，当转速降到 100r/min 时，速度继电器 KS 释放，触头复原，KS-1（14-17）常闭触头由断开变为接通，KS-1（14-19）常开触头由接通变为断开，使 KM2 断电释放，KM1 通电吸合，KM6 仍通电吸合，M1 又正向低速起动。

由上述分析可知：当主轴变速手柄拉出时，M1 正向低速起动，而后又制动为缓慢脉动转动，以利齿轮啮合。当主轴变速完成将主轴变速手柄推回原位时，主轴变速开关 ST1、ST2 压下，使 ST1、ST2 常闭触头断开，ST1 常开触头闭合，则低速脉动转动停止。

进给变速时的低速脉动转动与主轴变速时相类同，但此时起作用的是进给变速开关 ST3 和 ST4。

2）运行中变速控制。主轴或进给变速可以在停车状态下进行，也可在运行中进行变速。下面以 M1 电动机正向高速运行中的主轴变速为例，说明运行中变速的控制过程。

M1 电动机在 KA1、KM3、KT、KM1 和 KM7、KM8 控制下高速运行。此时要进行主轴变速，欲拉出主轴变速手柄，主轴变速开关 ST1、ST2 不再受压，此时 ST1（10-11）触头由接通变为断开，ST1（4-14）、ST2（17-15）触头由断开变为接通，则 KM3、KT 线圈断电释放，KM1 断电释放，KM2 通电吸合，KM7、KM8 断电释放，KM6 通电吸合。于是 M1 定子绕组接为三角形联结，串入限流电阻 R 进行正向低速反接制动，使 M1 转速迅速下降，当转速下降到速度继电器 KS 释放转速时，又由 KS 控制 M1 进行正向低速脉动转动，以利齿轮啮合。待推回主轴变速手柄时，ST1、ST2 行程开关压下，ST1 常开触头由断开变为接通状态。此时 KM3、KT 和 KM1、KM6 通电吸合，M1 先正向低速（三角形联结）起动，后在时间继电器 KT 控制下，自动转为高速运行。

由上述可知，所谓运行中变速是指机床拖动系统在运行中，可拉出变速手柄进行变速，而机床电气控制系统可使电动机接入电气制动，制动后又控制电动机低速脉动旋转，以利齿轮啮合。待变速完成后，推回变速手柄又能自动起动运转。

6. 快速移动控制　主轴箱、工作台或主轴的快速移动，由快速手柄操纵并联动 ST7、ST8 行程开关，控制接触器 KM4 或 KM5，进而控制快速移动电动机 M2 正反转来实现快速移动。将快速手柄扳在中间位置，ST7、ST8 均不被压动，M2 电动机停转。若将快速手柄扳到正向位置，ST7 压下，KM4 线圈通电吸合，M2 正转，使相应部件正向快速移动。反之，若将快速手柄扳到反向位置，则 ST8 压下，KM5 线圈通电吸合，M2 反转，相应部件获得反向快速移动。

7. 联锁保护环节分析　T68 卧式镗床电气控制电路具有完善的联锁与保护环节。

1）主轴箱或工作台与主轴机动进给联锁。为了防止在工作台或主轴箱机动进给时出现将主轴或平旋盘刀具溜板也扳到机动进给的误操作，安装有与工作台、主轴箱进给操纵手柄有机械联动的行程开关 ST5，在主轴箱上安装了与主轴进给手柄、平旋盘刀具溜板进给手柄有机械联动的行程开关 ST6。

若工作台或主轴箱的操纵手柄扳在机动进给时，压下 ST5，其常闭触头 ST5（3-4）断开；若主轴或平旋盘刀具溜板进给操纵手柄扳在机动进给时，压下 ST6，其常闭触头 ST6（3-4）断开，所以，当这两个进给操作手柄中的任一个扳在机动进给位置时，电动机 M1 和 M2 都可起动运行。但若两个进给操作手柄同时扳在机动进给位置时，ST5、ST6 常闭触头都断开，切断了控制电路电源，电动机 M1、M2 无法起动，也就避免了误操作造成事故的危险，实现了联锁保护作用。

2）M1 电动机正反转控制、高低速控制、M2 电动机的正反转控制均设有互锁控制环节。

3）熔断器 FU1 ~ FU4 实现短路保护；热继电器 FR 实现 M1 过载保护；电路采用按钮、接触器或继电器构成的自锁环节具有欠电压与零电压保护作用。

（三）辅助电路分析

机床设有 36V 安全电压局部照明灯 EL，由开关 SA 手动控制。电路还设有 6.3V 电源接通指示灯 HL。

（四）T68 型卧式镗床电气控制特点及常见故障分析

1. 电气控制特点

1）主电动机 M1 为双速笼型异步电动机，实现机床的主轴旋转和工作进给。低速时由接触器 KM6 控制，将电动机三相定子绕组接成三角形联结；高速时由接触器 KM7、KM8 控制，将电动机三相定子绕组接成双星形联结。高、低速由主轴孔盘变速机构内的行程开关 ST 控制。选择低速时，电动机为直接起动。高速时，电动机采用先低速起动，再自动转换为高速起动运行的两级起动控制，以减小起动电流的冲击。

2）主电动机 M1 能正反向点动控制、正反向连续运行，并具有停车反接制动。在点动、反接制动以及变速中的脉动低速旋转时，定子绕组接成三角形接法，电路串入限流电阻 R，以减小起动和反接制动电流。

3）主轴变速与进给变速可在停车情况下或在运行中进行。变速时，主电动机 M1 定子绕组接成三角形接法，以速度继电器 KS 的 100~140r/min 的转速连续反复低速运行，以利齿轮啮合，使变速过程顺利进行。

4）主轴箱、工作台与主轴、平旋盘刀具溜板由快速移动电动机 M2 拖动实现其快速移动。但它们之间的机动进给设有机械和电气的联锁保护。

2. 常见电气故障分析　T68 型卧式镗床主电动机为双速笼型异步电动机，机械电气联锁配合较多，这里仅侧重于这方面分析其常见故障。

1）主轴旋转时的实际转速要比主轴变速盘上指示的转速成倍提高或下降。主电动机 M1 的变速是采用电气机械联合变速。主电动机高、低速是由高低速行程开关 ST 来控制的，低速时 ST 不受压，高速时 ST 压下。在安装时，应使 ST 的动作与变速指示盘上的转速相对应，若 ST 的动作恰恰相反，就会出现主轴实际转速比变速盘指示转速成倍提高或下降的情况。

2）主电动机只有低速挡而无高速挡。此故障多为时间继电器 KT 不动作所致，可检查 KT 控制电路，看 KT 线圈是否通电吸合，若已吸合再检查 KT 延时触头动作是否正确及接线是否正确。

习　题

7-1　阅读分析电气原理图的基本原则是什么？

7-2　试述 CA6140 型普通卧式车床电气控制电路设有哪些保护环节？它们是如何实现的？

7-3　CA6140 型普通卧式车床电气控制具有哪些特点？

7-4　在 Z3040 型摇臂钻床电气控制电路中，行程开关 ST1~ST3 的作用各是什么？

7-5　在 Z3040 型摇臂钻床电气控制电路中，KT 与 YV 各在什么时候通电动作，KT 各触头的作用是什么？

7-6　试述 Z3040 型摇臂钻床欲使摇臂向下移动时的操作及电路工作情况。

7-7　在 Z3040 型摇臂钻床电气控制电路中，设置了哪些联锁与保护环节，它们是如何实现的？

7-8　Z3040 型摇臂钻床电气控制具有哪些特点？

7-9　在 XA6132 型卧式万能铣床电气控制电路中，电磁离合器 YC1、YC2、YC3 各有何作用？

7-10　在 XA6132 型卧式万能铣床电气控制电路中，行程开关 ST1～ST8 的作用各是什么？

7-11　XA6132 型卧式万能铣床主轴变速能否在主轴停止或主轴旋转情况下进行，为什么？

7-12　XA6132 型卧式万能铣床进给变速能否在进给运行中进行，为什么？

7-13　XA6132 型卧式万能铣床电气控制具有哪些联锁与保护？为何设置这些联锁与保护？它们是如何实现的？

7-14　XA6132 型卧式万能铣床电气控制具有哪些特点？

7-15　桥式起重机的提升机构对电力拖动自动控制提出了哪些要求？

7-16　桥式起重机提升机构电动机在提升重物与下放重物时其工作状态如何？它们是如何实现的？

7-17　在图 6-26 电路中凸轮控制器各触头的作用是什么？为什么转子电阻采用不对称接法？

7-18　图 7-19 所示主令控制器电路有何特点？操作时应注意什么？

7-19　图 7-19 所示电路中设有哪些联锁环节？它们是如何实现联锁的？

7-20　桥式起重机电气控制具有哪些保护环节？

7-21　M7120 平面磨床电力拖动具有哪些特点？

7-22　M7120 平面磨床电磁吸盘电路设有哪些保护环节？

7-23　图 7-27 M7120 型平面磨床电气控制具有哪些控制特点？

7-24　试述 T68 卧式镗床主轴高速起动时的操作和电路工作情况。

7-25　在图 7-33 T68 型卧式镗床电气控制电路中，行程开关 ST、ST1～ST8 的作用各是什么？它们安装在何处？各由哪些机械手柄来控制？

7-26　T68 型卧式镗床是如何实现变速时的连续反复低速冲动的？

7-27　T68 型卧式镗床主电动机电气控制具有什么特点？

7-28　T68 型卧式镗床电气控制具有哪些特点？

第八章

电气控制系统设计

电气控制系统设计包括电气原理图设计和电气工艺设计两部分。电气原理图设计是为满足生产机械及其工艺要求而进行的电气控制电路的设计；电气工艺设计是为电气控制装置的制造、使用、运行及维修的需要而进行的生产施工设计。在熟练掌握电气控制电路基本环节并能够对一般生产机械电气控制电路进行分析的基础上，应进一步学习一般生产机械电气控制系统设计和施工的相关知识，以期全面了解电气控制的内容，也为今后从事电气控制工作打下坚实的基础。本章将讨论电气控制的设计过程和设计中的一些共性问题，也对电气控制装置的施工设计和施工的有关问题进行介绍。具体要求如下：

知识目标

1）了解电气控制设计的原则和内容。

2）根据要求确定拖动方案，合理选择电动机。

3）明确电气控制电路设计的一般要求。

4）完成电气控制原理图的设计与电气控制接线图。

5）学会调整、试运行，不断改进设计、完善设计，直至较好地满足设计要求。

技能目标

1）正确选择拖动电动机的能力。

2）正确选择常用控制电路的能力。

3）安装、施工电气控制电路的能力。

4）学会调整、试运行。

素养目标

1）确保设计安全、可靠、符合控制要求。

2）严格遵循国家标准。

第一节 电气控制设计的原则和内容

一、电气控制设计的原则

设计工作的首要问题是树立正确的设计思想及工程实践的观点，使设计的产品经济、实用、可靠、先进、使用及维修方便等。在电气控制设计中，应遵循以下原则：

1）最大限度满足生产机械和生产工艺对电气控制的要求，因为这些要求是电气控制设计的依据。因此在设计前，应深入现场进行调查，搜集资料，并与生产过程有关人员、机械部分设计人员、实际操作者多沟通，明确控制要求，共同拟定电气控制方案，协同解决设计中的各种问题，使设计成果满足要求。

2）在满足控制要求前提下，力求使电气控制系统简单、经济、合理、便于操作、维修方便、安全可靠，不盲目追求自动化水平和各种控制参数的高指标。

3）正确、合理地选用电器元件，确保电气控制系统正常工作，同时考虑技术进步，造型美观等。

4）为适应生产的发展和工艺的改进，设备能力应留有适当裕量。

二、电气控制设计的基本内容

电气控制系统设计的基本内容是根据控制要求，设计和编制出电气设备制造和使用维修中必备的图样和资料等。图样常用的有电气原理图、元器件布置图、安装接线图、控制面板图等。资料主要有元器件清单及设备使用说明书等。

电气控制系统设计有电气原理图设计和电气工艺设计两部分，以电力拖动控制设备为例，各部分设计内容如下：

1. 电气原理图设计内容

1）拟定电气设计任务书，明确设计要求。

2）选择电力拖动方案和控制方式。

3）确定电动机类型、型号、容量、转速。

4）设计电气控制原理图。

5）选择电器元件，拟定元器件清单。

6）编写设计计算说明书。

电气原理图是电气控制系统设计的中心环节，是工艺设计和编制其他技术资料的依据。

2. 电气工艺设计内容

1）根据设计出的电气原理图和选定的电器元件，设计电气设备的总体配置，绘制电气控制系统的总装配图和总接线图。总图应反映出电动机、执行电器、电器柜各组件、操作台布置、电源以及检测元器件的分布情况和各部分之间的接线关系及连接方式，以便总装、调试及日常维护使用。

2）绘制各组件电器元件布置图与安装接线图，表明各电器元件的安装方式和接线方式。

3）编写使用维护说明书。

第二节 电力拖动方案的确定和电动机的选择

电力拖动形式的选择是电气设计的主要内容之一，也是各部件设计的基础和先决条件。一个电气传动系统一般由电动机、电源装置和控制装置三部分组成，设计时应根据生产机械的负载特性、工艺要求及环境条件和工程技术条件选择电力拖动方案。

一、电力拖动方案的确定

首先根据生产机械结构、运动情况和工艺要求来选择电动机的种类和数量，然后根据各运动部件的调速要求来选择调速方案。在选择电动机调速方案时，应使电动机的调速特性与负载特性相适应，以使电动机获得合理充分的利用。

（一）拖动方式的选择

电力拖动方式有单独拖动与集中拖动两种。电力拖动发展的趋向是电动机接近工作机构，形成多电动机的拖动方式。这样，不仅能缩短机械传动链，提高传动效率，便于实现自动控制，而且也能使总体结构得到简化。所以，应根据工艺要求与结构情况来决定电动机数量。

（二）调速方案的选择

一般生产机械根据生产工艺要求都要求调节转速，不同机械有不同的调速范围和调速精度，为满足不同调速要求，应选用不同的调速方案。如采用机械变速、多速电动机变速和变频调速等。随着交流调速技术的发展，变频调速已成为各种机械设备调速的主流。

（三）电动机调速性质应与负载特性相适应

机械设备的各个工作机构，具有各自不同的负载特性，如机床的主运动为恒功率负载运动，而进给运动为恒转矩负载运动。在选择电动机调速方案时，应使电动机的调速性质与拖动生产机械的负载性质相适应，这样才能使电动机性能得到充分的发挥。如双速笼型异步电动机，当定子绕组由三角形联结改成双星形联结时，转速增加一倍，功率却增加很少，因此适用于恒功率传动；对于低速时为星形联结的双速电动机改接成双星形联结后，转速和功率都增加一倍，而电动机输出的转矩保持不变，因此适用于恒转矩传动。

二、拖动电动机的选择

电动机的选择包括选择电动机的种类、结构形式及各种额定参数。

（一）电动机选择的基本原则

1）电动机的机械特性应满足生产机械的要求，要与负载的特性相适应，保证运行稳定且具有良好的起动性能和制动性能。

2）工作过程中电动机容量能得到充分利用，使其温升尽可能达到或接近额定温升值。

3）电动机结构形式要满足机械设计提出的安装要求，适合周围环境工作条件的要求。

4）在满足设计要求前提下，优先采用结构简单、价格便宜、使用维护方便的三相异步电动机。

（二）根据生产机械调速要求选择电动机

在一般情况下选用三相笼型异步电动机或双速三相电动机；在既要一般调速又要求起动

转矩大的情况下，选用三相绕线型异步电动机；当调速要求高时选用直流电动机或带变频调速的交流电动机来实现。

（三）电动机结构形式的选择

按生产机械不同的工作制相应选择连续工作、短时及断续周期性工作制的电动机。

按安装方式有卧式或立式两种，由拖动生产机械具体拖动情况来决定。

根据不同工作环境选择电动机的防护形式。开启式适用于干燥、清洁的环境；防护式适用于干燥和灰尘不多，没有腐蚀性和爆炸性气体的环境；封闭自扇冷式与他扇冷式用于潮湿、多腐蚀性灰尘、多风雨侵蚀的环境；全封闭式用于浸入水中的环境；隔爆式用于有爆炸危险的环境中。

（四）电动机额定电压的选择

电动机额定电压应与供电电网的供电电源电压一致。一般低压电网电压为380V，因此中小型三相异步电动机额定电压为220/380V及380/660V两种。当电动机功率较大时，可选用3kV、6kV及10kV的高压三相电动机。

（五）电动机额定转速的选择

对于额定功率相同的电动机，额定转速越高，电动机尺寸、重量和成本愈低，因此在生产机械所需转速一定的情况下，选用高速电动机较为经济。但由于拖动电动机转速越高，传动机构转速比越大，传动机构越复杂。因此应综合考虑电动机与传动机构两方面的多种因素来确定电动机的额定转速。通常采用较多的是同步转速为1500r/min的三相异步电动机。

（六）电动机容量的选择

电动机的容量反映了它的负载能力，它与电动机的允许温升和过载能力有关。允许温升是电动机拖动负载时允许的最高温升，与绝缘材料的耐热性能有关；过载能力是电动机所能带最大负载能力，在直流电动机中受整流条件的限制，在交流电动机中由电动机最大转矩决定。实际上，电动机的额定容量由允许温升决定。

电动机容量的选择方法有两种，一种是分析计算法，另一种是调查统计类比法。

1. 分析计算法　根据生产机械负载图求出其负载平均功率，再按负载平均功率的（1.1~1.6）倍求出初选电动机的额定功率。对于系数的选用，应根据负载变动情况确定。大负载所占分量多时，选较大系数；负载长时间不变或变化不大时，可选最小系数。

对初选电动机进行发热校验，然后进行电动机过载能力的校验，必要时还要进行电动机起动能力的校验。当校验均合格时，该额定功率电动机符合负载要求；若不合格，再另选一台电动机重新进行校验，直至合格为止。此方法计算工作量大，负载图绘制较为困难。对于较为简单、无特殊要求、一般生产机械的电力拖动系统，电动机容量的选择往往采用调查统计类比法。

2. 调查统计类比法　将各国同类型、先进的机床电动机容量进行统计和分析，从中找出电动机容量与机床主要参数间的关系，再根据我国国情得出相应的计算公式来确定电动机容量。这是一种实用方法。几种典型机床电动机的统计类比法公式如下：

车床
$$P=36.5D^{1.54} \tag{8-1}$$

立式车床
$$P=20D^{0.88} \tag{8-2}$$

式中 P——电动机容量（kW）；

D——工件最大直径（m）。

摇臂钻床 $$P=0.0646D^{1.19} \quad (8\text{-}3)$$

式中 D——最大钻孔直径（mm）。

卧式镗床 $$P=0.004D^{1.7} \quad (8\text{-}4)$$

式中 D——镗杆直径（mm）。

龙门铣床 $$P=\frac{1.16B}{1.66} \quad (8\text{-}5)$$

式中 B——工作台宽度（mm）。

外圆磨床 $$P=0.1KB \quad (8\text{-}6)$$

式中 B——砂轮宽度（mm）；

K——砂轮主轴用滚动轴承时，$K=0.8\sim1.1$，砂轮主轴用滑动轴承时，$K=1.0\sim1.3$。

当机床的主运动和进给运动由同一台电动机拖动时，则按主运动电动机容量计算。若进给运动由单独一台电动机拖动，并具有快速运动功能时，则电动机容量按快速移动所需容量计算。快速运动部件所需电动机容量可根据表 8-1 中所列数据选择。

表 8-1 拖动机床快速运动部件所需电动机容量

机床类型		运动部件	移动速度/(mm/min)	所需电动机容量/kW
普通车床	$D=400$mm	溜板	6~9	0.6~1
	$D=600$mm	溜板	4~6	0.8~1.2
	$D=1000$mm	溜板	3~4	3.2
摇臂钻床	$D=(35\sim75)$mm	摇臂	0.5~1.5	1~2.8
升降台铣床		工作台	4~6	0.8~1.2
		升降台	1.5~2	1.2~1.5
龙门铣床		横梁	0.25~0.5	2~4
		横梁上的铣头	1~1.5	1.5~2
		立柱上的铣头	0.5~1	1.5~2

此外，还可通过对长期运行的同类生产机械的电动机容量进行调查，并对机械主要参数、工作条件进行类比，然后再确定电动机的容量。

第三节 电气控制电路设计的一般要求

生产机械电气控制系统是生产机械的重要组成部分，它对生产机械正确、安全可靠地工作起着决定性的作用。为此，必须正确、合理地设计电气控制电路。在设计生产机械电气控制电路图时，应满足如下要求。

一、电气控制应最大限度地满足生产机械加工工艺的要求

设计前，应对生产机械工作性能、结构特点、运动情况、加工工艺过程及加工情况有充分的了解，并在此基础上设计控制方案，考虑控制方式、起动、制动、反向和调速的要求，设置必要的联锁与保护，确保满足生产机械加工工艺的要求。

二、对控制电路电流、电压的要求

应尽量减少控制电路中的电流、电压种类，控制电压应选择标准电压等级。电气控制电路常用的电压等级如表 8-2 所示。

表 8-2　常用电气控制电路电压等级

控制电路类型	常用的电压值/V		电源设备
较简单的交流电力传动的控制电路	交流	380、220	不用控制电源变压器
较复杂的交流电力传动的控制电路		110(127)、48	采用控制电源变压器
照明及信号指示电路		48、24、6	采用控制电源变压器
直流电力传动的控制电路	直流	220、110	整流器或直流发电机
直流电磁铁及电磁离合器的控制电路		48、24、12	整流器

三、控制电路力求简单、经济

1. 尽量缩短连接导线的长度和导线数量　设计控制电路时，应考虑各电器元件的安装位置，尽可能地减少连接导线的数量，缩短连接导线的长度。在图 8-1a 中的设计方案是不合理的，因为按钮一般安装在操作台上，而接触器安装在电气柜中，这样接线需从电气柜中二次引出线，接到操作台的按钮中。而如果采用图 8-1b 所示接线方式，将起动按钮和停止按钮串接后再与接触器线圈相接，就可减少一根引出线，且停止按钮与起动按钮之间连接导线大大缩短，因此图 8-1b 的设计比较合理。

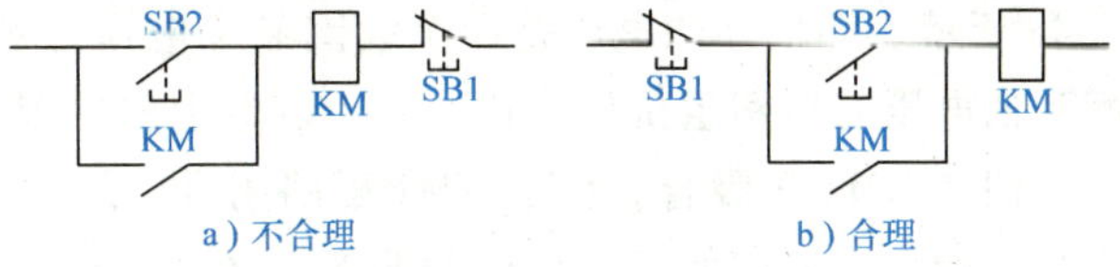

图 8-1　电器的连接

2. 尽量减少电器元件的品种、数量和规格　同一用途的器件尽可能选用相同品牌、型号的产品，并且电器数量应减少到最低限度。

3. 尽量减少电器元件触头的数目　在控制电路中，尽量减少触头是为了提高电路运行的可靠性。在简化和合并触头过程中，主要合并同类性质的触头。一个触头能完成的动作，不用两个触头去完成。但在简化过程中应注意触头的额定容量是否允许，对其他回路有无影响等问题。例如，图 8-2a 所示各电路可合并成图 8-2b 中相应电路。

4. 尽量减少通电电器的数目　控制电路运行时，尽可能减少通电电器的数目，以利节能与延长电器元件寿命和减少故障。如图 8-3a 所示电路改接成图 8-3b 电路，就可使时间继电器 KT 在完成接触器 KM2 线圈延时通电吸合后，自动切除掉。

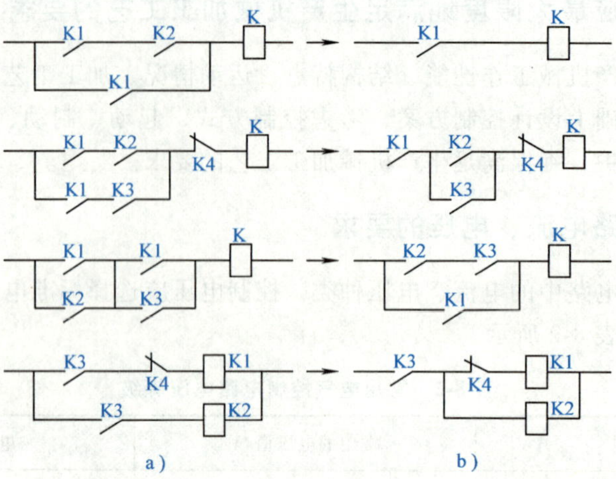

图 8-2 触头的简化与合并

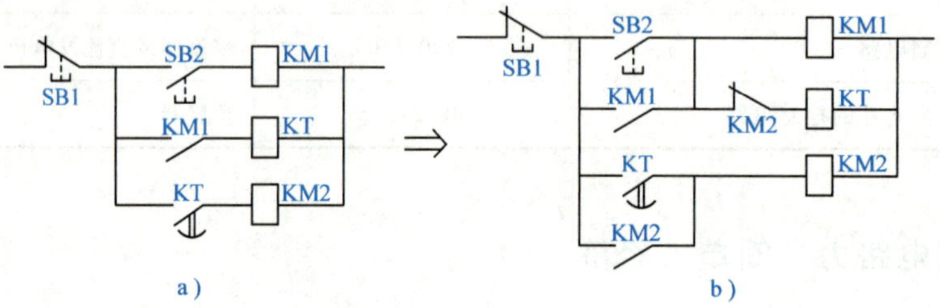

图 8-3 减少通电电器

四、确保控制电路工作的安全性和可靠性

1. 正确连接电器的线圈 在交流控制电路中，同时动作的两个电器线圈不能串联，如图 8-4a 所示。即使外加电压是两个线圈额定电压之和，也是不允许的。因为每个线圈上所分配到的电压与线圈阻抗成正比，由于制造上的原因，两个电器总有差异，因此不可能同时吸合。假如 KM1 先吸合，由于 KM1 磁路闭合，线圈电感量显著增加，因而在该线圈上的电压也相应增大，从而使另一个接触器 KM2 的线圈电压达不到动作电压。因此，两个电磁线圈需要同时吸合时其线圈应并联连接，如图 8-4b 所示。

在直流控制电路中，两电感值相差悬殊的直流电压线圈不能并联连接，如图 8-5a 所示直流电磁铁 YA 线圈与直流电压继电器 KA 线圈并联。在接通直流电源时可以正常工作，但在断开直流电源时，由于 YA 线圈的电感量比 KA 线圈电感量大得多，因此，在断电时，继电器很快释放，但电磁铁线圈产生的自感电动势可能使继电器又吸合，一直到继电器电压再次下降到释放值为止，这就造成了继电器的误动作。为此，可改成图 8-5b 所示电路。

2. 正确连接电器元件的触头 设计时，应使分布在电路中不同位置的同一电器触头接

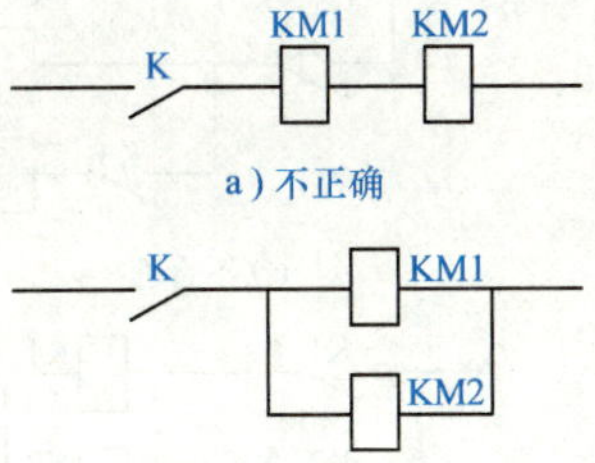

a）不正确

b）正确

图 8-4　线圈的连接

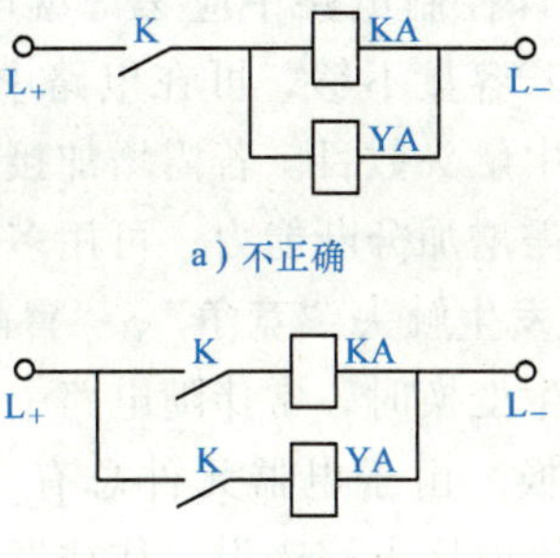

a）不正确

b）正确

图 8-5　电磁铁线圈与继电器线圈的连接

到电源的同一相上，以避免在电器触头上引起短路故障。如图 8-6a 所示，行程开关 ST 的常开、常闭触头分别接在电源的不同电位点上，则当触头断开产生电弧时，如果两触头相距很近，则有可能在两触头之间出现飞弧而造成电源短路。此外，绝缘不好也会造成电源短路。因此应将共用同一电源的所有接触器、继电器以及执行电器线圈的一端钮均接于电源的同一侧，而这些电器的控制触头通过线圈的另一端钮再接于电源的另一侧，如图 8-6b 所示。

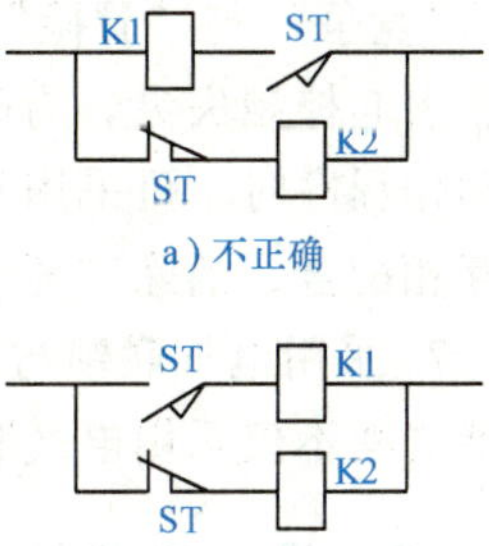

a）不正确

b）正确

图 8-6　触头的连接

3. 防止寄生电路　在控制电路的动作过程中，意外接通的电路叫寄生电路。图 8-7a 为一个具有指示灯和热继电器保护的正、反向控制电路。在正常工作时，能完成正、反向起动、停止和信号指示。但当热继电器 FR 动作时，电路就出现了寄生电路，如图中虚线所示，使正向接触器 KM1 不能可靠释放，起不到保护作用。但如将指示灯与其相应接触器线圈并联，如图 8-7b 所示就可防止寄生电路的出现。

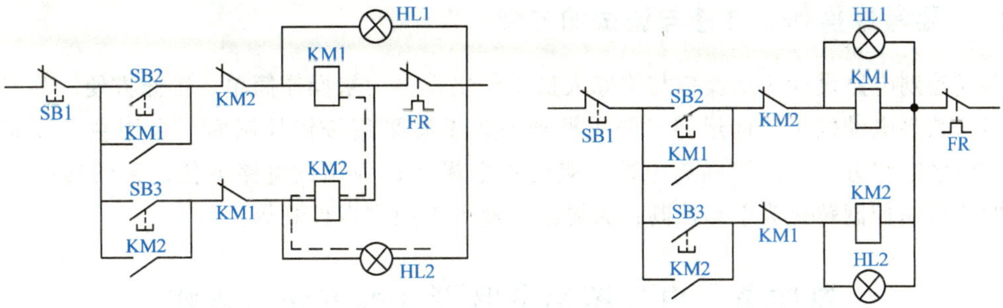

a）有寄生电路

b）无寄生电路

图 8-7　防止寄生电路

4. 在控制电路中控制触头应合理布置　当一个电器需在若干个电器接通后方可接通时，切忌用图 8-8a 所示电路，因为该电路只要有一对触头接触不良时，就会使电路不能正常工作，若改接为图 8-8b 所示电路，则每个电器的接通只需一对触头控制，工作较为可靠，故障检查也较为方便。

5. 在设计控制电路中应考虑继电器触头的接通与分断能力　若容量不够，可在电路中增加中间继电器，或增加电路中触头数目。若需增加接通能力，可用多触头并联；若需增加分断能力，可用多触头串联。

6. 避免发生触头“竞争”、“冒险”现象　当控制电路状态发生变换时，常伴随电路中的电器元件的触头状态发生变换。由于电器元件总有一定的固有动作时间，对于一个时序电路来说，往往发生不按时序动作的情况，触头争先吸合，就会得到几个不同的输出状态，这种现象称为电路的“竞争”。而对于开关电路，由于电器元件的释放延时作用，也会出现开关元件不按要求的逻辑功能输出，这种现象称为“冒险”。

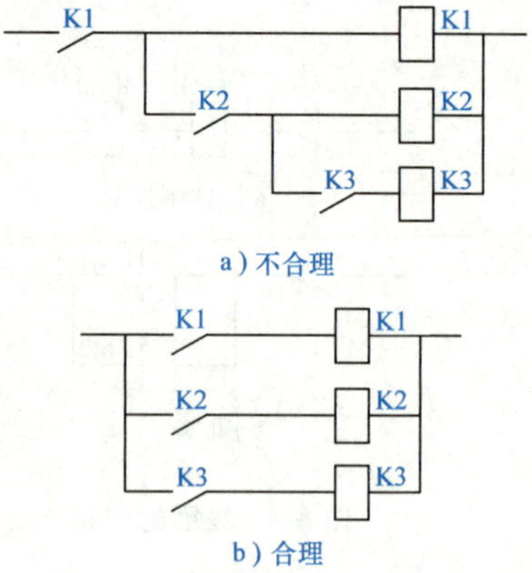

图 8-8　触头的合理布置

“竞争”与“冒险”都会造成控制电路不按要求动作，引起控制失灵。为此，应选用动作时间小的电器，当电器元件的动作时间影响到控制电路动作程序时，可采用时间继电器来配合控制，这样可清晰地反映元件动作时间和它们之间的互相配合，消除“竞争”与“冒险”现象。

7. 采用电气联锁与机械联锁的双重联锁　对频繁操作的可逆控制电路，对正、反向接触器之间不仅采用电气联锁，还要加入机械联锁，以确保电路的安全运行。

五、具有完善的保护环节

电气控制电路在事故情况下，应能保证操作人员、电气设备、生产机械的安全，并能有效地防止事故的扩大。为此，电气控制电路应具有完善的保护环节，常用的有漏电保护、短路、过载、过电流、过电压、欠电压与零电压、弱磁、联锁与限位保护等。必要时还应考虑设置电压正常、安全、事故及各种运行的指示灯，反映电路工作情况。

六、要考虑操作、维修与调试的方便

电气控制电路设计应从操作与维修人员工作出发，力求操作简单、维修方便。如操作回路较多，既要电动机正反向运转又要求调速时，不宜采用按钮控制而应采用主令控制器控制。为检修电路方便，设置隔离电器，避免带电操作；为调试电路方便，采用转换控制方式，如从自动控制转化为手动控制；为调试方便可采用多点控制等。

第四节　电气控制电路设计的方法与步骤

一、电气控制电路设计方法简介

设计电气控制电路的方法有两种，一种是分析设计法，另一种是逻辑设计法。

分析设计法是根据生产工艺的要求选择一些成熟的典型基本环节来实现这些基本要求，而后再逐步完善其功能，并适当配置联锁和保护等环节，使其组合成一个整体，成为满足控制要求的完整电路。这种设计方法比较简单，容易被人们掌握，但是要求设计人员必须掌握

和熟悉大量的典型控制环节和控制电路，同时具有丰富的设计经验，故又称为经验设计法。用分析设计法初步设计出的控制电路可能有多种，需认真比较分析，反复修改简化，甚至要通过实验加以验证，才能得出符合设计要求且较为合理的控制电路设计方案。即便如此，采用分析设计法设计出的电路也不一定是最简的，所用的电器元件也不一定为最少的，所得出的方案还会存在改进的余地。

逻辑设计法是利用逻辑代数这一数学工具设计电气控制电路。由于在控制电路中继电器、接触器的线圈的通电与断电，触头的闭合与断开，主令元件的接通与断开都是由两个相互对立的物理状态组成。在逻辑代数中，把这种具有两个对立物理状态的量称为逻辑变量，用逻辑“1”和逻辑“0”来表示这两个对立的物理状态。

在继电接触器控制电路中，把表示触头状态的逻辑变量称为输入逻辑变量，把表示继电器接触器线圈等受控元件的逻辑变量称为输出逻辑变量。输入、输出逻辑变量之间的相互关系称为逻辑函数关系，这种相互关系表明了电气控制电路的结构。所以，根据控制要求，将这些逻辑变量关系写出其逻辑函数关系式，再运用逻辑函数基本公式和运算规律对逻辑函数式进行化简，然后根据化简了的逻辑关系式画出相应的电路结构图，最后再作进一步的检查和优化，以期获得较为完善的设计方案。采用逻辑设计法设计出的电路图既符合工艺要求，电路也最简单、工作可靠、经济合理，但其设计过程比较复杂，在生产实际所进行的设备改造中往往采用分析设计法。在此仅以常用的分析设计法为例说明电气控制电路的设计。

二、分析设计法的基本步骤

电气控制电路是为整个电气设备和工艺过程服务的，所以在设计前应深入现场收集资料，对生产机械的工作情况作全面的了解，并对正在运行的同类或相接近的生产机械电气控制进行调查、分析，综合制定出具体、详细的工艺要求，在征求机械设计人员和现场操作人员意见后，作为电气控制电路设计的依据。分析设计法设计电气控制电路的基本步骤是：

1）按工艺要求提出的起动、制动、反向和调速等要求设计主电路。

2）根据所设计出的主电路，设计控制电路的基本环节，即满足设计要求的起动、制动、反向和调速等的基本控制环节。

3）根据各部分运动要求的配合关系及联锁关系，确定控制参量并设计控制电路的特殊环节。

4）分析电路工作中可能出现的故障，加入必要的保护环节。

5）综合审查，仔细检查电气控制电路动作是否正确，关键环节可做必要实验，进一步完善和简化电路。

三、分析设计法设计举例

下面以横梁升降机构的电气控制设计为例来说明分析设计法设计电气控制电路的方法与步骤。

在龙门刨床上装有横梁升降机构，加工工件时，横梁应夹紧在立柱上，当加工工件高低不同时，则横梁应先松开立柱然后沿立柱上下移动，移动到位后，横梁应夹紧在立柱上。所以，横梁的升降由横梁升降电动机拖动，横梁的放松、夹紧动作由夹紧电动机、传动装置与夹紧装置配合来完成。

（一）横梁升降机构的工艺要求：

1）横梁上升时，先使横梁自动放松，当放松到一定程度时，自动转换成向上移动，上升到所需位置后，横梁自动夹紧。即横梁上升时，自动按照先放松横梁→横梁上升→夹紧横梁的顺序进行。

2）横梁下降时，为防止横梁歪斜，保证加工精度，消除横梁的丝杆与螺母的间隙，横梁下降后应有回升装置。即横梁下降时，自动按照放松横梁→横梁下降→横梁回升→夹紧横梁的顺序进行。

3）横梁夹紧后，夹紧电动机自动停止转动。

4）横梁升降应设有上下行程的限位保护，夹紧电动机应设有夹紧力保护。

（二）电气控制电路设计过程

1. 主电路设计　横梁升降机构分别由横梁升降电动机 M1 与横梁夹紧放松电动机 M2 拖动，且两台电动机均为三相笼型异步电动机，均要求实现正反转。因此采用 KM1、KM2、KM3、KM4 四个接触器分别控制 M1 和 M2 的正反转，如图 8-9a 所示。

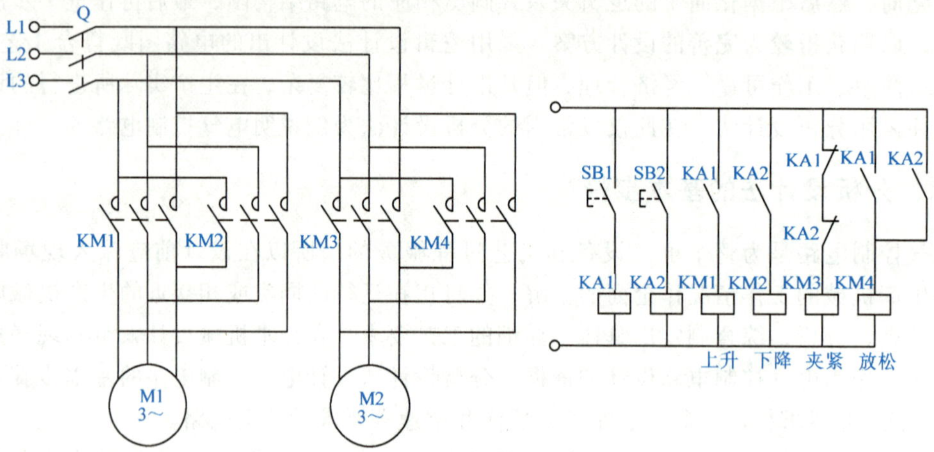

a）主电路　　b）控制电路草图

图 8-9　横梁升降电气控制电路设计草图之一

2. 控制电路基本环节的设计　由于横梁升降为调整运动，故对 M1 采用点动控制，一个点动按钮只能控制一种运动，故用上升点动按钮 SB1 与下降点动按钮 SB2 来控制横梁的升降，但在移动前要求先松开横梁，移动到位松开点动按钮时又要求横梁夹紧，也就是说点动按钮要控制 KM1～KM4 四个接触器，所以引入上升中间继电器 KA1 与下降中间继电器 KA2，再由中间继电器去控制四个接触器。于是设计出横梁升降电气控制电路草图之一，如图 8-9 所示，其中图 8-9b 为控制电路草图。

3. 设计控制电路的特殊环节

1）横梁上升时，必须使夹紧电动机 M2 先工作，将横梁放松后，发出信号，使 M2 停止工作，同时使升降电动机 M1 工作，带动横梁上升。按下上升点动按钮 SB1，中间继电器 KA1 线圈通电吸合，其常开触头闭合，使接触器 KM4 通电吸合，M2 反转起动旋转，横梁开始放松；横梁放松的程度采用行程开关 ST1 控制，当横梁放松到一定程度，撞块压下 ST1，用 ST1 的常闭触头断开来控制接触器 KM4 线圈的断电，常开触头闭合控制接触器 KM1 线圈的通电，KM1 的主触头闭合使 M1 正转，横梁开始作上升运动。

2）升降电动机拖动横梁上升至所需位置时，松开上升点动按钮 SB1，中间继电器 KA1 接触器 KM1 线圈相继断电释放，接触器 KM3 线圈通电吸合，使升降电动机停止工作，同时使夹紧电动机开始正转，使横梁夹紧。在夹紧过程中，行程开关 ST1 复位，因此 KM3 应加自锁触头，当夹紧到一定程度时，发出信号切断夹紧电动机电源。这里采用过电流继电器控制夹紧的程度，即将过电流继电器 KA3 线圈串接在夹紧电动机主电路任一相中。当横梁夹紧时，相当于电动机工作在堵转状态，电动机定子电流增大，将过电流继电器的动作电流整定在两倍额定电流左右；当横梁夹紧后电流继电器动作，其常闭触头将接触器 KM3 线圈电路切断。

3）横梁的下降仍按先放松再下降的方式控制，但下降结束后需有短时间的回升运动。该回升运动可采用断电延时型时间继电器进行控制。时间继电器 KT 的线圈由下降接触器 KM2 常开触头控制，其断电延时断开的常开触头与夹紧接触器 KM3 常开触头串联后并接于上升电路中间继电器 KA1 常开触头两端。这样，当横梁下降时，时间继电器 KT 线圈通电吸合，其断电延时断开的常开触头立即闭合，为回升电路工作做好准备。当横梁下降至所需位置时，松开下降点动按钮 SB2。KM2 线圈断电释放，时间继电器 KT 线圈断电，夹紧接触器 KM3 线圈通电吸合，横梁开始夹紧。此时，上升接触器 KM1 线圈通过闭合的时间断电器 KT 常开触头及 KM3 常开触头而通电吸合，横梁开始回升，经一段时间延时，延时断开的常开触头 KT 断开，KM1 线圈断电释放，回升运动结束，而横梁还在继续夹紧，夹紧到一定程度，过电流继电器动作，夹紧运动停止。此时的横梁升降电气控制电路设计草图如图 8-10 所示。

4. 设计联锁保护环节　图 8-10 所示电路基本上满足了工艺要求，但在电路中还应加入各种联锁、互锁保护和短路保护环节。

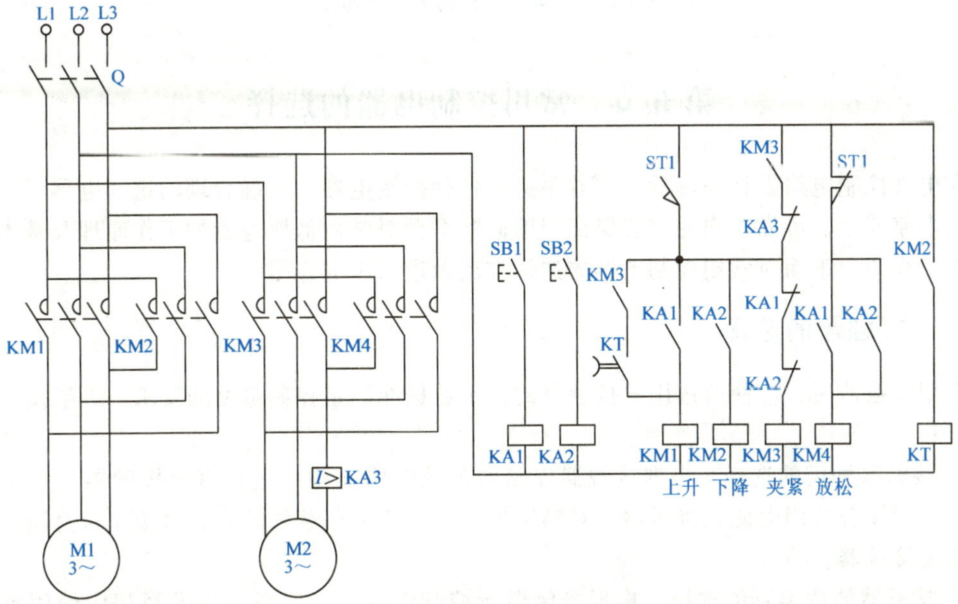

图 8-10　横梁升降电气控制电路设计草图之二

横梁上升限位保护由行程开关 ST2 来实现；下降限位保护由行程开关 ST3 来实现；上升与下降的互锁、夹紧与放松的互锁均由中间继电器 KA1 和 KA2 的常闭触头来实现；升降电动机短路保护由熔断器 FU1 来实现；夹紧电动机短路保护由熔断器 FU2 实现；控制电路的短路保护由熔断器 FU3 来实现。

综合以上保护，就使横梁升降电气控制电路比较完善了，从而得到图 8-11 所示完整的横梁升降机构控制电路。

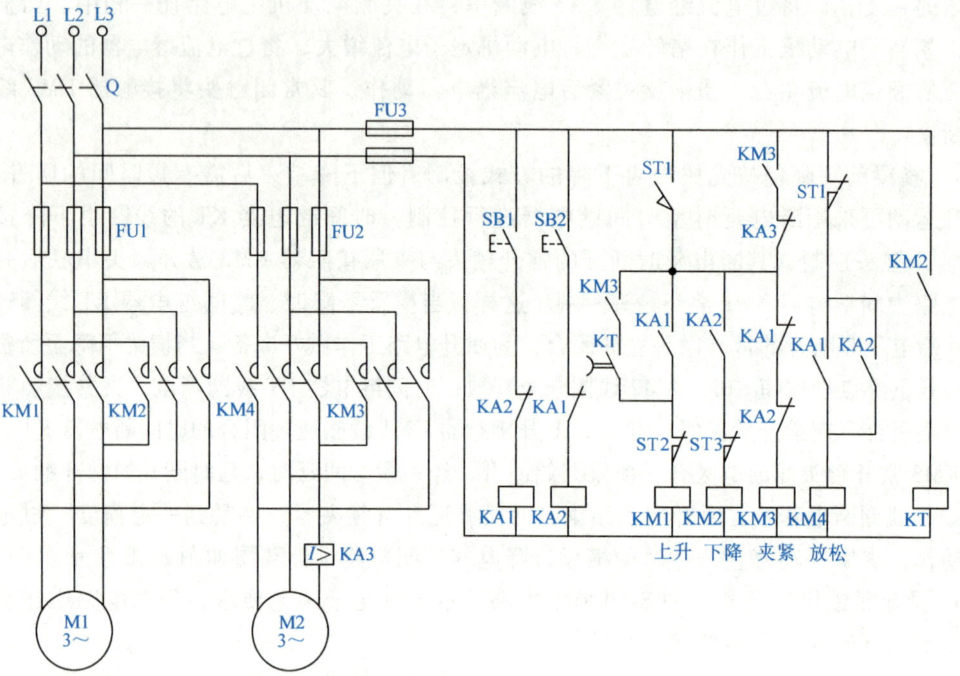

图 8-11 横梁升降机构电气控制电路

第五节 常用控制电器的选择

在电气控制电路设计完成后，应着手选择各种控制电器，正确合理的选择电器元件是实现控制电路安全、可靠工作的重要保证。前面几章已对常用低压电器的工作原理及基本选用原则作了介绍，下面对常用控制电器的选择方法做进一步的介绍。

一、接触器的选择

选用接触器时，应使所选用的接触器的技术数据能满足控制电路的要求。一般按下列步骤进行：

1. 接触器种类的选择　根据接触器控制的负载性质来相应选择直流接触器还是交流接触器；一般场合选用电磁式接触器，对频繁操作的带交流负载的场合，可选用带直流电磁线圈的交流接触器。

2. 接触器使用类别的选择　根据接触器所控制负载的工作任务来选择相应使用类别的接触器。如负载是一般任务则选用 AC—3 使用类别；负载为重任务则应选用 AC—4 类别，如果负载为一般任务与重任务混合时，则可根据实际情况选用 AC—3 或 AC—4 类接触器，如选用 AC—3 类时，应降级使用。

3. 接触器额定电压的确定　接触器主触头的额定电压应根据主触头所控制负载电路的额定电压来确定。

4. 接触器额定电流的选择　一般情况下，接触器主触头的额定电流应大于等于负载或电动机的额定电流，计算公式为

$$I_N \geqslant \frac{P_N \times 10^3}{KU_N} \tag{8-7}$$

式中　I_N——接触器主触头额定电流（A）；

K——经验系数，一般取 1～1.4；

P_N——被控电动机额定功率（kW）；

U_N——被控电动机额定线电压（V）。

当接触器用于电动机频繁起动、制动或正反转的场合，一般可将其额定电流降一个等级来选用。

5. 接触器线圈额定电压的确定　接触器线圈的额定电压应等于控制电路的电源电压。为保证安全，一般接触器线圈选用 110V、127V，并由控制变压器供电。但如果控制电路比较简单，所用接触器的数量较少时，为省去控制变压器，可选用 380V、220V 电压。

6. 接触器触头数目　在三相交流系统中一般选用三极接触器，即三对常开主触头，当需要同时控制中性线时，则选用四极交流接触器。在单相交流和直流系统中则常用两极或三极并联接触器。交流接触器通常有三对常开主触头和四至六对辅助触头，直流接触器通常有两对常开主触头和四对辅助触头。

7. 接触器额定操作频率　交、直流接触器额定操作频率一般有 600 次/h、1200 次/h 等几种，一般说来，额定电流越大，则操作频率越低、可根据实际需要选择。

二、电磁式继电器的选择

继电器是各种控制系统的基础元件，应根据继电器的功能特点、适用性、使用环境、工作制、额定工作电压及额定工作电流来选择。表 8-3 列出了电磁式继电器的类型及用途。

1. 电磁式电压继电器的选择　根据在控制电路中的作用，电压继电器有过电压继电器和欠电压继电器两种类型。由于直流电路一般不会出现过电压，故无直流过电压继电器。

表 8-3　电磁式继电器的类型及用途

类　型	动作特点	主要用途
电压继电器	当电路中的电压达到规定值时动作	用于电动机失电压或欠电压保护、制动或反转制动
电流继电器	当电路中通过的电流达到规定值时动作	用于电动机过载与短路保护、直流电动机磁场控制及弱磁保护
中间继电器	当电路中的电压达到规定值时动作	触头数量较多，通过它增加控制回路或起信号放大作用
时间继电器	自得到动作信号起至触头动作有一定延时	用于交流电动机，作为以时间为函数起动时切换电阻的加速继电器，笼型电动机的Y—△起动、能耗制动及控制各种生产工艺程序等

交流过电压继电器选择的主要参数是额定电压和动作电压，其动作电压按系统额定电压的 1.1~1.2 倍整定。

交流欠电压继电器常用一般交流电磁式电压继电器，其选用只要满足一般要求即可，对释放电压值无特殊要求。而直流欠电压继电器吸合电压按其额定电压的 0.3~0.5 倍整定，释放电压按其额定电压的 0.07~0.2 倍整定。

2. 电磁式电流继电器的选择　根据负载所要求的保护作用，电流继电器分为过电流继电器和欠电流继电器两种类型。过电流继电器又有交流过电流继电器与直流过电流继电器，但对于欠电流继电器只有直流欠电流继电器，用于直流电动机及电磁吸盘的弱磁保护。

过电流继电器的主要参数是额定电流和动作电流，其额定电流应大于或等于被保护电动机的额定电流；动作电流应根据电动机工作情况按其起动电流的 1.1~1.3 倍整定。一般绕线型转子异步电动机的起动电流按 2.5 倍额定电流考虑，笼型异步电动机的起动电流按 4~7 倍额定电流考虑。直流过电流继电器动作电流按直流电动机额定电流的 1.1~3.0 倍整定。

欠电流继电器选择的主要参数是额定电流和释放电流，其额定电流应大于或等于直流电动机及电磁吸盘的额定励磁电流；释放电流整定值应低于励磁电路正常工作范围内可能出现的最小励磁电流，一般释放电流按最小励磁电流的 0.85 倍整定。

3. 电磁式中间继电器的选择　选用中间继电器时，应使线圈的电流种类和电压等级与控制电路一致，同时，触头数量、种类及容量应满足控制电路要求。若一个中间继电器触头数量不够，可将两个中间继电器并联使用，以增加触头数量。

三、热继电器的选择

热继电器主要用于电动机的过载保护，因此应根据电动机的形式、工作环境、起动情况、负载情况、工作制及电动机允许过载能力等综合考虑。选用时应使热继电器的安秒特性位于电动机的过载特性之下，且尽可能接近，这样既可充分发挥电动机的过载能力，又能保证在电动机的短时过载或起动瞬间热继电器不会动作。

1. 热继电器结构形式的选择　对于星形联结的电动机，只要选用正确、调整合理，使用一般不带断相保护的三相热继电器能反映一相断线后的过载，对电动机断相运行能起保护作用。

对于三角形联结的电动机，则应选用带断相保护的三相结构热继电器。

2. 热继电器额定电流的选择　原则上按被保护电动机的额定电流选取热继电器。对于长期正常工作的电动机，热继电器中热元件的整定电流值为电动机额定电流的 0.95~1.05 倍；对于过载能力较差的电动机，热继电器热元件整定电流值为电动机额定电流的 0.6~0.8 倍。

对于不频繁起动的电动机，应保证热继电器在电动机起动过程中不产生误动作，若电动机起动电流不超过其额定电流的 6 倍，并且起动时间不超过 6s，可按电动机的额定电流来选择热继电器。

对于重复短时工作制的电动机，首先要确定热继电器的允许操作频率，然后再根据电动机的起动时间、起动电流和通电持续率来选择。

四、时间继电器的选择

时间继电器的类型很多，选用时应从以下几方面考虑：

1）电流种类和电压等级：电磁阻尼式和空气阻尼式时间继电器，其线圈的电流种类和电压等级应与控制电路的相同；电动机或与晶体管式时间继电器，其电源的电流种类和电压等级应与控制电路的相同。

2）延时方式：根据控制电路的要求来选择延时方式，即通电延时型和断电延时型。

3）触头形式和数量：根据控制电路要求来选择触头形式（延时闭合型或延时断开型）及触头数量。

4）延时精度：电磁阻尼式时间继电器适用于延时精度要求不高的场合，电动机式或晶体管式时间继电器适用于延时精度要求高的场合。

5）延时时间：应满足电气控制电路的要求。

6）操作频率：时间继电器的操作频率不宜过高，否则会影响其使用寿命，甚至会导致延时动作失调。

五、熔断器的选择

1. 一般熔断器的选择　一般熔断器的选择主要根据熔断器类型、额定电压、额定电流及熔体的额定电流来选择。

（1）熔断器类型：熔断器类型应根据电路要求、使用场合及安装条件来选择，其保护特性应与被保护对象的过载能力相匹配。对于容量较小的照明和电动机，一般是考虑它们的过载保护，可选用熔体熔化系数小的熔断器，如熔体为铅锡合金的 RC1A 系列熔断器，对于容量较大的照明和电动机，除过载保护外，还应考虑短路时的分断短路电流能力，若短路电流较小时，可选用低分断能力的熔断器，如熔体为锌质的 RM10 系列熔断器，若短路电流较大时，可选用高分断能力的 RL1 系列熔断器，若短路电流相当大时，可选用有限流作用的 RT0 及 RT12 系列熔断器。

（2）熔断器额定电压和额定电流：熔断器的额定电压应大于或等于线路的工作电压，额定电流应大于或等于所装熔体的额定电流。

（3）熔断器熔体额定电流

1）对于照明线路或电热设备等没有冲击电流的负载，应选择熔体的额定电流等于或稍大于负载的额定电流，即

$$I_{RN} \geqslant I_N \tag{8-8}$$

式中　I_{RN}——熔体额定电流（A）；

I_N——负载额定电流（A）。

2）对于长期工作的单台电动机，要考虑电动机起动时不应熔断，即

$$I_{RN} \geqslant (1.5 \sim 2.5) I_N \tag{8-9}$$

轻载时系数取 1.5，重载时系数取 2.5。

3）对于频繁起动的单台电动机，在频繁起动时，熔体不应熔断，即

$$I_{RN} \geqslant (3 \sim 3.5) I_N \tag{8-10}$$

4）对于多台电动机长期共用一个熔断器，熔体额定电流为

$$I_{RN} \geqslant (1.5 \sim 2.5) I_{NMmax} + \sum I_{NM} \quad (8\text{-}11)$$

式中 I_{NMmax}——容量最大电动机的额定电流（A）；

$\sum I_{NM}$——除容量最大电动机外，其余电动机额定电流之和（A）。

（4）适用于配电系统的熔断器：在配电系统多级熔断器保护中，为防止越级熔断，使上、下级熔断器间有良好的配合，选用熔断器时应使上一级（干线）熔断器的熔体额定电流比下一级（支线）的熔体额定电流大1~2个级差。

2. 快速熔断器的选择

（1）快速熔断器的额定电压：快速熔断器额定电压应大于电源电压，且小于晶闸管的反向峰值电压 U_F，因为快速熔断器分断电流的瞬间，最高电弧电压可达电源电压的1.5~2倍。因此，整流二极管或晶闸管的反向峰值电压必须大于此电压值才能安全工作。即

$$U_F \geqslant K_1 \sqrt{2} U_{RE} \quad (8\text{-}12)$$

式中 U_F——硅整流元件或晶闸管的反向峰值电压（V）；

U_{RE}——快速熔断器额定电压（V）；

K_1——安全系数，一般取1.5~2。

（2）快速熔断器的额定电流：快速熔断器的额定电流是以有效值表示的，而整流二极管和晶闸管的额定电流是用平均值表示的。当快速熔断器接入交流侧，熔体的额定电流为

$$I_{RN} \geqslant K_1 I_{Zmax} \quad (8\text{-}13)$$

式中 I_{Zmax}——可能使用的最大整流电流（A）；

K_1——与整流电路形式及导电情况有关的系数，若保护整流二极管时，K_1 按表8-4取值，若保护晶闸管时，K_1 按表8-5取值。

表8-4 硅整流元件的整流电路的 K_1 值

整流电路形式	单相半波	单相全波	单相桥式	三相半波	三相桥式	双星形六相
K_1	1.57	0.785	1.11	0.575	0.816	0.29

表8-5 晶闸管整流电路在不同导通角时的 K_1 值

晶闸管导通角		180°	150°	120°	90°	60°	30°
整流电路形式	单相半波	1.57	1.66	1.88	2.22	2.78	3.99
	单相桥式	1.11	1.17	1.33	1.57	1.97	2.82
	三相桥式	0.816	0.828	0.865	1.03	1.29	1.88

当快速熔断器接入整流桥臂时，熔体额定电流为

$$I_{RN} \geqslant 1.5 I_{GN} \quad (8\text{-}14)$$

式中 I_{GN}——硅整流元件或晶闸管的额定电流（A）。

六、开关电器的选择

（一）刀开关的选择

刀开关主要根据使用的场合、电源种类、电压等级、负载容量及所需极数来选择。

1）根据刀开关在线路中的作用和安装位置选择其结构形式。若用于隔断电源时，选用无灭弧罩的产品；若用于分断负载时，则应选用有灭弧罩、且用杠杆来操作的产品。

2）根据线路电压和电流来选择。刀开关的额定电压应大于或等于所在线路的额定电压；刀开关额定电流应大于负载的额定电流，当负载为异步电动机时，其额定电流应取为电动机额定电流的 1.5 倍以上。

3）刀开关的极数应与所在电路的极数相同。

（二）组合开关的选择

组合开关主要根据电源种类、电压等级、所需触头数及电动机容量来选择。选择时应掌握以下原则：

1）组合开关的通断能力并不是很高，因此不能用它来分断故障电流。对用于控制电动机可逆运行的组合开关，必须在电动机完全停止转动后才允许反方向接通。

2）组合开关接线方式多种，使用时应根据需要正确选择相应产品。

3）组合开关的操作频率不宜太高，一般不宜超过 300 次/h，所控制负载的功率因数也不能低于规定值，否则组合开关要降低容量使用。

4）组合开关本身不具备过载、短路和欠电压保护，如需这些保护，必须另设其他保护电器。

（三）低压断路器的选择

低压断路器主要根据保护特性要求、分断能力、电网电压类型及等级、负载电流、操作频率等方面进行选择。

1）额定电压和额定电流：低压断路器的额定电压和额定电流应大于或等于线路的额定电压和额定电流。

2）热脱扣器：热脱扣器整定电流应与被控制电动机或负载的额定电流一致。

3）过电流脱扣器：过电流脱扣器瞬时动作整定电流由下式确定

$$I_Z \geqslant KI_S \tag{8-15}$$

式中 I_Z——瞬时动作整定电流（A）；

I_S——线路中的尖峰电流。若负载是电动机，则 I_S 为起动电流（A）；

K——考虑整定误差和起动电流允许变化的安全系数。当动作时间大于 20ms 时，取 $K=1.35$；当动作时间小于 20ms 时，取 $K=1.7$。

4）欠电压脱扣器：欠电压脱扣器的额定电压应等于线路的额定电压。

（四）电源开关联锁机构

电源开关联锁机构与相应的断路器和组合开关配套使用，用于接通电源、断开电源和柜门开关联锁，以达到在切断电源后才能打开门，将门关闭好后才能接通电源的效果，实现安全保护。电源开关联锁机构有 DJL 系列和 JDS 系列。

七、控制变压器的选择

控制变压器用于降低控制电路或辅助电路的电压，以保证控制电路的安全可靠。控制变压器主要根据一次和二次电压等级及所需要的变压器容量来选择。

（1）控制变压器一、二次电压应与交流电源电压、控制电路电压与辅助电路电压相符合。

（2）控制变压器容量按下列两种情况计算，依计算容量大者决定控制变压器的容量。

1）变压器长期运行时，最大工作负载时变压器的容量应大于或等于最大工作负载所需

要的功率，计算公式为

$$S_T \geqslant K_T \sum P_{XC} \tag{8-16}$$

式中 S_T——控制变压器所需容量（VA）；

$\sum P_{XC}$——控制电路最大负载时工作的电器所需的总功率，其中 P_{XC} 为电磁器件的吸持功率（W）；

K_T——控制变压器容量储备系数，一般取 1.1~1.25。

2）控制变压器容量应使已吸合的电器在起动其他电器时仍能保持吸合状态，而起动电器也能可靠地吸合，其计算公式为

$$S_T \geqslant 0.6 \sum P_{XC} + 1.5 \sum P_{st} \tag{8-17}$$

式中 $\sum P_{st}$——同时起动的电器总吸持功率（W）。

八、主令电器的选择

主令电器种类很多，在第五章第九节中已对控制按钮、行程开关、接近开关 万能转换开关、主令控制器的选用原则作了介绍，在此不再重复。

第六节 电气控制的施工设计与施工

在完成电气控制电路图设计之后，就应着手电气控制的施工设计，即进行电气设备总体配置设计，元器件布置图的设计，电器部件接线图的绘制，编写设计说明书和使用说明书等。

一、电气设备总体配置设计

一台生产机械往往由若干台电动机来拖动，而各台电动机又由许多电器元件来控制，这些电动机与各种电器元件都有一定的装配位置。如电动机与各种执行元件（电磁铁、电磁阀、电磁离合器、电磁吸盘等）及各种检测元件（如行程开关，传感器，温度、压力、速度继电器等）都必须安装在生产机械的相应部位；各种控制电器（如各种继电器、接触器、电阻、断路器、控制变压器、放大器）以及各种保护电路（如熔断器、热继电器等）则安放在单独的电器箱内；而各种控制按钮，控制开关，指示灯、指示仪表、需经常调节的电位器等，则安装在控制台的面板上。由于各种电器元件安装位置不同，在构成一个完整的电气控制系统时，必须划分组件，并解决好组件之间，电器箱与被控制装置之间的连线问题。组件的划分原则是：

1）将功能类似的元件组成在一起，构成控制面板组件、电气控制盘组件、电源组件等。

2）将接线关系密切的电器元件置于在同一组件中，以减少组件之间的连线数量。

3）强电与弱电控制相分离，以减少干扰。

4）为求整齐美观，将外形尺寸相同，重量相近的电器元件组合在一起。

5）为便于检查与调试，将需经常调节、维护和易损元件组合在一起。

电气设备的各部分及组件之间的接线方式通常有：

1）电器控制盘、机床电器的进出线一般采用接线端子。

2）被控制设备与电气箱之间为便于拆装、搬运，尽可能采用多孔接插件。

3）印制电路板与弱电控制组件之间宜采用各种类型接插件。

总体配置设计是以电气控制的总装配图与总接线图的形式表达出来的，图中是用示意方式反映各部分主要组件的位置和各部分的接线关系、走线方式及使用管线要求。总体设计要使整个系统集中、紧凑；要考虑发热量高和噪声振动大的电气部件，使其离开操作者一定距离；电源紧急控制开关应安放在方便且明显的位置；对于多工位加工的设备，还应考虑采用多处操作等。

二、电气元器件布置图的设计

电气元器件布置图是指将电气元器件按一定原则组合的安装位置图。电气元器件布置的依据是各部件的原理图，同一组件中的电器元件的布置应按国家标准执行。

按国家标准规定：电气柜内电气元器件必须位于维修站台之上 0.4~2m 的距离。所有器件的接线端子和互连端子，必须位于维修台之上至少 0.2m 处，以便拆装导线。

安排柜内器件时，必须保留规定的电气间隙和爬电距离，并考虑有关的维修要求。

电柜和壁龛中裸露、无电弧的带电零件与电柜或壁龛导体壁板间应有合适间隙：250V 以下电压，不小于 15mm；250~500V 电压，不小于 25mm。

电柜内电器的安排：

按照用户技术要求制作的电气装置，至少要留出 10%面积作备用，以供控制装置改进或局部修改。

柜门上除安装手动控制开关、信号和测量仪表外，不得安装其他器件。

将电源电压直接供电的电器安装在一起，且与控制变压器供电的电器分开。

电源开关应安装在电柜内右上方，其操作手柄应装在电柜前面或侧面。柜内电源开关上方不要安装其他电器，否则，应把电源开关用绝缘材料盖住，以防电击。

遵循上述规定，电柜内的电器可按下述原则布置：

1）体积大或较重的电器应置于控制柜下方。

2）发热元件安装在柜的上方，并将发热元件与感温元件隔开。

3）强电弱电应分开，弱电部分应加屏蔽隔离，以防强电及外界的干扰。

4）电器的布置应考虑整齐、美观、对称。外形尺寸与结构类似的电器安装在一起，以利加工、安装和配线。

5）电器元器件间应留有一定间距，以利布线、接线、维修和调整操作。

6）接线座的布置：用于相邻柜间连接用的接线座应布置在柜的两侧；用于与柜外电气元件连接的接线座应布置在柜的下部，且不得低于 200mm。

一般通过实物排列来确定各电器元件的位置，进而绘制出控制柜的电器布置图。布置图是根据电器元件的外形尺寸按比例绘制，并标明各元件间距尺寸，同时还要标明进出线的数量和导线规格，选择适当的接线端子板和接插件并在其上标明接线号。

三、电气控制装置接线图的绘制

根据电气控制电路图和电气元器件布置图来绘制电气控制装置的接线图。接线图应按以下原则来绘制：

1）接线图的绘制应符合 GB/T 6988.3—2002《电气技术用文件的编制 第3部分：接线图和接线表》中的规定。

2）电气元器件相对位置与实际安装相对位置一致。

3）接线图中同一电器元件中各带电部件，如线圈、触头等的绘制采用集中表示法，且在一个细实线方框内。

4）所有电器元件的文字符号及其接线端钮的线号标注均与电气控制电路图完全相符。

5）电气接线图一律采用细实线绘制，应清楚表明各电器元件的接线关系和接线去向，其连接关系应与控制电路图完全相符。连接导线的走线方式有板前走线与板后走线两种，一般采用板前走线。对于简单电气控制装置，电器元件数量不多，接线关系较简单，可在接线图中直接画出元件之间的连线。对于复杂的电气装置，电器元件数量多，接线较复杂时，一般采用走线槽走线，此时，只要在各电器元件上标出接线号，不必画出各元件之间的连接线。

6）接线图中应标明连接导线的型号、规格、截面积及颜色。

7）进出控制装置的导线，除大截面动力电路导线外，都应经过接线端子板。端子板上各端钮按接线号顺序排列，并将动力线、交流控制线、直流控制线、信号指示线分类排开。

四、电力装备的施工

（一）电气控制柜内的配线施工

1）不同性质与作用的电路选用不同颜色导线：交流或直流动力电路用黑色；交流控制电路用红色；直流控制电路用蓝色；联锁控制电路用桔黄色或黄色；与保护导线连接的电路用白色；保护导线用黄绿双色；动力电路中的中线用浅蓝色；备用线用与备用对象电路导线颜色一致。

弱电电路可采用不同颜色的花线，以区别不同电路，颜色自由选择。

2）所有导线，从一个接线端到另一个接线端必须是连续的，中间不许有接头。

3）控制柜内电器元件之间的连接线截面积按电路电流大小来选择，一般截面在 $0.5mm^2$ 以下时应采用独股硬线。

4）控制柜常用配线方式有板前配线，板后交叉配线与行线槽配线，视控制柜具体情况而定。

（二）电柜外部配线

1）所用导线皆为中间无接头的绝缘多股硬导线。

2）电柜外部的全部导线（除有适当保护的电缆线外）一律都要安放在导线通道内，使其有适当的机械保护，具有防水、防铁屑、防尘作用。

3）导线通道应有一定裕量，若用钢管，其管壁厚度应大于1mm；若用其他材料，其壁厚应具有上述钢管相应的强度。

4）所有穿管导线，在其两端头必须标明线号，以便查找和维修。

5）穿行在同一保护管路中的导线束应加入备用导线，其根数按表8-6的规定配置。

表 8-6 管中备用导线的数量

同一管中同色同截面导线根数	3～10	11～20	21～30	30以上
备用导线根数	1	2	3	每递增10根，增加1根

（三）导线截面积的选用

导线截面积应按正常工作条件下流过的最大稳定电流来选择，并考虑环境条件。表 8-7 列出了机床用导线的载流容量，这些数值为正常工作条件下的最大稳定电流。另外还应考虑电动机的起动、电磁线圈吸合及其他电流峰值引起的电压降。为此，表 8-8 中又列出了导线的最小截面积，供选择时考虑。表 8-7 列出的为铜芯导线，若用铝线代替铜线，则表 8-7 中的数值应乘系数 0.78 才为铝线的载流量。

表 8-7　机床用导线的载流容量

导线截面积/mm^2	一般机床载流量/A		机床自动线载流量/A	
	在线槽中	在大气中	在线槽中	在大气中
0.198	2.5	2.7	2	2.2
0.283	3.5	3.8	3	3.3
0.5	6	6.5	5	5.5
0.73	9	10	7.5	8.5
1	12	13.5	10	11.5
1.5	15.5	17.5	13	15
2.5	21	24	18	20
4	28	32	24	27
6	36	41	31	34
10	50	57	43	48
16	68	76	58	65
25	89	101	76	86
35	111	125	94	106
50	134	151	114	128
70	171	192	145	163
95	207	232	176	197

表 8-8　导线的最小截面积　（mm^2）

使用场合	电线		电缆		
	软线	硬线	双芯		三芯或三芯以上
			屏蔽	不屏蔽	
电柜外	1	—	0.75	0.75	0.75
电柜外频繁运动的机床部件之间的连接	1	—	1	1	1
电柜外很小电流的电路连接	1	—	0.3	0.5	0.3
电柜内	0.75	—	0.75	0.75	0.75
电柜内很小电流的电路连接	0.2	0.2	0.2	0.2	0.2

五、检查、调整与试运行

电气控制装置安装完成后，在投入运行前为了确保安全可靠工作，必须进行认真细致的检查、试验与调整，其主要步骤是：

1. 检查接线图　在接线前，根据电气控制电路图即原理图，仔细检查接线图是否准确无误，特别要注意线路标号与接线端子板触点标号是否一致。

2. 检查电器元件　对照电器元件明细表，逐个检查所装电器元件的型号、规格是否相符，产品是否完好无损，特别要注意线圈额定电压是否与工作电压相符，电器元件触头数是否够用等。

3. 检查接线是否正确 对照电气原理图和电气接线图认真检查接线是否正确。为判断连接导线是否断线或接触是否良好，可在断电情况下借助万用表上的欧姆档进行检测。

4. 进行绝缘试验 为确保绝缘可靠，必须进行绝缘试验。试验包括将电容器及线圈短接；将隔离变压器二次侧短路后接地；对于主电路及与主电路相连接的辅助电路，应加载2.5kV 的正弦电压有效值历时 1min，试验其能否承受；不与主电路相连接的辅助电路，应在加载 2 倍额定电压的基础上再加 1kV，且历时 1min，如不被击穿方为合格。

5. 检查、调整电路动作的正确性 在上述检查通过后，就可通电检查电路动作情况。通电检查可按控制环节一部分一部分地进行。注意观察各电器的动作顺序是否正确，指示装置指示是否正常。在各部分电路工作完成正确的基础上才可进行整个电路的系统检查。在这个过程中常伴有一些电器元件的调整，如时间继电器、行程开关等。这时，往往需与机修钳工、操作人员协同进行，直至全部符合工艺和设计要求，这时控制系统的设计与安装工作才算全面完成。

阅读与应用 X62W 型卧式万能铣床电气控制电路设计思路解析

在学习与讲授生产机械电气控制电路时，通常是对着电气控制原理图，从电动机的起动、制动、调速等方面去阅读、去讲授，更多的是走通电路，而很少去探讨电路为什么是这样的，其设计依据和设计思路是什么。为对电气控制电路有更深刻的理解，在分析电路故障和维修时做到得心应手，运用自如，应该对电气控制电路做到知其然更知其所以然。为此，以 X62W 型卧式万能铣床电气控制为例，讲述其电气控制电路设计的依据、思路与方法，最后如何获得图 8-12 所示的 X62W 型卧式万能铣床电气控制电路的全过程实为必要。

一、X62W 型卧式万能铣床电气控制电路设计的依据

（一）根据 X62W 型卧式万能铣床运动形式，决定采用几台电动机

（1）主运动：主轴带动铣刀的旋转运动，由一台主轴电动机拖动。

（2）进给运动：铣削加工时，工件夹持在工作台上，长工作台作左、右的纵向运动、前后的模向运动和上、下的垂直运动，所以有 6 个方向的直线运动。另外圆工作台还能作单向旋转运动。

（3）辅助运动：在铣削加工前、后，用来调整工件与铣刀相对位置，即工作台在左、右、前、后、上、下 6 个方向上的快速直线运动。

由于进给运动与辅助运动都是拖动工作台 6 个方向的直线运动，只不过仅在速度上的差异，为此进给运动与快速运动由一台进给与快速移动电动机拖动，并通过改变传动链来获得快速移动。

X62W 型卧式万能铣床铣削加工时，为降低铣刀与工件温度，减小变形，同时还可冲走刀屑，需用冷却泵供出冷却液，冷却泵由冷却泵电动机驱动。

因此，X62W 型卧式万能铣床采用三台电动机分别驱动，它们是主轴电动机 M1，进给与快速电动机 M2 与冷却泵电动机 M3。

（二）根据 X62W 型卧式万能铣床加工工艺要求，决定对各电动机的电气控制要求

1. 主拖动对电气控制的要求

1）为适应铣削加工需要，要求主传动系统能够调速，且在各种铣削速度下保持功率不变，即主轴要求恒功率调速。为此，主轴电动机采用三相笼型异步电动机，经齿轮变速箱拖动主轴。

2）为满足铣床顺铣与逆铣两种加工方式，主轴电动机要求正、反转。但加工方式是在加工前选定，加工时不再改变，为此采用转向选择开关来选择电动机的旋转方向。

3）铣刀加工为多刀多刃切削加工，为不连续切削加工，切削时负载波动，带来冲击，将影响加工质量，为此在主传动系统中加入飞轮，以加大转动惯量。但这又将影响主轴准确停车，所以，要求主轴电动机停车时应设有制动停车环节。

4）主轴变速为机械变速，为使主轴变速时齿轮的顺利啮合，要求主轴变速时主轴电动机作瞬时点动。

5）X62W 型卧式万能铣床工作时，操作者需在铣床的正面与侧面进行操作，要求对主轴电动机的起动、停止能实现正面与侧面两地操作方式。

2. 进给拖动对电气控制的要求

1）X62W 型卧式万能铣床工作台有手动与机动两种工作方式。机动是由进给电动机拖动，它分为工作进给与快速移动，其中工作台快速移动为点动方式，它是通过牵引电磁铁来拨动摩擦离合器，改变进给变速箱齿轮传动比来获得的。

2）进给电动机拖动工作台上下、前后、左右运动，故要求进给电动机正、反转。

3）为减少按钮数量、避免误操作，对进给电动机的控制采用机械、电气联动的手柄操作。如扳动工作台纵向操纵手柄时，压合相应电气开关，使进给电动机正转或反转，同时在机械上使纵向离合器啮合，驱动纵向丝杆转动，从而实现工作台的纵向移动。

4）工作台机动进给也应两地操作，故工作台纵向操作手柄与垂直、横向操作手柄各设有两套，可在铣床的正面和侧面进行操作，这两套操作手柄是联动的。工作台快速移动也为两地控制，由快速移动按钮控制快速移动接触器，再控制牵引电磁铁，通过杠杆使摩擦离合器合上，减少进给中间传动装置，拖动工作台按原工作进给方向作快速移动。

5）工作台工作进给采用机械变速，为使变速时齿轮的顺利啮合，进给电动机在变速后应作瞬间点动。

6）具有完善的联锁与保护：

① 长工作台上、下、前、后、左、右 6 个方向只可取一的联锁。

② 长工作台与圆工作台只可取一的联锁。

③ 铣床主轴起动后，进给运动才能起动的联锁，但未起动主轴时，可进行工作台快速移动。

④ 长工作台上、下、前、后、左、右 6 个方向的限位保护。

3. 其他控制要求

1）冷却泵电动机用来拖动冷却泵，为此冷却泵电动机只需单方向旋转，并可按铣削加工的需要方便地选择起动与关断冷却泵电动机。

2）各台电动机与电路应有完善保护，如短路保护、过载保护等。

二、X62W 型卧式万能铣床电气控制电路的设计思路

（一）主轴电动机 M1 电气控制电路的设计

1. 主轴电动机主电路设计

1）由线路接触器 KM1 与电动机转向选择开关 SA4、热继电器 FR1 发热元件构成预选电动机旋转方向、接触器 KM1 控制电动机的主电路。

2）由反接制动接触器 KM2、不对称反接制动电阻 R，速度继电器 KV 构成主轴电动机停车的反接制动主电路。

2. 主轴电动机控制电路的设计

1）由主轴电动机起动按钮 SB1、SB2 常开触头、主轴电动机停止按钮 SB3、SB4 常闭触头、线路接触器 KM1 线圈与热继电器 FR1 常闭触头构成主轴电动机两地操作起动连续运转控制电路。

2）由主轴电动机停止按钮 SB3、SB4 常开与常闭触头、速度继电器 KV 常开两触头、反接制动接触器 KM2 线圈构成主轴电动机两处操作停车，对主轴电动机实施定子串不对称电阻的反接制动停车控制电路。

3）由主轴变速冲动开关 SQ7 常闭、常开触头断开 KM1 线圈、接通 KM2 线圈，实现操作主轴变速手柄时，先断开 KM1，再接通 KM2，从而实现主轴电动机反接制动，待主轴停转后再变速，变速完成后推回主轴变速手柄再次压合一下 SQ7，使 KM2 线圈短时通电，主轴电动机在定子串入不对称电阻情况下低速转动一下，实现主轴电动机的变速冲动控制。

（二）进给电动机 M2 电气控制电路的设计

1. 进给电动机主电路设计

1）由进给电动机正、反转接触器 KM3、KM4 和热继电器 FR2 发热元件构成进给电动机正反转主电路。

2）由快速移动接触器 KM5、快速移动牵引电磁铁 YA 与正反转接触器构成进给电动机正、反转，工作台快速移动主电路。

2. 进给电动机控制电路的设计

1）进给电动机拖动工作台纵向运动的控制。工作台纵向运动机械操作手柄有左、中、右三个位置。当把纵向机械操作手柄扳向“右”或“左”位时，手柄的联动机构一方面使纵向运动传动丝杠的离合器接合，另一方面压下行程开关 SQ1 或 SQ2，使进给电动机正转或反转接触器 KM3 或 KM4 线圈通电吸合，进给电动机正向或反向起动旋转，拖动纵向运动传动丝杠正转或反转，拖动工作台向右或向左工作进给。

当工作台向右工作进给结束时，将纵向进给操作手柄由“右”位扳回到中间位置时，机械上纵向运动传动丝杠的离合器脱开，电气上行程开关 SQ1 不重受压，接触器 KM3 线圈断电释放，进给电动机停止转动，工作台向右进给停止。

2）进给电动机拖动工作台上、下、前、后运动的控制。工作台上、下、前、后运动的控制由垂直与横向进给操作手柄操作，该操作手柄有上、下、前、后、中 5 个位置，当扳向“前”、“下”位置时手柄压合的是 SQ3 行程开关，当扳向“后”、“上”位置时压合的是行程开关 SQ4，由行程开关来实现进给电动机正、反转；当手柄扳回“中”间位置时，行程开关 SQ3、SQ4 都不受压，进给电动机停止。当机械操作手柄扳向“上”、“下”位置时，机械上经手柄的联动机构使垂直运动丝杠的离合器接合，在进给电动机正、反转驱动下，拖动工作台向上或向下运动。当机械操作手柄扳向“前”、“后”位置时，机械上，经手柄联动机构使横向运动丝杠的离合器接合，在电动机正、反转驱动下，拖动工作台向前或向后运动。

3）进给电动机在进给变速时获得瞬时点动的控制。进给电动机的变速冲动是在主轴电动机线路接触器 KM1 线圈通电吸合并自锁后，纵向进给操作手柄与垂直、横向操作手柄都置于中间位置时进行的。由进给变速蘑菇形手柄进行变速操作，配合进给变速行程开关 SQ6 来实现的。当进给变速手柄进行变速操作时，瞬时压合 SQ6，进给电动机正转接触器 KM3 线圈瞬时通电吸合，进给电动机瞬时正向转动，利于变速箱内变速齿轮的啮合。

4）工作台进给方向快速移动的控制。工作台快速移动是在工作台已在工作进给的前提下进行的。由快速移动按钮 SB5、SB6 控制快速移动接触器 KM5，再由 KM5 控制牵引电磁铁 YA，改变进给变速箱的传动比，使工作台按原进给方向作快速移动。快速移动为点动控制且为两处操作。

5）进给电动机拖动圆工作台单向运转电路的设计。使用圆工作台时长工作台不动作，为此长工作台纵向进给操作手柄与垂直、横向进给操作手柄都置于中间位置，将圆工作台转换开关 SA1 置于“接通”位置，起动进给电动机，拖动圆工作台单向运转。工作结束，将圆工作台转换开关 SA1 扳向“断开”位置，进给电动机停止转动，圆工作台停下。

（三）冷却泵电动机电气控制电路的设计

冷却泵电动机仅作单向旋转，且在铣削加工需要时才使用，为此采用冷却泵电动机开关 SA3 控制冷却泵接触器 KM6 线圈通电，直接起动冷却泵电动机，由于需长期运行设有热继电器 FR3 作长期过载保护。

三、X62W 型卧式万能铣床电气控制的联锁与保护设计

（一）主轴电动机起动后才可起动进给电动机的联锁

进给电动机电气控制电路接在主轴电动机线路接触器 KM1 自锁触头后面来实现。

（二）工作台左、右、上、下、前、后 6 个方向的联锁

1）工作台左或右由工作台纵向进给操作手柄来选择，实现了左、右只可取一的联锁。

2）工作台上、下、前、后由工作台垂直与横向进给操作手柄来选择，实现了上、下、前、后 4 个方向只可取一的联锁。

3）工作台纵向进给操作手柄与垂直与横向进给操作手柄之间的联锁则通过电气联锁来实现，即将纵向进给行程开关 SQ1、SQ2 常闭触头串联、将垂直与横向进给行程开关 SQ3、SQ4 常闭触头串联，再将这两条串联支路并联供电给进给电动机控制电路，只要扳动任一个操作手柄，便断开一条支路，若两个操作手柄都扳动，则两条支路全断开，进给电动机控制电路电源便切断了，实现这两个进给操作手柄的联锁。

（三）长工作台与圆工作台的联锁

由圆工作台选择开关 SA1 来实现，当 SA1 置于“接通”位置时为圆工作台工作；当 SA1 置于“断开”位置时为长工作台工作。

（四）具有完善的保护设计

1）熔断器 FU1 为三台电动机的短路保护，FU2 为 M2、M3 两台电动机的短路保护。

2）热继电器 FR1、FR2、FR3 作三台电动机的长期过载保护。当 FR1 过载动作时，三台电动机断开电源；当 FR2 过载动作时，M2、M3 两台电动机断电停转；当 FR3 过载动作时 M2 电动机停转。

3）长工作台左、右、上、下、前、后 6 个方向的限位保护。由安装在工作台前方纵向

进给操作手柄两侧的挡铁撞动纵向操作手柄返回中间位置来实现左、右限位保护；工作台上、下限位保护是由安装在铣床床身导轨的上、下两块挡铁撞动垂直与横向操作手柄返回中间位置来实现的；工作台前、后限位保护是由安装在工作台左侧底部挡铁来撞动垂直与横向操作手柄返回中间位置来实现的。故在电气控制电路中反映不出来。

按照以上设计思路，设计出图 8-12 所示的 X62W 型卧式万能铣床电气控制电路图。

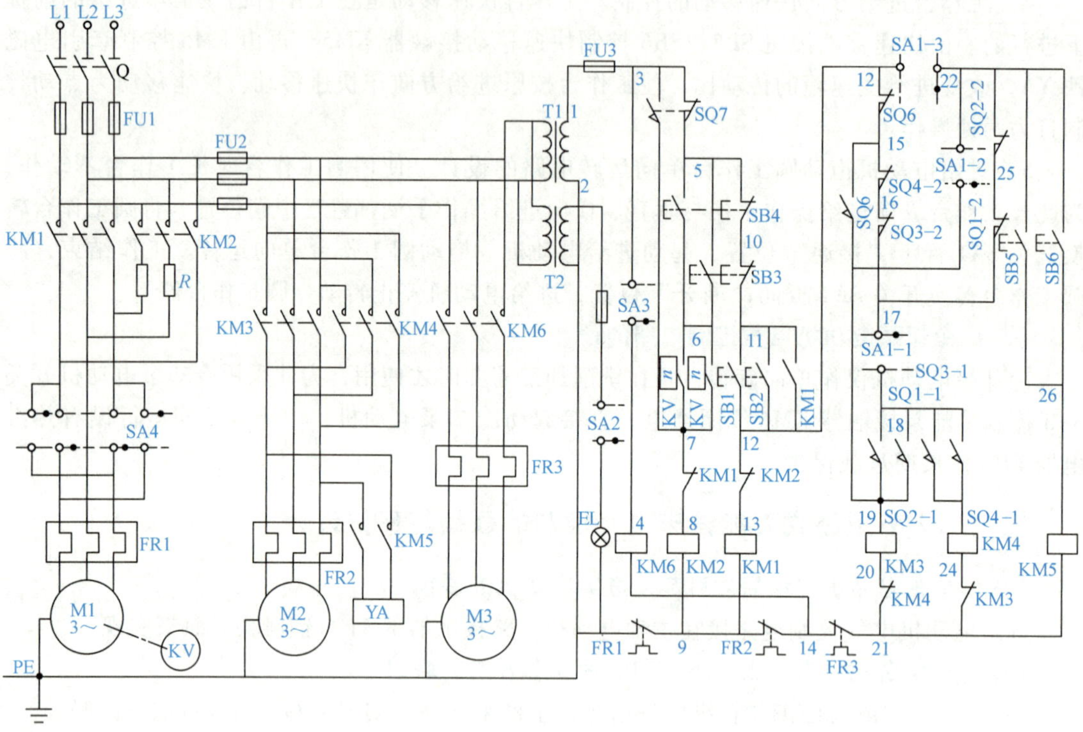

图 8-12　X62W 型卧式万能铣床电气控制电路图

习　题

8-1　分析图 8-13 所示电路的电器触头布置是否合理，若不合理请加以改进。

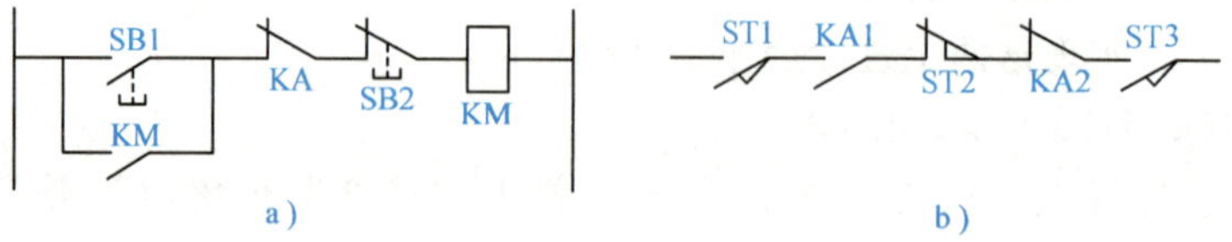

图 8-13　题 8-1 图

8-2　分析图 8-14 所示各电路工作时有无竞争。

8-3　简化图 8-15 所示控制电路。

8-4　某机床由两台三相笼型异步电动机拖动，对其电气控制有如下要求，试设计主电路与控制电路。

1）两台电动机能互不影响地独立控制其起动和停止。

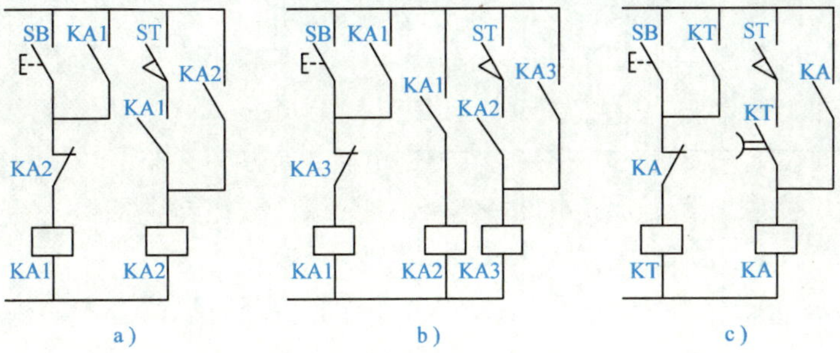

图 8-14 题 8-2 图

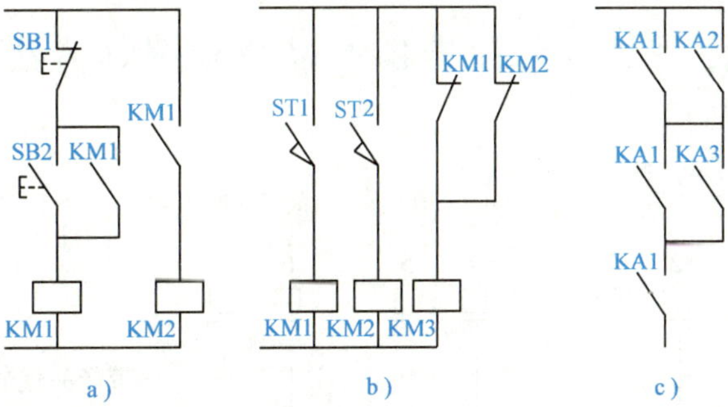

图 8-15 题 8-3 图

2）能同时控制两台电动机的起动和停止。

3）当第一台电动机过载时，只使本机停转；但当第二台电动机过载时，则要求两台电动机同时停转。

8-5 某机床由两台三相笼型异步电动机 M1 与 M2 拖动，其电气控制要求如下，试设计出完整的电气控制电路图。

1）M1 容量较大，采用Y—△减压起动，停车有能耗制动。

2）M1 起动后经 50s 方允许 M2 直接起动。

3）M2 停车后方允许 M1 停车制动。

4）M1、M2 的起动、停止均要求两地操作。

5）设置必要的电气保护。

8-6 一台 7.5kW 作空载起动的三相笼型异步电动机，用熔断器作短路保护，试选择熔断器型号和熔体的额定电流等级。

8-7 某机床有 3 台三相笼型异步电动机，其容量分别为 2.8kW、0.6kW、1.1kW，采用熔断器作短路保护，试选择总电源熔断器熔体的额定电流等级和熔断器型号。

8-8 按习题 8-6，8-7 的要求，分别选择用作电源总开关的低压断路器型号、规格。

8-9 某机床有 60W 照明灯一盏，电压为 36V，由两个 CJ20-20 接触器作主轴电动机正反转控制接触器，一个 CJ20-10 接触器控制水泵电动机，线圈电压为 127V，试选择控制变压器容量。

附录

附录 A 低压电器产品型号编制方法

一、全型号组成型式

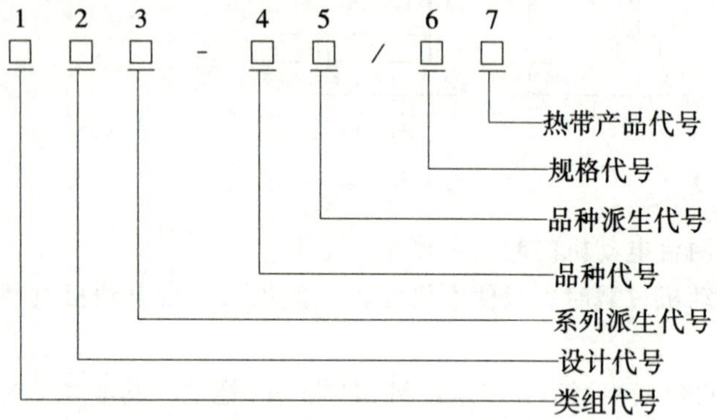

1. 类组代号　用两位或三位汉语拼音字母，第一位为类别代号，第二、三位为组别代号，代表产品名称，由型号颁发单位按表 A-1 确定。

2. 设计代号　用阿拉伯数字表示，位数不限，其中设计编号为两位及两位以上时，首位数“9”表示船用；“8”表示防爆用；“7”表示纺织用；“6”表示农业用；“5”表示化工用。由型号颁发单位按□□□□统一编制。

3. 系列派生代号　用一位或两位汉语拼音字母，表示全系列产品变化的特征，由型号颁发单位根据表 A-2 统一确定。

4. 品种代号　用阿拉伯数字表示，位数不限，根据各产品的主要参数确定，一般用电流、电压或容量参数表示。

5. 品种派生代号　用一位或两位汉语拼音字母，表示系列内个别品种的变化特征，由型号颁发单位根据表 A-2 统一确定。

6. 规格代号　用阿拉伯数字表示，位数不限，表示除品种以外的需进一步说明的产品特征，如极数、脱扣方式、用途等。

7. 热带产品代号　表示产品的环境适应性特征，由型号颁发单位根据表 A-2 确定。

二、型号含义及组成

1. 产品型号代表一种类型的系列产品，但亦可包括该系列产品的若干派生系列。类组代号与设计代号的组合（含系列派生代号）表示产品的类别，类组代号的汉语拼音字母方案见表 A-1。如需要三位的类组代号，在编制具体型号时，其第三位字母以不重复为原则，临时拟定之。

2. 产品全型号代表产品的系列、品种和规格，但亦可包括该产品的若干派生品种，即在产品型号之后附加品种代号、规格代号以及表示变化特征的其他数字或字母。

三、汉语拼音应根据下列原则之一选用

1. 优先采用所代表对象名称的汉语拼音第一个音节字母。
2. 其次采用所代表对象名称的汉语拼音非第一个音节字母。
3. 如确有困难时，可选用与发音不相关的字母。

表 A-1　低压电器产品型号类组代号表

代号	H	R	D	K	C	Q	J	L	Z	B	T	M	A
名称	刀开关和转换开关	熔断器	断路器	控制器	接触器	起动器	控制继电器	主令电器	电阻器	变阻器	调整器	电磁铁	其他
A						按钮式		按钮					
B									板式元件				触电保护器
C		插入式			磁力	电磁式			冲片元件	旋臂式			插销
D	刀开关						漏电		带型元件		电压		信号灯
E												阀用	
G				鼓形	高压				管型元件				
H	封闭式负荷开关	汇流排式											接线盒
J					交流	减压		接近开关	锯齿型元件				交流接触器节电器
K	开启式负荷开关				真空			主令控制器					
L		螺旋式	照明				电流			励磁			电铃
M		封闭管式	灭磁		灭磁								
N													
P				平面	中频		频率			频敏			
Q										起动		牵引	
R	熔断器式刀开关						热		非线性电力电阻				
S	转换开关	快速	快速		时间	手动	时间	主令开关	烧结元件	石墨			
T		有填料管式		凸轮	通用		通用	脚踏开关	铸铁元件	起动调速			
U						油浸		旋钮		油浸起动			
W			万能式			无触点	温度	万能转换开关		液体起动		起重	
X		限流	限流			星三角		行程开关	电阻器	滑线式			
Y	其他	其他	其他	其他	其他	其他	其他	其他	硅碳电阻元件	其他		液压	
Z	组合开关	自复	装置式		直流	综合	中间					制动	

表 A-2　加注通用派生字母对照表

派生字母	代表意义
A、B、C、D…	结构设计稍有改进或变化
C	插入式，抽屉式
D	达标验证攻关
E	电子式
J	交流，防溅式，较高通断能力型，节电型
Z	直流，自动复位，防震，重任务，正向，组合式，中性接线柱式
W	无灭弧装置，无极性，失电压，外销用
N	可逆，逆向
S	有锁住机构，手动复位，防水式，三相，三个电源，双线圈
P	电磁复位，防滴式，单相，两个电源，电压的，电动机操作
K	开启式
H	保护式，带缓冲装置
M	密封式，灭磁，母线式
Q	防尘式，手车式，柜式
L	电流的，摺板式，漏电保护，单独安装式
F	高返回，带分励脱扣，纵缝灭弧结构式，防护盖式
X	限流
G	高电感，高通断能力型
TH	湿热带型
TA	干热带型

附录 B　电气图常用图形及文字符号一览表

名　　称	GB/T 4728—2018、2022 图形符号	文字符号	名　　称	GB/T 4728—2018、2022 图形符号	文字符号
直流电			插座	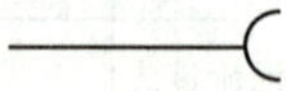	X
交流电			插头		X
文直流电			滑动（滚动）连接器	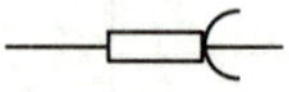	E
正、负极	+　—		电阻器一般符号		R
三角形联结的三相绕组			可变（可调）电阻器		R
星形联结的三相绕组			滑动触点电位器	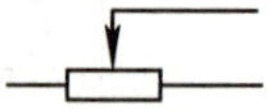	RP
导线			电容器一般符号	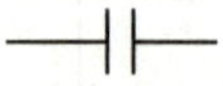	C
三根导线	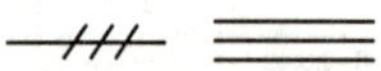		极性电容器	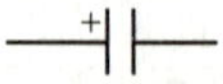	C
导线连接			电感器、线圈、绕组、扼流图		L
端子	○		带铁心的电感器	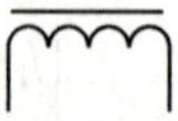	L
可拆卸的端子	Ø		电抗器		L
端子板	1 2 3 4 5 6 7 8	X			
接地		E			

（续）

名　　称	GB/T 4728—2018、2022 图形符号	文字符号
可调压的单相自耦变压器	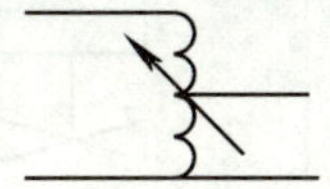	T
有铁心的双绕组变压器		T
三相自耦变压器星形联结		T
电流互感器	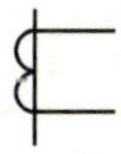	TA
电机扩大机		AR
串励直流电动机	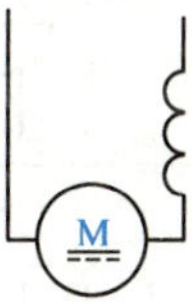	M
并励直流电动机	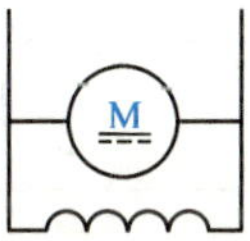	M
他励直流电动机	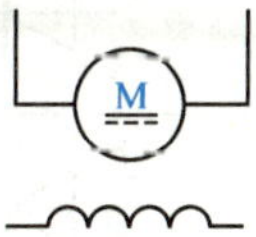	M
三相笼型异步电动机	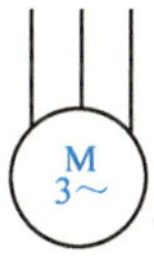	M3～
三相绕线转子异步电动机		M3～
永磁式直流测速发电机	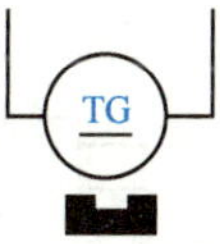	BR

名　　称	GB/T 4728—2018、2022 图形符号	文字符号
普通刀开关	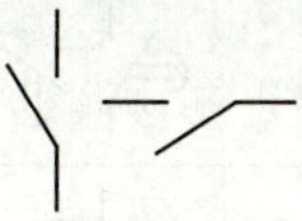	Q
普通三相刀开关	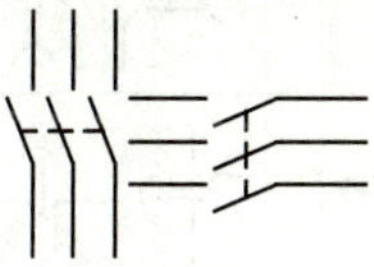	Q
按钮开关常开触点（起动按钮）	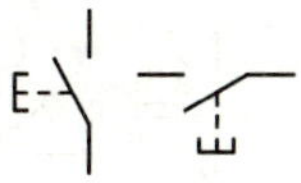	SB
按钮开关常闭触点（停止按钮）		SB
位置开关常开触点	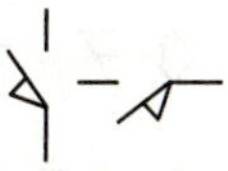	SQ
位置开关常闭触点	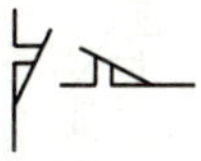	SQ
熔断器		KM
接触器常开主触点	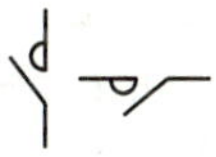	KM
接触器常开辅助触点	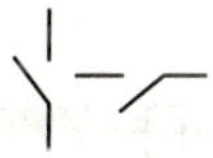	KM
接触器常闭主触点	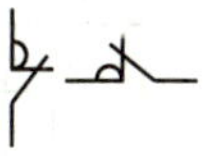	KM
接触器常闭辅助触点		KM
继电器常开触点	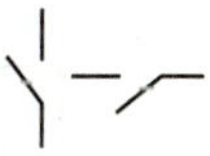	KA
继电器常闭触点	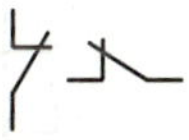	KA
热继电器常闭触点		FR

（续）

名　称	GB/T 4728—2018、2022 图形符号	文字符号
延时闭合的动合触点	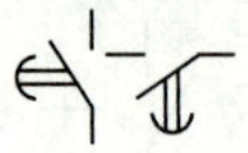	KT
延时断开的动合触点	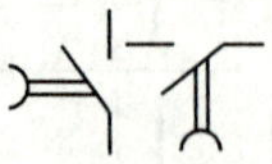	KT
延时闭合的动断触点	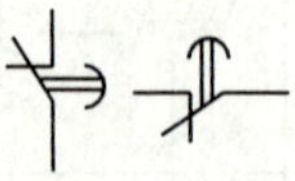	KT
延时断开的动断触点	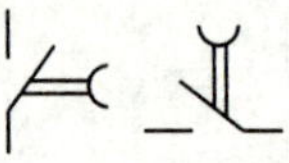	KT
接近开关动合触点	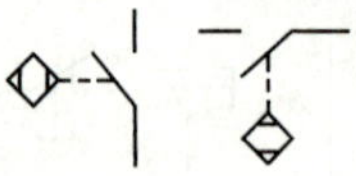	SQ
接近开关动断触点	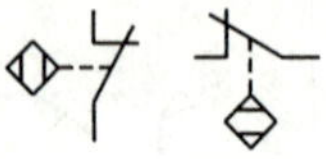	SQ
气压式液压继电器动合触点	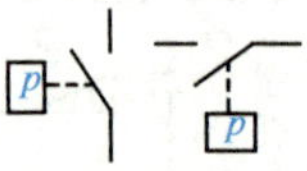	SP
气压式液压继电器动断触点	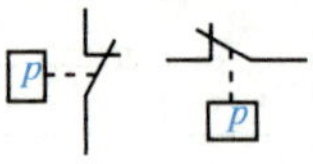	SP
速度继电器动合触点	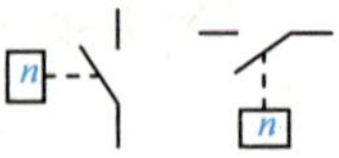	KS
速度继电器动断触点	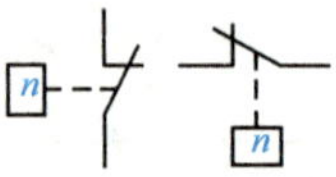	KS
操作器件一般符号接触器线圈	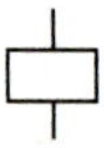	KM
缓慢释放继电器的线圈	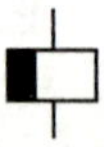	KT
缓慢吸合继电器的线圈	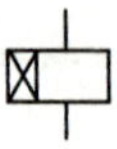	KT
热继电器的驱动器件	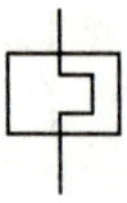	FR
电磁离合器	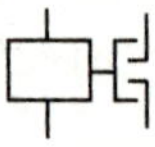	YC

名　称	GB/T 4728—2018、2022 图形符号	文字符号
电磁阀	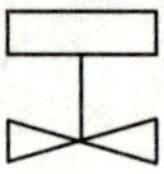	YV
电磁制动器		YB
电磁铁	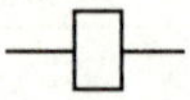	YA
照明灯一般符号		EL
指示灯、信号灯一般符号		HL
电铃		HA
电喇叭	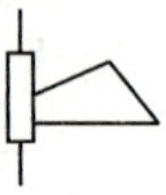	HA
蜂鸣器		HA
电警笛、报警器		HA
普通二极管	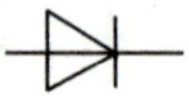	VD
普通晶闸管	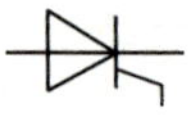	VTH
稳压二极管	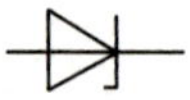	VS
PNP 晶体管	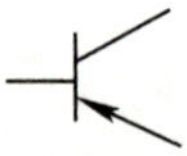	VT
NPN 晶体管	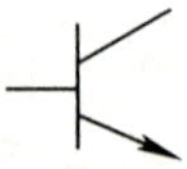	VT
单结晶体管	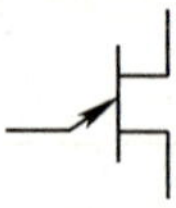	VU
运算放大器	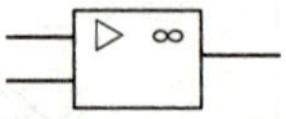	N

参 考 文 献

[1] 许翏. 电机与电气控制技术 [M]. 3 版. 北京：机械工业出版社，2015.
[2] 胡幸鸣. 电机及拖动基础 [M]. 4 版. 北京：机械工业出版社，2021.
[3] 张爱玲，李岚，梅丽凤 [M]. 电力拖动与控制 [M]. 北京：机械工业出版社，2003.
[4] 许翏，王淑英. 电气控制与 PLC 应用 [M]. 5 版. 北京：机械工业出版社，2019.
[5] 王仁祥. 常用低压电器原理及其控制技术 [M]. 北京：机械工业出版社，2001.
[6] 方承远，张振国. 工厂电气控制技术 [M]. 3 版. 北京：机械工业出版社，2006.
[7] 王炳实. 机床电气控制 [M]. 3 版. 北京：机械工业出版社，2004.
[8] 许翏. 工厂电气控制设备 [M]. 3 版. 北京：机械工业出版社，2009.
[9] 谭维瑜. 电机与电气控制 [M]. 3 版. 北京：机械工业出版社，2017.